普通高等教育"十一五"国家级规划教材
PUTONG GAODENG JIAOYU SHIYIWU GUOJIAJI GUIHUA JIAOCAI

自动控制理论

（第四版）

Automatic Control Theory

主编　孙扬声
编写　张永立　孙雅明　罗　毅
主审　涂光瑜

中国电力出版社
CHINA ELECTRIC POWER PRESS

内 容 提 要

本书是普通高等教育“十一五”国家级规划教材，内容以解决电力工程实际问题中常用的经典控制理论为主，也吸收了现代控制理论中的某些基本概念和基本方法，包括控制系统数学模型的建立，技术性能要求，各种性能分析，系统综合，离散控制系统及现代控制系统的必需知识等。为了与生产实践密切结合，书中列举了一些电力系统中的应用实例。

本书主要作为高等院校电气工程及其自动化专业、电力系统及其自动化专业、发电厂及电力系统专业及其他电力工程类专业的教材，也可作为从事电力系统自动化工程技术人员的参考用书。

图书在版编目（CIP）数据

自动控制理论/孙扬声主编；孙扬声等编写：—4版. —北京：中国电力出版社，2007.4（2020.8 重印）
普通高等教育“十一五”国家级规划教材
ISBN 978 - 7 - 5083 - 5402 - 6

Ⅰ. 自… Ⅱ. ①孙… ②孙… Ⅲ. 自动控制理论-高等学校-教材 Ⅳ. TP13

中国版本图书馆 CIP 数据核字（2007）第 040581 号

中国电力出版社出版、发行
（北京市东城区北京站西街 19 号 100005 http://www.cepp.sgcc.com.cn）
三河市百盛印装有限公司印刷
各地新华书店经售
*
1986 年 8 月第一版
2007 年 4 月第四版 2020 年 8 月北京第二十七次印刷
787 毫米×1092 毫米 16 开本 18.25 印张 438 千字
定价 48.00 元

前　言

本书当前的版本是第四版。第一版在1986年6月出版，根据当时水电部高等学校电力工程类专业教材编审委员会在一九八二年九月会议上审订的《自动控制理论》教学大纲而编写的，作为高等院校电气工程及其自动化专业、电力系统及其自动化专业、发电厂及电力系统专业以及其它电力工程类专业的教材，从第一版至今经过了二十余年，承蒙全国本专业院校同仁的厚爱，提出过许多宝贵的意见和建议，使得本书能较坚实地存在和发展下去。其间对本书进行过多次重新修订。修订后的第二版在1993年出版。2002年末，中国电力教育协会发文，决定将孙扬声主编的《自动控制理论》列为普通高等教育"十五"规划教材。在吸取使用前两版教材经验的基础上，第三版在全体编审人员的共同努力下，又进行数次较仔细地审阅和修订，于2004年5月出版。现在，本书又被列为普通高等教育"十一五"国家级规划教材，因此修订出版第四版。

本书第四版保持了第三版的体系、特色不变。修正已发现的某些错误和不妥之处。坚持加强对本学科中的基本概念、基本理论和基本方法叙述的简明性和准确性。在每章开头，保留有关于本章的内容提要和关键词两个小段。在每章结尾，还包含有对本章内容进行总结性的小结段。

本书第四版仍由华中科技大学孙扬声任主编，参编者有本校张永立（第四、五、六章），天津大学孙雅明（第八、九章）和本校的罗毅（第十章）。

此前编写的《自动控制理论习题集》，由水利电力出版社于1992年底出版，仍可作为本书的辅助教材，供读者参考。

限于编者水平，肯定还存在不少缺点和不足之处，恳请广大读者继续批评指正。

主　编
2007年4月于华中科技大学电气与电子工程学院
（邮编：430074）

第三版前言

本书当前的版本是第三版。第一版在 1986 年 6 月出版，根据当时水电部高等学校电力工程类专业教材编审委员会在 1982 年 9 月会议上审订的《自动控制理论教学大纲》编写的，作为全国高等工业院校“电力系统及其自动化”专业、“发电厂及电力系统”专业以及其他电力工程类专业的教材。之后经过 7 年，即在 1993 年，又根据当时能源部高等学校电力工程类专业教学委员会的决定，在总结各校使用本书学习和授课经验的基础上，对本书进行了重新修订再版。从第二版至今又经过了 10 年，承蒙全国本专业院校同仁的厚爱，提出过许多宝贵的意见和建议，使得本书能较坚实地存在和发展下去。现在，中国电力教育协会于 2002 年 11 月发文，已决定将孙扬声主编的《自动控制理论》（第三版）列入普通高等教育“十五”教材规划。在吸取使用前两版教材经验的基础上，第三版在全体编审人员的共同努力下，又进行数次较仔细地审阅和修订。希望本书更茁壮地发展下去，并力争将其打造成为精品图书。经与出版社协商，在参编人员方面也适当加强，选聘本专业一位年轻教师参加第三版的部分编写工作。

本书重点叙述经典控制理论，也涉及到现代控制理论，在两者关系的处理上，力求把属于经典控制理论基础的传递函数法和属于现代控制理论基础的状态空间法有机地结合起来，使其浑然一体，以便读者能获得全面、完整的概念；在内容编排上，既照顾到理论体系的完整，又力求贯彻“少而精”的原则，以对控制系统进行分析和综合的体系为线索，讲清其中的一两种理论方法，重点是频率响应法和根轨迹法；在理论与实践的结合上，力求举出电力系统自动化中的实例，以提高学生运用控制理论解决实际工程问题的能力；所选实例已经过适当简化，去粗取精，既能使学生易于接受，又能提高学习兴趣。此外，本书在编写中也考虑到当前已在岗位上从事电力系统自动化工作的工程技术人员对掌握控制理论解决实际问题的迫切愿望，使他们也能从本书获得帮助。

对本版进行修订的指导原则是：保持前两版在内容编排上已被证明是行之有效的体系结构；加强对本学科中的基本概念、基本理论和基本方法叙述的简明性和准确性；修正已发现的某些错误和不妥之处。在每章开头，有关于本章的内容提要和将要用到的关键词两个小段；在每章结尾，有对本章内容进行总结性的小结。本书修订后保持了原书的体系、特色不变。此外，为适应最佳控制理论在电力系统自动化工程中广泛应用的势态，在书的最后加入了“线性最佳控制系统”一章，以餍读者。

当前计算机技术在电力工程中已广泛应用，在编写第三版过程中曾考虑加入用计算机软件工具包求解自动控制工程问题的内容，但考虑到本书篇幅有限，并且大多数学生在学习本门课程时并未接触过类似软件，因此决定在本版中暂不增加该内容。但编者建议对这方面的问题有兴趣的高年级学生，在不影响正常学习进程的情况下，可以参考有关资料自学。

本书修订后共分十章，包括：绪论，线性动态系统（含状态空间描述、输入输出描述），传递函数的建立（含传递函数方框图、Mason 公式和信号流图、状态变量模拟图），反馈控制系统的性能及时域分析（含暂态性能、稳态性能），频率特性及其图示（含极坐标图、

Bode 图），稳定性分析（含 Liapunov 稳定、BIBO 稳定、几种主要稳定判据），基于 Bode 图的设计及校正（含串联及并联校正，PID 控制），根轨迹法（含根轨迹图及校正），离散控制系统（含 Z 变换及用差分方程描述的状态方程），线性最佳控制系统（含二次型性能指标、Riccati 方程、最佳调节器的频域分析）。

本书第三版仍由华中科技大学孙扬声任主编，参编者有华中科技大学张永立（第四、五、六章），天津大学孙雅明（第八、九章）和华中科技大学的罗毅（第十章）。由涂光瑜教授主审。

此前编写的《自动控制理论习题集》，由水利电力出版社于 1992 年底出版，仍可作为本书的辅助教材，供读者参考。

限于编者水平，肯定还存在不少缺点和不足之处，恳请广大读者继续批评指正。

主　编

于华中科技大学电气与电子工程学院

（邮编：430074）

第二版前言

本书第一版系根据水电部高等学校电力工程类专业教材编审委员会在一九八二年九月会议上审订的《自动控制理论》教学大纲，作为全国高等工业院校"电力系统及其自动化"专业及其他电力工程类专业的教材而编写的，于 1986 年 6 月出第一版。现根据能源部高等学校电力工程类专业教学委员会的决定，在总结各校使用本书授课经验的基础上，对本书进行重新修订再版。

本书重点叙述经典控制理论，也涉及到现代控制理论。在两者关系的处理上，力求把属于经典控制理论基础的传递函数法和属于现代控制理论基础的状态空间法有机地结合起来，使其浑然一体，俾读者能获得全面而完整的概念。在内容编排上，既照顾到理论体系的完整，又力求贯彻"少而精"的原则，以对控制系统进行分析与综合的体系为线索，讲清其中的一两种理论方法。重点是频率响应法和根轨迹法。在理论与实践的结合上，力求举出电力系统中的实例，以提高学生运用控制理论解决实际工程问题的能力。此外，在编写中也考虑到当前已在岗位上从事电力系统自动化工作的工程技术人员对掌握控制理论解决实际问题的迫切愿望，使他们也能从本书获得帮助。

这次修订中，根据能源部教育司 1989 年 3 月审定的《自动控制理论》课程教学基本要求的精神，取消了原书中"线性最佳控制系统"和"非线性系统"两章；对其他各章未做大的改动，修正了某些错误和不妥之处；对每章后的习题做了较大的改动与充实。修订后的本书基本保证了原书的体系、特色不变，内容编排上会更紧凑、连贯。

修订后的本书共分九章，包括：绪论，线性动态系统，传递函数的建立，反馈控制系统的性能及时域分析，频率特性及其图示，稳定性分析，基于 Bode 图的设计及校正，根轨迹法，离散系统。

本书由华中理工大学孙扬声任主编，张永立（第四、五、六章及全书习题的修订）及天津大学孙雅明（第八、九章）参加编写，由山东工业大学张荣祥任主审。

另外，根据能源部教育司审定的《1990～1992 年高等学校教材编审出版计划》的要求，编者又编写了《自动控制理论习题集》一书，作为配合本书的辅助教材，可供读者参考。

限于编者水平，肯定还存在不少缺点和不足之处，恳请广大读者继续批评指正。

主　编

1991 年 12 月于华中理工大学电力系

（邮编：430074）

第一版前言

本书是根据水电部高等学校电力工程类专业教材编审委员会继电保护及自动化教材编审小组在一九八二年九月会议上审订的《自动控制理论》教学大纲，作为全国高等工业院校“电力系统及其自动化”专业、“发电厂及电力系统”专业以及其他电力工程类专业的教材而编写的。

本书重点叙述经典控制理论，也涉及到现代控制理论。在两者关系的处理上，力求把属于经典控制理论基础的传递函数法和属于现代控制理论基础的状态空间法有机地结合起来，使其浑然一体，以便读者能获得全面而完整的概念。在内容编排上，既照顾到理论体的完整，又力求贯彻“少而精”的原则，以对控制系统进行分析与综合的体系为线索，讲清其中的一两种理论方法。重点是频率响应法和根轨迹法。在理论与实践的结合上，力求举出电力系统中的实例，以提高学生运用控制理论解决实际工程问题的能力。此外，在编写中也考虑到当前已在岗位上从事电力系统自动化工作的工程技术人员对掌握控制理论解决实际问题的迫切愿望，使他们也能从本书获得帮助。

全书共分十一章。其中第四、五、六章的初稿由华中工学院张永立同志编写，第八、十、十一章的初稿由天津大学孙雅明同志编写。其余各章的编写和全书的体系编排、内容取舍、最后成文等统稿工作均由主编人完成。每章后所附习题大部分由张永立、孙雅明两同志提供。此外，张永立同志根据用本书油印稿在本科学生中讲授的经验，对原稿提出了一些修改意见。本书中如有错误，应由主编人负责。

全书由山东工业大学张荣祥同志主审，并提出了许多宝贵意见。在高等学校电力工程类专业教材编审委员会继电保护及自动化编审小组一九八三年和一九八四年两届扩大会议上，编审委员和其余代表对编写提纲和油印稿进行了讨论，也提出过一些很好的建议。主编人在统稿过程中和最后定稿时，对这些意见均进行了认真的考虑。愿借此机会向以上有关同志表示衷心的谢意！

书稿虽经再三讨论、修改，但限于编写水平，肯定还存在许多缺点和不足之处，因此恳请广大读者批评指正。

主　编

1985 年 5 月 1 日　于华中工学院电力系

目　录

第一章　绪　　论

关键词： 控制，调节，系统，动态系统，静态系统，自动控制系统，控制器，被控对象，自动控制理论，数学模型，分析，综合，信息，信号，反馈，环节，方框图（方框图中的）分支，分支点及相加点，开环控制系统－前馈控制系统，闭环控制系统－反馈控制系统，参考输入，扰动，（对扰动的）补偿，误差信号，误差检测器，系统偏差，单变量系统及多变量系统。

第一节　概　　述

所谓自动控制，是指无需人经常直接参与，而是通过对某一对象施加合乎目的的作用，以使其产生所希望的行为或变化的控制。上述控制虽然不是由人力来直接完成的，但却是人为了某种目的而预先造好的装置来完成的。这样的装置称为控制器。后者按照人的安排接受某种信息，并遵循一定的法则加工这个信息，使其变为控制作用，以施加在对象上。这样的对象称为被控对象。被控对象在控制作用影响下，在其功能的限度内改变自己的状态。

这里，控制的目的性往往是很重要的。对同一个被控对象，如果目的不同，所要求的控制也会不同。以一台同步发电机为例，若目的是将它开动起来，那就需要一系列启动、升速的控制设备，按照确定的启动程序进行控制。这属于自动程序控制之类。若目的是使运行中的发电机电压符合给定值，就需要一台自动电压控制器，通过改变发电机的励磁实现对发电机电压的自动控制。

有这样一种控制作用，其目的是使被控对象的状态符合某个常数值，则也可称其为调解。自动实现的调解称为自动调节。例如上述发电机电压控制器也可称为电压调节器。由此可见，调节属于控制的局部情形。

由控制器、被控对象等部件为了一定的目的，有机地连接而成进行自动控制的整体，称为自动控制系统。

自动控制理论这门学科，以自动控制系统为研究对象，用动力学的方法在运动和发展中考察系统，从而揭示出为相同类型或所有类型系统所共有的规律，并在此基础上得出将理论应用于工程实际的途径。对实际存在的控制系统的动态行为的数学描述，称为控制系统的数学模型。对不同技术领域内的控制系统的行为，为其建立专用的数学模型，显然需要具有各相应专门学科的知识。而自动控制理论的任务，则是给出建立数学模型的一般方法，并以数学模型为基础，对该系统进行分析和综合。所谓分析，是在已知系统数学模型的基础上，分析出系统的性能。所谓综合，指在对系统性能提出要求的基础上，找出满足要求的系统模型（数学模型）。

需要指出，尽管构成各个实际控制系统的具体结构形形色色，但是就某种目的来说，只要它们具有同样的功能，就都可用同一的数学模型来表征。当一个实际控制系统的数学模型一旦建立起来，那么对它们的研究，便可以纳入自动控制理论的统一的研究轨道。从这个意义上说，大多数从事不同专业的工程技术人员和科技工作者，都可应用而且也都需要一定的自动控制理论知识。

在20世纪50年代，控制论的奠基人、美国学者N. Wiener就指出了关于系统、控制、信息和反馈等概念的重要性，并且明确而深刻地阐明了它们之间的重要联系。

系统是一个很广泛的概念，涵盖我们所感兴趣的任何可作为整体来研究的事物。这样，由若干元素，为了某种目的而把它们有机地相互连接成的一个整体，就可以称为系统。这个定义指出了系统的三种属性：①系统的整体性；②各元素之间的关联性；③人们所以把它当成系统来研究的目的性。

系统是一个相对的概念。由于考察的目的不同，对某一组元素的总体，可以当作一个系统，有时也可以把其中的一部分当作一个系统，只要它们符合系统的三种基本属性。后者称为前者的子系统。当然，这一概念可以循环嵌套延伸：子系统中还可包含子系统。

而自动控制系统，除了具有上述三种普遍属性，还具有它的一定个性，即它还是一个动态系统，并在其中存在着自动控制作用。

所谓动态系统，就是说在这种系统中，从一个状态到另一个状态的变化，不可能瞬时完成，而只能是在过程中渐变地实现。任何一个真实的物理系统中状态的变化，总是通过系统中存在的物质和能量的转换或传递来实现。这种变化，显然不能瞬时完成。从这个意义上严格地说，一切真实的系统都是动态系统。但是从相对的观点看，在一个大的系统中，如果其中某些子系统，其状态的渐变过程的持续时间与其他部分的相比可以忽略不计，并且其渐变过程的性质对分析整个系统过程的行为也没有重大的影响，那么就不必考虑该子系统的动态性质，即可以假设这个子系统不是动态的：其状态随着产生它的原因而能瞬时变化。具有后一特征的系统称为静态系统。对动态系统和静态系统的概念，在第二章中还要从数学模型的角度详述。

在系统中，各个元素之间以及系统作为一个整体与外界之间，都存在着相互联系、相互作用。这就是系统的关联性。自动控制系统中的控制器对被控对象的控制作用，是代表这种系统的特征之一。控制作用以及系统中其他相互联系、相互作用，实质上是系统中的物质与能量的转换与传递。此外还有一类联系或作用，其主导因素是信息，即把关于一个元素的状态的消息、情报或数据，传递到另一些元素上去。这时信息的物理形式或能量形式是次要的，重要的是信息内容本身。以一定的物理形式或能量形式出现，用以传递信息的载体，称为信号。就自动控制系统说，控制器通过接收某些输入信号，从系统外部和/或内部取得信息，经过加工处理产生新的信息，以信号形式或以某种能量形式输出，实现控制作用。

由于N. Wiener的工作和控制论的出现，冲击了关于世界由物质和能量所组成的旧观念，代之以世界由物质、能量和信息这三者所组成的新观念。关于信息概念的重要性，由此可见一斑。对信息这一内容极为深刻的概念进行详述，不是本书的目的。这里只强调指出，在控制系统的信息交换过程中，有一种作用即信息的反馈，特别重要。关于反馈，将在本章第二节中讲述。

需要强调指出，在控制理论中，把一个系统划分成元素或子系统，不一定依据其是否具有相对独立的物理结构，重要的是看它们是否具有相对独立的功能或运动规律。在本书中，有时把功能单位也称为环节。一个环节具有一种特定的功能。

考虑一个例子，如图1-1（a）所示是一台对电动机转速进行控制的简单的控制系统。

该系统由控制器和作为被控对象的电动机所组成。它们各用一个方框代表。这样的系统按功能分，可分成三个环节，如图 1-1（b）所示。

这个系统外界输入的电压 u_r，称为参考输入电压。通过它来确定电动机转动的角位移 θ。角位移 θ 是被控制量，又可称为系统的输出变量。参考输入电压 u_r 是为得到所希望的角位移 θ 而施加于控制器上的参考输入信号。不同的 u_r 将得到不同的 θ。设与 u_r 相对应的角位移为 $\hat{\theta}$（图中未画出 $\hat{\theta}$，只画出了对应的 u_r），要求实际输出的角位移 θ 尽可能准确地跟踪 $\hat{\theta}$ 的变化。

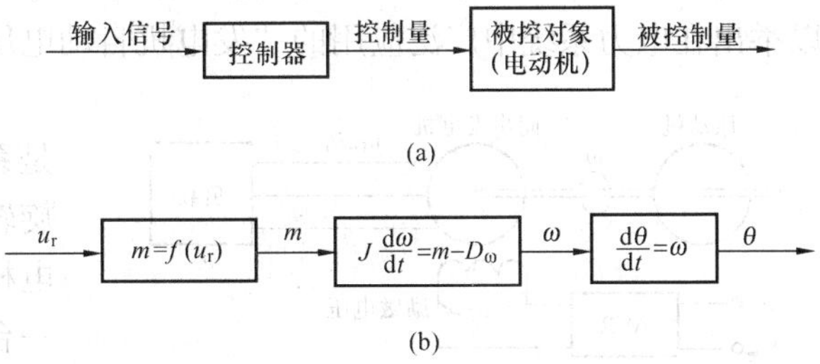

图 1-1　电动机控制系统

(a) 方框示意图；(b) 系统中的三个环节

u_r—参考输入电压；m—作用于电动机上的电磁转矩；ω，θ—电动机的转速与角位移；J—电动机及被拖动机构的转动惯量；D_ω—阻尼转矩及阻尼系数

图中的参考输入信号 u_r 作用于控制器，后者按某种确定的规律对前者进行加工，产生相应的控制量 m

$$m = f(u_r) \tag{1-1}$$

m 是作用于电动机上的电磁转矩，在其作用下电动机产生旋转运动。根据动力学中的牛顿定律和运动方程，求出关于转速 ω 和角位移 θ 的关系式为

$$J\frac{d\omega}{dt} = m - D_\omega \tag{1-2}$$

$$\omega = \frac{d\theta}{dt} \tag{1-3}$$

上列式（1-1）～式（1-3）分别描述了系统中对应的环节的功能，如图 1-1（b）所示。

在图 1-1 中，每一个方框代表一个元素或环节或子系统；用以联系各个方框之间或系统与外界之间、具有单方向指向的有向线段，代表方框的输入、输出变量。这种形式的图形，称为系统的方框图。用方框图表示系统的功能及其相互作用，具有比较直观和醒目的特点，以后本书将经常采用。

第二节　自动控制系统的基本结构

自动控制系统的性能和行为，在很大程度上取决于控制器所接收的信息。这些信息有两个可能的来源：一是来自系统外部，即由系统输入端输入的参考输入信号；另一种来自被控对象的输出端，即反映被控对象的行为或状态的信息。把从被控对象输出端获得的信息，通过中间环节再送回到控制器的输入端，称为反馈。所述的中间环节因此又称为反馈环节。传送反馈信息的载体，称为反馈信号。系统中是否采用了反馈，对系统性能的影响极大。故而系统的基本结构，也就按是否有无反馈而分成两大类：开环控制系统和闭环控制系统。

一、开环控制系统

一个控制系统，如果在其控制器所接收的信息来源中不包含来自被控对象输出端的反馈信息，则称为开环控制系统，或称为前馈控制系统。图 1-1 即为开环控制系统的例子。还可以举出在电力系统中广泛应用的“发电机自动电压控制系统”的例，如图 1-2 所示。

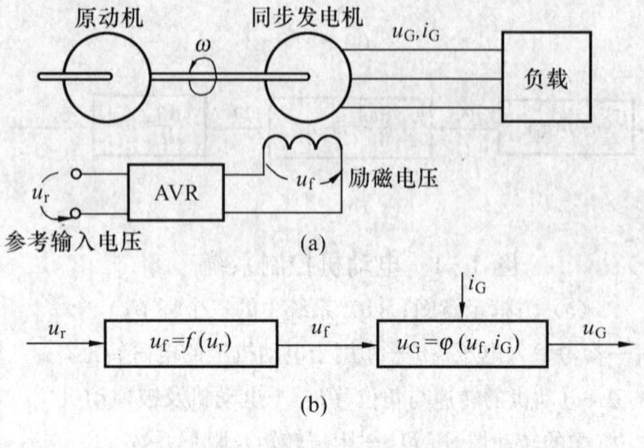

图 1-2 开环状态的发电机自动电压控制系统
(a) 电气接线图；(b) 系统方框图

图 1-2 中的一台三相交流同步发电机是系统中的被控对象。发电机由原动机带动旋转，产生电力供给负载用户。为了调节发电机输出的电压，以满足用户需要，装设了一台“自动电压调节器 AVR（Automatic Voltage Regulator）”。它就是这个系统中的控制器。发电机输出的机端电压 u_G 是系统的输出变量。控制的目的在于：在用户的负载电流 i_G 不断变化的过程中，维持电压在某一恒定的希望值：$u_G \approx \hat{u}_G = \text{const}$。正如前面已经提到的，这种控制作用又称为调解。相应的系统又称为自动电压调节系统。调解过程如下：图 1-2（a）中的参考输入电压 u_r 是与恒定的希望值 $\hat{u}_G$ 成比例的某种电压 u_r，通过图中的 AVR 加工处理后输出 u_f，作为发电机的励磁电压。改变励磁电压 u_f 的大小，就能改变发电机的输出电压 u_G。由于发电机电压主要通过调节励磁来实现，因此自动电压调节器有时也称为自动励磁调节器（但英文缩写符号 AVR 不变）。

控制系统中控制器的输出变量 u_f 对输入变量 u_r 的依存关系，称为控制规律，表示如下

$$u_f = f(u_r) \tag{1-4}$$

反映系统希望值 $\hat{u}_G = \text{const}$ 的这种输入电压 u_r，称为参考输入。此外，从所研究的系统的外部还可能有其他一些输入，对系统也会产生影响。后一种输入，称为外界扰动输入，简称为扰动。这种扰动，可能作用于系统的任何元素上，但大多是作用在被控对象上。

作为例子，图 1-2（a）中发电机的电压 u_G 是这个系统的输出，而发电机的负载电流 i_G，则可视为外界负载变动所引起的一种扰动输入。于是，对此系统就有了两个外界输入，即 u_r 和 i_G。这时被控制量应表为

$$u_G = \varphi(u_r, i_G) \tag{1-5}$$

对应的系统方框图示于图 1-2（b）。由图中看出，控制器 AVR 的输出 u_f 只由参考输入 u_r 确定［见式（1-4）］，而与扰动 i_G 无关。因此，根据式（1-5）可知，只保持参考输入 u_r 为恒定，要想使被控对象的输出电压 u_G 在扰动 i_G 的作用下仍然保持恒定，是不可能的。在实际应用中，这种发电机自动电压控制器，很少能当作一个实用的控制系统使用。

但对此可以采用如下措施来进行补救：将扰动的信息引入控制器的输入端，用控制器的控制作用去抵消扰动对被控对象的影响。具体做法如图 1-3（a）所示。在发电机定子电流回路中加装电流互感器，用以检测其电流 i_G，得到 i_{G2}（电流互感器的二次电流）。通过整流器变换成与 i_G 的有效值成比例的直流电流，作用于控制器 AVR。这时 AVR 的输出可表示为

$$u_f = f(u_r, i_G) \tag{1-6}$$

从理论上说，选择适当的控制规律 $f(u_r, i_G)$ 可以抵消扰动 i_G 对发电机电压 u_G 的影响，使其只与参考输入 u_r 有关。这就是对这种系统进行补偿的基本思路。因此称图 1-3 为带补偿的开环电压控制系统。在理想的完全补偿的情况下，保持 u_r 为恒定值，即可使 u_G 亦为恒

定值。

在图1-3（b）中，要想对 u_G 进行完全补偿，做法如下：设 u_G 因电流扰动所造成的变化量为 $\Delta u_G(i_G)$，在AVR中由于加上对电流扰动 i_G 的补偿而引起的变化量为 $\Delta u_f(i_G)$。后者又引起 u_G 的变化，设为 $\Delta u_G[\Delta u_f(i_G)]$。当 u_G 的两个变化量大小相等、符号相反，即

$$\Delta u_G(i_G) = \Delta u_G[\Delta u_f(i_G)] \quad (1-7)$$

时，扰动对系统输出的影响就得到了完全的补偿。

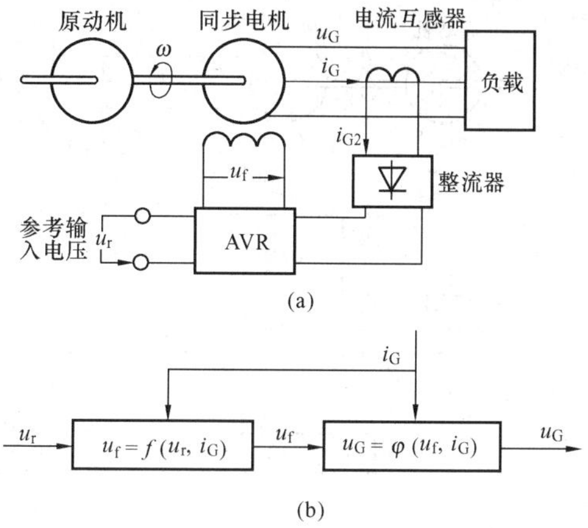

图1-3 带补偿的开环电压控制系统

（a）电气接线图；（b）系统方框图

必须指出，图1-3所示的补偿系统，仍然属于开环控制系统。原因是：控制器AVR的输入信息中虽然包含了扰动的信息，但却不包含被控对象提供的输出信息。包含不包含被控对象的输出信息，是区分一个系统属于开环控制系统，还是属于闭环控制系统（下一小节即将讲到）的决定因素。

单纯按电流补偿原理构成的自动电压调节装置，有时还在小型发电机上使用。但是，工作于开环状态的这种自动电压调节器，实际上无法维持发电机输出的电压 u_G 在某一恒定的希望值：$u_G \approx \hat{u}_G = \text{const}$。原因是：在这种系统中除已被补偿过的电流扰动之外，还会存在其他某些扰动，例如发电机原动机转速 ω 的变化，发电机定子、转子绕组温度的变化以及控制器等设备中元器件的老化等，也都会引起发电机输出的变化。显然，对众多扰动、多种因素引起的输出变化，采用一一补偿的办法几乎是不可能的，即使可能也是十分困难的。

二、闭环控制系统

一个控制系统，如果在其控制器的信息来源中包含有来自被控对象输出的信息，则称为闭环控制系统，或者反馈控制系统，或者称为闭环反馈控制系统。

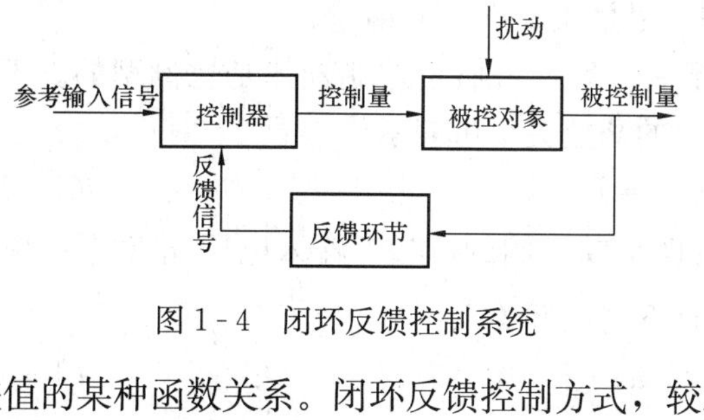

图1-4 闭环反馈控制系统

图1-4是闭环反馈控制系统的典型方框图。图中在控制器的输入端至少存在两个（还可能更多）输入信号：①来自系统外界、由希望值所确定的参考输入信号；②来自被控对象的输出端、经反馈环节而得到的反馈信号。控制器接受反馈信号和参考输入信号，进行比较，得到差值。控制规律是这个差值的某种函数关系。闭环反馈控制方式，较之开环控制方式可以使被控制量在更高的准确程度上符合希望值。

图1-5是闭环方式的自动电压控制系统的例子。此图是由图1-3略加改造而得：只需将图1-3中用以检测电流 i_G 的环节改成检测电压 u_G 即可。具体做法如下：将发电机机端处的电流互感器换成电压互感器，其二次侧接入整流器，得到与 u_G 成比例的直流反馈电压 u_b［即图1-5（a）中AVR输入端电位器R上的压降］。作为AVR的输入 u_e，按下式求得

$$u_e = u_r - u_b \quad (1-8)$$

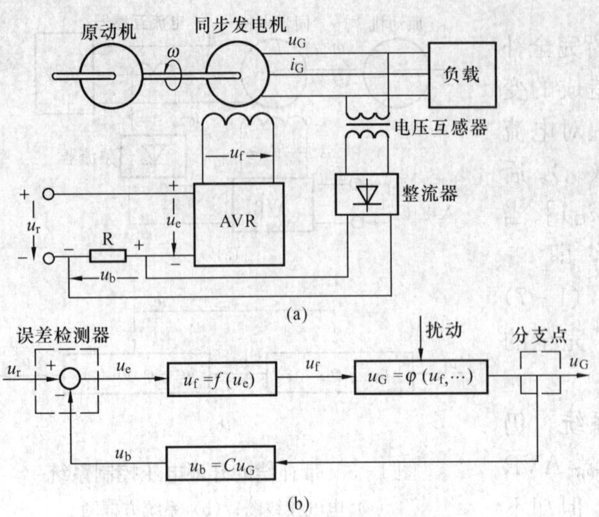

图 1-5 构成闭环的自动电压控制系统

(a) 电气接线图；(b) 系统方框图

式中的 u_e 代表反馈电压 u_b 相对于参考输入电压 u_r 的误差。式 (1-8) 所表征的函数关系很重要。它表示出系统的输出相对于系统的参考输入存在多大的误差。当此误差达到 0 时，说明系统输出完全符合希望的参考值。实现式 (1-8) 的设备称为误差检测器。参见图 1-5 (b)，以小圆圈表示的符号“○”，代表系统方框图中的误差检测器。误差检测器的两个输入分别是参考输入信号和反馈信号；而其输出则称为误差信号，简称误差。

用这个图形符号“○”，还可以表示多个变量的代数相加关系，所以在系统方框图中，它一般又可统称为相加点。在图 1-5 (b) 中，用有向线段代表变量来自何方和作用到哪里。如果同一变量作用到多个方框上，就要在对应的线段上增加分支点。分支点代表一个变量分发到多个目标去。位于图 1-5 (b) 右侧的变量 u_G，既是系统输出变量，同时又作为反馈环节的输入变量。因此，在代表 u_G 的线段上，就要加入一个分支点。

在图 1-5 (b) 中从左向右，沿线段箭头方向行进，就会构成一个闭环。这是闭环反馈控制系统名称的由来。

系统被控制量偏离希望值的差，称为系统偏差，简称偏差。对于图 1-5 的系统，设希望值为 $\hat{u}_G$，则偏差为

$$\Delta u_G = \hat{u}_G - u_G \tag{1-9}$$

对任何控制系统，当改变希望值，或者当被控制量因受扰动影响致使系统输出量发生变化时，我们总希望通过系统中的自动控制过程，尽量减少产生的偏差。

为说明图 1-5 中减少偏差的控制过程，不失一般性，假定控制规律是比例型的。于是控制器的输出电压 u_f 对误差检测器输出电压 u_e 的函数关系可表示为

$$u_f = f(u_e) = Ku_e \tag{1-10}$$

而反馈电压 u_b 对系统输出电压 u_G 的关系显然也是成比例的，参考输入电压 u_r 对系统输出的希望值 $\hat{u}_G$ 的关系显然也是成比例的。于是有下列比例关系

$$u_b = C_1 u_G \tag{1-11}$$

$$u_r = C_2 \hat{u}_G \tag{1-12}$$

以上三式中 K, C_1, C_2 ——比例系数。

在这种系统中，发电机本身就是一个动态子系统。当励磁电压 u_f 增加或减少时，机端电压 u_G 也会随之而增加或减少，但这个变化过程只能渐进地、动态地发生。即使假定 u_f 可以产生突变，由于发电机是动态系统，其输出电压 u_G 也不可能突变。

对图 1-5 做进一步的考察。在发电机正常运行的过程中，机端电压 u_G 应保持等于或接

近于其希望值 $\hat{u}_G$。式（1-9）所代表的偏差 Δu_G 不会大。根据式（1-11）和式（1-12）的关系，在图 1-5（b）中，可知误差检测器的输出电压 u_e 和系统偏差 Δu_G 成比例，即有

$$u_e = u_r - u_b = C_2\hat{u}_G - C_1\hat{u}_G = C\Delta u_G \tag{1-13}$$

据式（1-13）完全可以借助图 1-5 中的误差，来评价实际系统偏差的大小。现在假定发电机外接负载发生变化，考察系统的动态调解过程。负载的变化引起机端电压 u_G 下降，其反馈电压 u_b 随之下降，误差 u_e 变大，于是就会发生下列调节过程：

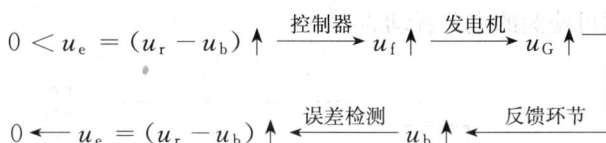

$$0 < u_e = (u_r - u_b)\uparrow \xrightarrow{\text{控制器}} u_f\uparrow \xrightarrow{\text{发电机}} u_G\uparrow$$

$$0 \leftarrow u_e = (u_r - u_b)\uparrow \xleftarrow{\text{误差检测}} u_b\uparrow \xleftarrow{\text{反馈环节}}$$

实际的调节过程往往不能一次完成。经过多次震荡之后，误差逐渐减少，最后使系统输出电压 u_G 趋近于希望值 $\hat{u}_G$。

上述调节过程说明，反馈控制系统属于按误差信号大小进行调节的一种系统。调节的总趋势，是逐渐减少所产生的误差。为达此目的，选择加到误差检测器上的反馈信号的正负，至关重要。像图 1-5（b）中误差检测器上所标注的符号那样，参考输入为正，反馈输入为负。这种反馈方式，称为负反馈。对于以减少误差检测器输出误差为目的的反馈，都应采用负反馈方式。

如果将图 1-5（b）中输入到误差检测器上的反馈信号的符号取反，则将构成一个具有正反馈的控制系统，如图 1-6 所示。对这个系统进行类似的分析，不难看出，当发电机因受到外界扰动的影响而引起误差检测器的误差 u_e 增大时，系统的调节作用将不是减少所产生的误差，而是会使其越来越大，最后使系统崩溃，无法工作。

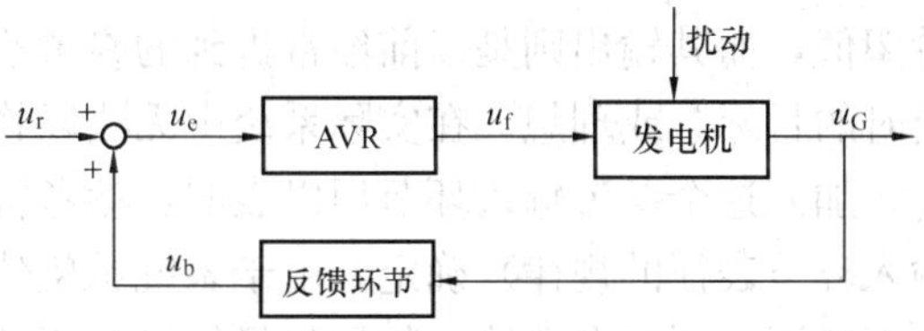

图 1-6 无法正常工作的正反馈自动电压控制系统

本书以后主要针对负反馈控制系统进行分析研究。对该系统有时也简称为反馈控制系统（省略“负”字），或者简称为闭环控制系统（省略“负反馈”字样）。在偶尔特殊的情况下，在局部系统（子系统）中有时也采用一点正反馈措施，以使在系统整体上取得特殊的效果。采用与对负反馈控制系统的相类似的分析方法去分析正反馈系统的性能，应该没有任何困难。

现在，对比一下闭环控制系统和开环控制系统性能上的优缺点。闭环控制系统在扰动因素较多且不可检测的情况下使用，能自行减少或消除系统偏差，这是它的基本优点。开环控制系统在原理上无法做到精确控制系统偏差。

开环控制系统，在对特定的外界扰动采取补偿措施的情况下，可以做到当扰动出现但尚未来得及影响到系统输出的时候（考虑到任何实际系统，都是动态系统，具有一定的惯性），补偿环节直接作用到被控对象，使其较快地变化。因此，开环控制系统具有响应快速的优点。

从工作稳定性考虑，开环控制系统一般不会出现工作不稳定的问题。闭环控制系统在调

节过程中，有时会出现过调解，甚至工作不稳定的问题。关于系统稳定性问题，本书在第六章专门论述。

综合上述，可以考虑将两者的优点糅合起来，并且抑制它们的缺点。例如，在闭环控制系统的基础上，增加对特定扰动的补偿环节。带补偿环节的闭环控制系统的典型方框图示于图 1-7。

图 1-7 中已将可获取的外界扰动通过补偿环节作用于误差检测器上。显然，不能补偿所有扰动，但可补偿可检测的主要扰动。

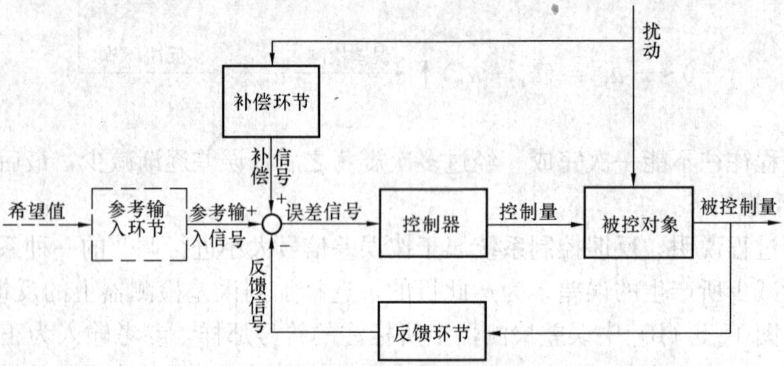

图 1-7　带补偿环节的反馈控制系统

需要指出，图 1-7 中还用虚线画出来一个参考输入环节。此环节的输入是系统输出的希望值，而其输出则是以前经常提到的参考输入值。输出的希望值实际上是我们设计控制系统时的目标，或理想。在实际系统中无法以物理的方法测取到它，作为目标，也不需要测取它。加入这个参考输入环节用以表明：参考输入信号要根据希望值按照一定的规律（由参考输入环节表征的规律）确定。由于系统希望值的量纲与系统输出量（即图中的被控制量）的量纲相同，同时参考输入信号的量纲又与反馈信号的相同，所以，可以认为参考输入环节与反馈环节类似或一样。这样，根据反馈环节所提供的函数关系，就能从希望值确定出参考输入信号的值。后者才是真正需要提供给系统的量。

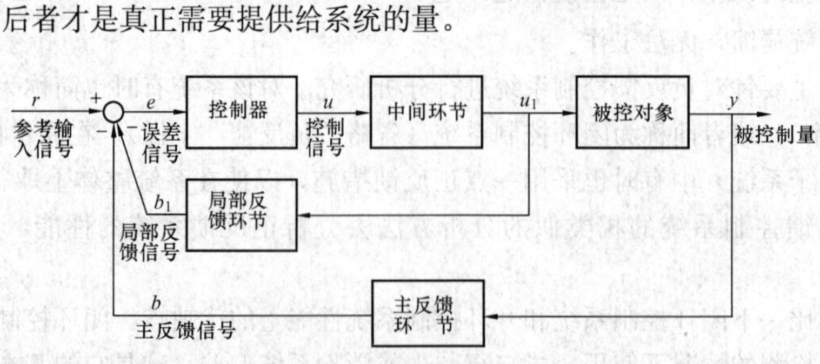

图 1-8　多环反馈控制系统

在反馈控制系统中，还可能存在多个反馈环路，如图 1-8 所示。有时系统的输入变量也不只一个，例如，有多个输入变量 $r_1, r_2, r_3, \cdots, r_n$ 等。具有多个输入变量的系统称为多变量系统。注意，系统也可以有多个输出变量，但不能单凭输出变量多就定名为多变量系统。事实上，任何一个单变量系统，把任意一个中间环节的输出变量引出系统外，就可当成系统输出变量看待，从而会引发多变量系统这一概念上的混淆。

一个控制系统，还可按其他特征划分。例如，按系统的物理现象和数学描述划分。据此，系统可分为线性的和非线性的，连续时间的和离散时间的，定常参数的和时变参数的，集中参数的和分布参数的，确定型的和随机型的，等等。

本书的前几章，以线性的、连续时间的、定常参数的、集中参数的和确定型的系统，作为主要讨论对象。考虑到计算机技术的广泛应用，对离散时间系统，书中也给以适当的介绍，但也只以集中参数的和确定型的为限。对分布参数的和随机型的系统由于篇幅所限，不再考虑。这样做，对于掌握自动控制理论的基本知识及其在电力系统中的应用来说，已经够用了。

习　　题

T1-1　试列举三个你所接触到的自动控制装置，说明每个装置的控制结构是开环的还是闭环的。

T1-2　核电站中核反应堆的裂变反应水平，受石墨棒插入深度控制。当插入愈深时，其反应水平愈低。而反应水平可用一个电离箱来测量，它的输出电流与反应水平成正比。其原理示意图见图T1-2。试设计一台自动控制装置控制该核反应堆，使其核裂变反应程度维持在给定水平。

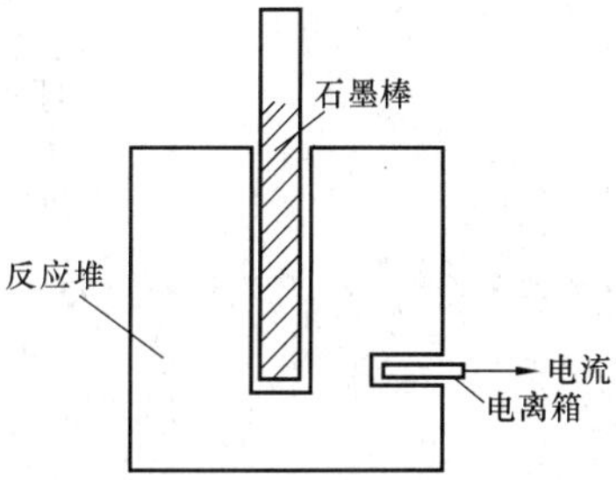

图T1-2　核反应堆原理示意图

T1-3　洗衣机控制系统方框图如图T1-3所示。问该系统属于开环控制系统还是闭环控制系统？试设计一个闭环控制的洗衣机系统方框图。

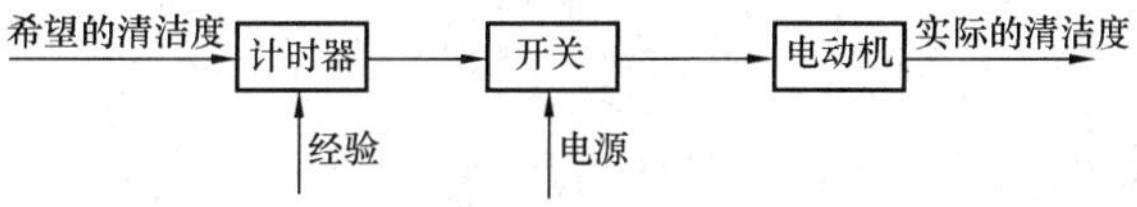

图T1-3　洗衣机控制系统方框图

T1-4　有两个汽轮发电机组的转速调节系统如图T1-4（a）、（b）所示。试分析它们的控制原理，并指明它们是开环控制系统还是闭环控制系统。请画出它们的控制系统方框图。

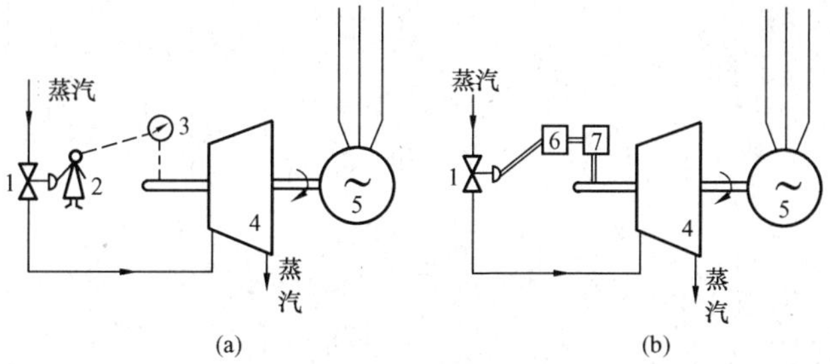

图T1-4　汽轮发电机组的转速调节系统

1—进汽阀门；2—操作员；3—转速表；4—汽轮机；
5—同步发电机；6—调节器；7—转速检测元件

T1-5　试说明开环控制系统与闭环控制系统的主要特征，比较它们的优缺点。

T1-6　举例说明一个控制系统当采用闭环控制结构，或采用开环控制结构但加装扰动补偿环节时，各有什么优缺点？

T1-7　有一水位控制装置如图 T1-7 所示。试分析它的控制原理，指出它是开环控制系统还是闭环控制系统。它的被控制量、参考输入量、扰动量是什么？请画出它们的控制系统方框图。

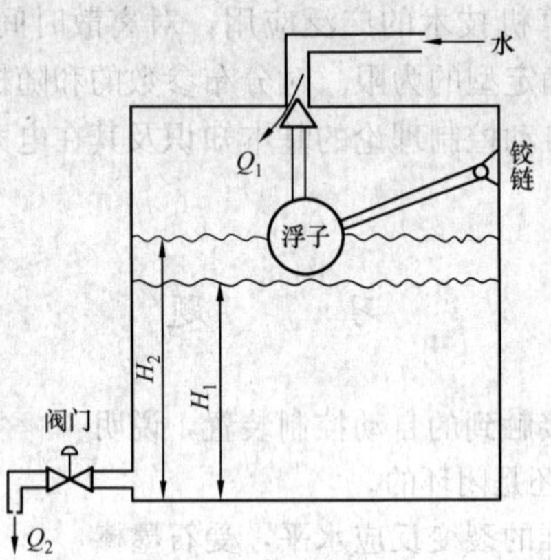

图 T1-7　水位控制装置

Q_1—输入流量，m^3/s；Q_2—输出流量，m^3/s；

H_1—实际水位，m；H_2—希望水位，m

第二章 线性动态系统

关键词：线性动态系统，黑盒，输入（激励），输出（响应），等效系统，静态系统（无记忆系统），动态系统（有记忆系统），状态，状态空间，单位阶跃函数，叠加原理，可加性，齐次性，零状态响应，零输入响应，全响应，零状态线性，零输入线性，状态方程，状态转移函数，状态转移矩阵，输出方程，拉氏变换及其反变换，频域法，时域法，复频率，传递函数，传递函数矩阵，传递函数的极点及零点，传递函数的阶，传递函数的特征多项式，单位冲激函数，单位脉冲函数，冲激响应函数，传递函数的原函数，线性动态系统响应的可分性，自由系统（系统由传递函数代表的）完全表征及不完全表征，状态空间描述，输入输出描述。

内容提要：对一个物理系统动态行为的数学描述，称为数学模型。为了对工程中的控制系统进行分析与设计，首先就要对系统进行数学描述，即建立动态系统的数学模型。

线性动态系统，是最重要的一类数学模型。实际控制系统由两部分组成，即被控对象和控制器，其中的一个子系统即被控对象，几乎都要用动态系统来描述，大多数还能用线性的动态系统以不同的精确度来描述。此外，控制系统中另一个子系统即控制器，一般也具有动态的性质。因此，在建立数学模型时，我们首先讲述动态系统，重点是线性动态系统。

第一节 动态系统及其状态

为了提出和解决系统模型的建立问题，一开始可以把系统或子系统看成一个黑盒，它具有输入端和输出端，如图 2-1 所示。黑盒是这样一个系统（或子系统或环节）：只要能找到它的输入变量与输出变量之间的数学关系，就不必关心它的内部详细物理结构。这时就说，已经为该系统建立了数学模型。站在控制理论研究的角度，更关心的是这个数学模型，而不是物理系统本身。这个数学模型就是我们所研究的系统。

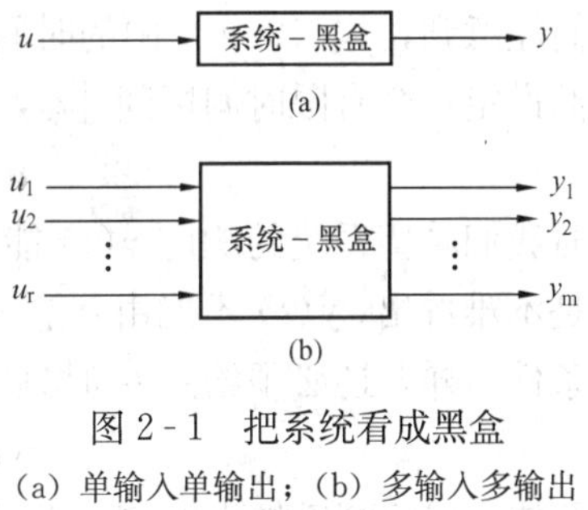

图 2-1 把系统看成黑盒

(a) 单输入单输出；(b) 多输入多输出

一个系统可以是单输入单输出的［图 2-1 (a)］，也可以是多输入多输出的［图 2-1 (b)］。对前一种系统，其输入和输出分别用单变量 u 和 y 表示；对后一种系统，其输入和输出分别用列矢量

$$\boldsymbol{u}=(u_1,\cdots,u_r)^T \tag{2-1a}$$

$$\boldsymbol{y}=(y_1,\cdots,y_m)^T \tag{2-1b}$$

表示（式中的 T 代表矢量的转置排列）。

在不需要强调其区别时，对输入变量 u 和输入矢量 $\boldsymbol{u}$，可以简称为输入或激励。对输出变量 y 和输出矢量 $\boldsymbol{y}$，可以简称为输出。输出是系统在输入作用下的结果，因此输出又称为响应。

两个系统，如果具有同样的输入，并且对输入有同样的响应，则称为等效系统。对于只关心系统的输入和输出的观察者来说，两个等效系统是不可区分的。这表明，对于一个实际系统，可以造出若干个与它等效的系统数学模型。

在考察一个实际控制系统时，为建立与其等效的数学模型，从绘制系统方框图着手，是可取的办法。为此，首先按照系统内部功能或运动规律将其分成若干个环节，把每一个环节用一个方框来代表，从而绘制出整个系统的方框图，就是说把每一个环节看成为一个黑盒；再通过对环节内部运动规律的分析或通过实验，建立每个环节的输入与输出之间的关系，即环节的模型（数学模型）；再把环节与环节之间通过输入输出关系连接起来，最后得到整个系统的输入输出关系，即系统的模型。

我们所研究的系统，都是以时间 t 作基本自变量的系统。按输入输出关系上的某些特点，可以把系统分成静态系统和动态系统两大类。

一个系统，如果它在任一时刻 t 的响应 $\boldsymbol{y}(t)$，唯一地决定于同一时刻的输入 $\boldsymbol{u}(t)$，即

$$\boldsymbol{y}(t)=\boldsymbol{y}[t;\boldsymbol{u}(t)] \tag{2-2}$$

则称为静态系统，或无记忆系统。

把满足条件（2-2）的系统称为无记忆系统，可能更易于被接受。把它称为静态系统，也许会引起这样的误解：既然是静态的，为什么它的输入输出又是时变的呢？事实上这里的“静态”二字，指的是任一时刻的响应对同一时刻的输入，始终保持确定的关系，而对过去时刻的输入没有记忆作用。

一个系统，如果它在任一时刻 t 的响应 $\boldsymbol{y}(t)$，对时刻 t 及以前的所有输入 $\boldsymbol{u}_{(-\infty,t)}$ 都有记忆作用，即

$$\boldsymbol{y}(t)=\boldsymbol{y}(t;\boldsymbol{u}_{(-\infty,t]}) \tag{2-3}$$

则称为动态系统或有记忆系统。式中的 $\boldsymbol{u}_{(-\infty,t]}$ 是时间区间（$-\infty$，t] 上的输入集❶，即

$$\boldsymbol{u}_{(-\infty,t]}=\{\boldsymbol{u}(t);t\in(\infty,t]\}^{❷} \tag{2-4}$$

我们注意到，式（2-4）中的时间区间（$-\infty$，t] 是个半无限区间，在使用上不方便；因此我们设定一个有限时间区间 [t_0，t]，并在此区间上定义输入集如下

$$\boldsymbol{u}_{[t_0,t]}=\{\boldsymbol{u}(t);t\in[t_0,t]\} \tag{2-5}$$

这时我们希望系统的响应 $\boldsymbol{y}(t)$ 能由此有限时间区间 $[t_0,t]$ 上的输入集定义式（2-5）确定。但是不难看出，$\boldsymbol{y}(t)$ 不能由 $\boldsymbol{u}_{[t_0,t]}$ 唯一地确定。要想唯一地确定 $\boldsymbol{y}(t)$，犹如微分方程中的初始条件一样，还必须给定 t_0 时刻的一组最少个数的信息，设将其表为矢量形式如下

$$\boldsymbol{x}(t_0)=[x_1(t_0),\cdots,x_n(t_0)]^T \tag{2-6}$$

必须使它能概括系统在时刻 t_0 以前由于 $\boldsymbol{u}_{(-\infty,t_0]}$ 的作用而产生的行为结果，并且能作为系统在 t_0 时刻以后发生新的变化时的初始条件。由式（2-6）所表述的这个矢量，称为系统在 t_0 时刻的状态矢量，简称为状态。

利用上述关于状态（2-6）的概念，可以给出关于动态系统在数学意义上更具实用性的

---

❶ 集—又称集合，集合论中的概念，泛指具有某种特征的若干事物的总体。

❷ $\in$ —集合论中的“属于”符号。

$t\in(-\infty,t]$—代表时间 t 可取时间区间$(-\infty,t]$上的任何值。其中圆括号代表开区间，方括号代表闭区间。

定义如下：一个系统，如果它在任一时刻 t 的响应 $\boldsymbol{y}(t)$，由某一初始时刻 $t_0 \leqslant t$ 的状态 $\boldsymbol{x}(t_0)$ 和时间区间 $[t_0, t]$ 上的输入集 $\boldsymbol{u}_{[t_0,t]}$ 两者所唯一地确定，即

$$\boldsymbol{y}(t) = \boldsymbol{y}[t;\boldsymbol{x}(t_0),\boldsymbol{u}_{[t_0,t]}] \tag{2-7}$$

则称此系统为动态系统，或有记忆系统。

以后我们将采用这个数学上较严格的定义来检验一个系统是否是动态系统。而以前对动态系统所进行的描述，那是为了从物理概念上更好地理解这种系统的特征而作的铺垫。

按照此定义，任何一个可用微分方程描述的系统，只要满足初始条件的解是存在的而且是唯一的，那末它就是动态系统。为了论证这个结论，试考虑可由下列线性定常一阶微分方程

$$\frac{\mathrm{d}y}{\mathrm{d}t} + \alpha y = u(t) \tag{2-8}$$

所描述的系统。

设初始时刻取为时间轴的原点，即 $t_0=0$。由微分方程的知识可知，一阶方程只需给定一个初始条件——初始状态 $x(t_0)$

$$x(t_0) = y(t_0) = y_0, t_0 = 0 \tag{2-9}$$

则不难求得满足初始条件的解为

$$y(t) = \mathrm{e}^{-\alpha t} y_0 + \int_0^t \mathrm{e}^{-\alpha(t-\tau)} u(\tau)\mathrm{d}\tau \tag{2-10}$$

式中等号的右边的第一项 $\mathrm{e}^{-\alpha t} y_0$ 是由初始条件 y_0 所求得的项；而第二项积分式则是由输入集 $\boldsymbol{u}_{[0,t]}$ 所求得的项。因此，该解（即系统响应）的一般表达式可表为

$$y(t) = y(t;y_0,u_{[0,t]}) \tag{2-11}$$

将式（2-11）与式（2-7）相对照，不难发现两者的相似性，从而证明了由式（2-10）、式（2-11）所描述的系统确是一个动态系统。

从物理概念上看，由于能量不能瞬时跃变，所以含有储能元件的系统必定属于动态系统。电路中的电感具有磁场能量，电容具有电场能量，机械运动中的物体具有动能和势能。因此它们都是储能元件，由其参与构成的系统必定是动态系统。

现在再回到数学关系上来考察，从而引出关于系统状态的概念。把 t_0 时刻的初始条件称为初始时刻的系统状态，简称为初始状态。更一般地说，对任意时刻 t 的一组最少个数的初始条件，设其为矢量形式

$$\boldsymbol{x}(t) = [x_1(t),\cdots,x_n(t)]^T \tag{2-12}$$

如果它与此后的输入集 $\boldsymbol{u}_{[t,t_1]}$ 一起唯一地确定了系统在 t_1 时刻的全部行为，则称此矢量 $\boldsymbol{x}(t)$ 为系统的状态矢量。式（2-12）中的各元素 $x_1(t),\cdots,x_n(t)$ 称为状态变量。状态矢量、状态变量统称为状态。

状态矢量 $\boldsymbol{x}(t)$ 所有可能在其中取值的集合，称为状态空间。状态矢量元素的个数 n，称为状态空间的维数。显然，维数 n 也就是描述系统的微分方程的阶数。在某一时刻 t，状态矢量 $\boldsymbol{x}(t)$ 是 n 维状态空间中的一点。当时刻 t 变化时，$\boldsymbol{x}(t)$ 就在状态空间中描绘出一条轨线，称为状态轨线。图 2-2 所示，是三维状态空间的示意图。

在第一章里，曾对动态系统从变化的角度作过这样的描述：动态系统从一个状态到另一个状态的变化，只能是一个渐变的过程，不能瞬时完成。为了验证这一论断，继续考察由微

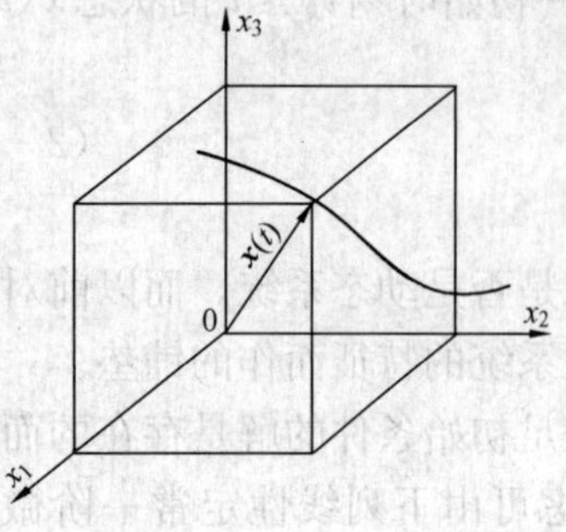

图 2-2 三维状态空间示意图

分方程式（2-8）所描述的系统。设初始状态为 0，即式(2-9)中 $y_0=0$；假定对此系统从外界施加一个阶跃形式的输入信号

$$u(t)=I(t)=\begin{cases}0, & t<0\\ 1, & t>0\end{cases} \tag{2-13}$$

这里的 $I(t)$ 称为单位阶跃函数。该函数的值在 $t=0$ 时刻发生跳变：函数值从 0 跳变为 1（一个单位）。从式（2-13）显然可以看出，函数的值在 $t=0$ 时刻是不连续的，此时刻的函数值不予定义。

将式（2-13）代入式（2-10）中，求得系统对单位阶跃的响应

$$y(t)=\frac{1}{\alpha}(1-e^{-\alpha t}) \tag{2-14}$$

该响应示于图 2-3 中。

从图 2-3 中看出，虽然系统的输入 $u(t)=I(t)$ 在初始时刻 $t=0$ 发生了突变，但是这个系统的响应却不能跟随输入发生类似的突变，而只能以渐变的形式出现。通过这个例子清楚地看到了动态系统的这个渐变的特征。现实世界中实际系统中的物质、能量的运动或变化，都是不能瞬时地完成的。所以一般的实际系统都应该用动态系统来描述。

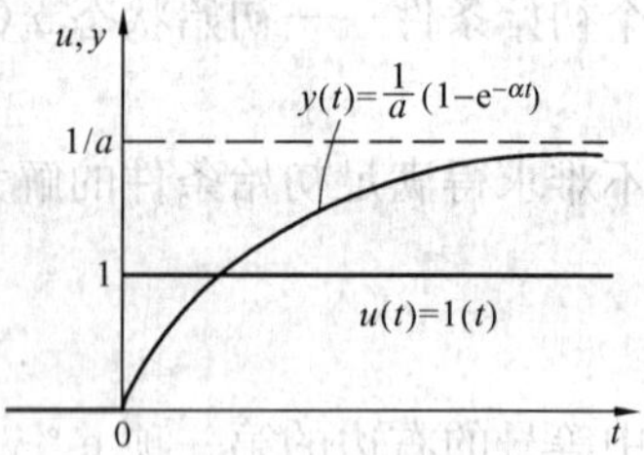

图 2-3 一阶动态系统对单位阶跃的响应

当引入了系统状态这个概念之后，对系统的描述就不仅停止在输入输出关系上，而且还深入到了系统的内部。

根据把系统看成黑盒的观点，只要两个系统具有同样的输入输出关系（在任何时刻 t）那它们就是等效的，而不必去管它们的内部结构。于是很自然地会想到：对两个外部等效的动态系统，其内部的状态是否可以不相同呢？答案是肯定的：两个等效的动态系统的状态可能不相同。这就是所谓的状态变量的非唯一性问题。在第三节，将证明此结论。

第二节 关于动态系统的线性

线性动态系统是动态系统中最重要的一类。其重要性在于，对这种系统的分析比较完善，并且存在普遍适用的解析解法。对绝大多数实际工程技术问题，都可以用线性化或近似线性化的办法予以处理。换言之，通常可以把实际工程中的动态系统，视为线性的，或至少在一定工作范围内，可视为线性的。与线性动态系统相反，对非线性动态系统现在还没有统一的解析解法。作为近似解法，往往还得采用某种假定，把非线性问题转化为近似线性问题去解。

线性系统与非线性系统在数学模型上的根本区别，在于前者的输入输出关系满足叠加原理。叠加原理有两个重要性质：①可加性；②齐次性。详见下述。

先考虑由式（2-2）描述的静态系统

$$\boldsymbol{y}(t)=\boldsymbol{y}[t;\boldsymbol{u}(t)]$$

设其输入矢量为

$$\boldsymbol{u}(t) = \alpha \boldsymbol{u}_1(t) + \beta \boldsymbol{u}_2(t) \tag{2-15}$$

式中　$\boldsymbol{u}_1(t),\boldsymbol{u}_2(t)$——与 $\boldsymbol{u}(t)$ 同维的任意两矢量；

　　　　α,β——任意的实常数。

这时，静态系统的叠加原理可表为：

（1）可加性

$$\boldsymbol{y}[t;\boldsymbol{u}_1(t) + \boldsymbol{u}_2(t)] = \boldsymbol{y}[t;\boldsymbol{u}_1(t)] + \boldsymbol{y}[t;\boldsymbol{u}_2(t)] \tag{2-16a}$$

（2）齐次性

$$\boldsymbol{y}[t;\alpha \boldsymbol{u}_1(t)] = \alpha \boldsymbol{y}[t;\boldsymbol{u}_1(t)] \tag{2-16b}$$

或

$$\boldsymbol{y}[t;\beta \boldsymbol{u}_2(t)] = \beta \boldsymbol{y}[t;\boldsymbol{u}_2(t)] \tag{2-16c}$$

式（2-16a，b，c）可以写在一起表述，即有

$$\boldsymbol{y}[t;\boldsymbol{u}(t)] = \alpha \boldsymbol{y}[t;\boldsymbol{u}_1(t)] + \beta \boldsymbol{y}[t;\boldsymbol{u}_2(t)] \tag{2-17}$$

式（2-17）与式（2-16a，b，c）是等效的。一个静态系统，如果满足式（2-17）与式（2-16a，b，c）的关系，就称为线性的静态系统。如果不满足式（2-17）或不全部满足式（2-16a，b，c）的关系，就称为非线性的静态系统。

现在转而考虑动态系统的情况。对于由式（2-7）表述的动态系统

$$\boldsymbol{y}(t) = \boldsymbol{y}[t;\boldsymbol{x}(t_0),\boldsymbol{u}_{[t_0,t]}]$$

其叠加原理不能按式（2-16）、式（2-17）简单地给出，因为这时的系统响应 $\boldsymbol{y}(t)$ 不仅决定于输入 $\boldsymbol{u}_{[t_0,t]}$，而且还决定于初始状态 $\boldsymbol{x}(t_0)$。但是，可以按下述定义把叠加原理引申到动态系统中去：设输入矢量和初始状态矢量分别可以表为

$$\boldsymbol{u}_{[t_0,t]} = \alpha \boldsymbol{u}_{1[t_0,t]} + \beta \boldsymbol{u}_{2[t_0,t]} \tag{2-18a}$$

$$\boldsymbol{x}(t_0) = \alpha \boldsymbol{x}_1(t_0) + \beta \boldsymbol{x}_2(t_0) \tag{2-18b}$$

式中　$\boldsymbol{u}_{1[t_0,t]},\boldsymbol{u}_{2[t_0,t]}$——与 $\boldsymbol{u}_{[t_0,t]}$ 同维数且在同区间 $[t_0,t]$ 上的任意两输入矢量集；

　　　　α,β——任意的实常数。

这时动态系统的叠加原理可表为

$$\boldsymbol{y}(t) = \alpha \boldsymbol{y}[t;\boldsymbol{x}_1(t_0),\boldsymbol{u}_{1[t_0,t]}] + \beta \boldsymbol{y}[t;\boldsymbol{x}_2(t_0),\boldsymbol{u}_{2[t_0,t]}] \tag{2-19}$$

一个动态系统，如果满足上列关系式（2-19），就称为线性的动态系统。

完全等效地说，如果上述动态系统，同时满足：

（1）可加性

$$\boldsymbol{y}[t;\boldsymbol{x}_1(t_0) + \boldsymbol{x}_2(t_0),\boldsymbol{u}_{1[t_0,t]} + \boldsymbol{u}_{2[t_0,t]}] =$$
$$\boldsymbol{y}[t;\boldsymbol{x}_1(t_0),\boldsymbol{u}_{1[t_0,t]}] + \boldsymbol{y}[t;\boldsymbol{x}_2(t_0),\boldsymbol{u}_{2[t_0,t]}] \tag{2-20a}$$

（2）齐次性

$$\boldsymbol{y}[t;\alpha \boldsymbol{x}_1(t_0),\alpha \boldsymbol{u}_{1[t_0,t]}] = \alpha \boldsymbol{y}[t;\boldsymbol{x}_1(t_0),\boldsymbol{u}_{1[t_0,t]}] \tag{2-20b}$$

则称此动态系统是线性的。

用这个定义不难验证由任意线性微分方程描述的动态系统都是线性的。这个验证工作作为练习留给读者去完成。

必须指出，按照上述定义，在任意给定的初始状态 $\boldsymbol{x}(t_0) \neq \boldsymbol{0}$ 之下，系统的输出 $\boldsymbol{y}(t)$ 对输入 $\boldsymbol{u}_{1[t_0,t]}$ 之间的关系，却不是线性的关系。当系统中的初始状态 $\boldsymbol{x}(t_0) = \boldsymbol{0}$ 时，称为零状态。对应的输出称为零状态响应。只有零状态响应对输入的关系才是线性的。这种线性称为

零状态线性。

类似地，在任意给定的输入集 $\boldsymbol{u}_{1[t_0,t]}\neq\boldsymbol{0}$ 之下，系统的输出 $\boldsymbol{y}(t)$ 对初始状态集 $\boldsymbol{x}(t_0)$ 之间的关系，也不是线性的关系。当系统中的输入集在整个时间区间上全为零 $\boldsymbol{u}_{[t_0,t]}=\boldsymbol{0}$ 时，称为零输入。对应的输出称为零输入响应。只有零输入响应对初始状态的关系才是线性的。这种线性称为零输入线性。

综上所述可知，一个线性动态系统自然同时满足零状态线性和零输入线性。当系统中的初始状态和输入都不是零时，系统的响应称为全响应。显然，系统的全响应，分别对输入和对初始状态就都不是线性的。这是从线性动态的叠加原理式（2-19）、式（2-20）中导出来的结论。

第三节　线性动态系统的状态空间描述

一、单输入单输出系统

考虑一个由 n 阶线性微分方程描述的线性动态系统

$$\frac{\mathrm{d}^n}{\mathrm{d}t^n}y+a_1\frac{\mathrm{d}^{n-1}}{\mathrm{d}t^{n-1}}y+\cdots+a_{n-1}\frac{\mathrm{d}}{\mathrm{d}t}y+a_ny=u(t) \tag{2-21}$$

式中　$u(t)$——输入变量（单变量）；

$y(t)$——输出变量（单变量）。

一个 n 阶微分方程有 n 个状态变量，可用 n 维状态矢量表示之，则有

$$\boldsymbol{x}(t)=[x_1(t),\cdots,x_n(t)]^T \tag{2-22}$$

可有许多方法确定一个系统的状态变量。对于本例，比较直观的办法是令

$$\left.\begin{aligned}x_1(t)&=y(t)\\x_2(t)&=\dot{y}(t)\text{[1]}\\&\cdots\cdots\\x_n(t)&=\overset{(n-1)}{y}(t)\end{aligned}\right\} \tag{2-23}$$

于是方程（2-21）可改写成（略写自变量 t）

$$\left.\begin{aligned}\dot{x}_1&=x_2\\\dot{x}_2&=x_3\\&\cdots\cdots\\\dot{x}_{n-1}&=x_n\\\dot{x}_n&=-a_nx_1-a_{n-1}x_2-\cdots-a_1x_0+u\end{aligned}\right\} \tag{2-24}$$

为了书写形式上的简洁，可将上式表为矢量方程的形式

$$\dot{\boldsymbol{x}}=\boldsymbol{Ax}+\boldsymbol{b}u \tag{2-25a}$$

式中，$\boldsymbol{A}$，$\boldsymbol{b}$ 为系数矩阵，由下式给定

---

[1] 对于 y 的导数 $\frac{\mathrm{d}^n}{\mathrm{d}t^n}y$，$\frac{\mathrm{d}^{n-1}}{\mathrm{d}t^{n-1}}y$，…，$\frac{\mathrm{d}}{\mathrm{d}t}y$，本书有时也写成

$$\overset{(n)}{y},\ \overset{(n-1)}{y},\ \cdots,\ \dot{y}$$

$$A^{❶}\begin{bmatrix}0 & 1 & 0 & \cdots & 0\\ 0 & 0 & 1 & \cdots & 0\\ \cdots & \cdots & \cdots & \cdots & \cdots\\ 0 & 0 & 0 & 0 & 1\\ -a_n & -a_{n-1} & -a_{n-2} & \cdots & a_1\end{bmatrix};\ b^{❶}=\begin{bmatrix}0\\0\\ \cdots\\0\\1\end{bmatrix} \tag{2-25b}$$

设式（2-25a，b）所描述的系统在某一时刻 t_0 的初始状态表示为

$$\boldsymbol{x}(t_0)=\boldsymbol{x}_0 \tag{2-26}$$

式（2-25a，b），式（2-26）称为描述动态系统的状态方程。

由常微分方程的知识可知，对上述状态方程，满足其初始状态的解，必定是存在的，并且是唯一的。这个解可表为

$$\boldsymbol{x}=\varphi[t;\boldsymbol{x}_0,u_{[t_0,t]}] \tag{2-27}$$

称之为状态转移函数。状态转移函数代表状态的转移，即从初始状态 $\boldsymbol{x}_0$ 经过输入 $u_{[t_0,t]}$ 的作用而转移到另一个新的状态 $\boldsymbol{x}$。关于具体如何求解状态转移函数，本章稍后再介绍。

状态方程只表示了状态对输入和对初始状态的关系。为完整地表述动态系统，还要建立输出对状态的关系。后者称为输出方程。

由式（2-23）的第一个方程，可得输出方程

$$y=\boldsymbol{cx}=[1,0,\cdots,0]\begin{bmatrix}x_1\\x_2\\ \vdots\\x_n\end{bmatrix}=x_1 \tag{2-28}$$

式中　$\boldsymbol{c}=[1,0,\cdots,0]$——行矢量；

$\boldsymbol{x}=\begin{bmatrix}x_1\\x_2\\ \vdots\\x_n\end{bmatrix}$——列矢量；

y——输出单变量（标量）。

状态方程与输出方程构成的联立方程，称为动态系统的状态空间描述方程，简称状态空间描述。

【例 2-1】　电机（或其他旋转体）的旋转运动可用一个二阶系统描述，即

$$J\ddot{\theta}=m-D\dot{\theta} \tag{2-29}$$

式中　θ——旋转的角位移，rad；

m——过剩转距，N·m；

$D\dot{\theta}$——计及风阻等因素的阻尼转距，它一般与转速 $\dot{\theta}$ 成正比，N·m；

D——计及风阻等因素的阻尼系数，N·m·s；

J——旋转体的转动惯量，N·m·s^2。

试以过剩转距 m 作为系统的输入，以角位移 θ 作为系统的输出，列出该系统的状态空间描述。

解　对此系统，取两个状态变量如下

❶ 本书中用大写黑体字母代表矩阵；用小写黑体字母代表列矢量，偶尔也代表行矢量。

$$x_1 = \theta; x_2 = \dot{\theta} \tag{2-30}$$

于是，由式（2-29）得状态方程

$$\begin{bmatrix} \dot{x}_1 \\ \dot{x}_2 \end{bmatrix} = \begin{bmatrix} 0 & 1 \\ 0 & -\frac{D}{J} \end{bmatrix} \begin{bmatrix} x_1 \\ x_2 \end{bmatrix} + \begin{bmatrix} 0 \\ \frac{1}{J} \end{bmatrix} m \tag{2-31a}$$

及输出方程

$$y = \begin{bmatrix} 1 & 0 \end{bmatrix} \begin{bmatrix} x_1 \\ x_2 \end{bmatrix} \tag{2-31b}$$

二、多输入多输出系统

对于一般的线性或非线性、连续时间的动态系统，其状态空间描述可以表为一般形式如下

$$\dot{\boldsymbol{x}} = \boldsymbol{f}(t;\boldsymbol{x},\boldsymbol{u}) \tag{2-32a}$$

$$\boldsymbol{y} = \boldsymbol{\eta}(t;\boldsymbol{x},\boldsymbol{u}) \tag{2-32b}$$

如果系统是线性的，那末根据叠加原理，可以得出（这里不严格证明）其状态空间描述必定具有如下所示的一般形式：

$$\dot{\boldsymbol{x}} = \boldsymbol{A}\boldsymbol{x} + \boldsymbol{B}\boldsymbol{x}, \boldsymbol{x}(t_0) = \boldsymbol{x}_0 \tag{2-33a}$$

$$\boldsymbol{y} = \boldsymbol{C}\boldsymbol{x} + \boldsymbol{D}\boldsymbol{u} \tag{2-33b}$$

$$\boldsymbol{A} = \begin{bmatrix} a_{11} & \cdots & a_{1n} \\ \vdots & & \vdots \\ a_{n1} & \cdots & a_{nn} \end{bmatrix}; \boldsymbol{B} = \begin{bmatrix} b_{11} & \cdots & b_{1r} \\ \vdots & & \vdots \\ b_{n1} & \cdots & b_{nr} \end{bmatrix};$$

$$\boldsymbol{C} = \begin{bmatrix} c_{11} & \cdots & c_{1n} \\ \vdots & & \vdots \\ c_{m1} & \cdots & c_{mn} \end{bmatrix}; \boldsymbol{D} = \begin{bmatrix} d_{11} & \cdots & d_{1r} \\ \vdots & & \vdots \\ d_{m1} & \cdots & d_{mr} \end{bmatrix}; \tag{2-33c}$$

式中 $\boldsymbol{x}$ ——n 维状态矢量；

$\boldsymbol{u}$ ——r 维输入（或激励）矢量；

$\boldsymbol{y}$ ——m 维输出（或响应）矢量；

$\boldsymbol{A},\boldsymbol{B},\boldsymbol{C},\boldsymbol{D}$ ——系数矩阵。

由式（2-33）可知，线性动态系统的行为完全由四个系数矩阵 $\boldsymbol{A},\boldsymbol{B},\boldsymbol{C},\boldsymbol{D}$ 所确定。实际工程中的线性动态系统，这些系数一般由实数系数元素构成，但可能是时变的或非时变的（定常的）。当四个系数矩阵的所有元素全是定常的元素时，则由它们描述的动态系统称为线性定常的动态系统。对线性定常动态系统的状态空间描述，可以简记为 $[\boldsymbol{A},\boldsymbol{B},\boldsymbol{C},\boldsymbol{D}]$；同样，对线性时变动态系统的状态空间描述，可以简记为 $[\boldsymbol{A}(t),\boldsymbol{B}(t),\boldsymbol{C}(t),\boldsymbol{D}(t)]$。当只考虑系统中的状态方程时，可以简记为 $[\boldsymbol{A},\boldsymbol{B}]$，或 $[\boldsymbol{A}(t),\boldsymbol{B}(t)]$。

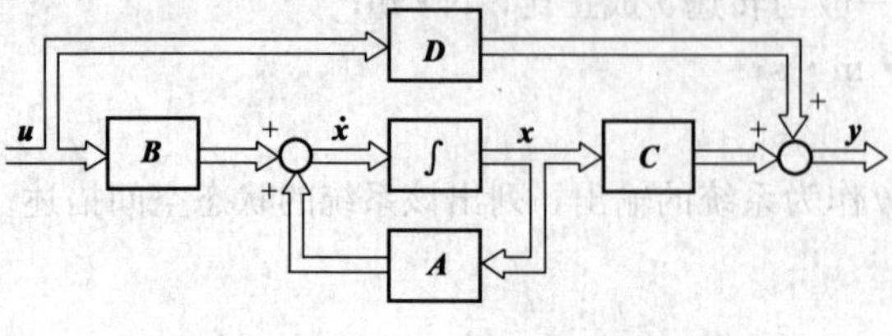

图 2-4 线性动态系统的方框图

图 2-4 示出了系统 $[\boldsymbol{A},\boldsymbol{B},\boldsymbol{C},\boldsymbol{D}]$ 的方框图。图中的每一个方框代表一个功能单位。例如，矩阵 $\boldsymbol{A}$ 所在方框代表这样一种功能：将输入该框的矢量 $\boldsymbol{x}$（图中

的粗体有向线段代表矢量），经 $\boldsymbol{A}$ 作用后变成新矢量 $\boldsymbol{Ax}$ 输出。其余的 $\boldsymbol{B}$,$\boldsymbol{C}$,$\boldsymbol{D}$ 框的功能与此相类似。用积分符号 $\int$ 代表的方框，相当于积分器，其功能是把输入的 $\dot{\boldsymbol{x}}$ 进行积分运算，变成 $\boldsymbol{x}$ 然后输出。此外，图中还有两个相加点，分别代表状态方程式（2-33a）和输出方程式（2-33b）中的相加关系。

根据这个方框图，整个系统可以看成由五个子系统以及两个相加点所构成。子系统 $\boldsymbol{A}$，$\boldsymbol{B}$,$\boldsymbol{C}$,$\boldsymbol{D}$ 都是静态（无记忆）系统；只有带积分器的那一个子系统，由于起着记忆及累加的作用，属于动态系统。

【例 2-2】　考虑如图 2-5 所示电枢控制式直流电动机的控制系统。试列出该系统的状态空间描述。

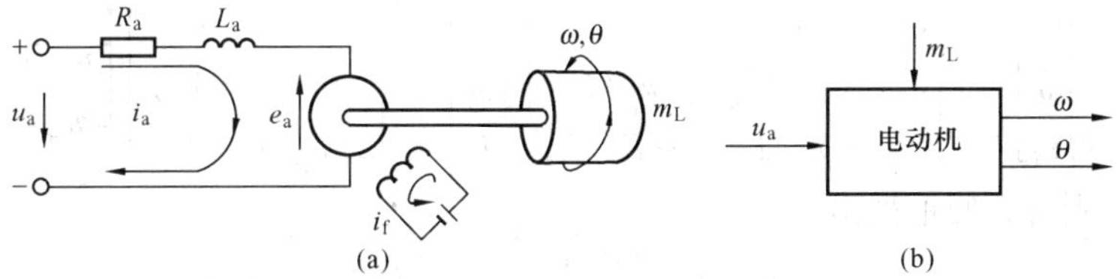

图 2-5　电枢控制式直流电动机系统

（a）电动机示意图；（b）方框图

u_a—施加于电枢上的控制电压，作为系统的控制输入，V；

θ,ω —分别为旋转角位移［rad］及转速［rad/s］，是系统的两个输出；

m_L—被拖动的负载转矩，［N・m］，可视为系统的扰动输入；

i_f—恒定的励磁电流，A，i_f=const；

e_a,i_a —分别为电枢反电动势，V，及电枢电流，A；

R_a,L_a —分别为电枢回路等效电阻，Ω，及等效电感，H

解　对于一个实际物理系统，建立数学模型要依据系统中所遵循的物理定律。具体地说，本例要依据旋转运动定律和电路的有关定律来建立它的数学模型。

由动力学中的牛顿定律，我们有

$$\dot{\theta} = \omega \tag{2-34a}$$

$$J\dot{\omega} = m_e - m_L - D\omega \tag{2-34b}$$

式中　m_e——电磁转矩，N・m；

J,D——分别为转动惯量及阻尼系数，见［例 2-1］。

此外，由电枢电路中的基尔霍夫电压定律得

$$u_a = R_a i_a + L_a i_a + e_a \tag{2-34c}$$

电枢上感生的电动势 e_a 和转速 ω 及磁通 ϕ 的积成正比，而磁通 ϕ 的大小又决定于励磁电流 i_f。由于 i_f=const，故 ϕ=const，因此，有

$$e_a = k_1\omega \tag{2-34d}$$

式中　k_1——比例系数，V・s/rad。

还有，电磁转矩 m_e 与电枢电流 i_a 及磁通 ϕ 的积成正比，由于 ϕ=const，则

$$m_e = k_2 i_a \tag{2-34e}$$

式中　k_2——比例系数，N・m/A。

式（2-34a）～式（2-34e）五个方程，就是针对该电动机控制系统所建立的原始数学模型。

其中涉及到的变量计有 $\theta,\omega,m_e,m_L,i_a,e_a,u_a$ 等七个。由于 u_a 及 m_L 是给定的两个输入——控制输入及扰动输入，余下五个未知变量配五个方程，所以解是确定的。

模型中共包含三个导数项，因此系统是三阶的。为了方便，取如下三个变量作为状态变量：θ,ω,i_a。

从式（2-34）中消去中间变量 m_a 及 e_a，则可得状态方程如下

$$\dot{\theta}=\omega \tag{2-35a}$$

$$\dot{\omega}=-\frac{D}{J}\omega+\frac{K_2}{J}i_a-\frac{1}{J}M_L \tag{2-35b}$$

$$\dot{i}_a=-\frac{k_1}{L_a}\omega-\frac{R_a}{L_a}i_a+\frac{1}{L_a}u_a \tag{2-35c}$$

或者表为矢量形式

$$\begin{bmatrix}\dot{\theta}\\ \dot{\omega}\\ \dot{i}_a\end{bmatrix}=\begin{bmatrix}0 & 1 & 0\\ 0 & -D/J & k_2/J\\ 0 & -k_1/L_a & -R_a/L_a\end{bmatrix}\begin{bmatrix}\theta\\ \omega\\ i_a\end{bmatrix}+\begin{bmatrix}0 & 0\\ 0 & -1/J\\ 1/L_a & 0\end{bmatrix}\begin{bmatrix}u_a\\ m_L\end{bmatrix} \tag{2-36a}$$

至于输出方程，则可方便地列出

$$\begin{bmatrix}\theta\\ \omega\end{bmatrix}=\begin{bmatrix}1 & 0 & 0\\ 0 & 1 & 0\end{bmatrix}\begin{bmatrix}\theta\\ \omega\\ i_a\end{bmatrix} \tag{2-36b}$$

三、状态变量的非唯一性

所谓状态变量的非唯一性指的是，在外部等效（输入输出关系全相同）的前提下，任何动态系统（不限于线性系统）内部的状态变量的选取，有一定的任意性。

我们以线性动态系统 $[\boldsymbol{A},\boldsymbol{B},\boldsymbol{C},\boldsymbol{D}]$ 为例，根据式（2-33a）和式（2-33b）有

$$\dot{\boldsymbol{x}}=\boldsymbol{Ax}+\boldsymbol{Bu},\boldsymbol{x}(t_0)=\boldsymbol{x}_0$$

$$\boldsymbol{y}=\boldsymbol{Cx}+\boldsymbol{Du}$$

利用矩阵的线性变换，将状态 $\boldsymbol{x}$ 变换成另一个新的状态 $\boldsymbol{z}=(z_1,\cdots,z_n)^T$，即

$$\boldsymbol{z}=\boldsymbol{Mx};\boldsymbol{x}=\boldsymbol{M}^{-1}\boldsymbol{z} \tag{2-37}$$

式中，$\boldsymbol{M}$ 为任意一个 $n\times n$ 阶满秩系数矩阵，即

$$\boldsymbol{MM}^{-1}=\boldsymbol{I}(\text{么阵}) \tag{2-38}$$

将式（2-37）代入式（2-33）中，则

$$(\boldsymbol{M}^{-1}\boldsymbol{z})=\boldsymbol{AM}^{-1}\boldsymbol{z}+\boldsymbol{Bu} \tag{2-38a}$$

$$\boldsymbol{y}=\boldsymbol{CM}^{-1}\boldsymbol{z}+\boldsymbol{Du} \tag{2-38b}$$

对式（2-38b）两边左乘以 $\boldsymbol{M}$，注意到式（2-38a），则

$$\dot{\boldsymbol{z}}=(\boldsymbol{MAM}^{-1})\boldsymbol{z}+(\boldsymbol{MB})\boldsymbol{u},\boldsymbol{z}(t_0)=\boldsymbol{Mx}_0 \tag{2-39a}$$

$$\boldsymbol{y}=(\boldsymbol{CM}^{-1})\boldsymbol{z}+\boldsymbol{Du} \tag{2-39b}$$

这样，就得到了通过新状态矢量 $\boldsymbol{z}$ 和原有的输入 u、输出 $\boldsymbol{y}$ 来表示的系统 $[\boldsymbol{MAM}^{-1},\boldsymbol{MB},\boldsymbol{CM}^{-1},\boldsymbol{D}]$。此系统与原系统是等效的。于是状态变量选取的非唯一性就得到了证明。不过可以看出，等效系统的状态矢量的维数是固定不变的。

第四节 状态空间描述的 Laplace 变换

一、Laplace 变换

在线性动态系统中，最经常遇到的一类函数是形如 ce^{st} 的指数函数。其中 $s=\sigma+j\omega$，是复数。将这个函数改写一下，则

$$ce^{st}=ce^{\sigma t}e^{j\omega t}=ce^{\sigma t}(\cos\omega t+j\sin\omega t) \tag{2-40}$$

这就是说，复数 s 的虚部 ω 代表着频率［rad/s］。因此，有些资料又称 s 为复频率。在本书以后的叙述中，有时也采用这个称呼。

所谓 Laplace 变换，就是把某一类以时间 t 为自变量的函数 $f(t)$，通过变换

$$\mathscr{L}[f(t)]\triangleq\int_0^{\infty}f(t)e^{-st}dt\triangleq F(s) \tag{2-41}$$

将其转化为以复频率 s 为自变量的函数 $F(s)$。式（2-41）称为 Laplace 变换（简称拉氏变换）。

在复频率 s 的数域上（通过拉氏变换）建立系统的数学模型并进行分析及综合的方法，称为频域法。直接以时间 t 作为自变量建立数学模型并进行分析及综合的方法，称为时域法。

在给定复变函数 $F(s)$ 的情况下，通过拉氏反变换，可以求得原函数

$$f(t)=\mathscr{L}^{-1}[F(s)]=\frac{1}{2\pi j}\int_{\sigma-j\infty}^{\sigma+j\infty}F(s)e^{st}ds \tag{2-42}$$

注意，所有经拉氏反变换而得到的原函数 $f(t)$，都只定义于 $t\geqslant0$ 的区间上，为方便起见，我们假定当 $t<0$ 时 $f(t)=0$。以后我们将不再特别强调说明这一点。

在实际使用中，利用式（2-42）求原函数并不简单。幸而，可以利用现成的拉氏变换表。关于这种变换表（参见本书表 9-1 中的拉氏变换），可在任何讲述拉氏变换的书中找到，我们假定读者对它已经比较熟悉了。

在线性系统中，有有理函数

$$\begin{aligned}F(s)&=\frac{b_0s^m+b_1s^{m-1}+\cdots+b_{m-1}s+b_m}{s^n+a_1s^{n-1}+\cdots+a_{n-1}s+a_n}\\&=\frac{b_0(s-z_1)(s-z_2)\cdots(s-z_m)}{(s-p_1)(s-p_2)\cdots(s-p_n)}\end{aligned} \tag{2-43}$$

式中 $p_1,p_2,\cdots,p_n$ —— $F(s)$ 的极点；

$z_1,z_2,\cdots,z_m$ —— $F(s)$ 的零点；

$a_1,a_2,\cdots,a_n$ ——分母多项式的实系数；

$b_0,b_1,\cdots,b_m$ ——分子多项式的实系数。

这些有理函数是最重要的复变函数。

式（2-43）中的极点或零点，既可能是实数，也可能是复数。但由于 $F(s)$ 的分子、分母多项式系数都是实数，所以当 $F(s)$ 的因子中出现复数极点（或复数零点）时，它们必然以共轭复数的形式成对地出现，即如果有 $p=\alpha+j\beta$，则必有另一个 $p_{i+1}=\alpha-j\beta$ 出现。

对形如式（2-43）的有理函数，一般无法直接利用拉氏变换表。这时就需要将 $F(s)$ 展

开为部分分式的形式，然后再查现成的拉氏变换表以求得 $F(s)$ 的原函数 $f(t)$。为此要求读者熟练掌握将有理函数展开为部分分式的方法。

二、状态空间描述的拉氏变换

对时域的状态空间描述 $[\boldsymbol{A},\boldsymbol{B},\boldsymbol{C},\boldsymbol{D}]$，可以通过拉氏变换，化成频域问题以求解。

为了分析上的方便，且不失一般性，不妨设 $\boldsymbol{D}=0$，即我们只考虑系统 $[\boldsymbol{A},\boldsymbol{B},\boldsymbol{C},\boldsymbol{0}]$：

$$\dot{\boldsymbol{x}} = \boldsymbol{A}\boldsymbol{x} + \boldsymbol{B}\boldsymbol{u} \tag{2-44a}$$

$$\boldsymbol{y} = \boldsymbol{C}\boldsymbol{x} \tag{2-44b}$$

且令

$$\boldsymbol{x}(t_0) = \boldsymbol{x}(0) = \boldsymbol{x}_0 \tag{2-44c}$$

对比式（2-44）进行拉氏变换，则得

$$s\boldsymbol{X}(s) - \boldsymbol{x}_0 = \boldsymbol{A}\boldsymbol{X}(s) + \boldsymbol{B}\boldsymbol{U}(s) \tag{2-45a}$$

$$\boldsymbol{Y}(s) = \boldsymbol{C}\boldsymbol{X}(s) \tag{2-45b}$$

式中

$$\boldsymbol{X}(s) = \mathscr{L}[\boldsymbol{x}(t)] \tag{2-46a}$$

$$\boldsymbol{Y}(s) = \mathscr{L}[\boldsymbol{y}(t)] \tag{2-46b}$$

$$\boldsymbol{U}(s) = \mathscr{L}[\boldsymbol{u}(t)] \tag{2-46c}$$

对式（2-45a）稍加整理后得

$$(s\boldsymbol{I} - \boldsymbol{A})\boldsymbol{X}(s) = \boldsymbol{x}_0 + \boldsymbol{B}\boldsymbol{U}(s)$$

两边左乘以逆阵 $(s\boldsymbol{I}-\boldsymbol{A})^{-1}$ 得

$$\boldsymbol{X}(s) = \underbrace{(s\boldsymbol{I} - \boldsymbol{A})^{-1}\boldsymbol{x}_0}_{\text{零输入响应}} + \underbrace{(s\boldsymbol{I} - \boldsymbol{A})^{-1}\boldsymbol{B}\boldsymbol{U}(s)}_{\text{零状态响应}} \tag{2-46}$$

式（2-46）即为状态转移函数的拉氏变换（简称状态的拉氏变换）。它表明：状态的全响应❶，由零输入响应加上零状态响应而构成。因为对于任何线性动态系统，不论在时域还是在频域中，它的全响应必定具有这种性质。对线性动态系统，当（系统的或状态的）全响应，可以表为零输入响应和零状态响应之和的这种性质称为全响应的可分性。

为了求得状态转移函数，还应对式（2-46）进行拉氏反变换

$$\boldsymbol{x}(t) = \underbrace{\mathscr{L}^{-1}\ (s\boldsymbol{I} - \boldsymbol{A})^{-1}\boldsymbol{x}_0}_{\text{零输入响应}} + \underbrace{\mathscr{L}^{-1}\ (s\boldsymbol{I} - \boldsymbol{A})^{-1}\boldsymbol{B}\boldsymbol{U}(s)}_{\text{零状态响应}} \tag{2-47}$$

采用符号

$$\boldsymbol{\Phi}(t) \triangleq \mathscr{L}^{-1}\ [(s\boldsymbol{I} - \boldsymbol{A})^{-1}] \tag{2-48}$$

这里的 $\boldsymbol{\Phi}(t)$ 是一个以时间 t 为自变量的 $n\times n$ 阶矩阵，称为状态转移矩阵。式（2-47）的等号右边的第二项，代表卷积，即

$$\boldsymbol{\Phi}(t) * \boldsymbol{B}\boldsymbol{u}(t) \triangleq \int_0^t \boldsymbol{\Phi}(t-\tau)\boldsymbol{B}\boldsymbol{u}(\tau)\mathrm{d}\tau \tag{2-49}$$

因此，式（2-47）所代表的状态转移函数又可表为

$$\boldsymbol{x}(t) = \boldsymbol{\Phi}(t)\boldsymbol{x}_0 + \boldsymbol{\Phi}(t) * \boldsymbol{B}\boldsymbol{u}(t) = \boldsymbol{\Phi}(t)\boldsymbol{x}_0 + \int_0^t \boldsymbol{\Phi}(t-\tau)\boldsymbol{B}\boldsymbol{u}(\tau)\mathrm{d}\tau \tag{2-50}$$

式（2-50）表明，求解状态动移函数的关键，在于首先求解状态转移矩阵 $\boldsymbol{\Phi}(t)$。因此，

❶ 为了叙述上的方便，也偶尔采用“状态的响应”这类词语，用以特指状态对输入的响应。但当只提“响应”时，仍指输出而言。

对状态转移矩阵进行专门的讨论，就很必要了。在转入讨论 $\boldsymbol{\Phi}(t)$ 之前，把上述内容进行一下小结。

状态空间描述 $[\boldsymbol{A},\boldsymbol{B},\boldsymbol{C},\boldsymbol{0}]$ 的拉氏变换为

$$\boldsymbol{X}(s)=(s\boldsymbol{I}-\boldsymbol{A})^{-1}\boldsymbol{x}_0+(s\boldsymbol{I}-\boldsymbol{A})^{-1}\boldsymbol{B}\boldsymbol{U}(s) \tag{2-51a}$$

$$\boldsymbol{Y}(s)=\boldsymbol{C}\boldsymbol{X}(s) \tag{2-51b}$$

由此得系统全响应的拉氏变换

$$\boldsymbol{Y}(s)=\underbrace{\boldsymbol{C}(s\boldsymbol{I}-\boldsymbol{A})^{-1}\boldsymbol{x}_0}_{\text{零输入响应}}+\underbrace{\boldsymbol{C}(s\boldsymbol{I}-\boldsymbol{A})^{-1}\boldsymbol{B}\boldsymbol{U}(s)}_{\text{零状态响应}} \tag{2-52}$$

及时域中的系统全响应

$$\boldsymbol{y}(t)=\boldsymbol{C}\boldsymbol{\Phi}(t)\boldsymbol{x}_0+\int_0^t\boldsymbol{C}\boldsymbol{\Phi}(t-\tau)\boldsymbol{B}\boldsymbol{u}(\tau)\mathrm{d}\tau \tag{2-53}$$

第五节 状态转移矩阵

一、用拉氏变换求解状态转移矩阵

可以拟出求解状态转移矩阵 $\boldsymbol{\Phi}(t)$ 的计算步骤如下：

（1）由矩阵 $\boldsymbol{A}$ 构造新矩阵 $(s\boldsymbol{I}-\boldsymbol{A})$

$$(s\boldsymbol{I}-\boldsymbol{A})=\begin{bmatrix} s-a_{11} & -a_{12} & \cdots & -a_{1n} \\ -a_{21} & s-a_{22} & \cdots & -a_{2n} \\ \vdots & \vdots & \vdots & \vdots \\ -a_{n1} & -a_{n2} & \cdots & s-a_{nn} \end{bmatrix} \tag{2-54}$$

（2）对矩阵 $(s\boldsymbol{I}-\boldsymbol{A})$ 求逆

$$(s\boldsymbol{I}-\boldsymbol{A})^{-1}=\frac{\mathrm{adj}(s\boldsymbol{I}-\boldsymbol{A})}{\det(s\boldsymbol{I}-\boldsymbol{A})} \tag{2-55}$$

式中 $\det(s\boldsymbol{I}-\boldsymbol{A})$——$(s\boldsymbol{I}-\boldsymbol{A})$ 的行列式；

$\mathrm{adj}(s\boldsymbol{I}-\boldsymbol{A})$——$(s\boldsymbol{I}-\boldsymbol{A})$ 的伴随矩阵。

将矩阵 $(s\boldsymbol{I}-\boldsymbol{A})$ 按行列式展开后，将得到关于 s 的 n 次多项式，即

$$\det(s\boldsymbol{I}-\boldsymbol{A})=s^n+a_1s^{n-1}+\cdots+a_{n-1}s+a_n \tag{2-56}$$

式（2-56）称为矩阵 $\boldsymbol{A}$ 的特征多项式，或称为系统 $[\boldsymbol{A},\boldsymbol{B},\boldsymbol{C},\boldsymbol{0}]$ 的特征多项式。由矩阵知识知道，由特征多项式构成的特征方程

$$\det(s\boldsymbol{I}-\boldsymbol{A})=0 \tag{2-56a}$$

的根 $\lambda_1,\lambda_2,\cdots,\lambda_n$，就是矩阵 $\boldsymbol{A}$ 的特征根。

至于伴随矩阵 $\mathrm{adj}(s\boldsymbol{I}-\boldsymbol{A})$，可以这样求得：首先根据 $(s\boldsymbol{I}-\boldsymbol{A})$ 构造一个由其对应元素的代数余子式构成的新矩阵，然后将后者转置，即得 $\mathrm{adj}(s\boldsymbol{I}-\boldsymbol{A})$。

（3）对 $(s\boldsymbol{I}-\boldsymbol{A})^{-1}$ 进行拉氏反变换，得到

$$\boldsymbol{\Phi}(t)=\mathscr{L}^{-1}\left[(s\boldsymbol{I}-\boldsymbol{A})^{-1}\right] \tag{2-56b}$$

【例 2-3】 已知动态系统 $[\boldsymbol{A},\ \boldsymbol{b},\ \boldsymbol{c},\ \boldsymbol{0}]$ 中的各系数矩阵

$$\boldsymbol{A}\begin{bmatrix} 0 & 1 \\ -2 & -3 \end{bmatrix};\boldsymbol{b}=\begin{bmatrix} 0 \\ 1 \end{bmatrix};\boldsymbol{c}=\begin{bmatrix} 1 & 0 \end{bmatrix}$$

已给初始状态 $\boldsymbol{x}(0)=[1\quad 1]^T$

及输入 $u(t)=1(t)$（单位阶跃函数）

求：(1) 系统的特征根；

(2) 状态转移矩阵 $\boldsymbol{\Phi}(t)$；

(3) 系统的全响应 $y(t)$。

解 (1) 由系统的特征方程

$$\det(s\boldsymbol{I}-\boldsymbol{A})=\det\begin{bmatrix}s & -1\\ 2 & s+3\end{bmatrix}=(s+1)(s+2)=0$$

得两个特征根为 $\lambda_1=-1$；$\lambda_2=-2$。

(2) 先求伴随矩阵

$$\operatorname{adj}(s\boldsymbol{I}-\boldsymbol{A})=\begin{bmatrix}s+3 & 1\\ -2 & s\end{bmatrix}$$

因此

$$(s\boldsymbol{I}-\boldsymbol{A})^{-1}=\begin{bmatrix}\dfrac{s+3}{(s+1)(s+2)} & \dfrac{1}{(s+1)(s+2)}\\ \dfrac{-2}{(s+1)(s+2)} & \dfrac{s}{(s+1)(s+2)}\end{bmatrix}$$

$$=\begin{bmatrix}\dfrac{2}{s+1}-\dfrac{1}{s+2} & \dfrac{1}{s+1}-\dfrac{1}{s+2}\\ -\dfrac{2}{s+1}+\dfrac{2}{s+2} & -\dfrac{1}{s+1}+\dfrac{2}{s+2}\end{bmatrix}$$

查拉氏变换表，得

$$\boldsymbol{\Phi}(t)=\mathscr{L}^{-1}[(s\boldsymbol{I}-\boldsymbol{A})^{-1}]=\begin{bmatrix}2e^{-t}-e^{-2t} & e^{-t}-e^{-2t}\\ -2e^{-t}+2e^{-2t} & -e^{-t}+2e^{-2t}\end{bmatrix}$$

(3) 将所求 $\boldsymbol{\Phi}(t)$ 及已给出的 $\boldsymbol{b}$，$\boldsymbol{c}$ 代入式（2-53）中即可求得系统全响应

$$y(t)=\boldsymbol{c}\boldsymbol{\Phi}(t)\boldsymbol{x}(0)+\int_0^t \boldsymbol{c}\boldsymbol{\Phi}(t-\tau)\boldsymbol{b}u(\tau)\mathrm{d}\tau$$

$$=[1\quad 0]\begin{bmatrix}2e^{-t}-e^{-2t} & e^{-t}-e^{-2t}\\ -2e^{-t}+2e^{-2t} & -e^{-t}+2e^{-2t}\end{bmatrix}\begin{bmatrix}1\\1\end{bmatrix}$$

$$+\int_0^t[1\quad 0]\begin{bmatrix}2e^{-(t-\tau)}-e^{-2(t-\tau)} & e^{-(t-\tau)}-e^{-2(t-\tau)}\\ -2e^{-(t-\tau)}+2e^{-2(t-\tau)} & -e^{-(t-\tau)}+2e^{-2(t-\tau)}\end{bmatrix}\begin{bmatrix}0\\1\end{bmatrix}1(\tau)\mathrm{d}\tau$$

$$=2e^{-t}-\frac{3}{2}e^{-2t}+\frac{1}{2}$$

二、状态转移矩阵的指数形式

由式（2-47）可知，当只考虑状态的零输入响应，即 $\boldsymbol{u}_{[0,t]}=0$ 时，状态转移函数

$$\boldsymbol{x}(t)=\boldsymbol{\Phi}(t)\boldsymbol{x}_0 \tag{2-57}$$

它也就是式（2-44a）中齐次方程

$$\dot{\boldsymbol{x}}=\boldsymbol{A}\boldsymbol{x},\boldsymbol{x}(0)=\boldsymbol{x}_0 \tag{2-58}$$

的解。式（2-58）所描述的系统，亦即在零输入之下的系统，称为自由系统。显然，通过对上述自由系统在时域中求解（而不借助于拉氏变换），也可以得到 $\boldsymbol{\Phi}(t)$。

为了对式（2-58）求解，考虑最简单的情况，即一阶的纯量方程

$$\dot{x}=ax,x(0)=x_0 \tag{2-59}$$

显然，其解为

$$x(t)=e^{at}x_0 \tag{2-60}$$

仿此，对于矢量方程（2-58），可以推测它的解可能亦具有指数形式，设表为

$$\boldsymbol{x}(t)=e^{At}\boldsymbol{x}_0 \tag{2-61}$$

式中 e^{At}——矩阵指数，相仿于纯量指数，定义

$$e^{At}\triangleq \boldsymbol{I}+\boldsymbol{A}t+\frac{1}{2!}\boldsymbol{A}^2t^2+\cdots+\frac{1}{k!}\boldsymbol{A}^kt^k+\cdots \tag{2-62}$$

为了验证上述推测，可对式（2-61）求导，即

$$\begin{aligned}\dot{\boldsymbol{x}}&=[e^{At}]^{\cdot}\boldsymbol{x}_0=\left[\boldsymbol{I}+\boldsymbol{A}t+\frac{1}{2!}\boldsymbol{A}^2t^2+\cdots+\frac{1}{k!}\boldsymbol{A}^kt^k+\cdots\right]^{\cdot}\boldsymbol{x}_0\\&=\left[\boldsymbol{0}+\boldsymbol{A}+\boldsymbol{A}^2t+\cdots+\frac{1}{(k-1)!}\boldsymbol{A}^kt^{k-1}+\cdots\right]\boldsymbol{x}_0\\&=\boldsymbol{A}\left[\boldsymbol{I}+\boldsymbol{A}t+\cdots+\frac{1}{(k-1)!}\boldsymbol{A}^{k-1}t^{k-1}+\cdots\right]\boldsymbol{x}_0\\&=\boldsymbol{A}e^{At}\boldsymbol{x}_0=\boldsymbol{A}\boldsymbol{x}\end{aligned} \tag{2-63a}$$

且初始状态

$$\boldsymbol{x}_0=e^{A0}\boldsymbol{x}_0=\boldsymbol{x}_0 \tag{2-63b}$$

由此可知，式（2-61）确实是式（2-59）的解，从而证明了推断的正确性。

将式（2-57）与式（2-61）相互对照一下，并根据满足初始条件的解的唯一性，可得

$$\boldsymbol{\Phi}(t)=e^{At}=\boldsymbol{I}+\boldsymbol{A}t+\frac{1}{2!}\boldsymbol{A}^2t^2+\cdots+\frac{1}{k!}\boldsymbol{A}^kt^k+\cdots \tag{2-64}$$

这就是线性定常动态系统的状态转移矩阵的指数形式。它实际上也提供了求 $\boldsymbol{\Phi}(t)$ 的一种近似解法。

第六节 线性动态系统的输入输出描述

前面已经介绍过，观察任何一个动态系统（不限定为线性动态系统）的全响应［见式（2-7），假定初始时刻 $t_0=0$］

$$\boldsymbol{y}(t)=\boldsymbol{y}[t;\boldsymbol{x}(0),\boldsymbol{u}_{[0,t]}]$$

可知，其中部分是由输入 $\boldsymbol{u}_{[0,t]}$ 引起的，部分是由初始状态 $\boldsymbol{x}(0)$ 引起的。特别是对于线性定常系统［$\boldsymbol{A}$，$\boldsymbol{B}$，$\boldsymbol{C}$，$\boldsymbol{0}$］，其全响应［见式（2-53）］

$$\boldsymbol{y}(t)=\underbrace{\boldsymbol{C}\boldsymbol{\Phi}(t)\boldsymbol{x}(0)}_{\text{零输入响应}}+\int_0^t\underbrace{\boldsymbol{C}\boldsymbol{\Phi}(t-\tau)\boldsymbol{B}\boldsymbol{u}(\tau)}_{\text{零状态响应}}d\tau$$

中的零输入响应和零状态响应这两个部分是可分的。

所谓动态系统的输入输出描述，就是用零状态响应［即 $\boldsymbol{x}(t_0)=\boldsymbol{0}$］来表示动态系统的输入输出之间的关系。

以后我们只考虑线性定常动态系统，并且一律假定初始时刻 $t_0=0$。在这种情况下，系统的输入输出描述就是

$$\boldsymbol{y}(t)=\int_0^t \boldsymbol{C\Phi}(t-\tau)\boldsymbol{Bu}(\tau)\mathrm{d}\tau \tag{2-65}$$

输入输出描述的拉氏变换是［参见式（2-52）］

$$\boldsymbol{Y}(s)=\boldsymbol{C}(s\boldsymbol{I}-\boldsymbol{A})^{-1}\boldsymbol{BU}(s) \tag{2-66}$$

由于输入输出描述只给出系统输入与输出的关系，所以这种描述更适合于把系统看成黑盒。但是注意，输入输出描述，只能描述系统的零状态响应，也就是说初始状态必须为零。

一、传递函数

线性定常动态系统的输入输出描述，最适合于采用频域法进行研究。在频域法中，传递数是一个十分重要的概念。可以说，传递函数就是线性定常动态系统在频域中的输入输出描述。

首先考虑单输入、单输出系统。设系统输入变量 $u(t)$ 的拉氏变换为 $U(s)$，系统对输入的零状态响应 $y(t)$ 的拉氏变换为 $Y(s)$，称 $Y(s)$ 对 $U(s)$ 的比

$$G(s)\triangleq\left.\frac{Y(s)}{U(s)}\right|_{零状态} \tag{2-67}$$

为系统的传递函数。

按此定义，系统在频域中，在零状态下的输入输出关系，完全由传递函数所确定。换句话说，在频域中，任何一个输入 $U(s)$，经过传递函数 $G(s)$ 的（相乘）作用就确定了系统的零状态响应，即

$$Y(s)\big|_{零状态}=G(s)U(s) \tag{2-67a}$$

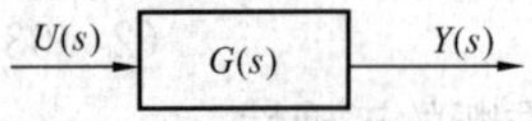

图 2-6 系统的传递函数方框图

把系统看成黑盒时，系统在频域中的功能，用传递函数 $G(s)$来表示，如图 2-6 所示。

对于单输入输出系统［$\boldsymbol{A}$，$\boldsymbol{b}$，$\boldsymbol{c}$，$\boldsymbol{0}$］❶，其输入输出描述的拉氏变换为

$$\boldsymbol{Y}(s)=\boldsymbol{c}(s\boldsymbol{I}-\boldsymbol{A})^{-1}\boldsymbol{b}U(s) \tag{2-68}$$

其传递函数应为

$$G(s)=\boldsymbol{c}(s\boldsymbol{I}-\boldsymbol{A})^{-1}\boldsymbol{b} \tag{2-69}$$

根据矩阵（$s\boldsymbol{I}-\boldsymbol{A}$）$^{-1}$求逆公式（2-55），式（2-69）可改写为

$$G(s)=\frac{\boldsymbol{c}\,\mathrm{adj}(s\boldsymbol{I}-\boldsymbol{A})\boldsymbol{b}}{\det(s\boldsymbol{I}-\boldsymbol{A})} \tag{2-69a}$$

式中 det（$s\boldsymbol{I}-\boldsymbol{A}$）——（$s\boldsymbol{I}-\boldsymbol{A}$）的行列式，亦即系统的特征多项式

$$\det(s\boldsymbol{I}-\boldsymbol{A})=s^n+a_1s^{n-1}+\cdots+a_{n-1}s+a_n \tag{2-69b}$$

adj（$s\boldsymbol{I}-\boldsymbol{A}$）——（$s\boldsymbol{I}-\boldsymbol{A}$）的伴随矩阵，其中所有元素都是关于 s 的不高于 $n-1$ 次的多项式。因此

$$\boldsymbol{c}\,\mathrm{adj}(s\boldsymbol{I}-\boldsymbol{A})\boldsymbol{b}=b_0s^m+b_1s^{m-1}+\cdots+b_{m-1}s+b_m \tag{2-69c}$$

且有

$$m<n$$

综上所述，单输入单输出系统的传递函数具有关于 s 的真有理函数（$m<n$ 时的有理函数称为真有理函数）的形式

$$G(s)=\frac{b_0s^m+b_1s^{m-1}+\cdots+b_{m-1}s+b_m}{s^n+a_1s^{n-1}+\cdots+a_{n-1}s+a_n}$$

❶ $\boldsymbol{b}$——列矢量；$\boldsymbol{c}$——行矢量；$\boldsymbol{0}$——元素均为 0 的行矢量。

$$= \frac{b_0(s-z_1)(s-z_2)\cdots(s-z_m)}{(s-\lambda_1)(s-\lambda_2)\cdots(s-\lambda_n)}, m < n \tag{2-70}$$

式中 λ_1，λ_2，…，λ_n——传递函数 $G(s)$ 的极点，亦即系统的特征根；

z_1，z_2，…，z_m——传递函数 $G(s)$ 的零点。

需要指出，对于有限阶[1]的线性定常动态系统，其传递函数 $G(s)$ 都具有如式（2-70）所示的真有理函数的形式。这可以说是一个普遍规律。

上述关于单输入输出系统传递函数的概念，可以推广适用于多输入多输出系统。设系统的输入矢量 $\boldsymbol{u}(t)$（r 维）的拉氏变换为 $\boldsymbol{U}(s)$，系统对输入的零状态响应矢量 $\boldsymbol{y}(t)$（m 维）的拉氏变换为 $\boldsymbol{Y}(s)$。一个 $m\times r$ 阶的矩阵 $\boldsymbol{G}(s)$，如果使

$$\boldsymbol{Y}(s)\big|_{\text{零状态}} = \boldsymbol{G}(s)\boldsymbol{U}(s) \tag{2-71}$$

则称 $\boldsymbol{G}(s)$ 为该系统的传递函数矩阵

$$\boldsymbol{G}(s) \triangleq \begin{bmatrix} G_{11}(s) & G_{12}(s) & \cdots & G_{1r}(s) \\ G_{21}(s) & G_{22}(s) & \cdots & G_{2r}(s) \\ \vdots & \vdots & \vdots & \vdots \\ G_{m1}(s) & G_{m2}(s) & \cdots & G_{mr}(s) \end{bmatrix} \tag{2-71a}$$

对于系统 $[\boldsymbol{A}, \boldsymbol{B}, \boldsymbol{C}, \boldsymbol{0}]$，其输入输出描述的拉氏变换如式（2-66）所示。因此其传递函数矩阵为

$$\boldsymbol{G}(s) = \boldsymbol{C}(s\boldsymbol{I}-\boldsymbol{A})^{-1}\boldsymbol{B} = \frac{\boldsymbol{C}\mathrm{adj}(s\boldsymbol{I}-\boldsymbol{B})\boldsymbol{B}}{\det(s\boldsymbol{I}-\boldsymbol{A})} \tag{2-72}$$

不难看出，式中的 $\boldsymbol{C}\mathrm{adj}(s\boldsymbol{I}-\boldsymbol{A})\boldsymbol{B}$ 是一个以 s 的多项式为其元素的 $m\times r$ 阶矩阵。所有元素多项式的次数均不高于 $n-1$（请读者想一想为什么）。式（2-72）中分母 $\det(s\boldsymbol{I}-\boldsymbol{A})$ 多项式的次数为 n。这表明 $\boldsymbol{G}(s)$ 是一个其元素为关于 s 的真有理函数的矩阵。

【例 2-4】 考虑如图 2-5 所示电枢控制式直流电动机的控制系统。系统的有关参数如［例 2-2］所示。试列出该系统的传递函数矩阵 $\boldsymbol{G}(s)$。

解 利用［例 2-2］所得出的状态空间描述［式（2-36）］，将有关矩阵 $\boldsymbol{A}$，$\boldsymbol{B}$，$\boldsymbol{C}$ 代入式（2-72）中即得传递函数矩阵 $\boldsymbol{G}$（s）。为此先求特征多项式

$$\det(s\boldsymbol{I}-\boldsymbol{A}) = \det\begin{bmatrix} s & -1 & 0 \\ 0 & s+D/J & -k_2/J \\ 0 & k_1/L_a & s+R_a/L_a \end{bmatrix}$$

$$= s^3 + \left(\frac{D}{J}+\frac{R_a}{L_a}\right)s^2 + \left(\frac{DR_a}{JL_a}+\frac{k_2k_1}{JL_a}\right)s$$

又分子部分

$$\boldsymbol{C}\mathrm{adj}(s\boldsymbol{I}-\boldsymbol{A})\boldsymbol{B} = \begin{pmatrix} \dfrac{k_2}{JL_a} & -\left(\dfrac{1}{J}s+\dfrac{R_a}{JL_a}\right) \\ \dfrac{k_2}{JL_a}s & -\left(\dfrac{1}{J}s^2+\dfrac{R_a}{JL_a}s\right) \end{pmatrix}$$

因此

[1] 以后会看到，具有延迟环节的线性系统是无限阶的。

$$\boldsymbol{G}(s)=\frac{\begin{bmatrix}\begin{pmatrix}\frac{k_2}{JL_a} & -\left(\frac{1}{J}s+\frac{R_a}{JL_a}\right)\\ \frac{k_2}{JL_a}s & -\left(\frac{1}{J}s^2+\frac{R_a}{JL_a}s\right)\end{pmatrix}\end{bmatrix}}{s^3+\left(\frac{D}{J}+\frac{R_a}{L_a}\right)s^2+\left(\frac{DR_a}{JL_a}+\frac{k_2k_1}{JL_a}\right)s} \tag{2-73}$$

二、冲激响应函数

对传递函数 $G(s)$ 实行拉氏反变换，可以得到其原函数 $g(t)$，称为冲激响应函数。

两函数在频域中的乘积，对应于时域中的卷积，即对式（2-67a）有如下关系：

如果

$$Y(s)=g(t)*u(t) \tag{2-74}$$

则

$$y(t)=g(t)*u(t)=\int_0^t g(t-\tau)u(\tau)\mathrm{d}\tau=\int_0^t g(\tau)u(t-\tau)\mathrm{d}\tau \tag{2-75}$$

为了给出 $g(t)$ 的解释，需要有冲激函数的概念。

单位冲激函数，又称 δ 函数，最初由学者 Dirac 给出下式定义

$$\int_{-\infty}^{\infty}\delta(t)\mathrm{d}t=1 \tag{2-76a}$$

且

$$\delta(t)=0,t\neq 0 \tag{2-76b}$$

按此定义，单位冲激函数 $\delta(t)$ 除了在 $t=0$ 处是奇异的而外，对 $t\neq 0$，处处为零。按照一般习惯，在图形上用幅度为一个单位的箭头代表冲激函数，如图 2-7 所示。其中 $\delta(t)$ 代表冲激出现于 $t=0$ 时刻处；而 $\delta(t-t_0)$ 则代表冲激出现于 $t=t_0$ 时刻处。

假定读者过去或多或少已经接触过冲激函数的概念，并且知道单位冲激函数 $\delta(t)$ 的拉氏变换为 1，即

$$\mathscr{L}[\delta(t)]=1 \tag{2-77}$$

因此，在输入变量 $u(t)=\delta(t)$ 的作用下，在式（2-74）中如果

$$Y(s)=G(s)\times 1 \tag{2-78}$$

则

$$y(t)=g(t)*\delta(t)=\int_0^t g(t-\tau)\delta(\tau)\mathrm{d}\tau=g(t) \tag{2-79}$$

这一结论十分重要。它表明一个系统对单位冲激函数的零状态响应，就等于传递函数 $G(s)$的原函数。由于式（2-79）的关系，把 $G(s)$ 的原函数 $g(t)$ 称为冲激响应函数。

需要指出，冲激函数 $\delta(t)$ 不是一个普通的函数，在数学上被称为广义函数。在物理上精确地得到 $\delta(t)$ 是不可能的，但是却可以用这样一个窄脉冲函数 $p_\Delta(t)$ 来无限地逼近 $\delta(t)$（图 2-8）：$p_\Delta(t)$ 的宽度为 Δ，幅度为 $1/\Delta$，面积为 1。当 $\Delta\to 0$ 时，$1/\Delta\to\infty$，保持面积不变。当 Δ 足够小时，即可认为 $p_\Delta(t)\approx\delta(t)$。

通过测取系统对足够窄的单位脉冲函数的零状态响应的办法，可以获得 $g(t)$。不过在具体实现时，也还存在着一些技术上的困难。因此在工程上很少直接采用此法。

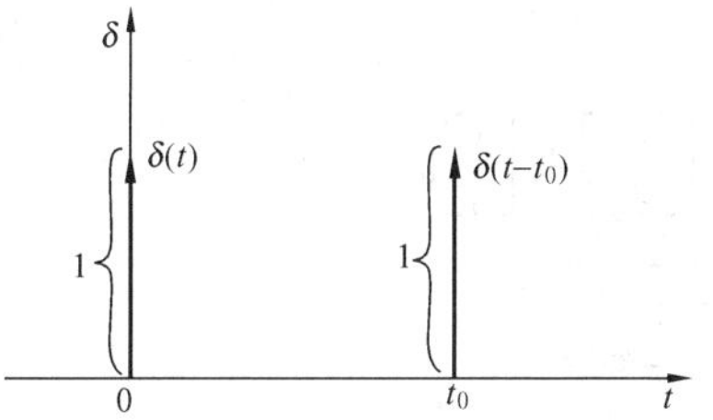

图 2-7 单位冲激函数的图形表示

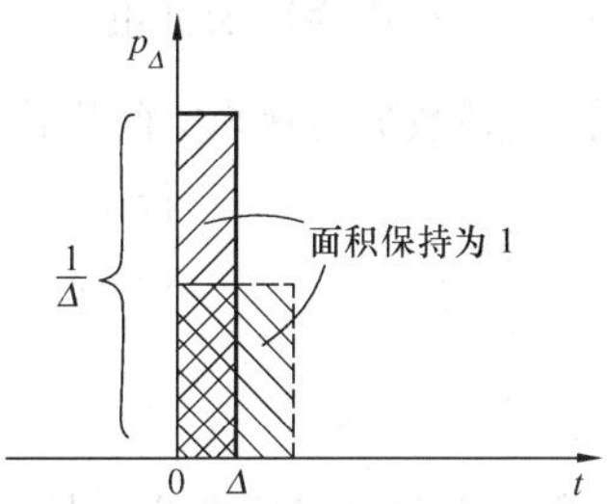

图 2-8 用单位脉冲函数来逼近单位冲激函数

把冲激响应函数 $g(t)$ 的概念推广应用于多输入多输出系统，称传递函数矩阵 $\boldsymbol{G}(s)$ 的拉氏反变换 $\boldsymbol{g}(t)$ 为冲激响应函数矩阵，即

$$\boldsymbol{g}(t) \triangleq \mathscr{L}^{-1}\left[\boldsymbol{G}(s)\right] \tag{2-80}$$

第七节 完 全 表 征

对同一个动态系统，介绍了两种描述方法，即状态空间描述及输入输出描述。前者又称为内部描述；后者又称为外部描述。对比一下，外部描述比较简单且易于由实验确定。但是它只能描述系统在零状态下的输入输出关系。这样就产生了传递函数的完全表征问题。

考虑单输入单输出的线性定常动态系统。上一节已经说过，在该系统为有限阶的情况下，其传递函数 $G(s)$ 只具有真有理函数形式，根据式（2-70）有

$$G(s)=\frac{b_0s^m+b_1s^{m-1}+\cdots+b_{m-1}s+b_m}{s^n+a_1s^{n-1}+\cdots+a_{n-1}s+a_n},m<n$$

把 $G(s)$ 中分母多项式的次数定义为传递函数的阶。但是为了使阶的定义明确，必须规定传递函数是不可约的真有理函数。所谓不可约，指的是 $G(s)$ 的分子、分母之间没有公因子。换句话说，如果 $G(s)$ 的分子、分母之间有公因子（即有相同的零、极点），就要把所有公因子对消掉，直到传递函数变成不可约的为止。

不可约真有理函数 $G(s)$ 中的分母多项式，称为传递函数的特征多项式。

现在对同一个实际系统，考虑它的状态空间描述 $[\boldsymbol{A},\boldsymbol{b},\boldsymbol{c},\boldsymbol{0}]$。前已提及，根据式（2-56）该系统的阶由状态矢量 $\boldsymbol{x}(t)$ 的维数确定，也等于系统特征多项式

$$\det(s\boldsymbol{I}-\boldsymbol{A})=s^n+a_1s^{n-1}+\cdots+a_{n-1}s+a_n$$

的次数 n。

注意，为区别清楚起见，把系统 $[\boldsymbol{A},\boldsymbol{b},\boldsymbol{c},\boldsymbol{0}]$ 的阶表为 n，把不可约传递函数 $G(s)$ 的阶表为 n'；把系统特征多项式表为 $\Delta(s)$，把传递函数特征多项式表为 $\Delta'(s)$。

一个系统，如果 $n=n'$，则称该系统是由传递函数完全表征的；如果 $n>n'$，则称该系统是由传递函数不完全表征的。在完全表征的系统中，$\Delta(s)=\Delta'(s)$。在不完全表征的系统中，$\Delta'(s)$ 的根只是 $\Delta(s)$ 中的一部分。

上述关于传递函数的完全表征的概念，可以推广到传递函数矩阵中去。把传递函数矩阵中所有元素的最小公分母，称为传递函数矩阵的特征多项式 $\Delta'(s)$。后者的次数 n' 称为传递函数矩阵的阶。如果传递函数矩阵的阶 n' 等于（或小于）系统的阶 n，则称该系统是由传递

函数矩阵完全（或不完全）表征的。

【例 2-5】 某系统的状态空间描述如下

$$\begin{bmatrix}\dot{x}_1\\ \dot{x}_2\end{bmatrix}=\begin{bmatrix}-1 & 0\\ 0 & 1\end{bmatrix}\begin{bmatrix}x_1\\ x_2\end{bmatrix}+\begin{bmatrix}1\\ 0\end{bmatrix}u \tag{2-81a}$$

$$y=\begin{bmatrix}1 & 1\end{bmatrix}\begin{bmatrix}x_1\\ x_2\end{bmatrix} \tag{2-81b}$$

试求其传递函数，并验证其完全表征性。

解 系统特征多项式

$$\Delta(s)=\det(s\boldsymbol{I}-\boldsymbol{A})=(s+1)(s-1)$$

系统是二阶的：$n=2$。此外，由式（2-69a），该系统的传递函数为

$$G(s)=\frac{c\,\mathrm{adj}}{\det(s\boldsymbol{I}-\boldsymbol{A})}=\frac{s-1}{(s+1)(s-1)}=\frac{1}{s+1}$$

传递函数特征多项式 $\Delta'(s)=s+1$，是一阶的，且 $n'=1<n=2$。因此系统是不完全表征的。

系统的完全表征性，在系统理论与实践上都是重要的。它关系到一个系统 $[\boldsymbol{A}, \boldsymbol{b}, \boldsymbol{c}, \boldsymbol{0}]$ 的特性能否用传递函数 $G(s)$ 来完全代表。如果一个系统是不完全表征的，那么通过考察它的传递函数就无法了解到它的全部性能。

第八节 非线性系统的局部线性化

不满足叠加原理的系统，都属于非线性系统。一个实际工程系统都程度不等地包含一些非线性环节，例如带输出饱和特性的放大器、具有间隙的机械系统、带磁滞回线的电磁元件、带继电动作特性的继电器等等。当今，对非线性系统的分析研究还没有普遍适用的解析方法。本节仅研究这样一类非线性系统，即它允许在正常工作状态（称为参考工作状态）附近进行局部线性化。

局部线性化方法，又称为小增量法、小扰动法或小信号法。此法的要点是：在参考工作点附近，用变量的微小增量来代替该变量，并导出线性化了的增量方程。推导增量方程时，要使用熟知的 Taylor 级数展开式。

设系统中某非线性环节的输入输出关系

$$y=f(u) \tag{2-82}$$

示于图 2-9 中。

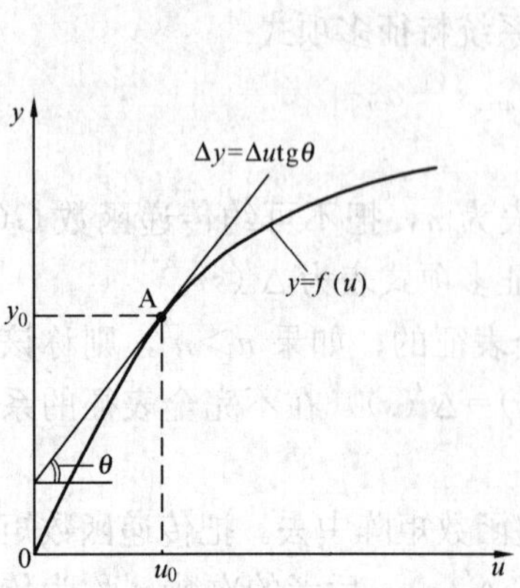

图 2-9 非线性环节及其线性化

在参考工作点 A 附近，将式（2-82）展开成 Taylor 级数，则有

$$y=y_0+\left.\frac{\partial f}{\partial u}\right|_{u=u_0}\Delta u+\varepsilon(\Delta u^2) \tag{2-83}$$

式中 $\left.\dfrac{\partial f}{\partial u}\right|_{u=u_0}=\mathrm{tg}\theta$——A 点处曲线的斜率；

$\varepsilon(\Delta u^2)$——相对于 Δu 的高阶无穷小。

当增量 Δu 趋于零时可近似取为

$$\Delta y \triangleq y - y_0 = \left.\frac{\partial f}{\partial u}\right|_{u=u_0} \Delta u \tag{2-84}$$

式（2-84）称为式（2-82）的线性化的增量关系。用式（2-84）代替实际的非线性输入输出关系［式（2-82）］，就会使非线性系统转化为关于各变量的增量的线性化系统。

【例 2-6】 试建立如图 2-10（a）所示的直流发电机的数学模型。

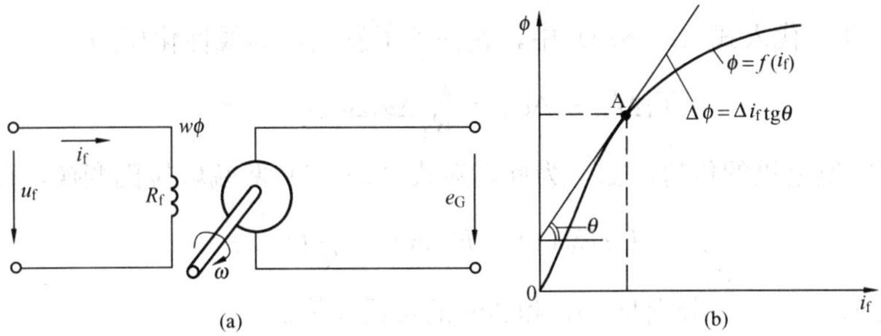

图 2-10 直流发电机的电路及磁化曲线

（a）接线示意图；（b）磁化曲线

图中 u_f—输入的励磁电压，V；

e_G—输出的电动势，V；

i_f—励磁电流，A；

R_f—励磁绕组的电阻，Ω；

ϕ—发电机定子、转子间气隙的主磁通，V·s；

w—励磁绕组匝数；

ω—发电机转轴的转速，rad/s

已给定发电机的磁化曲线 $\phi = f(i_f)$，如图 2-10（b）所示。假定参考工作点为 A。在正常运行时，发电机只在点 A 附近有微小变动。

解 在图 2-10（a）的励磁回路中，输入的电压 u_f 应等于绕组上电阻压降与绕组上感生的反电动势之和，即

$$u_f = R_f i_f + \frac{d}{dt}(w\phi) \tag{2-85}$$

这里的主磁通 ϕ 对励磁电流 i_f 的关系是非线性的。但由于允许只考虑参考工作点 A 附近的增量关系，则有

$$\Delta\phi \approx \mathrm{tg}\theta \Delta i_f \tag{2-86}$$

再将式（2-85）改写为参考点 A 附近的增量关系，则

$$\begin{aligned}\Delta u_f &= R_f \Delta i_f + \frac{d}{dt}(w\Delta\phi) \\ &= R_f \Delta i_f + \frac{d}{dt}(w\mathrm{tg}\theta \Delta i_f) \\ &= R_f \Delta i_f + L_f \frac{d}{dt}(\Delta i_f)\end{aligned} \tag{2-87}$$

式中 $L_f = w\mathrm{tg}\theta$——参考点 A 处的等效电感［H］。

这样就得到了用以代替式（2-85）的线性化的增量方程（2-87）。为了表示上的方便，将式（2-87）改写如下：

$$T_{\mathrm{f}}\Delta\dot{i}_{\mathrm{f}}+\Delta i_{\mathrm{f}}=\frac{1}{R}\Delta u_{\mathrm{f}} \tag{2-87a}$$

式中 $T_{\mathrm{f}}=L_{\mathrm{f}}/R_{\mathrm{f}}$——励磁绕组的时间常数 [s]。

进一步考察电动机电动势 e_{G} 的表达式。注意到 e_{G} 与主磁通 ϕ 及转速 ω 成正比。因 $\omega=$ 常数，且由式（2-86）可知下列增量关系成立

$$\Delta e_{\mathrm{G}}=k_{\mathrm{e}}\Delta i_{\mathrm{f}} \tag{2-88}$$

将式（2-88）代入式（2-87a）中，就得到了发电机的线性化模型

$$T_{\mathrm{f}}\Delta\dot{e}_{\mathrm{G}}+\Delta e_{\mathrm{G}}=\frac{k_{\mathrm{e}}}{R_{\mathrm{f}}}\Delta u_{\mathrm{f}}\Delta e_{\mathrm{G}}(t_0)=0 \tag{2-89}$$

还可以建立发电机的传递函数。为此，对式（2-89）两端取拉氏变换，得

$$T_{\mathrm{f}}sE_{\mathrm{G}}(s)+E_{\mathrm{G}}(s)=\frac{k_{\mathrm{e}}}{R_{\mathrm{f}}}U_{\mathrm{f}}(s) \tag{2-90}$$

式中 $E_{\mathrm{G}}(s)$、$U_{\mathrm{f}}(s)$ ——分别是 Δe_{G} 和 Δu_{f} 的拉氏变换。

因此系统的传递函数

$$G(s)\triangleq\frac{E_{\mathrm{G}}(s)}{U_{\mathrm{f}}(s)}=\frac{k_{\mathrm{e}}/R_{\mathrm{f}}}{Ts+1} \tag{2-91}$$

从这个例子可以看出：当建立增量间的关系时，动态系统的初始状态自然地变成为零，所以在建立传递函数时，所要求的零状态条件自然地得到满足。

本 章 小 结

（1）一个系统，按其响应对输入（激励）是否具有记忆作用，可分为静态系统（无记忆系统）和动态系统（有记忆系统）。在时域中能用代数方程描述的系统，是静态系统中最重要的一类；能用微分方程（包括状态方程）描述的系统，是动态系统中比较重要的一类。实际控制系统中的被控对象，几乎都是动态系统。

（2）满足叠加原理的系统，称为线性系统。要注意区分对静态系统和动态系统所确定的叠加原理中条件的异同；特别要注意动态系统的零状态线性和零输入线性的涵义。

叠加原理包含二个必须同时满足的条件：可加性和齐次性。

（3）对于线性定常动态系统，在时域和在频域中各有两种描述，如表 2-1 所示。

表 2-1　　线性定常动态，系统的两种描述

	输入输出描述	状态空间描述
时　域	$\boldsymbol{y}(t)=\boldsymbol{g}(t)*\boldsymbol{u}(t)=\int_0^t\boldsymbol{g}(t-\tau)\boldsymbol{u}(\tau)\mathrm{d}\tau$	$\dot{\boldsymbol{x}}=\boldsymbol{Ax}+\boldsymbol{Bu}$ $\boldsymbol{y}=\boldsymbol{Cx}$
频　域	$\boldsymbol{Y}(s)=\boldsymbol{G}(s)\boldsymbol{U}(s)$	$\boldsymbol{X}(s)=(s\boldsymbol{I}-\boldsymbol{A})^{-1}\boldsymbol{x}_0+(s\boldsymbol{I}-\boldsymbol{A})^{-1}\boldsymbol{BU}(s)$ $\boldsymbol{Y}(s)=\boldsymbol{CX}(s)$

（4）当给定系统的状态空间描述 [$\boldsymbol{A}$，$\boldsymbol{B}$，$\boldsymbol{C}$，$\boldsymbol{0}$] 时，可以确定传递函数矩阵

$$\boldsymbol{G}(s)=\boldsymbol{C}(s\boldsymbol{I}-\boldsymbol{A})^{-1}\boldsymbol{B}=\frac{\boldsymbol{C}\mathrm{adj}(s\boldsymbol{I}-\boldsymbol{A})\boldsymbol{B}}{\det(s\boldsymbol{I}-\boldsymbol{A})}$$

同时根据 $\boldsymbol{A}$ 阵，可以确定状态转移矩阵

$$\boldsymbol{\Phi}(t)=\mathrm{e}^{At}=\mathscr{L}^{-1}[(s\boldsymbol{I}-\boldsymbol{A})^{-1}]$$

（5）线性定常动态系统中状态矢量的维数 n，称为系统的阶；而具有不可约真有理函数形式的传递函数（或传递矩阵）中分母多项式的次数 n'，称为传递函数的阶。两者的关系是

$$n\geqslant n'$$

当 $n=n'$ 时，系统是由传递函数（或传递矩阵）完全表征的；否则就是不完全表征的。

（6）非线性系统局部线性化方法的实质在于：用 Taylor 级数展开式中的一阶导数项去近似代替原来的非线性关系，并且得到的是关于参考工作点的小增量间的线性方程。

习　　题

T2-1　判断下列方程式所描述的系统的性质：线性或非线性，定常或时变，动态或静态。

（1）$2y^2(t)+3t\dfrac{\mathrm{d}^2y(t)}{\mathrm{d}t^2}=u(t)$；

（2）$3\dfrac{\mathrm{d}^2y(t)}{\mathrm{d}t^2}+6\dfrac{\mathrm{d}y(t)}{\mathrm{d}t}+8\int_{-\infty}^{t}y(\tau)\mathrm{d}\tau=2u(t)$；

（3）$y(t)=[u(t)]^{\frac{1}{2}}$；

（4）$\sin\omega t\dfrac{\mathrm{d}y(t)}{\mathrm{d}t}+y(t)=3u(t)$；

（5）$\dfrac{1}{y(t)}\dfrac{\mathrm{d}^2y(t)}{\mathrm{d}t^2}+\dfrac{\mathrm{d}y(t)}{\mathrm{d}t}+2y(t)=\dfrac{\mathrm{d}u(t)}{\mathrm{d}t}+3u(t)$；

（6）如图 T2-1 所示的交流电路；

（7）在图 T2-1 中去掉一个理想二极管后，情况如何？

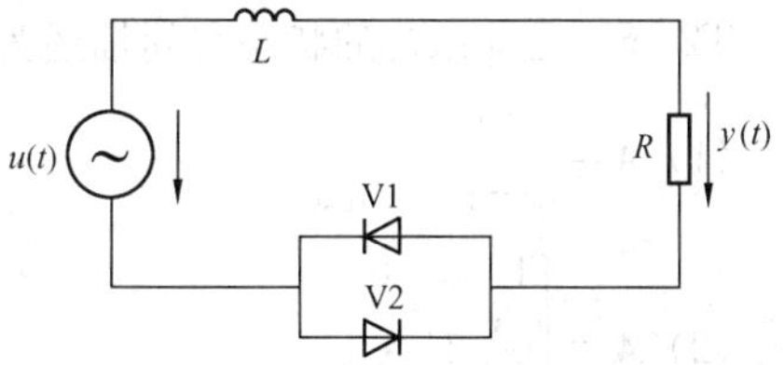

图 T2-1　交流电路系统

$u(t)$—输入电压；$y(t)$—输出电压；V1、V2—理想二极管

T2-2　已知动态系统对输入信号 $u(t)$ 的响应，试判断下列三个系统是否为线性的：

（1）$y(t)=x^2(0)+\int_0^t u(\tau)\mathrm{d}\tau$；

（2）$y(t)=3x(0)+\int_0^t u(\tau)\mathrm{d}\tau$；

（3）$y(t)=\mathrm{e}^{-t}x(0)+\int_0^t \mathrm{e}^{-t+\tau}u(\tau)\mathrm{d}\tau$。

T2-3　有一线性动态系统，分别用 $t\geqslant 0$ 时的输入 $u_1(t)$，$u_2(t)$，$u_3(t)$，$t\in[0,\tau]$，对其进行试验。它们的初始状态都相同，且 $\boldsymbol{x}(0)\neq\boldsymbol{0}$，三种试验中所得输出若为 $y_1(t)$，$y_2(t)$，$y_3(t)$。试问下列预测是否正确：

（1）若 $u_3(t)=u_1(t)+u_2(t)$，则 $y_3(t)=y_1(t)+y_2(t)$；

（2）若 $u_3(t)=u_1(t)/u_2(t)$，则 $y_3(t)=y_1(t)/y_2(t)$；

（3）若 $u_1(t)=2u_2(t)$，则 $y_1(t)=2y_2(t)$；

(4) 若 $u_1(t)=u_2(t)$，则 $y_1(t)=y_2(t)$。

如果 $\boldsymbol{x}(0)=\boldsymbol{0}$，哪些预测是正确的?

T2-4　某机械系统如图 T2-4 所示。在物体的重力与弹簧反作用力相平衡的情况下，给予作用力 u_1，u_2 作为输入量，使其产生运动，试以位移 x_1、x_2 以及速度 $\dot{x}_1$、$\dot{x}_2$ 为状态变量建立该系统的状态方程。

提示：作用力 $D_1(\dot{x}_1-\dot{x}_2)$ 与 $k_1(x_1-x_2)$ 对于质量块 m_1 是向下的；对于 m_2 则是向上的。

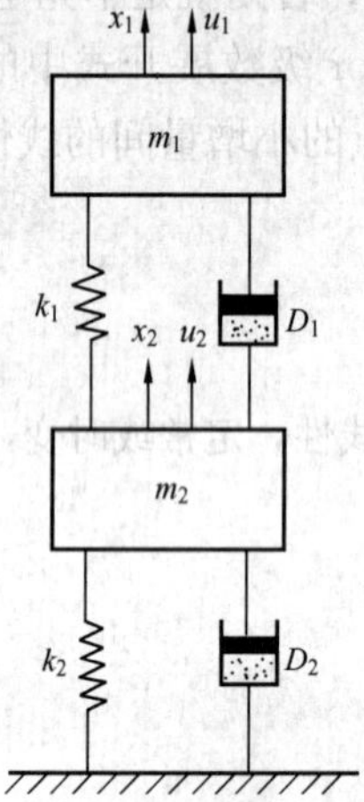

图 T2-4　机械系统

D_1、D_2—阻尼系数；

k_1、k_2—弹性系数；

m_1、m_2—质量

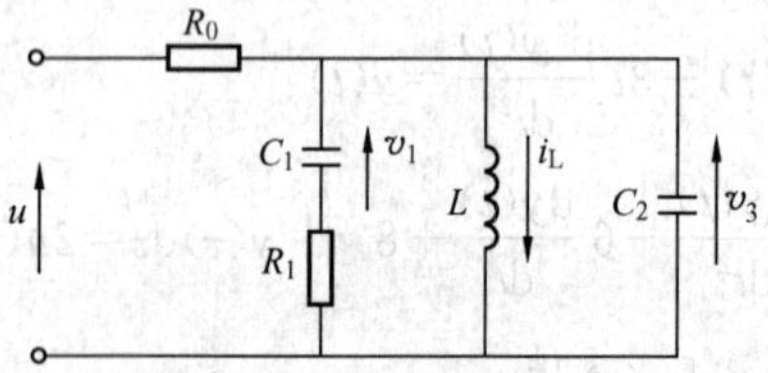

图 T2-5　电网络系统

u—电压，输入量；i_L—电流，状态量；v_1、v_3—电压，状态量

T2-5　试求图 T2-5 所示电网络的状态方程。图中状态量 $x_1=v_1$，$x_2=i_L$，$x_3=v_3$。

T2-6　已知系统的状态空间描述为 $\dot{\boldsymbol{x}}=\boldsymbol{A}\boldsymbol{x}$，若式中 $\boldsymbol{A}$ 为：

(1) $\boldsymbol{A}=\begin{bmatrix}0 & 0\\ -1 & -1\end{bmatrix}$；

(2) $\boldsymbol{A}=\begin{bmatrix}1 & 0 & 0\\ 0 & 1 & 0\\ 0 & 1 & 2\end{bmatrix}$。

求它们的状态转移矩阵。

T2-7　已知矩阵 $\boldsymbol{A}$ 为 2×2 维常数矩阵，对于系统 $\dot{\boldsymbol{x}}=\boldsymbol{A}\boldsymbol{x}$ 而言：

当 $\boldsymbol{x}(0)=\begin{bmatrix}2\\ 1\end{bmatrix}$时，有解 $\boldsymbol{x}=\begin{bmatrix}2\mathrm{e}^{-t}\\ \mathrm{e}^{-t}\end{bmatrix}$；

当 $\boldsymbol{x}(0)=\begin{bmatrix}1\\ 1\end{bmatrix}$时，有解 $\boldsymbol{x}=\begin{bmatrix}\mathrm{e}^{-t}+2t\mathrm{e}^{-t}\\ \mathrm{e}^{-t}+t\mathrm{e}^{-t}\end{bmatrix}$。

试确定该系统的状态转移矩阵 $\boldsymbol{\Phi}(t)$。

T2-8　已知线性动态系统的状态方程为

$$\dot{\boldsymbol{x}}=\begin{bmatrix}1 & 0 & 0\\ 0 & 1 & 0\\ 0 & 1 & 2\end{bmatrix}\boldsymbol{x}+\begin{bmatrix}0\\ 0\\ 1\end{bmatrix}u$$

$$\boldsymbol{y}=[1 \quad 1 \quad 0]\boldsymbol{x};\boldsymbol{x}(0)=[0 \quad 1 \quad 0]^T$$

试求由单位阶跃 $u=1(t)$ 输入所引起的响应 $y(t)$。

T2-9 一线性动态系统的状态空间描述为

$$\dot{x}=\begin{bmatrix}1 & 0 & 0\\0 & 1 & 0\\0 & 1 & 2\end{bmatrix}x+\begin{bmatrix}0\\0\\1\end{bmatrix}u$$

$$y=[1 \quad 1 \quad 0]\boldsymbol{x};\boldsymbol{x}(0)=[0 \quad 1 \quad 0]^T$$

试求由单位阶跃 $u=1(t)$ 输入所引起的响应 $y(t)$。

T2-10 给定一个具有零初始状态的线性动态系统，当输入单位阶跃信号时，得到的响应为

$$y(t)=1(t)-\mathrm{e}^{-2t}+\mathrm{e}^{-t}$$

试求该系统对单位冲激信号的响应和系统的传递函数。

T2-11 已知线性动态系统中

$$\boldsymbol{A}=\begin{bmatrix}0 & 1 & 0\\0 & 0 & 1\\-3 & 0 & -2\end{bmatrix},\boldsymbol{B}=\begin{bmatrix}0\\0\\1\end{bmatrix},\boldsymbol{C}=[-2 \quad 3 \quad 0]$$

试求系统的传递函数 $G(s)$。

T2-12 已知线性动态系统中

$$\boldsymbol{A}=\begin{bmatrix}-2 & 2 & -1\\0 & -2 & 0\\1 & -4 & 0\end{bmatrix},\boldsymbol{B}=\begin{bmatrix}0\\0\\1\end{bmatrix},\boldsymbol{C}=[1 \quad -1 \quad 1]$$

试求系统的传递函数 $G(s)$，说明该系统的完全表征性。

T2-13 已知系统的传递函数为

$$G(s)=\frac{s+a}{s^3+7s^2+14s+8}$$

求当 a 等于何值，系统传递函数将是不完全表征的。

第三章　传递函数的建立

关键词：方框图中的通路及环路，误差信号，反馈信号，反馈传递函数，前馈传递函数，开环传递函数，闭环传递函数，系统总传递函数，传递函数的基本因子，基本环节，比例环节，微分环节，积分环节，滞后（又称惯性）环节，超前环节，环节的负载效应，电路元件在频域上的复阻抗，反号器，加法器，对单位阶跃信号的暂态响应，信号流图，信号流图中的节点及支路，源点及汇点，通路及环路，支路信号，节点信号，支路传输，通路及通路传输，环路及环路传输，Mason 公式，信号流图中的特征式，状态变量模拟图，传递函数的实现，可控标准形实现，可观测标准形实现，最小阶实现。

内容提要：为了建立实际工程系统的数学模型，第二章针对连续时间、线性、定常的动态系统，介绍了它的两种描述：状态空间描述及输入输出描述。本章在此基础上，介绍动态系统的三种图解表示法：传递函数方框图、信号流图和状态变量模拟图；讨论这些图形的变换法则以及各自的特点；研究系统的数学模型怎样从实际工程系统中产生出来，并结合电力系统自动装置中的实例，具体地介绍建立系统模型的方法和步骤。重点是传递函数的建立。

第一节　传递函数方框图

一个控制系统由具有各种不同功能的环节所构成。系统方框图是系统中每个环节的功能和信号流向的一种图解表示。前面已经多次使用过方框图来代表系统和其中的环节。人们乐于采用方框图代表系统的原因在于：从数学方程的表达式中很难直观地看出各个构成环节在整个系统中的地位和环节与环节之间的相互联系，而采用方框图的表示方法，在一定程度上可以克服这个困难。不仅如此，在一个系统具有复杂的方框图结构的情况下，运用方框图的变换规则，还可以直接对方框进行代数运算，如合并、变换或化简等。

一、传递函数方框图的建立

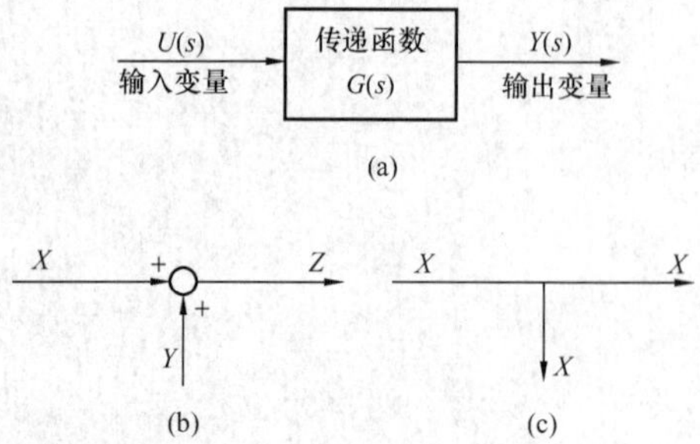

图 3-1　方框图中的符号

(a) 方框图；(b) 相加点；(c) 分支点

对于线性定常系统，当采用传递函数方框图的形式来代表它时，只需使用如图 3-1 所示的三种图形符号就够了。图中方框代表系统中的一个环节，方框中的传递函数代表该环节所具有的函数功能：使输入乘以传递函数以产生输出$Y(s)=G(s)U(s)$。相加点代表对几个输入进行代数相加运算：$Z=X+Y$。分支点代表同一个变量 X 同时作用于不同的对象上。

为了绘制传递函数方框图，考虑具有如下形式的代数方程组

$$\left.\begin{aligned} x_1 &= a_{11}x_1 + a_{12}x_2 + \cdots + a_{1n}x_n + b_{11}u_1 + \cdots + b_{1r}u_r \\ x_2 &= a_{21}x_1 + a_{22}x_2 + \cdots + a_{2n}x_n + b_{21}u_1 + \cdots + b_{2r}u_r \\ &\vdots \\ x_n &= a_{n1}x_1 + a_{n2}x_2 + \cdots + a_{nn}x_n + b_{n1}u_1 + \cdots + b_{nr}u_r \end{aligned}\right\} \tag{3-1}$$

或表为矢量形式，则

$$\boldsymbol{x} = \boldsymbol{A}\boldsymbol{x} + \boldsymbol{B}\boldsymbol{u} \tag{3-1a}$$

式中　$u_1, u_2, \cdots, u_r$——代表来自系统外部的输入变量，$\boldsymbol{u} \triangleq (u_1, u_2, \cdots, u_r)^T$；

$x_1, x_2, \cdots, x_n$——代表系统中的变量（包括系统的输出变量及中间变量），$\boldsymbol{x} \triangleq (x_1, x_2, \cdots, x_n)^T$；

a_{ij}，b_{ik}——代表系数值，其中某些系数可能是零，可能是常数，也可能是关于复频率 s 的某种函数（传递函数），$\boldsymbol{A} \triangleq [a_{ij}]$，$\boldsymbol{B} \triangleq [b_{ik}]$。

任何一个线性代数方程组，稍加变换都可以表为式（3-1）的形式。因此式（3-1）是线性代数方程组的一种普遍形式。对于由一系列不管是代数方程还是微分方程描述的线性定常系统，经拉氏变换都可以化为频域中的一系列线性代数方程组。下面证明：式（3-1）的代数方程组可以很方便地采用图 3-1 所示的三种图形符号的组合来形象而直观地表示。

在第二章曾考虑过一个电枢控制式直流电动机控制系统的例子（[例 2-2]、图 2-5），现就这个例子中曾得到的下列方程（经拉氏变换后）来绘制该系统的传递函数方框图

$$\Theta(s) = \frac{1}{s}\Omega(s) \tag{3-2a}$$

$$\Omega(s) = \frac{1}{Js}[M_e(s) - M_L(s) - D\Omega(s)] \tag{3-2b}$$

$$M_e(s) = k_2 I_a(s) \tag{3-2c}$$

$$E_a(s) = k_1 \Omega(s) \tag{3-2d}$$

$$I_a(s) = \frac{1}{L_a s}[U_a(s) - E_a(s) - R_a I_a(s)] \tag{3-2e}$$

式中　$U_a(s)$，$M_L(s)$——分别为输入电压及作为扰动输入的负载转矩的拉氏变换，是系统的输入量；

$\Theta(s)$，$\Omega(s)$——分别为电机旋转角位移及转速的拉氏变换，作为系统的输出量。

其余各量的代表意义与［例 2-2］相同。

不难看出，式（3-2）的形式与式（3-1）相类似。

首先，将式（3-2）的五个方程分别用方框图表示出来，如图 3-2（a）～（e）所示；然后，再把这五个局部方框图，相互连接起来构成一个整体，取得全系统的方框图，如图 3-2（f）所示。

从图 3-2（f）中可以清楚地看出，哪些变量是输入变量、输出变量或是中间变量；还可以看出各个环节在系统中的地位和各个变量之间的相互联系。

根据此例，归纳出绘制控制系统传递函数方框图的大致步骤如下：

（1）列写描述实际控制系统中每个物理部件动态特性的方程式，并且表示成线性方程（线性代数方程或线性微分方程）的形式。所得系统方程的个数，应与这些方程中所含未知变量（输出变量及中间变量，不包含输入变量）的个数相等。

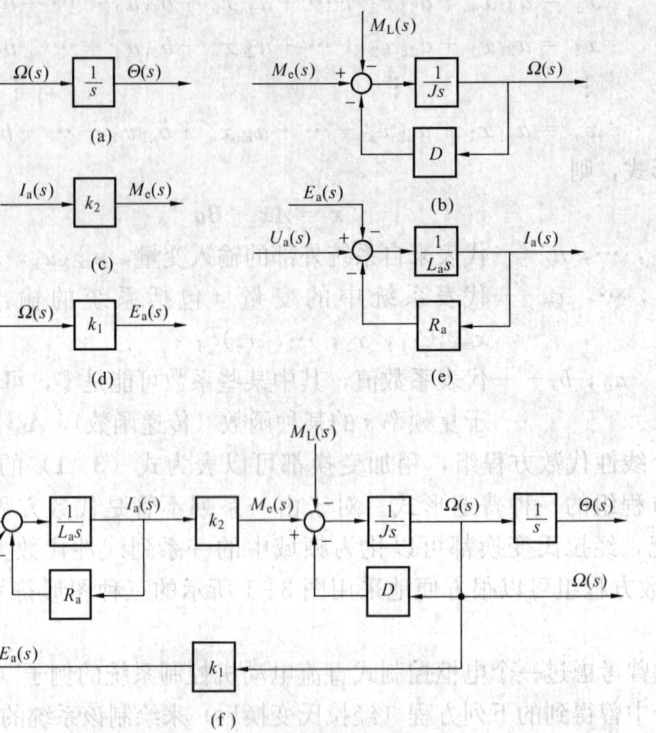

图 3-2 绘制传递函数方框图的例子

(a) ～ (e) 分别与式 (3-2a) ～式 (3-2e) 相对应的局部方框图；

(f) 电动机控制系统的方框图

(2) 在零状态之下，对所得时域方程进行拉氏变换，并将变换结果整理成类似于式 (3-1) 或式 (3-2) 的形式，即频域中线性代数方程组的形式。

(3) 绘制上述每一代数方程的局部方框图，然后把它们相互连接起来，构成一个整体，即得全系统的方框图。

二、方框图的变换规则

一个包含有许多反馈环路的复杂的方框图，可以利用下面即将介绍的方框图的变换规则，对该方框图经过重新排列、分解、合并等一系列步骤，进行变换或化简。方框图的变换，是系统中诸变量间代数运算的图解表示。因此，变换的法则就是代数法则。变换前后所代表的两个系统，必须是外部等效的，即两个系统的输入输出关系保持不变，只改变它们的内部结构。

表 3-1 **方框图变换规则**

序号	变换项目	变换前	变换后	等效的输入输出关系
1	相邻相加点的合并或分解		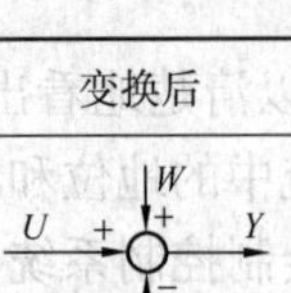	$Y=U-V+W$
2	串联方框的合并	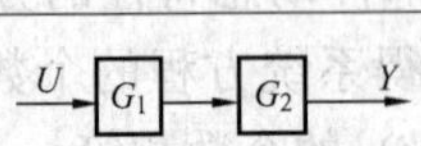	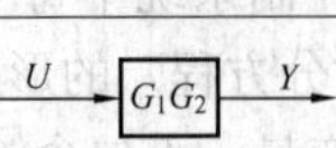	$Y=G_1G_2U$

续表

序号	变换项目	变换前	变换后	等效的输入输出关系
3	并联方框的合并	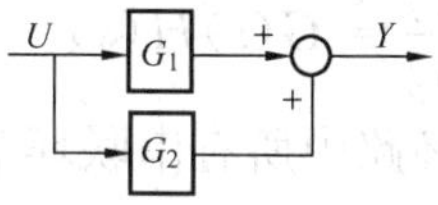	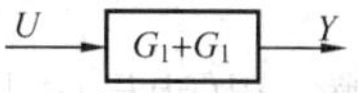	$Y=(G_1+G_2)U$
4	方框与相加点前后变换	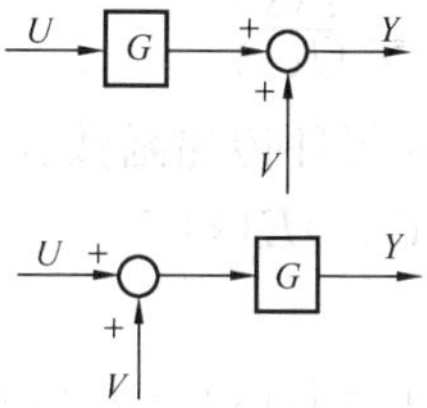	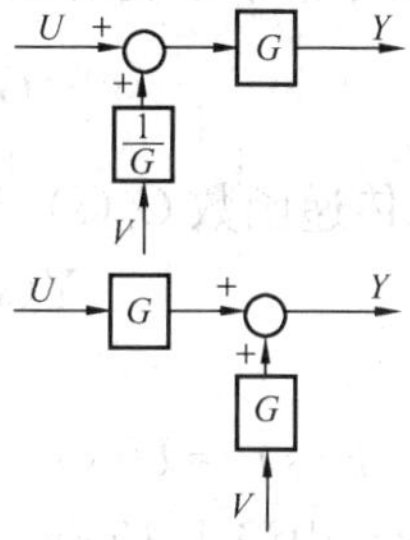	$Y=GU+V=G\left(U+\frac{V}{G}\right)$ $Y=G(U+V)=GU+GV$
5	方框与分支点前后变换	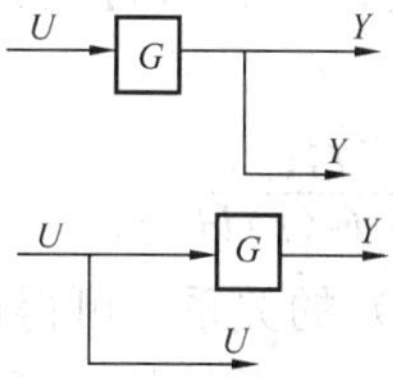	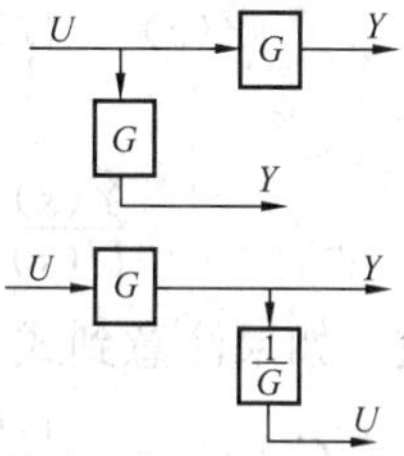	$Y=GU$ $Y=GU$
6	相加点与分支点前后变换	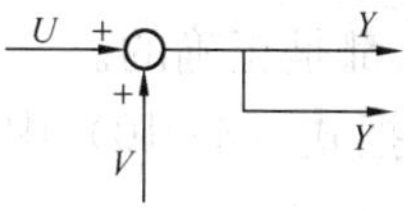	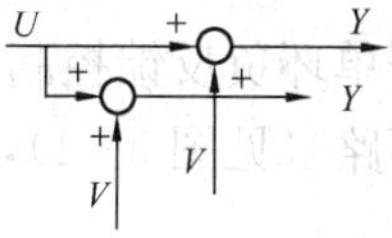	$Y=U+V$
7	单环反馈环路的化简	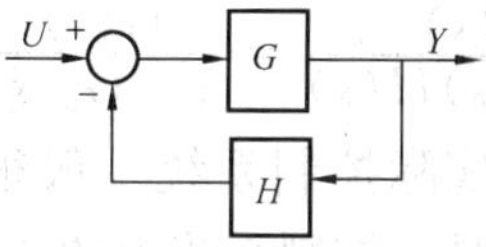	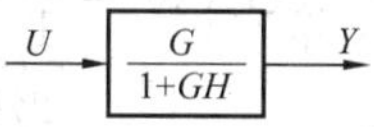	$Y=\frac{G}{1+GH}U$

表 3-1 中列出了一些常用的变换规则。依据等效原则判断，编号 1～6 所示变换的等效性是显然的。编号 7 表示了单环反馈环路的化简法则。它属于一个最简单（单环）的反馈控制系统。由于其重要性，现重点介绍如下：

在图 3-3 中，从系统输入端 $U(s)$ 沿箭头指向可以走到输出端 $Y(s)$。从系统输出端 $Y(s)$ 经过中间环节返回输入端相加点为止的那条通路，称为反馈通路；返回输入端相加点前的信号 $B(s)$，称为反馈信号；反馈通路中的等效传递函数 $H(s)$，称为反馈传递函数。可以看出，反馈传递函数等于

$$H(s)\triangleq\frac{B(s)}{Y(s)} \tag{3-3}$$

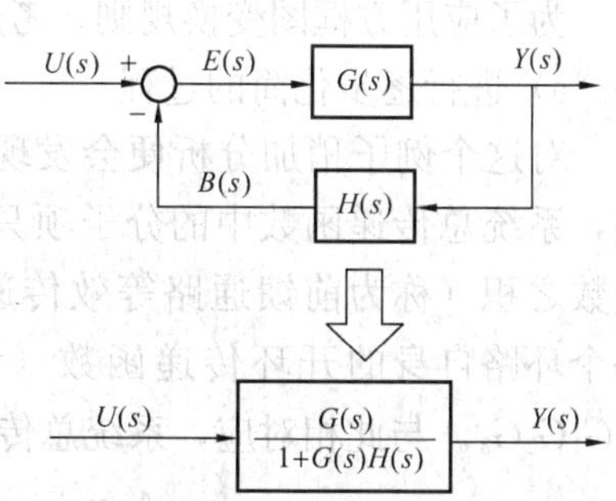

图 3-3　单环反馈控制系统及其化简

图 3-3 中所画出的那一个相加点，又称为误差检测器。输入信号与反馈信号的差称为误差信号，表为 $E(s)$，则

$$E(s) \triangleq U(s) - B(s) \tag{3-4}$$

反馈信号 $B(s)$ 与误差信号 $E(s)$ 的比，称为开环传递函数，表为 $G_o(s)$，则

$$G_o(s) \triangleq \frac{B(s)}{E(s)} = G(s)H(s) \tag{3-5}$$

换句话说，开环传递函数，也就是构成闭合环路中所有串联环节的等效传递函数。

现在就图 3-3 来推导整个系统的总传递函数

$$G_c(s) \triangleq \frac{Y(s)}{U(s)} \tag{3-6}$$

在图示情况下，系统总传递函数 $G_c(s)$ 又称为闭环传递函数。由图示得

$$Y(s) = G(s)E(s) \tag{3-7}$$

其中误差信号

$$E(s) = U(s) - B(s) = U(s) - H(s)Y(s) \tag{3-8}$$

由式（3-7）、式（3-8）中消去 $E(s)$，得

$$Y(s) = G(s)[U(s) - H(s)Y(s)]$$

整理后即得

$$\frac{Y(s)}{U(s)} = \frac{G(s)}{1+G(s)H(s)} \tag{3-9}$$

此即为系统总传递函数。如果注意到式（3-5）的关系，可得如下结论

$$G_c(s) = \frac{G(s)}{1+G_o(s)} = \frac{\text{前馈传递函数}}{1+\text{开环传递函数}} \tag{3-10}$$

这个结论对于任何一个单环负反馈控制系统，都是正确的。

对于单环正反馈环路（见图 3-4），只要把式（3-10）中的“+”号换成“−”号即可适用，即对图 3-4 有

$$G_c(s) = \frac{G(s)}{1-G(s)H(s)} = \frac{G(s)}{1-G_o(s)} \tag{3-10a}$$

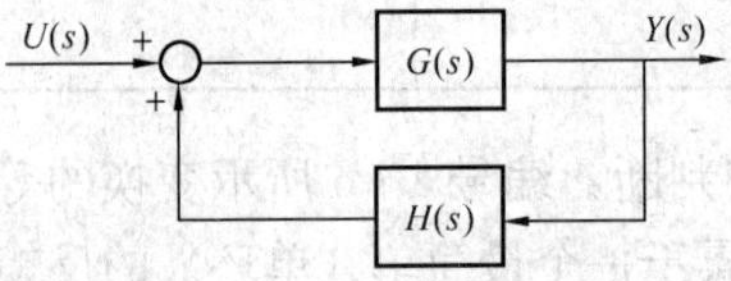

图 3-4 单环正反馈环路

当然，实际控制系统一般很少设计成单环正反馈的结构。但是，控制系统中的局部环路，偶尔也有采用正反馈的。

利用表 3-1 所列的变换规则，可以比较方便地对系统方框图进行变换或化简，以最终求得系统总传递函数。

为了应用方框图变换规则，考虑如图 3-5 所示的多环路复杂系统，图（b）～（e）是对图（a）进行逐步化简的过程。

对这个例子稍加分析便会发现如下的规律性：首先，在此系统中只包含有一条前馈通路，系统总传递函数中的分子项只有一项 $G_1G_2G_3$，它等于前馈通路中所有串联环节传递函数之积（称为前馈通路等效传递函数）。其次，考察系统中所包含的环路，共有三个。每个环路自身的开环传递函数（计及相加点上的正负号）分别是 $G_1G_2H_1$，$-G_2G_3H_2$，$-G_1G_2G_3$。与此相对应，系统总传递函数的分母项也有三项，并且正好等于

$$\begin{aligned}\Delta &= 1 - G_1G_2H_1 + G_2G_3H_2 + G_1G_2G_3 \\ &= 1 - \sum(\text{各个环路开环传递函数})\end{aligned} \tag{3-11}$$

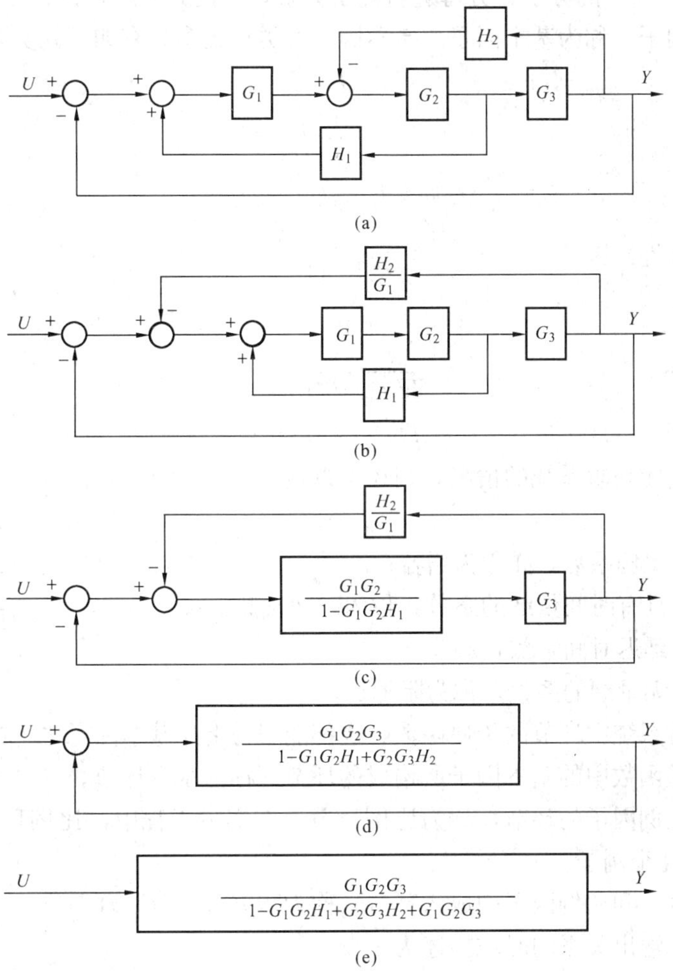

图 3-5　多环路复杂系统及其化简过程

(a) 原系统；(b) ～ (e) 逐步化简过程

出现这个结果不是偶然的，它具有一定的普遍性。在本章稍后，将给出一个计算系统总传递函数的严格公式——Mason 公式。

第二节　环节的传递函数及负载效应

一、传递函数的基本因子及典型环节

对于一个具体的实际控制系统，从分析它的每个主要部件的动作特性或运动规律入手，首先建立相应环节的数学模型，进而建立整个系统的模型，是一个可行的办法。尽管物理部件千差万别，但是从所对应的环节的传递函数角度观察，却可以分出若干种基本类型。

首先考察线性定常动态系统的传递函数

$$G(s)=\frac{b_0s^m+b_1s^{m-1}+\cdots+b_{m-1}s+b_m}{s^n+a_1s^{n-1}+\cdots+a_{n-1}s+a_n},m<n \qquad (3-12)$$

式中，a_1，a_2，…，a_n；b_0，b_1，…，b_m 均为实系数。

分别对式（3-12）的分子、分母进行因子分解，并使分解所得的因子中仍具有实系数。这样得到的最小因子，称为基本因子。基本因子的类型最多只有如下几类

比例因子 $$K \tag{3-13a}$$

积分因子 $$\frac{1}{s} \tag{3-13b}$$

微分因子 $$s \tag{3-13c}$$

一阶滞后（惯性）因子 $$\frac{1}{Ts+1} \tag{3-13d}$$

一阶超前因子 $$Ts+1 \tag{3-13e}$$

二阶滞后因子 $$\frac{1}{T^2s^2+2\zeta Ts+1} \tag{3-13f}$$

二阶超前因子 $$T^2s^2+2\zeta Ts+1 \tag{3-13g}$$

如果再考虑到无限阶系统的情况，则还可以包括

延迟因子 $$\mathrm{e}^{-T_{\mathrm{D}}}D^{s} \tag{3-13h}$$

上八式中 K——比例系数，亦称为增益；

T——具有时间量纳的系数，称为时间常数，s；

T_{D}——延迟时间常数，s；

ζ——无量纲的系数，称为阻尼比。

一个线性定常系统中环节的传递函数，也都能表为上述基本因子之一或几个基本因子之积的形式。由传递函数中的基本因子所构成的环节，称为基本环节。

传递函数为比例因子的环节，称为比例环节。在实际工程中，比例环节是大量存在的，图 3-6 中列举了几个例子。

由积分（微分）和比例因子构成的环节，称为积分（微分）环节。

积分环节输入输出关系的时域描述为

$$y(t)=K\int_0^t u(\tau)\mathrm{d}\tau \tag{3-14}$$

在零状态下，对式（3-14）进行拉氏变换，则得

$$Y(s)=\frac{K}{s}U(s) \tag{3-15}$$

因此，积分环节的传递函数

$$G(s)\triangleq\frac{Y(s)}{U(s)}=\frac{K}{s} \tag{3-16}$$

微分环节的输入输出关系的时域描述为

$$y(t)=K\frac{\mathrm{d}u(t)}{\mathrm{d}t} \tag{3-17}$$

在零状态下，进行拉氏变换，可以求得微分环节的传递函数

$$G(s)\triangleq\frac{Y(s)}{U(s)}=Ks \tag{3-18}$$

由纯电容 C 或纯电感 L，可以构成积分环节，如图 3-7（a）、（b）所示。同是一个元件，把原输入当输出，原输出当输入，就又可以得到微分环节，如图 3-7（c）、（d）所示。

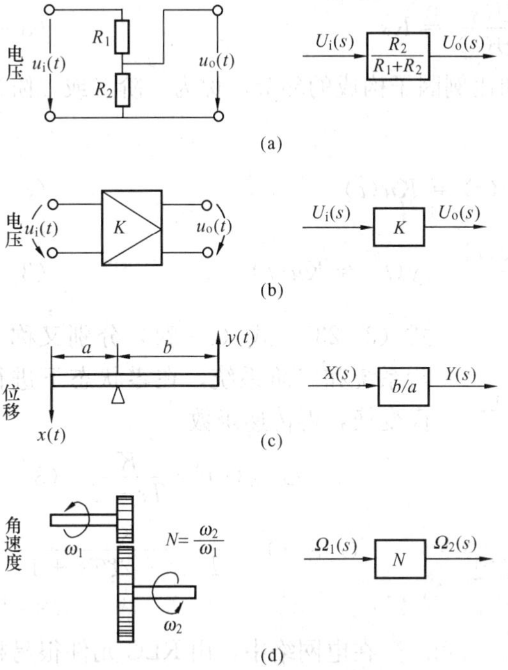

图 3-6　比例环节示例

(a) 分压器；(b) 电子放大器；(c) 杠杆；(d) 变速齿轮

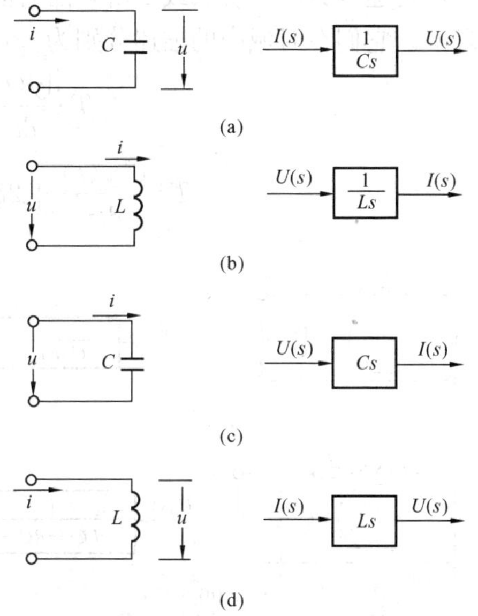

图 3-7　由纯电容、纯电感构成的积分及微分环节

(a)、(b) 积分环节；(c)、(d) 微分环节

此外，由非电部件也能构成积分环节或微分环节。例如，图 3-8 (a) 中由压力油液驱动的一个活塞机构，就相当于一个积分环节。这里，输入 $x(t)$ 是油流量，输出 $y(t)$ 是活塞行程。设活塞面积为 A，油液密度为 ρ。假定油液是不可压缩的且无漏损，那么，在单位时间内油液流入油缸的体积应等于活塞移动的体积。因此可得

$$Ay(t)=\int_0^t \frac{1}{\rho}x(\tau)\mathrm{d}\tau \tag{3-19}$$

亦即

$$G(s)\triangleq\frac{Y(s)}{X(s)}=\frac{1}{A\rho s} \tag{3-20}$$

式 (3-20) 表明，以流量 $X(s)$ 作输入，以活塞行程 $Y(s)$ 作输出的液压活塞，相当于一个积分环节。当然，如果以活塞行程作输入，以排出的流量作输出的同一活塞机构，又相当于一个微分环节。

又如图 3-8 (b) 所示，一台具有恒定磁场的小型直流发电机被其他机构拖动旋转，称为测速发电机。电枢上感应的电压 $u(t)$ 与转速 $\frac{\mathrm{d}\theta(t)}{\mathrm{d}t}$ 成正比，即

$$u(t)=K\frac{\mathrm{d}\theta(t)}{\mathrm{d}t} \tag{3-21}$$

因此，角位移—电压的传递函数为

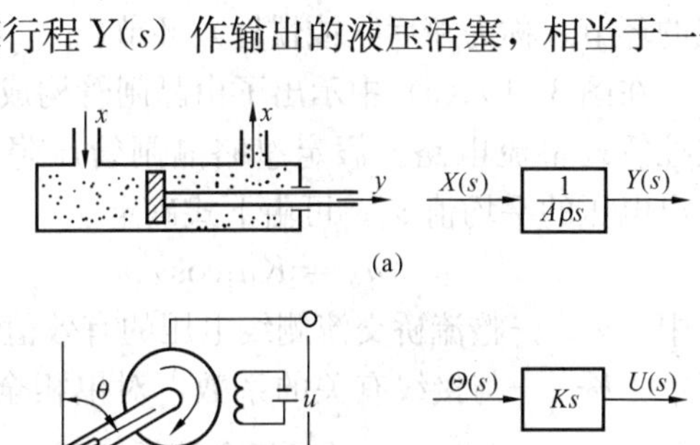

图 3-8　非电部件构成的积分及微分环节

(a) 液压活塞——积分环节；

(b) 测速发电机——微分环节

$$G(s) \triangleq \frac{U(s)}{\Theta(s)} = Ks \tag{3-22}$$

由传递函数中一阶（或二阶）滞后因子和比例因子构成的环节，称为一阶（或二阶）滞后环节。它们在时域中的描述分别为

$$T\frac{\mathrm{d}y(t)}{\mathrm{d}t} + y(t) = Ku(t) \tag{3-23}$$

$$T^2\frac{\mathrm{d}^2y(t)}{\mathrm{d}t^2} + 2\zeta T\frac{\mathrm{d}y(t)}{\mathrm{d}t} + y(t) = Ku(t) \tag{3-24}$$

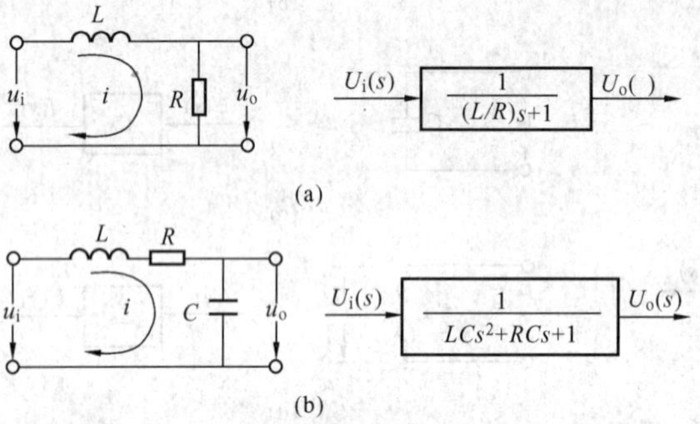

图 3-9　由电网络构成的一、二阶滞后环节

(a) 一阶环节；(b) 二阶环节

式（3-23）、式（3-24）分别又称为一阶系统和二阶系统。在零状态下进行拉氏变换，得传递函数

$$G_{一阶}(s) = \frac{K}{Ts+1} \tag{3-25a}$$

$$G_{二阶}(s) = \frac{K}{T^2s^2+2\zeta Ts+1} \tag{3-25b}$$

在电网络中，由 RLC 元件很易构成一阶滞后环节或二阶滞后环节。图 3-9（a）、（b）各示出了其中一例。由其他物理部件也能构成一阶或二阶滞后环节，前面已经举过一些例子。

由传递函数中一阶（二阶）超前因子和比例因子构成的环节，称为一阶（二阶）超前环节

$$G_{一阶}(s) = K(Ts+1) \tag{3-26a}$$

$$G_{二阶}(s) = K(T^2s^2+2\zeta Ts+1) \tag{3-26b}$$

后面将会看到，实际系统中如果包含有独立的超前环节，往往无法正常工作。

由传递函数的滞后（或惯性）因子和比例因子构成的环节，称为滞后（或惯性）环节。

在图 3-10（a）中示出了由晶闸管构成的一个单相全控桥式整流电路。假定忽略晶闸管压降，则整流桥输出电压的平均值 u_o，可由下式确定

$$u_o = Ku_i\cos\alpha \tag{3-27}$$

式中　u_i——整流桥交流侧线电压的有效值，V；

K——与接线有关的系数，对单相全控桥，$K=2\sqrt{2}/\pi$，对三相全控桥，$K=3\sqrt{2}/\pi$；

α——移相控制角。

以 u_i 及 α 作输入变量，以 u_o 作输出变量，在参考工作点附近，进行局部线性化处理，则得

$$\Delta u_o = K_1\Delta u_i - K_2\Delta\alpha \tag{3-28}$$

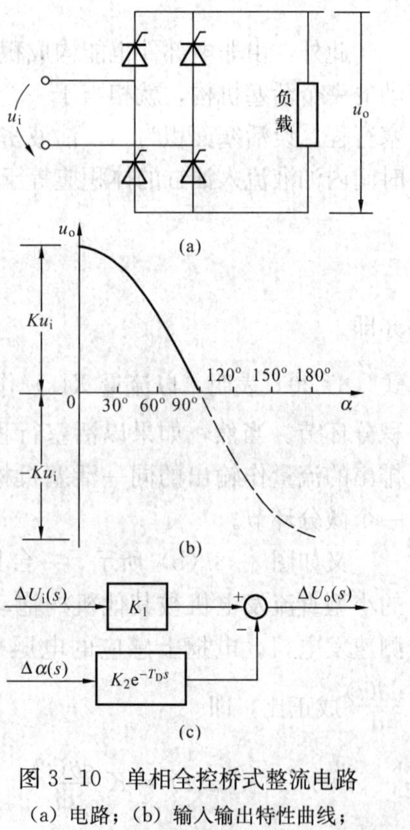

图 3-10　单相全控桥式整流电路

(a) 电路；(b) 输入输出特性曲线；(c) 传递函数方框图

式中
$$K_1=K\cos\alpha\big|_{\alpha=\alpha_0} \tag{3-28a}$$
$$K_2=Ku_i\sin\alpha\big|_{u_i=u_{i0},\alpha=\alpha_0} \tag{3-28b}$$

对图 3-10（a）所示单相全波整流电路中晶闸管的触发导通进行分析，就会发现：晶闸管只能在电源电压的正半周内被触发导通。一经触发，直到下一个正半周到来之前，整流桥输出电压 u_o 就不再受控制角 α 变动（增大或减小）的影响。这种现象表明，α 对 u_o 的控制作用，一般是带有延迟的。延迟时间 T_D，对单相全波整流电路来说，不大于 1/2 交变电源周期，即约 1/100s（假定电源频率等于 50Hz）。

由于存在滞后效应，整流桥的 $\alpha\Rightarrow u_o$ 间的传递函数应表为
$$\frac{u_o(s)}{\alpha(s)}=-K_2e^{-T_Ds} \tag{3-29}$$
即 $\alpha\Rightarrow u_o$ 间相当于一个滞后环节，如图 3-10（c）所示。

二、负载效应

上面列举了一些由物理部件构成的环节。必须指出，按照控制理论的观点，把其中一些物理部件当作环节，是有条件的。以图 3-6（a）中分压器所代表的环节为例。它被视为一个具有传递函数 $R_2/(R_1+R_2)$ 的比例环节是有条件的，这就是：环节外接的负载阻抗应充分地大，以致允许忽略负载的存在。为了说明这个论断，设分压器外接一个电阻 R，如图3-11所示。这时在零状态下同一环节的输出电压 $U_o(s)$ 对输入电压 $U_i(s)$ 的比，即传递函数为
$$G(s)\triangleq\frac{U_o(s)}{U_i(s)}=\frac{R_2}{R_1+R_2+\dfrac{R_1R_2}{R}} \tag{3-30}$$
当 $R\gg R_1R_2$ 以致使 $R_1R_2/R\to 0$ 时，式（3-30）才变为空载分压器的传递函数
$$G(s)\Big|_{R\gg R_1R_2}\approx\frac{R_2}{R_1+R_2} \tag{3-31}$$

式（3-30）、式（3-31）表明，对图 3-11 中由电阻 R_1R_2 所构成的环节，仅当 $R\gg R_1R_2$ 时，该环节的传递函数才由环节本身所属元件参数确定，否则还需考虑负载的影响。环节的负载对环节传递函数的影响，称为负载效应。

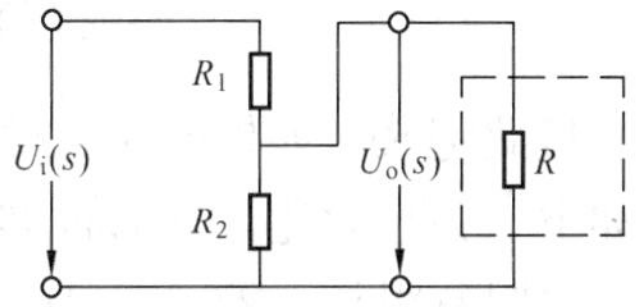

图 3-11　负载效应对环节的影响

环节是控制系统中能够分出其输入端及输出端的一个功能单位。如果环节的输出变量仅决定于输入变量及环节自身的结构与参数，而与环节外部所接负载无关，则称为无负载效应的环节。与此相反，如果环节的输出变量还受所接负载的影响，则称为有负载效应的环节。

从控制理论的观点来看，无负载效应的环节才能算是一个真正的环节；而有负载效应的环节不能当成一个真正的环节。因为在控制理论中，一切有关环节所作的分析与结论，都只适用于那些无负载效应的环节。例如，表 3-1 中的变换规则就是如此。

我们约定，本书所说的环节，均指那些无负载效应或允许忽略负载效应的环节而言。对于存在不容忽略的负载效应而又需要被视为独立环节的场合，将特别指明，以示区别。

负载效应不仅存在于由电网络构成的环节上，而且在其他类型（如机械型、液压型、气动型，等等）的环节上也可能存在。因此，在为一些实际工程系统建立模型时，一定要留意所考虑的环节是否存在负载效应。必要时，要采取措施消除负载效应。但是，在具体问题中负载效应并不总是能够消除的，有时也不必要消除。对于这种情况，必须对存在负载效应的

环节的传递函数进行适当的修正。例如把所接负载归入该环节以内，等。

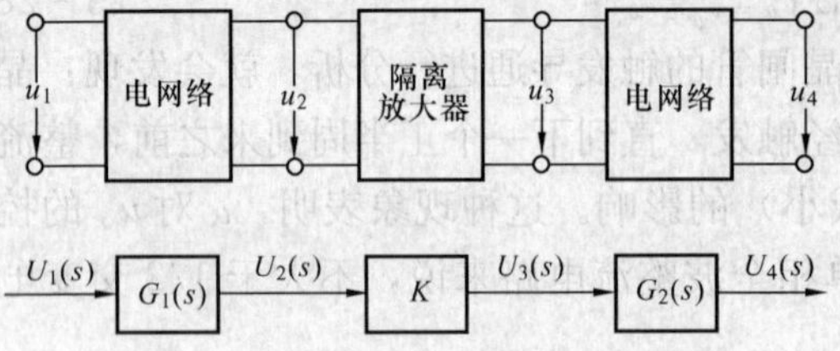

图 3-12 加装隔离放大器消除环节间的负载效应

在由电网络构成的两个串联环节之间，如果存在负载效应，在其间加装一个隔离放大器就可以消除它。这个隔离放大器的输入阻抗应充分地大，以致允许忽略它对前级环节的影响；同时其输出阻抗又应充分地小，以致也允许忽略后级环节对放大器的负载效应。加装隔离放大器的有关电路及对应的方框图示于图 3-12。

第三节 电气环节的传递函数

一、复阻抗

由电路中的无源元件和/或有源元件构成的环节，称为电气环节。建立电气环节的数学模型，既可从时域分析入手——列写微分方程或状态方程，也可从频域分析入手——直接推导传递函数。后一分析方法的特点是，不列写电路中的微分方程，而借助于所谓复阻抗的概念，只通过与正弦交流稳态电路中普通阻抗一样的串、并联运算，就可以得出环节的传递函数。利用复阻抗的概念，直接在频域中推导传递函数，常常是比较方便的。

复阻抗的概念，是正弦交流稳态电路中阻抗概念在频域中的推广。设电路中初始状态为零，某电路元件两端电压（不限定为正弦交流电压）的拉氏变换为 $U(s)$，通过元件的电流的拉氏变换为 $I(s)$，如图 3-13 所示。那么该元件的复阻抗可定义为

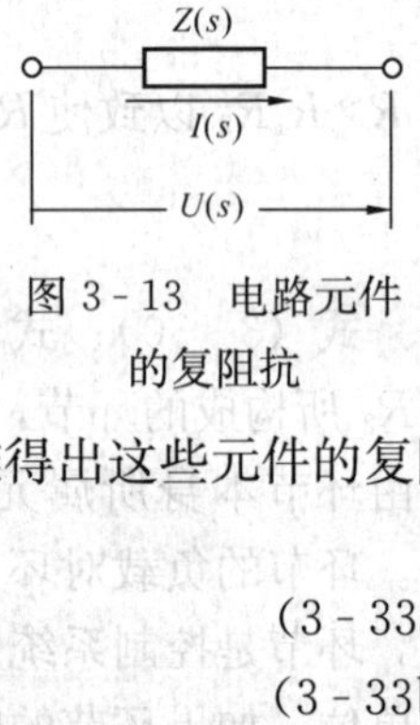

图 3-13 电路元件的复阻抗

$$Z(s)=\left.\frac{U(s)}{I(s)}\right|_{\text{零状态}} \tag{3-32}$$

按此定义，如果电路元件分别是电阻 R、电感 L 和电容 C，则不难得出这些元件的复阻抗如下（为了对比，同时也列出了它们的交流阻抗）：

电阻复阻抗 $Z(s)=R$；交流阻抗 $Z(\mathrm{j}\omega)=R$ (3-33a)

电感复阻抗 $Z(s)=sL$；交流阻抗 $Z(\mathrm{j}\omega)=\mathrm{j}\omega L$ (3-33b)

电容复阻抗 $Z(s)=\dfrac{1}{sC}$；交流阻抗 $Z(\mathrm{j}\omega)=\dfrac{1}{\mathrm{j}\omega C}$ (3-33c)

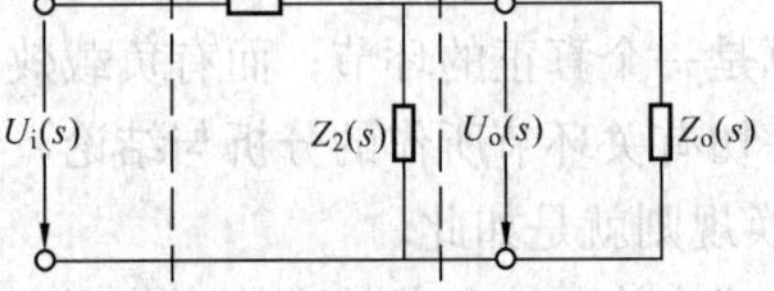

图 3-14 由双端口网络构成的无源环节

$Z_1(s)$、$Z_2(s)$ —环节内等效复阻抗；

$Z_o(s)$ —外接负载的等效复阻抗；

$U_i(s)$、$U_o(s)$ —环节输入、输出电压的拉氏变换；

$I_o(s)$ —环节输出电流的拉氏变换

在实际控制系统中，经常采用由 R—L—C 等元件构成的有源或无源环节。其中由双端口网络构成的无源环节，大体上都可以等效地简化为如图 3-14 所示。

在不会引起误解的情况下，对上述的复阻抗或交流阻抗可以简称为阻抗。但对前者要表示为 $Z(s)$；对后者要表示为 $Z(\mathrm{j}\omega)$。

由于图示环节有负载效应，在计算环节的传

递函数时应把外接负载 Z_o 一并计入。

图 3－14 所示环节，一般以电压 $U_i(s)$ 作输入，偶而也以电流 $I_i(s)$ 作输入；而环节的输出，则可能是电压 $U_o(s)$，也可能是电流 $I_o(s)$。因此这种环节可分为如下四种类型：

（1）电压输入－电压输出环节，简记为电压－电压环节；

（2）电压输入－电流输出环节，简称电压－电流环节；

（3）电流输入－电压输出环节，简称电流－电压环节；

（4）电流输入－电流输出环节，简称电流－电流环节。

其中最常用的是（1）、（2）两种。

对于电压－电压环节，其传递函数为

$$G(s) \triangleq \frac{U_o(s)}{U_i(s)} = \frac{Z_2(s)}{Z_1(s)+Z_2(s)+\dfrac{Z_1(s)Z_2(s)}{Z_o(s)}} \tag{3-34}$$

当外接负载 $Z_o(s) \gg Z_1(s)Z_2(s)$，以致使 $Z_1(s)Z_2(s)/Z_o(s) \to 0$ 时，上述传递函数蜕变为一个空载分压器的传递函数

$$G(s) \approx \frac{Z_2(s)}{Z_1(s)+Z_2(s)}$$

这种情况与对图 3－6（a）的推导结果是一致的。

对于电压－电流环节，其传递函数为

$$G(s) \triangleq \frac{I_o(s)}{U_i(s)} = \frac{\dfrac{Z_2(s)}{Z_o(s)}}{Z_1(s)+Z_2(s)+\dfrac{Z_1(s)Z_2(s)}{Z_o(s)}} \tag{3-35}$$

这个传递函数具有电导的量纲，而式（3－34）则是无量纲的。

对于上述（3）、（4）所列环节，也可以推导出相应的传递函数，不再重述。

二、由运算放大器构成的环节

在电力系统的自动控制系统中，作为具有各种不同特性的电气环节，广泛地使用运算放大器。运算放大器也是模拟计算机的核心部件，由它可以进行多种模拟运算，如加法、反号和积分等。

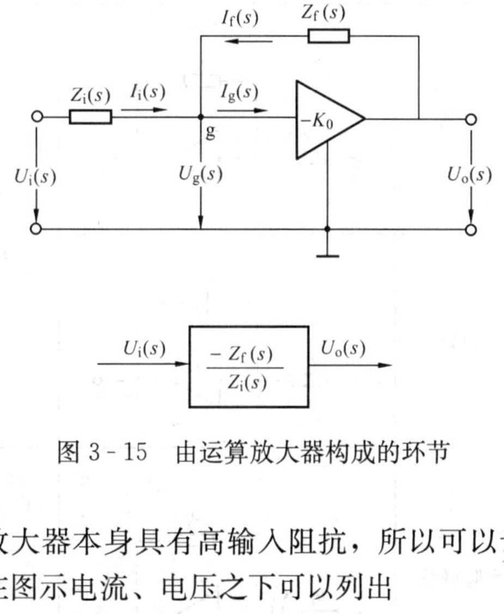

图 3－15　由运算放大器构成的环节

大多数运算放大器电路是由下述三个元件按图 3－15 所示的电路连接成的一个系统：

（1）具有高放大系数、高输入阻抗和低输出阻抗的反相放大器；

（2）由外接阻抗 $Z_i(s)$ 构成的输入回路；

（3）由外接阻抗 $Z_f(s)$ 构成的反馈回路。

为了经由反馈阻抗 $Z_f(s)$ 引入负反馈，反相放大器必须具有负值的放大系数 $-K_o$。由于反相放大器本身具有高输入阻抗，所以可以认为图 3－15 中的点 g 处的吸收电流 $I_g(s) \approx 0$。于是在图示电流、电压之下可以列出

$$I_f(s) - I_i(s) = \frac{U_o(s)-U_g(s)}{Z_f(s)} + \frac{U_i(s)-U_g(s)}{Z_i(s)} = I_g(s) \approx 0$$

式中

$$U_g(s) = -\frac{U_o(s)}{K_o}$$

所以得环节的传递函数为

$$G(s) \triangleq \frac{U_o(s)}{U_i(s)} = -\frac{Z_f(s)}{Z_i(s)}\frac{K_o\beta}{1+K_o\beta} \tag{3-36}$$

式中

$$\beta = Z_i(s)/[Z_i(s)+Z_f(s)] \tag{3-36a}$$

考虑到反相放大器本身具有很高的放大系数，即 $K_o \gg 0$，因此 $|K_o\beta| \gg 1$，则式（3-36）可以简写为

$$G(s) = -\frac{Z_f(s)}{Z_i(s)} \tag{3-37}$$

其传递函数可以表为式（3-37）的运算放大器，称为理想的运算放大器。式（3-37）表明，运算理想放大器的传递函数等于反馈阻抗 $Z_f(s)$ 对输入阻抗 $Z_i(s)$ 的比，而与其中所用的反相放大器无关。这个反相放大器在电路中所起的作用好像化学反应中的触媒。化学反应离了它不行，但它却并不进入反应结果。以后将只考虑理想的运算放大器。

顺便指出，由于运算放大器中所采用的反相放大器具有低输出阻抗，故可以认为后级负载对运算放大器的工作没有影响，即不存在负载效应。这样的运算放大器就可视为一个无负载效应的环节。

采用不同类型的反馈阻抗及输入阻抗（电阻、电感、电容或其组合），能使运算放大器对输入电压进行各种数学运算。

在表 3-2 中列举了由运算放大器构成的几个典型环节的例子。

表 3-2　　由运算放大器构成的几个典型环节

环节类型	简化电路	时域特性	传递函数
比例	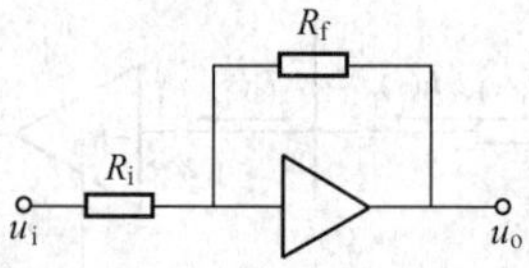	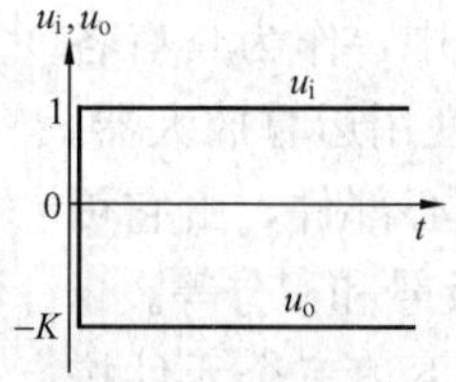	$G(s) = -K$ $K = \frac{R_f}{R_i}$
积分	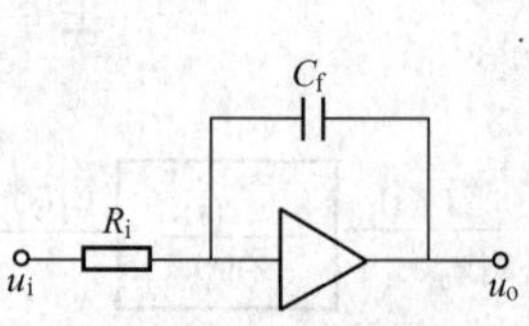	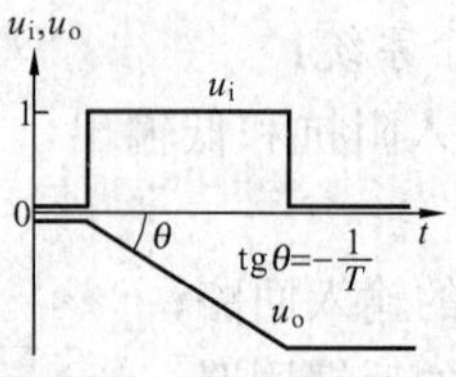	$G(s) = -\frac{1}{Ts}$ $T = R_iC_f$
实际微分	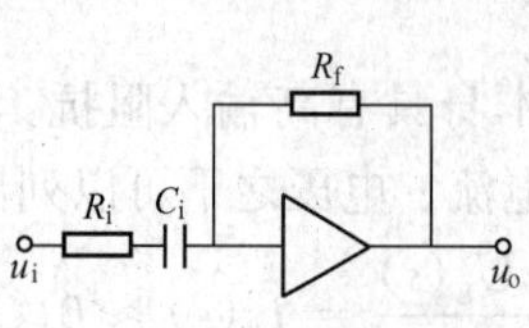	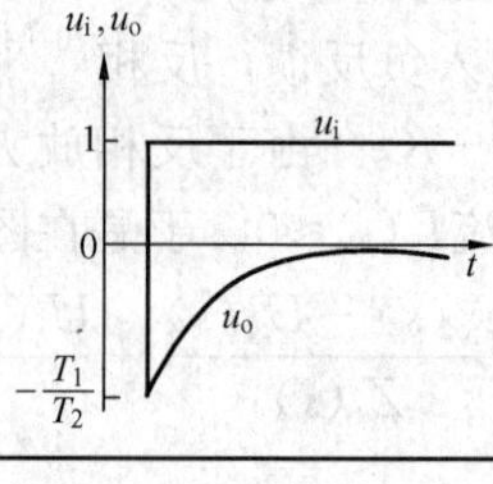	$G(s) = -\frac{T_1s}{T_2s+1}$ $T_1 = R_fC_i$ $T_2 = R_iC_i$

续表

环节类型	简化电路	时域特性	传递函数
一阶滞后	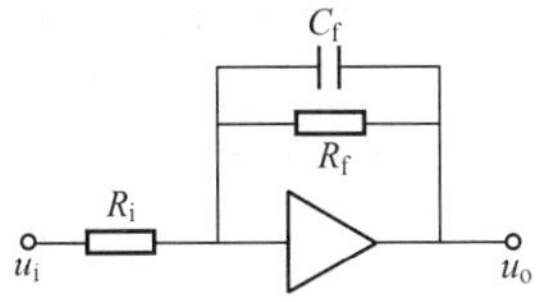	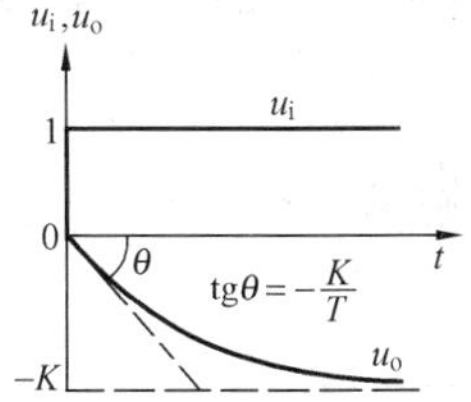	$G(s)=-\frac{K}{Ts+1}$ $K=\frac{R_f}{R_i}$ $T=R_fC_f$

在表 3-2 的比例环节中，若取反馈电阻 R_f 与输入电阻 R_i 相等，即

$$R_f = R_i = R \tag{3-38}$$

则得到一个只起反号作用的环节（传递函数等于−1），并称其为反号器。

在反号器的输入端，增加几个具有相同阻值的并联输入回路（如图 3-16 所示），又可以构成一个具有加法功能的环节，并称其为加法器。

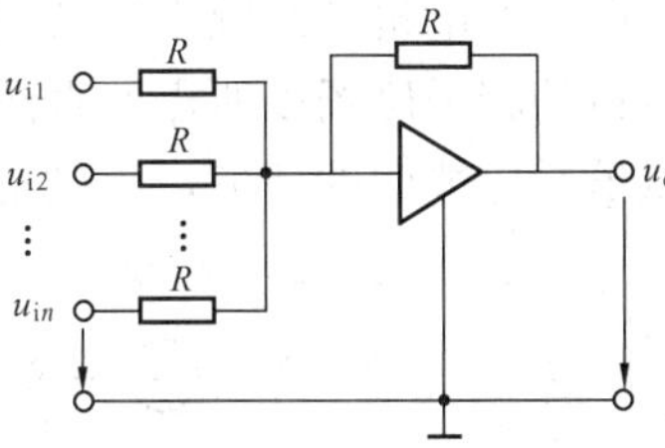

图 3-16　加法器电路

加法器的输入输出关系（在时域上）可以表为

$$u_{i1} + u_{i2} + \cdots + u_{in} = u_o \tag{3-39}$$

在表 3-2 中比例环节的反馈电阻 R_f 上再并联一个电容 C_f，就构成了一阶滞后环节。系统对单位阶跃输入的时域响应，一般称为暂态响应。对一阶滞后环节，在暂态响应的初始（$t\to0$）阶段，响应特性的渐近线相当于积分环节 $-K/Ts$ 所具有的特性；在暂态响应的稳态（$t\to\infty$）阶段，响应特性的渐近线相当于一个比例环节 $-K$。

如果把表 3-2 中比例环节的输入电阻 R_i 用一个电容代替，就可以构成一个微分环节。后者能对不希望的高频噪声信号起放大作用，会严重影响控制系统的正常工作，所以实际工程中一般不使用理想微分环节。但有时又希望控制器具备一定的微分控制作用，这时应采用实际微分环节，如表 3-2 所示。

在实际微分环节暂态响应的初始瞬间（$t=0$），该环节的特性犹如一个比例环节 $-T_1/T_2$；以后随着时间的推移，响应 $u_o(t)$ 将按指数规律逐渐衰减至零。

利用运算放大器还可以构成许多具有希望特性的其他环节。这时，大体上都是利用电阻、电容等简单元件进行搭配，以得到需要的反馈阻抗和输入阻抗。这里不再一一列举。

第四节　发电机励磁控制系统

一、励磁控制系统的构成及工作原理

同步发电机励磁控制系统，是电力系统中最重要的自动控制系统之一。励磁控制系统担负着发电机在电力系统中运行的多种任务：维持机端电压在给定的工作范围；保证并列运行的各机组间无功功率的稳定分配；维持电力系统的稳定运行等。

励磁控制系统是一个由发电机、功率励磁装置及自动励磁调节器 AVR（Automatic Voltage Regulator）等三大部分所组成的一个闭环负反馈控制系统，其方框示意图如图 3-17所示。

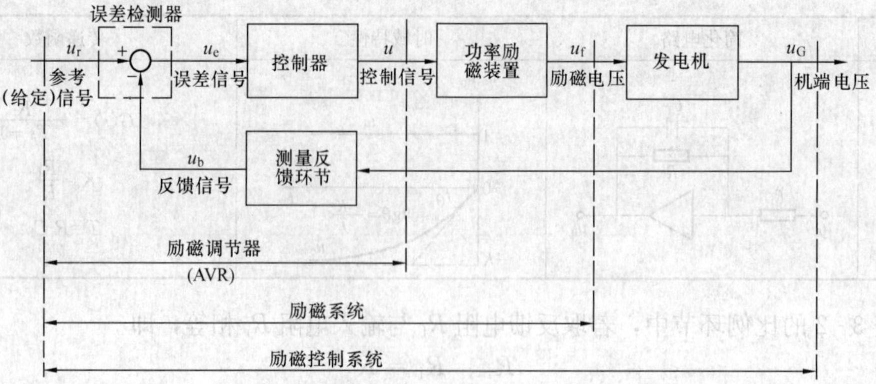

图 3-17 励磁控制系统方框示意图

图中发电机是系统中的被控对象。为了维持发电机机端电压 $u_{\rm G}$ 在给定水平，就要供给发电机的转子磁场以所需的直流励磁电流 $i_{\rm f}$ 及相应的直流励磁电压 $u_{\rm f}$。功率励磁装置担负着供给励磁能源的任务，是供给直流励磁功率的电源装置。

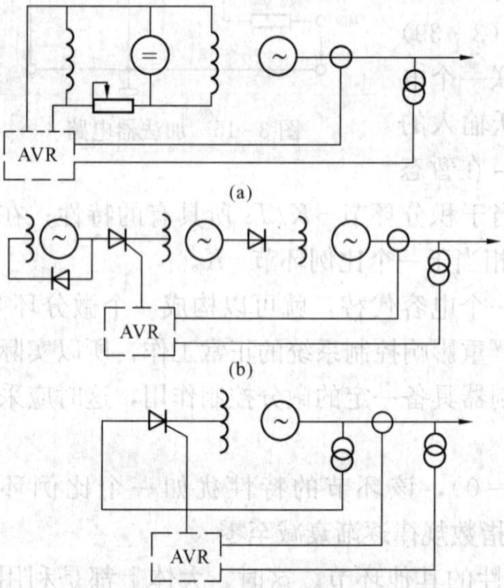

图 3-18 三种典型励磁方式

（a）直流励磁机励磁；（b）交流励磁机励磁；（c）晶闸管静止自励方式

图 3-18 中列举出三种典型的励磁方式。图 3-18（a）是采用直流励磁机作为功率励磁装置的励磁方式。直流励磁机实际上是一台与主发电机同轴旋转的直流发电机。这种励磁方式主要适用于中小容量的发电机组。

随着发电机组单机容量的增大，所需励磁功率也增大了。由于直流励磁机受到制造技术上极限功率的限制，继续采用直流励磁机的励磁方式已成为不可能的事。因此，对大容量发电机组，转向采用交流励磁机的励磁方式或晶闸管静止自励方式，如图 3-18（b）、（c）所示。

交流励磁机实际上是一台与主发电机同轴的交流同步发电机，后者发出的交流电流经整流器变换成直流电流以供给励磁。而图 3-18（c）所示的晶闸管静止自励方式的特点，是完全不采用旋转的励磁机，直接从主发电机机端获取交流电源，再经晶闸管可控整流器变换成可控的直流励磁电源以供给励磁。

功率励磁装置与自动励磁调节器的组合，称为励磁系统。自动励磁调节器是励磁系统的智能部件，而功率励磁装置则相当于调节器的功率执行部件。功率励磁装置输出的励磁电压 $u_{\rm f}$，受调节器输出信号 u 的控制（参见图 3-17）。

自动励磁调节器由测量反馈环节、误差检测器和控制器等部分构成。测量反馈环节的作用是对发电机机端电压 $u_{\rm G}$（有时也对发电机电流 $i_{\rm G}$，均为交流有效值）进行测量，并成比例地转化为直流的反馈信号 $u_{\rm t}$。误差检测器的作用是对来自系统外部（由人给定的）参考

输入信号 u_r 和上述反馈信号相比较而得出差值，即误差信号

$$u_e = u_r - u_b \qquad (3-40)$$

控制器的作用是对误差信号 u_e 进行数学加工，变成所需的控制信号 u 后输出，以作用于功率励磁装置。在最简单的情况下，控制器可以按比例放大原理构成。

为了维持机端电压 u_G 等于某一恒定的希望值 $\hat{u}_G$，需要人为地将 u_r 调整到 $\hat{u}_G$ 相对应的某一值。此后，机端电压 u_G 的调节过程便由励磁控制系统自动地完成。以图 3-17 所示方框示意图为例，假定由于电力系统中负载的变化，使机端电压下降，于是励磁控制系统开始动作，大致过程如下：

$$u_G \downarrow \xrightarrow{\text{测量环节}} u_b \xrightarrow{\text{误差检测}} u_e = (u_r - u_b) \uparrow$$
$$u_G \uparrow \xleftarrow{\text{发电机励磁}} u_f \uparrow \xleftarrow{\text{功率励磁装置}} u \uparrow \xleftarrow{\text{控制器}}$$

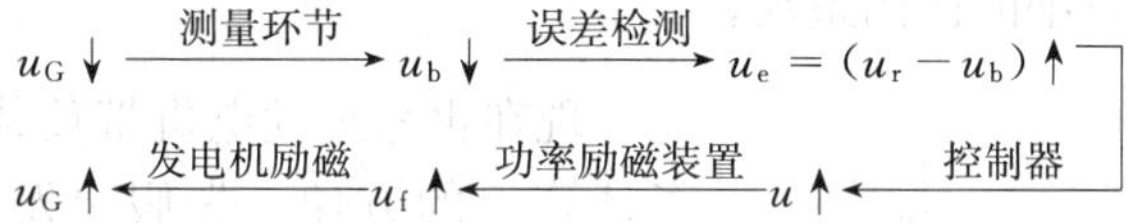

实际的控制过程往往不是一次完成的，被控制量 u_G 一般都经过几次振荡之后才稳定于 $\hat{u}_G$ 附近。

二、发电机的传递函数

现在考虑适用于励磁控制目的的发电机模型。

在励磁控制系统中，发电机作为被控对象，其输出是机端电压 u_G，输入是施加于转子绕组上的励磁电压 u_f。此外，当发电机投入电力系统带上负载之后，定子绕组中流过的电流 i_G 所产生的附加磁场，叠加于转子绕组中由励磁电流 i_f 所产生的主磁场上，从而又会改变电压 u_G。这种现象表明：发电机的输出电压 u_G 不仅决定于 u_f，也决定于 i_G。当把发电机当成一个子系统时，u_f 和 i_G 都应是子系统的输入（图 3-19）。其中 i_G 可以当作因负载而引起的一个扰动来看待，并称其为扰动输入。

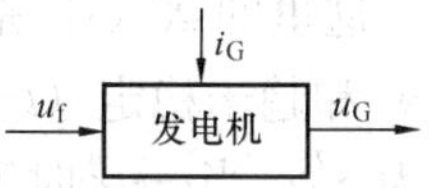

图 3-19 发电机的两个输入变量

考虑电流扰动作用的发电机模型的详细推导，比较复杂，要用到电机学中的一些专门知识。在这里，介绍适用于励磁控制系统且经过适当简化及线性化的模型。

首先假定发电机空载运行，这时 $i_G = 0$，只需考虑励磁电压 $u_f[U_f(s)]$ 对发电机电压 $u_G[U_G(s)]$ 的作用。发电机空载运行的等效电路及空载特性示于图 3-20 中。图中 u_{G0}，i_f 分别代表发电机空载电压和所需的励磁电流。经线性化后，二者之间存在如下关系

$$u_{G0} = K_G' i_f \qquad (3-41)$$

式中 $K_G' = \tan\theta$——具有电阻量纲的比例系数。

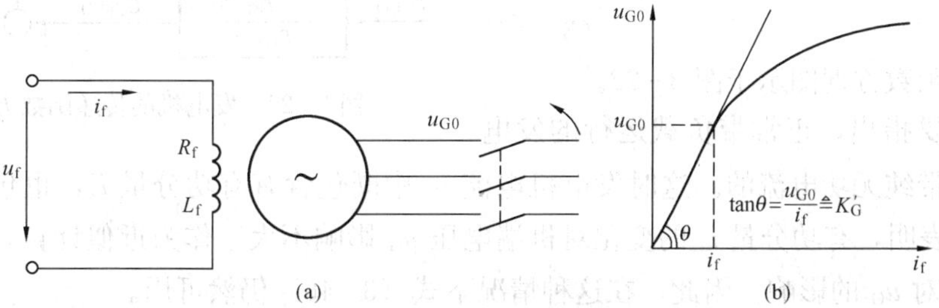

图 3-20 发电机空载等效电路及空载特性

(a) 等效电路；(b) 空载特性

此外，在励磁回路中励磁电流 i_f 与励磁电压 u_f 之间又有如下关系

$$u_f = R_f i_f + L_f \frac{di_f}{dt} = R_f\left(i_f + T'_{d0}\frac{di_f}{dt}\right) \tag{3-42}$$

式中 $T'_{d0} \triangleq \dfrac{L_f}{R_f}$——励磁回路时间常数，s。

在零状态下对式（3-41）、式（3-42）进行拉氏变换，并稍加整理可得

$$U_{G0}(s) = \frac{K_G}{T'_{d0}s+1}U_f(s) \tag{3-43}$$

式中 $K_G \triangleq \dfrac{K'_G}{R_f}$——无量纲的比例系数。

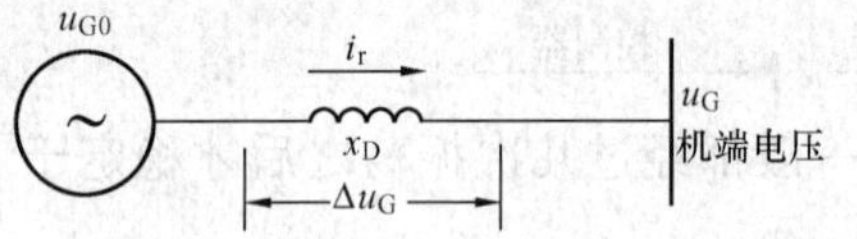

图 3-21 发电机带纯无功负载时的等效电路

现在再考虑发电机带负载运行（图 3-21）。为了计算上的方便，先假定发电机负载阻抗是纯电抗，这时发电机电流是无功电流，设表为 $i_r[I_r(s)]$。作为近似计算，可以认为发电机的内阻抗为纯电抗，设表为 $x_D[X_D(s)]$。在这些假定之下，机端电压 $u_G[U_G(s)]$ 等于空载电压与电抗压降 $\Delta u_G[\Delta U_G(s)]$ 的代数和（采用拉氏变换表达式）

$$U_G(s) = U_{G0}(s) - \Delta U_G(s) \tag{3-44}$$

$$\Delta U_G(s) = X_D(s)I_r(s) \tag{3-44a}$$

这里的 $X_D(s)$ 是一个复阻抗。在定子无功电流突加的瞬间（定子侧开关突然合闸，$t=0^+$）和趋于稳定（$t\to\infty$）以后，$X_D(s)$ 体现出不同的电抗值：当 $t=0^+$ 时等效电抗值最小，表为 x'_d；当 $t\to\infty$ 时等效电抗值变为最大，表为 $x_d(x_d > x'_d)$。在 t 为有限值时，$X_D(s)$ 介于 x'_d 与 x_d 之间且可以表为（略去推导）[1]

$$X_D(s) = \frac{x'_d T'_{d0} + x_d}{T'_{d0}s+1} \tag{3-45}$$

利用拉氏变换的始值定理和终值定理，不难证明：当 $t\to 0$ 时，$X_D(s)\to x'_d$；当 $t\to\infty$ 时，$X_D(s)\to x_d$。

综合上述，我们得到发电机带纯无功负载时的传递函数如下

$$\begin{aligned} U_G(s) &= U_{G0}(s) - \Delta U_G(s) \\ &= \frac{K_G}{T'_{d0}s+1}U_f(s) - \frac{x'_d T'_{d0}s + x_d}{T'_{d0}s+1}I_r(s) \end{aligned} \tag{3-46}$$

对应的传递函数方框图示于图 3-22。

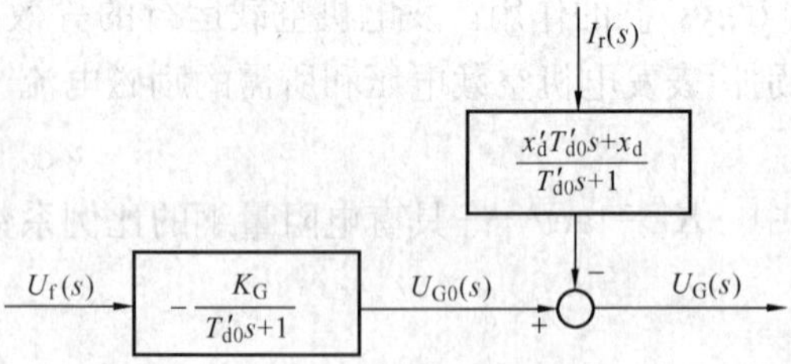

图 3-22 发电机的传递函数方框图

最后还要指出，正常带负载运行的发电机是不会只带纯无功电流的。这时发电机电流 i_G 中既包含有有功分量 i_a，也包含有无功分量 i_r。分析表明，有功分量 i_a 的变化对机端电压 u_G 影响不大。作为近似计算，允许只考虑无功分量 i_r 对 u_G 的影响。因此，在这种情况下式（3-46）仍然可用。

---

[1] 有兴趣的读者请参见有关同步电机的书籍，但从学习控制理论的角度，对推导过程可以不予理会。

三、功率励磁装置的传递函数

对采用直流或交流励磁机的功率励磁装置，其传递函数均可近似地用与式（3-43）相似的一阶滞后环节的传递函数表示，即

$$G_2(s)=\frac{U_f(s)}{U(s)}=\frac{K_f}{T_f s+1} \tag{3-47}$$

式中　$U(s)$——图 3-17 所示励磁控制系统中控制信号的拉氏变换；

T_f——励磁机的励磁回路时间常数，s；

K_f——无量纲的比例系数。

当采用如图 3-18（c）所示晶闸管自励方式时，假定采用由晶闸管构成的三相全控桥式整流电路，根据在第二节中对这种电路进行过的分析，并略去晶闸管触发过程中的延迟时间 T_D，则可以列出如下关系［参见式（3-28）］

$$\Delta u_f=K_1\Delta u_G-K_2\Delta\alpha \tag{3-48}$$

$$K_1=\frac{3\sqrt{2}}{\pi}\cos\alpha\,\Big|_{\alpha=\alpha_1} \tag{3-48a}$$

$$K_2=\frac{3\sqrt{2}}{\pi}u_G\sin\alpha\,\Big|_{u_G=u_{G1},\alpha=\alpha_1} \tag{3-48b}$$

式中　Δu_f，Δu_G——分别为在发电机某一正常运行状态下励磁电压 u_{f1} 及机端电压 u_{G1} 的增量；

α_1，$\Delta\alpha$——分别为与上述正常运行状态相对应的移相控制角及其增量。

对式（3-48）进行拉氏变换（略去增量符号 Δ），得

$$U_f(s)=K_1U_G(s)-K_2\alpha(s) \tag{3-49}$$

与式（3-47）、式（3-49）相对应的传递函数方框图分别示于图 3-23（a）、（b）中。

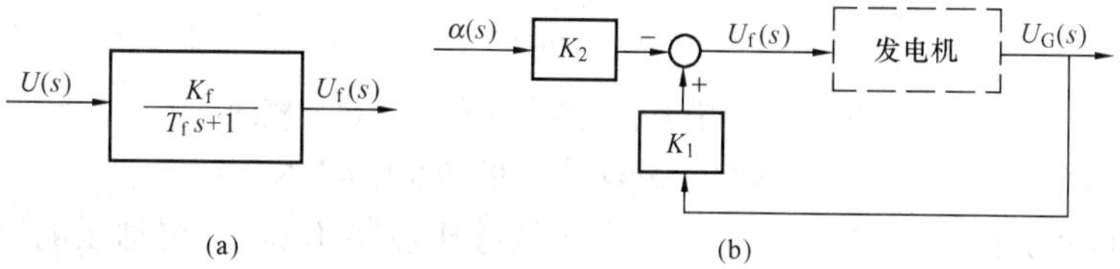

图 3-23　功率励磁装置的传递函数方框图

（a）励磁机方式；（b）静止自励方式

四、励磁控制系统的传递函数方框图

在图 3-17 所示的励磁控制系统中，控制器的常用型式是比例型（简记为 P 型）或比例积分型（PI 型）。对于比例型控制器，其传递函数中的主要因子是比例，即

$$G_1(s)=K \tag{3-50}$$

对于比例积分型的控制器，其传递函数中的主要因子是比例加积分，即

$$G_1(s)=K+\frac{K'}{s} \tag{3-51}$$

测量反馈环节的传递函数中的主要因子是比例，即

$$H(s)=K'' \tag{3-52}$$

这样，根据已经介绍过的励磁控制系统中各个环节的传递函数，就可以建立全系统的传

递函数方框图，如图 3-24（a）、（b）所示。其中图（a）对应于采用励磁机的励磁方式；图（b）对应于采用静止自励方式。

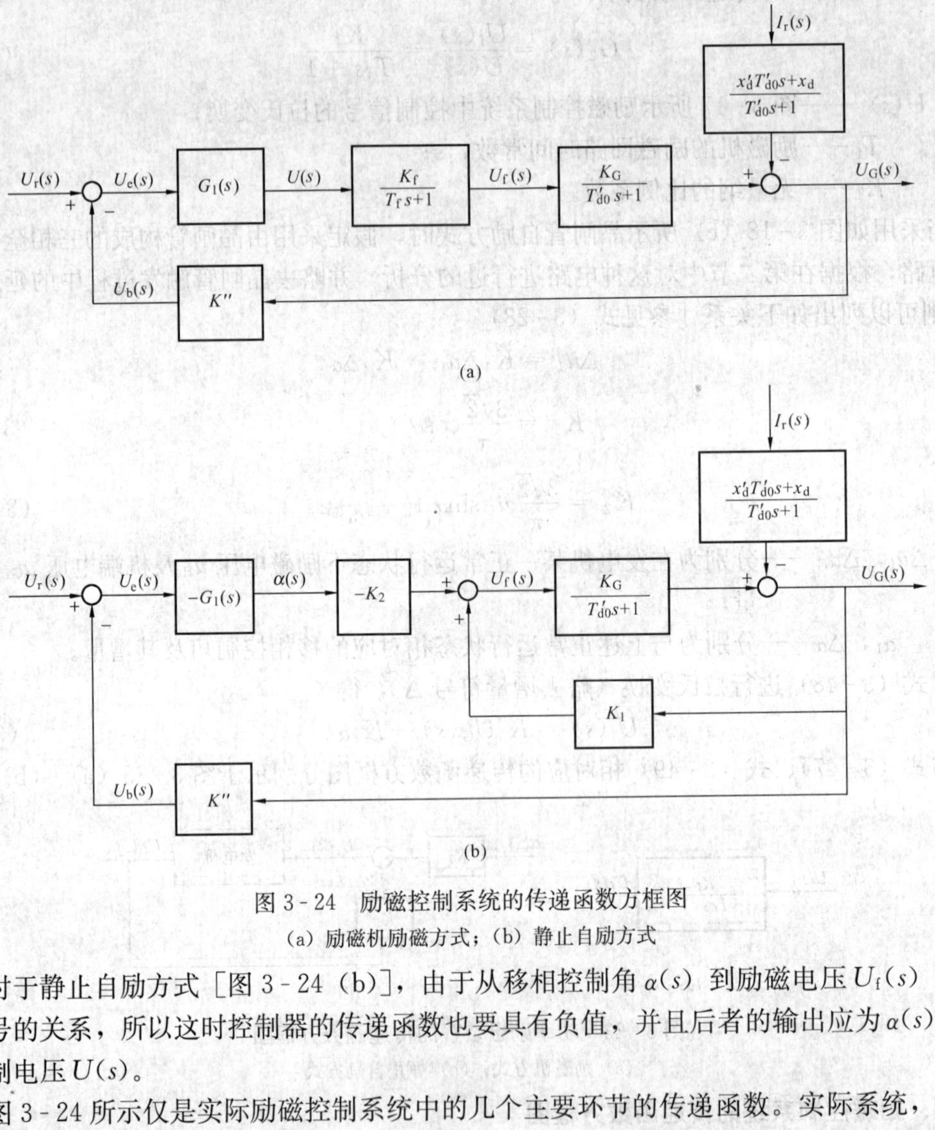

图 3-24　励磁控制系统的传递函数方框图

（a）励磁机励磁方式；（b）静止自励方式

对于静止自励方式［图 3-24（b）］，由于从移相控制角 $\alpha(s)$ 到励磁电压 $U_f(s)$ 之间具有反号的关系，所以这时控制器的传递函数也要具有负值，并且后者的输出应为 $\alpha(s)$，而不是控制电压 $U(s)$。

图 3-24 所示仅是实际励磁控制系统中的几个主要环节的传递函数。实际系统，为使其具有某些需要的性能，通常还包含一些其他环节。对实际系统构成及其功能的详细讨论，将在有关专业课程中进行。

第五节　信号流图及 Mason 公式

我们已经知道，对形如式（3-1）的代数方程组，都可以表示成方框图的形式。这一节里将介绍另外一种图解表示形式，即信号流图。两种图形的表示形式不同，但所表示的内容是完全一致的。从其中任何一种表示都能“翻译”成另一种表示。在图形上，信号流图所采用的符号更为简单些，因而更适用于较复杂的系统。但是信号流图的形象性，不如方框图。

一、信号流图

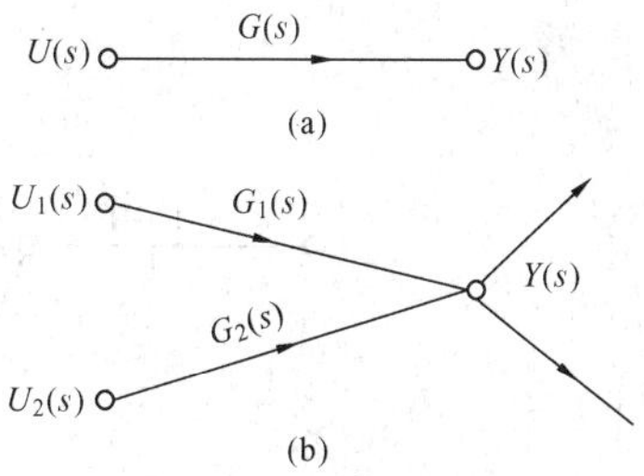

图 3 - 25　信号流图中的节点与支路

在信号流图中只采用两种图形符号，即节点及节点之间的定向线段，如图 3 - 25 所示。其中两节点间的定向线段称为支路。节点代表变量。变量在信号流图中统称为信号。支路代表信号的传递：支路上的箭头代表传递方向，支路上所标示的文字代表传递函数。在信号流图中，支路上的传递函数又称支路传输。

在每一个节点上，可能连接有一些输入支路和一些输出支路。当某一节点只连接有一个输入支路［图 3 - 25 (a)］时，该节点上的信号 $Y(s)$ 等于支路始端信号 $U(s)$ 与支路传输 $G(s)$ 的乘积，即

$$Y(s)=G(s)U(s) \tag{3-53}$$

这里，$G(s)U(s)$ 代表沿支路传递至末端的信号，称为支路信号。式（3 - 53）表明，对于只有一个输入支路的节点，节点信号 $Y(s)$ 等于支路信号 $G(s)U(s)$。当某一节点连接有两个或更多输入支路时，该节点 $Y(s)$ 等于所有输入支路信号之和，以图 3 - 25（b）为例，则有

$$Y(s)=G_1(s)U_1(s)+G_2(s)U_2(s) \tag{3-54}$$

需要指出，对既有输入支路又有输出支路的节点，该节点信号也只等于输入支路信号之和，而与输出支路无关。

绘制控制系统信号流图的步骤，与绘制传递函数方框图大体相同，即：把针对实际系统中每个物理部件所列写的线性化动态方程，经拉氏变换后，整理成式（3 - 1）的形式；绘制上述每一代数方程的局部信号流图，然后把它们相互连接起来构成一个整体，从而得到全系统的信号流图。

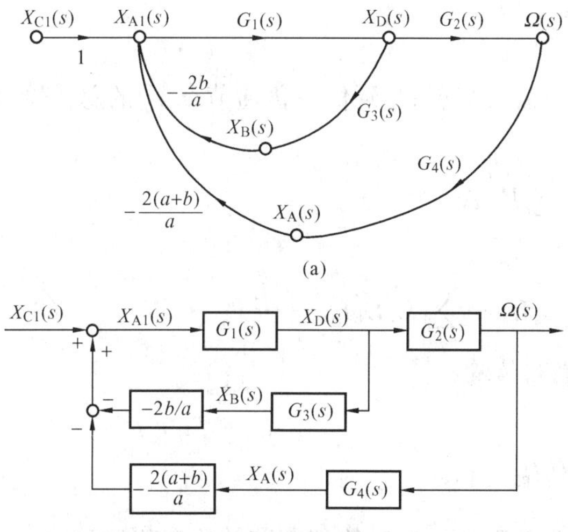

图 3 - 26　将某系统的信号流图改画成方框图的形式

(a) 信号流图；(b) 方框图

当绘制出一个系统的信号流图之后，如果必要，还可以改画成相应的方框图的形式，图 3 - 26 所示即为一例。

还可以将一个系统的方框图改画成信号流图的形式。在图 3 - 27 中的两个信号流图，就分别是从图 3 - 24 所示两个励磁控制系统传递函数方框图改画过来的。

二、Mason 公式

利用 S. J. Mason 提出来的简单公式，只通过观察信号流图，就可以确定两个节点之间的传递函数。这个公式称为 Mason 公式。下面将不加证明地给出这个公式。为此先定义几个有关的术语。

输入节点或源点，是一种只有输出支路而无输入支路的节点。在控制系统中输出节点代表整个系统的输入变量。

除输入节点外的其他节点，统称为普通节点。普通节点中，只有输入支路而无输出支路的又可称为输出节点或汇点。

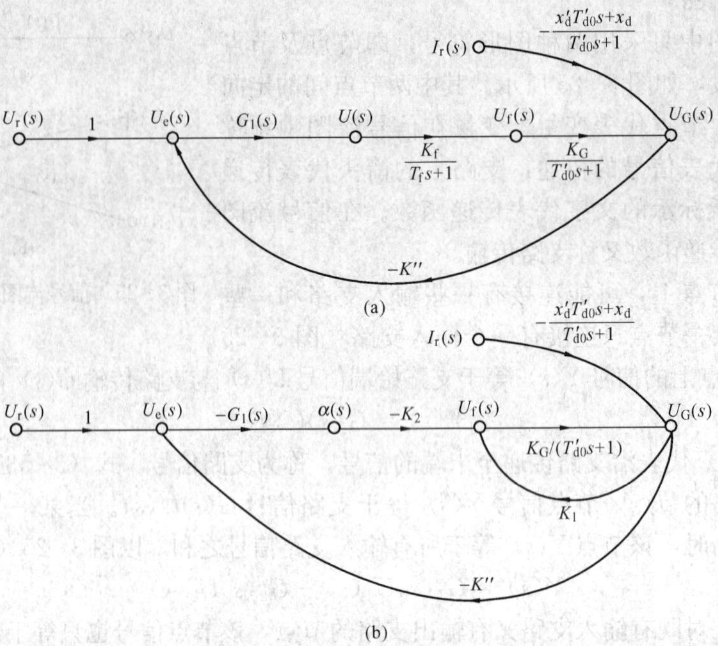

图 3-27 励磁控制系统信号流图

(a) 励磁机励磁方式；(b) 静止自励方式

通路，是按下述方式得到的相继连接的一组支路，即从某一节点出发，到另一节点止，始终沿着支路箭头方向前进，中途不能两次或多次经过同一节点。

环路，是这样一种特殊的通路，即从某一节点出发，最终又回到同一节点。

通路传输，通路中所有支路传输的乘积。

环路传输，环路中所有支路传输的乘积。

Mason 公式如下：在信号流图中，从任一输入节点 U_i 到任一普通节点 Y_j 的总传输（设其表为 G_{ij}）等于

$$G_{ij}=\frac{\sum_k P_k\Delta_k}{\Delta} \tag{3-55}$$

$$\Delta=1-\sum_a L_a+\sum_{a,b}L_aL_b-\sum_{a,b,c}L_aL_bL_c+\cdots \tag{3-56}$$

式中 P_k——从 U_i 到 Y_j 的第 k 条通路的通路传输；

Δ——信号流图的特征式；

$\sum_a L_a$——信号流图中所有环路的环路传输之和；

$\sum_{a,b}L_aL_b$——每两个互不相接触（即没有公共节点）的环路的环路传输之积的和；

$\sum_{a,b,c}L_aL_bL_c$——每三个互不相接触的环路的环路传输之积的和；

Δ_k——在上述特征式 Δ 中除去与第 k 条通路相接触（有公共节点）的那些环路之后剩余的部分。

为了正确地应用 Mason 公式，必须准确无误地判定通路与环路，一定要找出信号流图

中的所有环路，并且找出从 U_i 到 Y_j 的所有可能通路；还要判定哪些环路是互相接触的，或不相接触的；对第 k 条通路来说，哪些环路是与它互相接触的，哪些是不相接触的。

【例 3-1】 考虑图 3-5（a）所示多环路复杂系统，对应的信号流图如图 3-28 所示。试利用 Mason 公式求系统的总传输 $G=\frac{Y}{U}$。

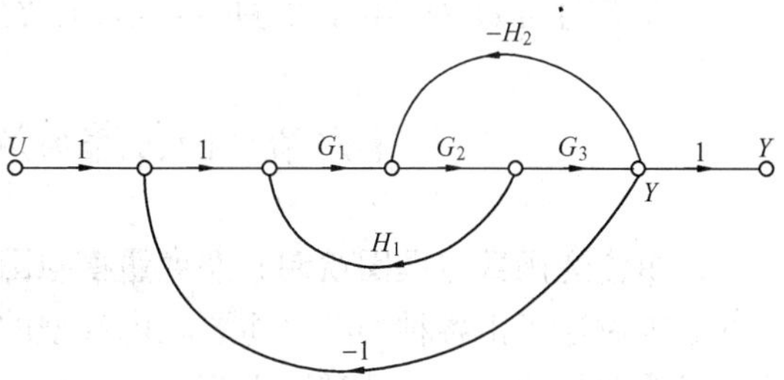

图 3-28 多环路系统的信号流图

解 在此信号流图中，从 U 到 Y 只有唯一的一条通路，通路传输为

$$P_1 = G_1G_2G_3$$

此外图中还包含有三个环路。环路传输为

$$L_1 = G_1G_2H_1, L_2 = -G_2G_3H_3, L_3 = -G_1G_2G_3$$

由于这三个环路之间存在有公共节点，所以它们都属于互相接触的环路。此外它们还都与从 U 到 Y 的通路相接触。据此，信号流图的特征式

$$\Delta = 1-(L_1+L_2+L_3) = 1-G_1G_2H_1+G_2G_3H_2+G_1G_2G_3$$

又

$$\Delta_1 = 1$$

因此

$$G = \frac{P_1\Delta_1}{\Delta} = \frac{G_1G_2G_3}{1-G_1G_2H_1+G_2G_3H_2+G_1G_2G_3}$$

这个结果与图 3-5 中按逐步化简所得结果一致。

【例 3-2】 对图 3-29 所示系统，求它的总传输 $G=\frac{Y}{U}$。

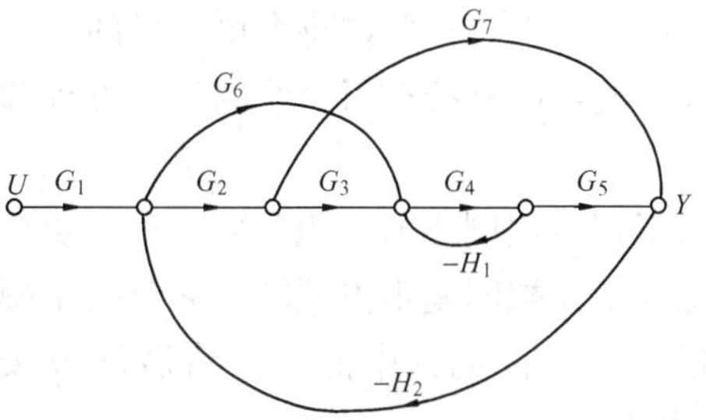

图 3-29 某系统的信号流图

解 在这个系统中从 U 到 Y 共有三条通路。它们的传输分别是

$$P_1 = G_1G_2G_3G_4G_5, P_2 = G_1G_6G_4G_5, P_3 = G_1G_2G_7$$

图中的环路共有四个，它们的环路传输为

$$L_1 = -G_4H_1$$

$$L_2 = -G_2G_7H_2$$

$$L_3 = -G_6G_4G_5H_2$$

$$L_4 = -G_2G_3G_4G_5H_2$$

四个环路中，只有 L_1 与 L_2 之间不相接触，其余每二个之间及每三个之间均互相接触。因此，特征式

$$\Delta = 1-(L_1+L_2+L_3+L_4)+L_1L_2$$

为了获得Δ_1，应从Δ 中去掉与 P_1 相接触的那些环路。由于四个环路都与 P_1 相接触，故应将 L_1～L_4 全部去掉，于是得

$$\Delta_1 = 1$$

以同样的办法计算Δ_2得

$$\Delta_2 = 1$$

对于 P_3，只有 L_1 不与它接触，因此

$$\Delta_3 = 1-L_1$$

最后得系统总传输

$$G=\frac{1}{\Delta}(P_1\Delta_1+P_2\Delta_2+P_3\Delta_3)$$

$$=\frac{G_1G_2G_3G_4G_5+G_1G_6G_4G_5+G_1G_2G_7(1+G_4H_1)}{1+G_4H_1+G_2G_7H_2+G_6G_4G_5H_2+G_2G_3G_4G_5H_2+G_4H_1G_2G_7H_2}$$

第六节　由传递函数求状态空间描述

一、由传递函数方框图绘制状态变量模拟图

本章曾讨论了由各种类型（主要是电气型的）物理部件构成的控制系统的传递函数方框图或信号流图的建立。这两种图形都属于系统输入输出描述的图解形式。此外，在已给定系统的状态空间描述 $[\boldsymbol{A},\boldsymbol{B},\boldsymbol{C}]$

$$\dot{\boldsymbol{x}}=\boldsymbol{A}\boldsymbol{x}+\boldsymbol{B}\boldsymbol{u} \tag{3-57a}$$

$$\boldsymbol{y}=\boldsymbol{C}\boldsymbol{x} \tag{3-57b}$$

的情况下，也可以绘制相应的方框图（参见第二章中的图 2-4）。其中一共采用了三种图形符号，即积分环节、比例环节和相加点。当然，那里边的每个环节及相加点的输入、输出都是矢量。但也可以改画成每个环节的输入及输出以及相加点的输出都是单变量的图形。这时采用的图形符号仍然只有积分环节、比例环节和相加点三种。图 3-30 示出了这三种基本图形符号。对于只由这三种图形符号所构成的系统来说，它有一个重要的特点，即每一个积分环节的输出都代表该系统的一个状态变量。因此，把其中只包含上述三种基本图形符号的系统图形称为状态变量模拟图。

现在需要解决这样的问题：从已给定的系统传递函数方框图或与之等效的信号流图，如何绘出它的状态变量模拟图？在已有状态变量模拟图的情况下，只要取每个单变量的积分环节的输出作为系统的状态变量，再通过模拟图的观察，就可以直接获得系统的状态方程和输出方程。

如果在一个系统的传递函数方框图中所有环节都不超出比例环节、积分环节和一阶滞后环节等这样一些环节，那么由这样的方框图绘制状态变量模拟图是很方便的：只要把系统中所有一阶滞后环节和积分环节的输出取作状态变量，然后再把其中的一阶滞后环节按图 3-31的样子改画成局部状态变量模拟图就可以了。兹举一例。

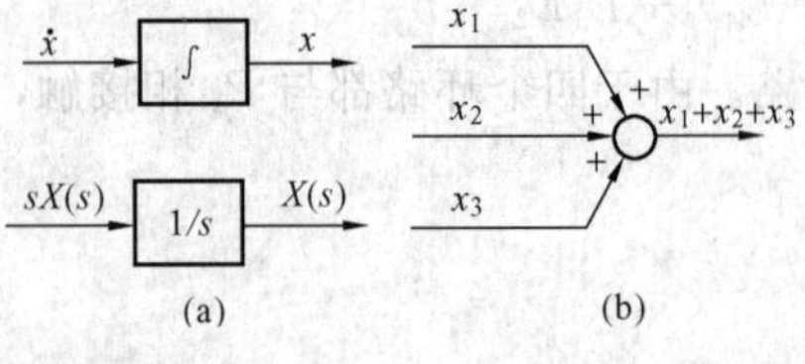

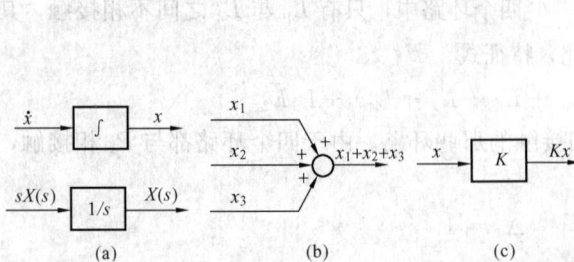

图 3-30　状态变量模拟图中的三种基本图形符号

(a) 积分环节；(b) 相加点；(c) 比例环节

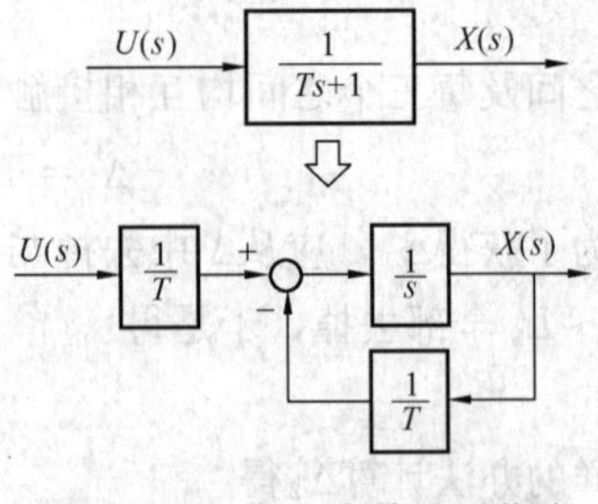

图 3-31　将一阶滞后环节改画成局部的状态变量模拟图

【例 3-3】　考虑一个空载运行的励磁控制系统，如图 3-24（a）所示。为了简化分析，图中的扰动输入 $I_r(s)$ 略去不予考虑，并且假定图中的控制器是比例型的，即 $G_1(s)=K$。试绘制

该系统的状态变量模拟图，并列出相应的状态空间描述。

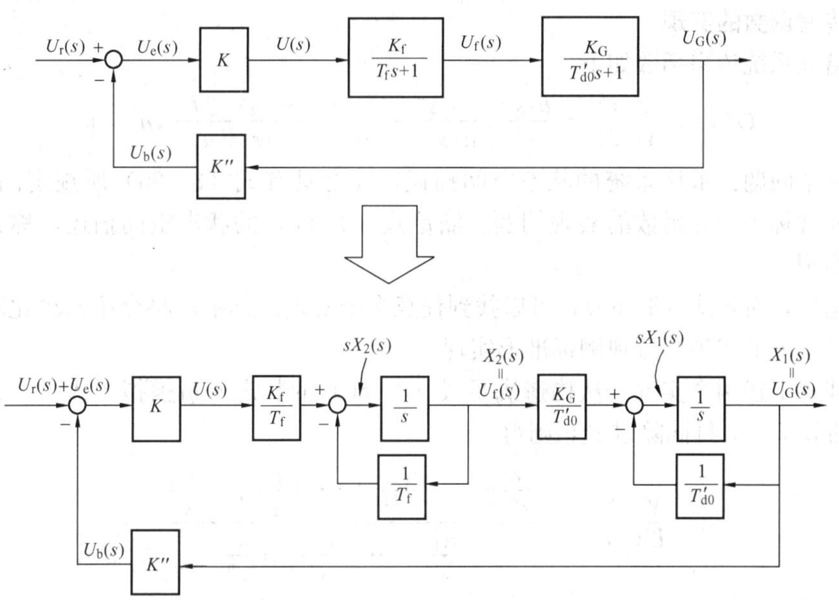

图 3-32 将励磁控制系统改画成状态变量模拟图

解 将已给的传递函数方框图，改画成状态变量模拟图，如图 3-32 所示。所取的状态变量为

$$X_1(s) = U_G(s), X_2(s) = U_f(s) \tag{3-58a}$$

又，由该图可以列出

$$sX_1(s) = -\frac{1}{T'_{d0}}X_1(s) + \frac{K_G}{T'_{d0}}X_2(s) \tag{3-58b}$$

$$sX_2(s) = -\frac{1}{T_f}X_2(s) + \frac{KK_f}{T_f}U_e(s) \tag{3-58c}$$

$$U_e(s) = U_r(s) - U_b(s) = U_r(s) - K''X_1(s) \tag{3-58d}$$

对式（3-58b）进行适当整理后，可得该系统的状态方程的拉氏变换形式

$$\begin{bmatrix} sX_1(s) \\ sX_2(s) \end{bmatrix} = \begin{bmatrix} -\frac{1}{T'_{d0}} & \frac{K_G}{T'_{d0}} \\ -\frac{KK''K_f}{T_f} & -\frac{1}{T_f} \end{bmatrix} \begin{bmatrix} X_1(s) \\ X_2(s) \end{bmatrix} + \begin{bmatrix} 0 \\ \frac{KK_f}{T_f} \end{bmatrix} U_r(s) \tag{3-59a}$$

及输出方程的拉氏变换形式

$$Y(s) = [1 \quad 0] \begin{bmatrix} X_1(s) \\ X_2(s) \end{bmatrix} \tag{3-59b}$$

用上述方法绘制状态变量模拟图的特点是，其中状态变量的物理意义比较明确。例如，在本例中，两个状态变量 X_1、X_2 分别代表发电机端电压 u_G 和励磁电压 u_f。

必须指出，上述方法在适用性上有一定的局限性。如果系统中的某个（或某些）环节的传递函数包含有除比例、积分因子和一阶滞后因子以外的其他因子（如二阶滞后、微分或一、二阶超前因子等），则上述方法不能直接应用。在这种情况下，可以对含有上述其他因子的传递函数，按下面本节之二（传递函数的实现）的办法进行处理，然后再使用上述方法。

此外，在已经得到全系统的总传递函数的情况下，按本节之二的办法也可以求出对应的状态变量模拟图和状态空间描述。

二、传递函数的实现

设已给某系统传递函数如下

$$G(s) \triangleq \frac{Y(s)}{U(s)} = \frac{b_0 s^m + b_1 s^{m-1} + \cdots + b_{m-1} s + b_m}{s^n + a_1 s^{n-1} + \cdots + a_{n-1} s + a_n}, n > m \tag{3-60}$$

研究这样一个问题：求该系统的状态空间描述，使之具有式（3-60）所规定的传递函数。这个问题通常称为传递函数的实现问题。满足式（3-60）的状态空间描述，称为该传递函数的一个实现。

必须指出，对于式（3-60），可以找到任意多个实现。其中，将介绍两种比较重要的实现——可控标准形实现和可观测标准形实现。

为了找到上述两个实现，从构造满足式（3-60）的状态变量模拟图入手。为此，对式（3-60）的分子、分母同除以 s^n，则得

$$\frac{Y(s)}{U(s)} = \frac{-\frac{b_0}{s^{n-m}} + \frac{b_1}{s^{n-m+1}} + \cdots + \frac{b_{m-1}}{s^{n-1}} + \frac{b_m}{s^n}}{1 + \frac{a_1}{s} + \cdots + \frac{a_{n-1}}{s^{n-1}} + \frac{a_n}{s^n}} \tag{3-61}$$

由于信号流图等效于传递函数方框图，而所采用的图形符号却比后者简单些，所以将利用 Mason 公式来构造一个信号流图，使该系统的总传输满足式（3-61）。

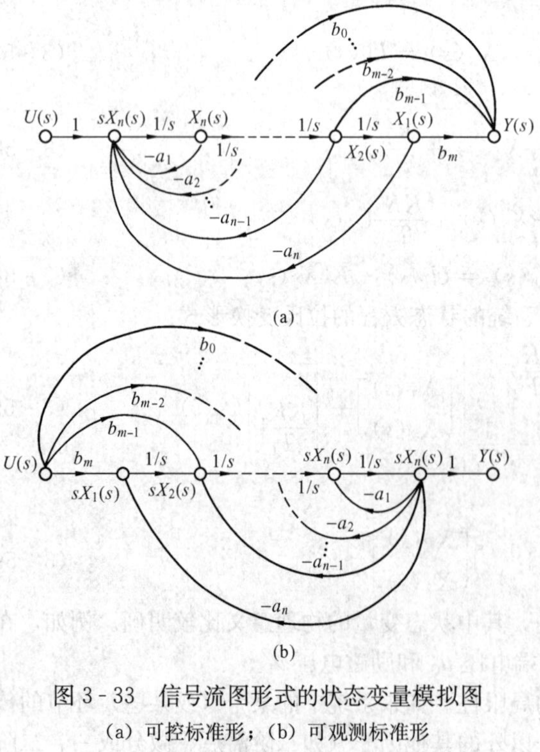

图 3-33　信号流图形式的状态变量模拟图

（a）可控标准形；（b）可观测标准形

采用如下办法来构造满足式（3-61）的信号流图：首先构造 n 个互相接触的环路，并且使各个环路传输分别等于 $-a_1/s$，$-a_2/s^2$，…，$-a_{n-1}/s^{n-1}$，$-a_n/s^n$；在此基础上，再从 $U(s)$ 到 $Y(s)$ 构造 $m+1$ 个通路，使各个通路传输分别等于 b_0/s^{n-m}，b_1/s^{n-m+1}，…，b_{m-1}/s^{n-1}，b_m/s^n，同时还必须使这 $m+1$ 个通路都和所有（n 个）环路相接触，以保证 Mason 公式中的 $\Delta_0=\Delta_1=\cdots=\Delta_{m-1}=\Delta_m=1$。

满足上述条件的信号流图有两种，如图 3-33 所示。由于图 3-33（a）、（b）中所有支路传输都不超出积分因子 $1/s$ 和比例因子以外，所以它们都属于状态变量模拟图。其中图（a）称为可控标准形状态变量模拟图；图（b）称为可观测标准形状态变量模拟图。

这里之所以把图 3-33（a）、（b）分别取名为可控标准形及可观测标准形，原因在于它们和现代控制理论中的可控性及可观测性概念相联系。有兴趣的读者可参阅有关书籍。这里不再就此展开介绍。只提请读者注意观察这两种实现在图形结构上［见图 3-33

(a)、(b)] 和在数学描述上 [参见式 (3-62)、式 (3-63)] 的某些特点。

通过对图 3-33 (a)、(b) 两图的观察，不难列出与之对应的状态空间描述。

对于图 (a)，可以列出

$$\begin{bmatrix} \dot{x}_1 \\ \dot{x}_2 \\ \vdots \\ \dot{x}_{n-1} \\ \dot{x}_n \end{bmatrix} = \begin{bmatrix} 0 & 1 & 0 & \cdots & 0 \\ 0 & 0 & 1 & \cdots & 0 \\ \vdots & & \cdots & & \vdots \\ 0 & 0 & \cdots & 0 & 1 \\ -a_n & -a_{n-1} & \cdots & -a_2 & -a_1 \end{bmatrix} \begin{bmatrix} x_1 \\ x_2 \\ \vdots \\ x_{n-1} \\ x_n \end{bmatrix} + \begin{bmatrix} 0 \\ 0 \\ \vdots \\ 0 \\ 1 \end{bmatrix} u \tag{3-62a}$$

$$y = [b_m, b_{m-1}, \cdots, b_0, 0, \cdots, 0] \begin{bmatrix} x_1 \\ x_2 \\ \vdots \\ x_n \end{bmatrix} \tag{3-62b}$$

对于图 (b)，同样可列出

$$\begin{bmatrix} \dot{x}_1 \\ \dot{x}_2 \\ \dot{x}_3 \\ \vdots \\ \dot{x}_n \end{bmatrix} = \begin{bmatrix} 0 & 0 & \cdots & 0 & -a_n \\ 1 & 0 & \cdots & 0 & -a_{n-1} \\ 0 & 1 & \cdots & 0 & -a_{n-2} \\ \vdots & & \cdots & & \vdots \\ 0 & \cdots & \cdots & 1 & -a_1 \end{bmatrix} \begin{bmatrix} x_1 \\ x_2 \\ x_3 \\ \vdots \\ x_n \end{bmatrix} + \begin{bmatrix} b_m \\ b_{m-1} \\ b_{m-2} \\ \vdots \\ 0 \end{bmatrix} u \tag{3-63a}$$

$$y = [0, \cdots, 0, 1] \begin{bmatrix} x_1 \\ x_2 \\ \vdots \\ x_n \end{bmatrix} \tag{3-63b}$$

这里，式 (3-62) 即为传递函数式 (3-60) 的可控标准形实现；式 (3-63) 即为其可观测标准形实现。

【例 3-4】 已给某系统的传递函数

$$G(s) = \frac{Y(s)}{U(s)} = \frac{s+2}{(s+2)(s^2+s+3)} \tag{3-64}$$

试求它的两种标准形实现。

解 这是一个不完全表征的传递函数。为了求出两种标准形实现，并绘制图形，对所给传递函数略加变换如下

$$\frac{Y(s)}{U(s)} = \frac{s+2}{s^3+3s^2+5s+6} = \frac{\dfrac{1}{s^2}+\dfrac{2}{s^3}}{1+\dfrac{3}{s}+\dfrac{5}{s^2}+\dfrac{6}{s^3}}$$

由此可构造两种标准形信号流图，如图 3-34所示。

通过对图 3-34 的观察，可得

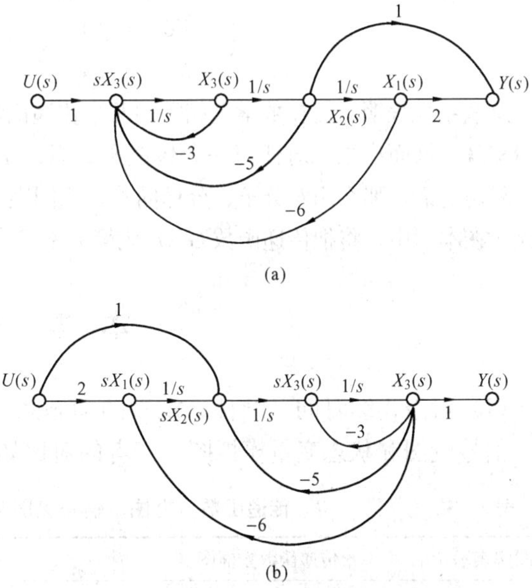

图 3-34　两种标准形信号流图

(a) 可控标准形；(b) 可观测标准形

(1) 可控标准形实现为

$$\dot{\boldsymbol{x}}=\boldsymbol{A}_c\boldsymbol{x}+\boldsymbol{b}_c u$$
$$y=\boldsymbol{c}_c\boldsymbol{x}$$

式中

$$\boldsymbol{A}_c=\begin{bmatrix}0&1&0\\0&0&1\\-6&-5&-3\end{bmatrix};\ \boldsymbol{b}_c=\begin{bmatrix}0\\0\\1\end{bmatrix};$$
$$\boldsymbol{c}_c=[2\ \ 1\ \ 0]$$

(2) 可观测标准形实现为

$$\dot{\boldsymbol{x}}=\boldsymbol{A}_o\boldsymbol{x}+\boldsymbol{b}_o u$$
$$y=\boldsymbol{c}_o\boldsymbol{x}$$

式中

$$\boldsymbol{A}_o=\begin{bmatrix}0&0&-6\\1&0&-5\\0&1&-3\end{bmatrix};\ \boldsymbol{b}_o=\begin{bmatrix}2\\1\\0\end{bmatrix};\quad \boldsymbol{c}_o=[0\ \ 0\ \ 1]$$

再进一步考察此题给的传递函数[式(3-64)],把它化简成不可约真有理函数形式,则有

$$G(s)=\frac{s+2}{(s+2)(s^2+s+3)}=\frac{1}{s^2+s+3} \tag{3-65}$$

再对此传递函数 $G(s)$ 求它的两种标准形实现。参照上面结果,直接列写对应的两种实现的状态空间描述:对可控标准形实现 $[\boldsymbol{A}_c,\boldsymbol{b}_c,\boldsymbol{c}_c]$ 中的各矩阵,有

$$\boldsymbol{A}_c=\begin{bmatrix}0&1\\-3&-1\end{bmatrix};\ \boldsymbol{b}_c=\begin{bmatrix}0\\1\end{bmatrix};\ \boldsymbol{c}_c=[1\ \ 0]$$

对可观测标准形实现 $[\boldsymbol{A}_o,\boldsymbol{b}_o,\boldsymbol{c}_o]$ 中的各矩阵,有

$$\boldsymbol{A}_o=\begin{bmatrix}0&-3\\1&-1\end{bmatrix};\ \boldsymbol{b}_o=\begin{bmatrix}1\\0\end{bmatrix};\ \boldsymbol{c}_o=[0\ \ 1]$$

这些结果表明:对在数学上相等的两个传递函数式(3-64)、式(3-65),能找出两类不同阶次的实现。推而广之,对任何一个传递函数 $G(s)$,如果不施加"分子、分母多项式是不可约的"这一限制的话,那么用对分子、分母同乘以相同因子的办法,就能构造出任意多个高阶次的实现。因此,在本书中,将把传递函数 $G(s)$ 化简为不可约真有理函数后的实现,称为最小阶实现。

本 章 小 结

(1) 对于连续时间、线性、定常的动态系统,介绍了三种图解表示,即传递函数方框图、信号流图和状态变量模拟图。三者的对比如表 3-3 所示。

表 3-3　　传递函数方框图、信号流图和状态变量模拟图的对比

图解表示	传递函数方框图	信号流图	状态变量模拟图
基本图形符号	(1) 方框 (2) 有向线段 (3) 相加点	(1) 节点 (2) 支路	(1) 积分环节 (2) 比例环节 (3) 相加点(加法器)

续表

图解表示	传递函数方框图	信号流图	状态变量模拟图
特点	（1）环节与物理部件之间的对应关系较明确 （2）表示方法形象，且比较符合习惯 （3）对复杂结构，不易于采用 Mason 公式求总传递函数	（1）表示方法简单，但形象性不强，也不太符合一般习惯 （2）易于采用 Mason 公式求总传输	（1）环节与物理部件的对应关系一般不够明确，或不明确 （2）易于得到状态空间描述 （3）便于在模拟计算机上进行模拟
基本数学关系	$\boldsymbol{X}(s)=\boldsymbol{A}(s)\boldsymbol{X}(s)+\boldsymbol{B}(s)\boldsymbol{U}(s)$		$\dot{x}=\boldsymbol{A}x+\boldsymbol{B}u$ $y=\boldsymbol{C}x$
适用范围	频域的输入输出描述		时域或频域的状态空间描述

（2）针对实际控制系统建立传递函数方框图或信号流图，大体上可以遵循本章介绍的步骤进行，概括地说就是：①列写每个物理部件的线性化动态方程；②进行拉氏变换，并将变换结果整理成线性代数方程组式（3-1）的形式；③绘制其中每一代数方程式的相应图形，然后把所有局部图形连成一个整体。

（3）按照控制理论的观点，一个控制系统由若干个具有不同功能的环节构成。对于线性系统，一般用传递函数来代表环节的功能。这个传递函数应仅由环节自身的参数确定，而与其他环节无关。这就是说，在两个物理部件（或电路）串联工作的情况下，若其间存在负载效应，则不能把两个部件视为两个串联的独立环节。为了消除负载效应，必要时可加装隔离部件。

（4）本章针对电力系统中常用的电气装置与部件，介绍怎样从分析工作原理入手，建立起相应的数学模型。读者应熟练地掌握其中推导传递函数的方法和步骤，这是在进一步对控制系统进行分析与综合之前不可逾越的一步。

（5）方框图（或信号流图）变换的实质，是线性代数方程的变换在图形上的体现。因此，变换的法则就是代数法则。变换前后的两个系统的外部描述必须是等效的。

在表 3-1 中已列出了一些基本变换规则，应该学会运用这些规则。

（6）利用 Mason 公式，可以通过对信号流图的观察，直接列出从任一输入节点到任一普通节点（含中间节点及输出节点）的总传输。当只需要获得总传输时，Mason 公式是很有成效的。

Mason 公式，虽然是就信号流图给出的，但显然它也适用于传递函数方框图，只不过对后者的通路与环路以及是否相互接触等的观察，有时不如信号流图那么方便就是了。

（7）从传递函数求状态空间描述，称为传递函数的实现。对于给定的真有理函数形式的传递函数，可以找到多个实现。我们介绍了可控标准形和可观测标准形这两种比较重要的实现。在众多实现中，把传递函数化简为不可约真有理函数后的实现称为最小阶实现。

在已求得某系统传递函数方框图的情况下，如果所有环节都不超出比例环节、积分环节和一阶滞后环节，那么就可以直接取每个积分器和一阶滞后环节的输出作为状态变量，从而可以很方便地求得该系统的状态空间描述。在这种情况下，各种状态的变量的物理意义一般都比较明确。

习　　题

T3-1　对图 T3-1 所示系统，按传递函数方框图变换原则求出下列传递函数：

$$G_{1c}=\frac{Y_1}{U};\ G_{2c}=\frac{Y_2}{U}$$

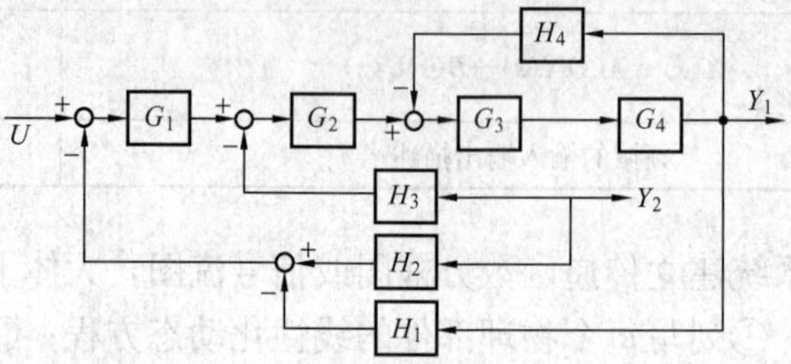

图 T3-1　单输入系统方框图

T3-2　对图 T3-2 所示系统，按传递函数方框图变换原则求出等效传递函数：

$$G=\frac{Y}{U}$$

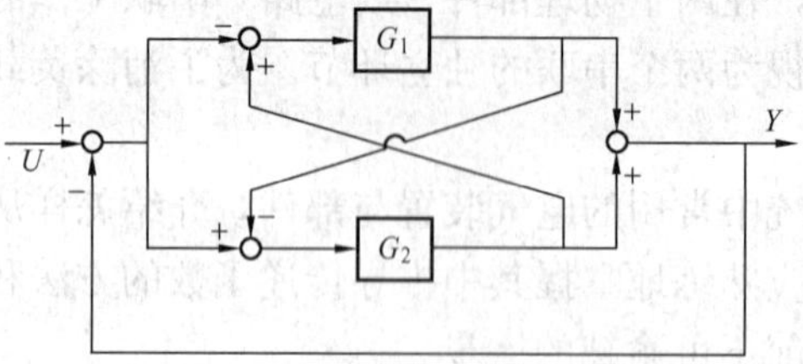

图 T3-2　交叉反馈系统方框图

T3-3　求出图 T3-3 所示四输入系统方框图的输出量 Y 的表达式。

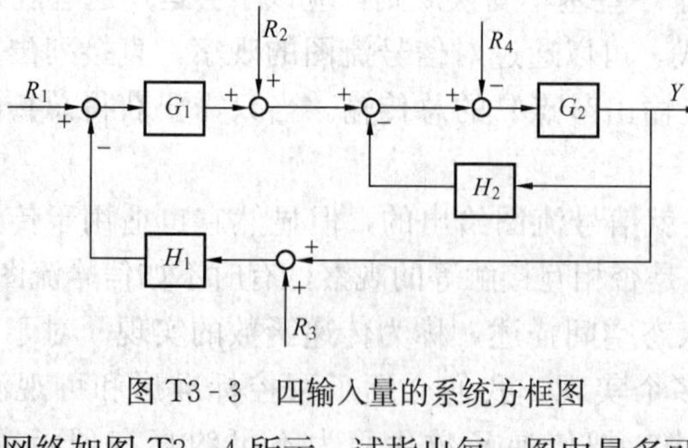

图 T3-3　四输入量的系统方框图

T3-4　已知三个电网络如图 T3-4 所示。试指出每一图中最多可划分为几个无负载效应的环节，求出各图的传递函数：

$$G(s)=\frac{U_o(s)}{U_i(s)}$$

并说明负载效应对传递函数的影响。

T3-5　已知三个无源电网络如图 T3-5 所示，试求传递函数：

$$G(s)=\frac{U_o(s)}{U_i(s)}$$

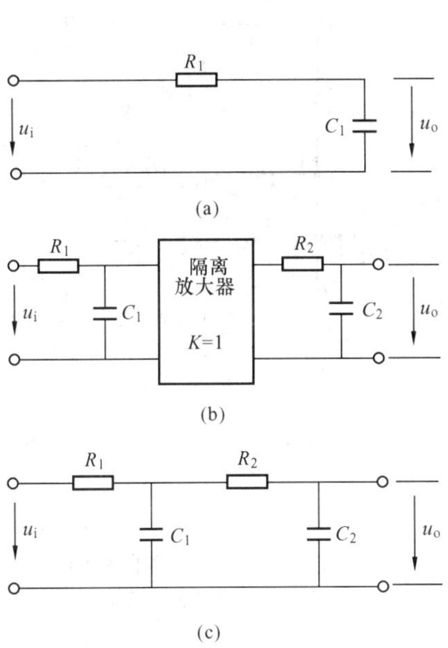

图 T3-4 电网络图

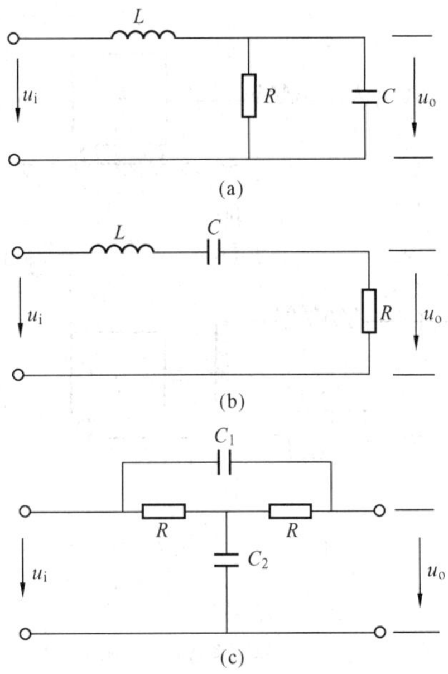

图 T3-5 无源电网络

T3-6 试求图 T3-6 中三个由理想运算放大器组成的电路的传递函数：

$$G(s)=\frac{U_o(s)}{U_i(s)}$$

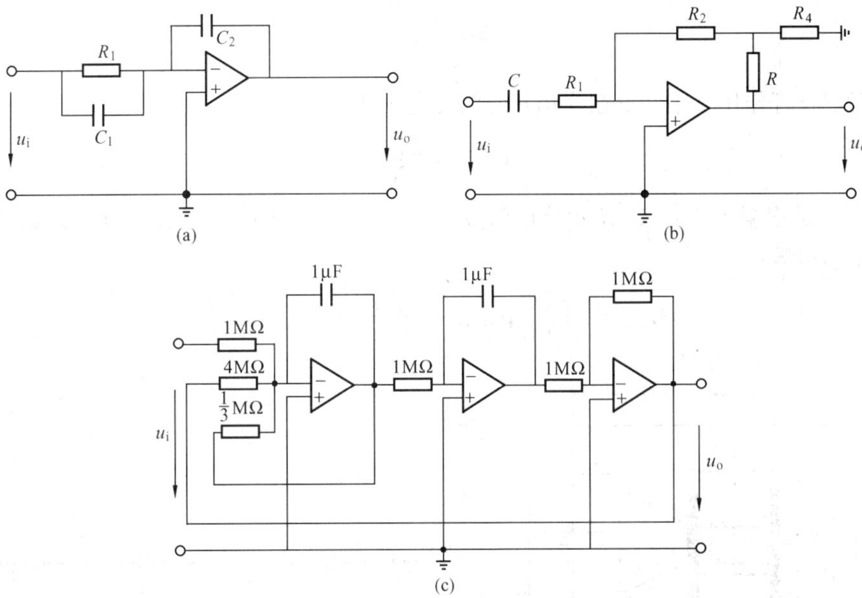

图 T3-6 由运算放大器组成的电路

T3-7 有两个机械力学系统如图 T3-7 所示。假定质量块 m 对地面无摩擦，试求该两系统的传递函数。

T3-8 有两个机械力学系统如图 T3-8 所示。施力之前，弹簧处于松弛状态。试求这两个系统的传递函数：

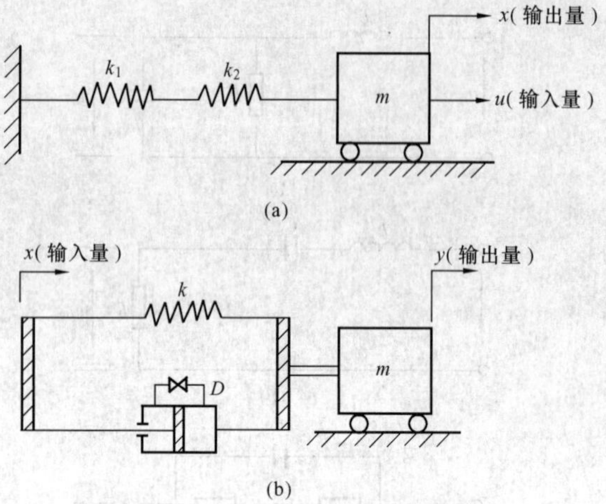

图 T3-7 机械力学系统

(a) $G_a(s)=\dfrac{X(s)}{U(s)}$；(b) $G_b(s)=\dfrac{Y(s)}{X(s)}$

k、k_1、k_2—弹性系数；D—阻尼系数；

x、y—位移；u—力；m—质量

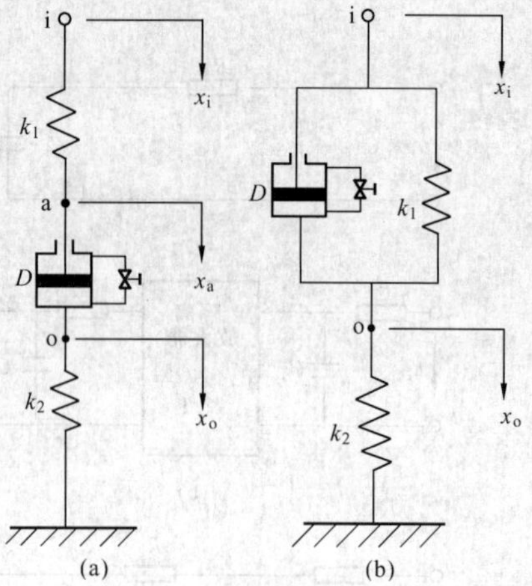

图 T3-8 机械力学系统

k_1、k_2—弹性系统；

D—阻尼系数；

x_i、x_a、x_o—位移

$$G(s)=\frac{X_o(s)}{X_i(s)}$$

T3-9 在图 T3-9 中，当不考虑杠杆 a—b 的作用时，液压放大器的传递函数是一积分环节，即

$$\frac{\Delta Z(s)}{\Delta Y(s)}=\frac{1}{Ts}$$

试推导当考虑杠杆作用（刚性反馈作用）时的传递函数

$$G(s)=\frac{\Delta Z(s)}{\Delta X(s)}$$

T3-10 试根据图 T3-10 所示传递函数方框图画出对应的信号流图，并根据信号流图求出下列各个传递函数：

$$G_A(s)=\frac{Y(s)}{R(s)};G_B(s)=\frac{E(s)}{R(s)};G_C(s)=\frac{Y(s)}{E(s)}$$

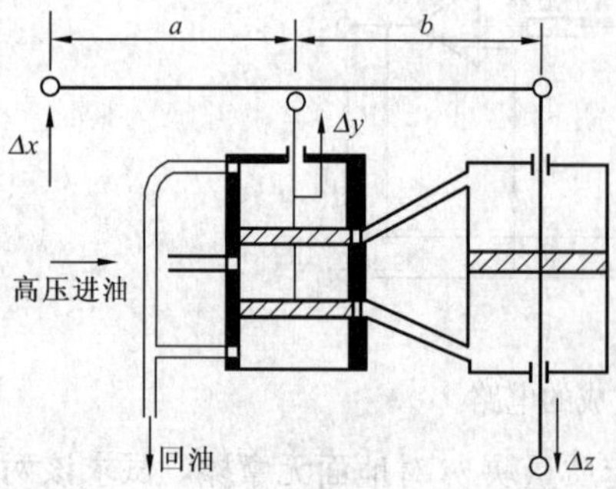

图 T3-9 带连杆的液压放大系统

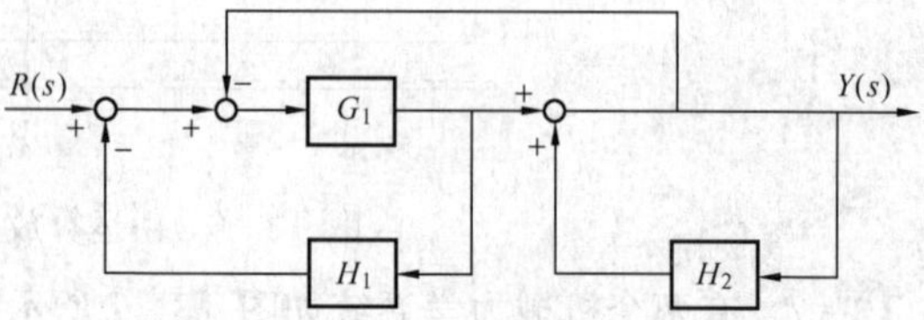

图 T3-10 传递函数方框图

T3-11 有两个信号流图如图 T3-11 所示。试利用 Mason 公式求总传输。

T3-12 已知某控制系统从源点到汇点的总传输为

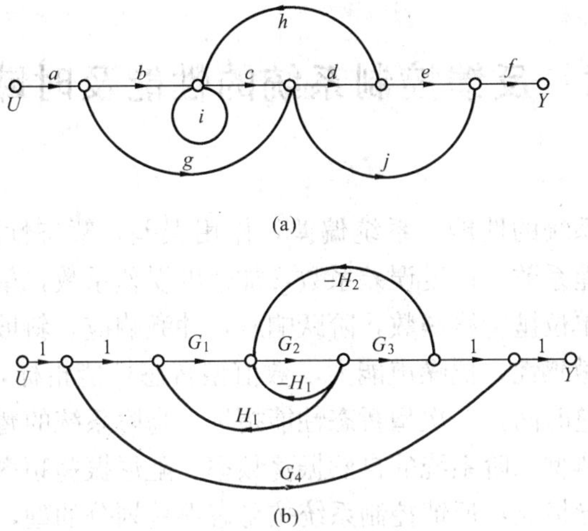

图 T3 - 11　信号流图

$$\frac{Y}{U}=\frac{ah(1-cf-dq)}{(1-be)(1-dq)-cf}$$

其中 a、b、c、d、e、f 及 q 各代表一个支路的传输，试绘制出该系统的信号流图。

T3 - 13　已知系统方框图如图 T3 - 13 所示。试写出 x_1、x_2、x_3 为状态变量的状态方程与输出方程，画出该系统的状态变量模拟图。

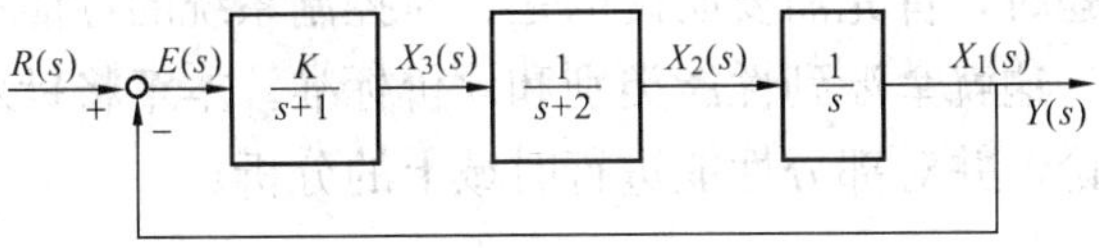

图 T3 - 13　系统方框图

T3 - 14　试将下列用传递函数描述的系统改写为可控标准形状态方程：

(1) $G_1(s)=\dfrac{K}{(1+sT_1)(1+sT_2)}$；

(2) $G_2(s)=\dfrac{10}{s^4}$；

(3) $G(s)=\dfrac{4}{s^3+7s^2+14s+8}$。

T3 - 15　已知控制系统的传递函数

$$G(s)=\frac{s^2+2s+5}{3s^3+6s^2+9s+15}$$

试求该系统的可控标准形实现及可观测标准形实现。

第四章　反馈控制系统的性能及时域分析

关键词： 反馈控制系统的性能，系统偏差，作用误差，暂态性能，稳态性能，暂态误差，稳态误差，位置误差系数，速度误差系数，加速度误差系数，单位阶跃函数，单位冲激函数，单位斜坡函数，单位抛物线函数，阶跃响应，冲激响应，斜坡响应，抛物线响应，稳定性，对参数变化的不敏感性，抗噪声能力，数值型暂态性能指标，延迟时间，上升时间，峰值时间，过调量，调整时间，二次型暂态性能指标，高阶系统的暂态性能，开环零点、极点，闭环零点、极点，典型二阶系统的自然振荡频率、阻尼振荡频率和阻尼比，闭环极点的留数，偶极子，闭环主导极点，反馈控制系统按稳态误差划分的型，调差率，调差特性，参数敏感度。

内容提要： 通常一个控制系统由被控对象和控制器两大部分构成。被控对象的行为受控制器的控制，使其向控制目的所希望的方向发展。因此，对于给定的被控对象，设计出符合希望的控制器，是一个十分重要的课题；此外，在控制系统已经给定的情况下，如何分析其性能，并且当性能不满意时，如何进行改善，也是十分重要的课题。这些都属于对控制系统进行综合与分析的范畴。

当着手解决上述问题时，首先需要明确的是：对控制系统的性能有哪些方面的要求？如何评价系统性能的优劣？这就牵涉到性能类别和评价标准。本章将针对反馈控制系统的这类问题的基本方面进行讨论，并对部分性能进行时域上的分析。

第一节　反馈控制系统性能概述

一、以单位反馈系统作为研究的主要对象

考虑如图 4-1（a）所示的反馈控制系统。对外部信号而言，图 4-1（b）是等效变换后的系统。

需要指出，图 4-1（a）中从$\hat{Y}(s)$到$R(s)$之间的环节用虚框表示并取与反馈环节相同的传递函数$H(s)$，是因为对于一般控制系统来说$\hat{Y}(s)$只是人们设想的一个希望值，并不直接作用于系统。直接作用于系统的是与控制器输入端所要求的量纲及数量级相一致的参考输入信号$R(s)$，而希望值$\hat{Y}(s)$则具有与系统输出$Y(s)$相一致的量纲和数量级。为了从$\hat{Y}(s)$得到$R(s)$，需要经过与从$Y(s)$得到反馈信号$B(s)$相同的变换过程，即如果反馈信号

$$B(s)=H(s)Y(s) \tag{4-1a}$$

则参考输入信号应表为

$$R(s)=H(s)\hat{Y}(s) \tag{4-1b}$$

在图 4-1（a）、（b）中，为了区分两种误差，把系统输出$y(t)$［或$Y(s)$］偏离系统输出的希望值$\hat{y}(t)$［或$\hat{Y}(s)$］的误差

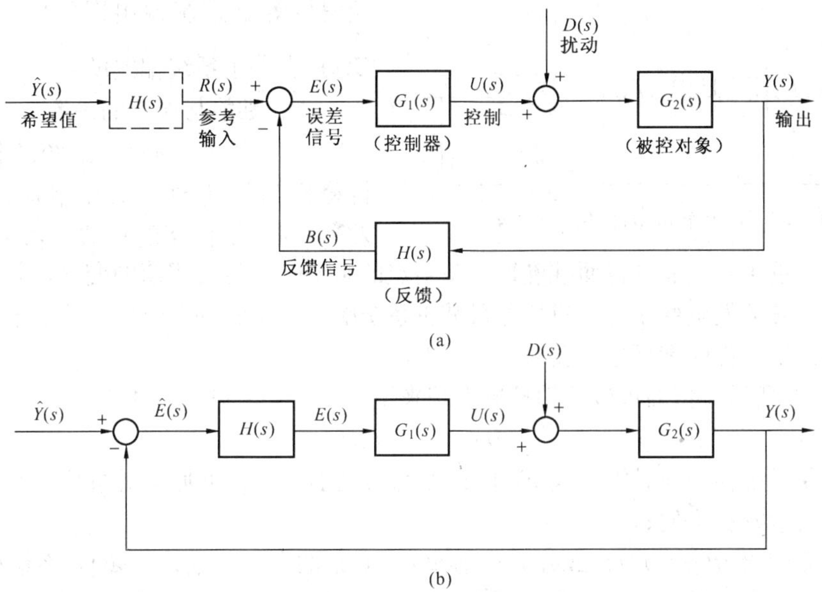

图 4-1　反馈控制系统

(a) 原系统；(b) 等效变换后的系统

$Y(s)$，$\hat{Y}(s)$ —分别为系统输出 $y(t)$ 及希望值 $\hat{y}(t)$ 的拉氏变换；

$R(s)$，$D(s)$ —分别为系统参考输入 $r(t)$ 及扰动输入 $d(t)$ 的拉氏变换

$$\hat{e}(t)=\hat{y}(t)-y(t) \tag{4-2a}$$

或

$$\hat{E}(s)=\hat{Y}(s)-Y(s) \tag{4-2b}$$

称为系统偏差；而把反馈信号 $b(t)$［或 $B(s)$］偏离参考输入信号 $r(t)$［或 $R(s)$］的误差

$$e(t)=r(t)-b(t) \tag{4-3a}$$

或

$$E(s)=R(s)-B(s) \tag{4-3b}$$

称为作用误差，简称误差。

本书此后在对反馈控制系统的误差进行分析时，如无特殊说明，都指的是作用误差而不是系统偏差。系统偏差 $\hat{E}(s)$ 与作用误差 $E(s)$ 之间的关系为

$$E(s)=H(s)\hat{E}(s) \tag{4-4}$$

应该注意到，在实际工程系统中反馈环节的作用是对系统输出进行测量或变换，从而得到为控制器的输入端所能接受的、具有相同量纲的反馈信号。反馈环节的传递函数绝大多数是比例型的，或接近于比例型的。因此，实际上在对上述各误差性能进行分析研究时，就可以直接针对作用误差 $E(s)$ 来进行，而不必使用系统偏差 $\hat{E}(s)$。

反馈环节中最简单的一种情况是其传递函数等于一个单位，即 $H(s)=1$。这种反馈控制系统，称为单位反馈控制系统，简称单位反馈系统。图 4-1（b）即是一个单位反馈系统的例子。为了分析上的方便，又不失一般性，本书以后将主要就单位反馈系统进行分析研究。所得结论，只要稍加变换就可以适用于非单位反馈系统。典型的单位反馈控制系统，如图 4-2 所示。

根据上面的分析，对于单位反馈控制系统，其参考输入 $R(s)$ 等于系统希望值 $\hat{Y}(s)$，反

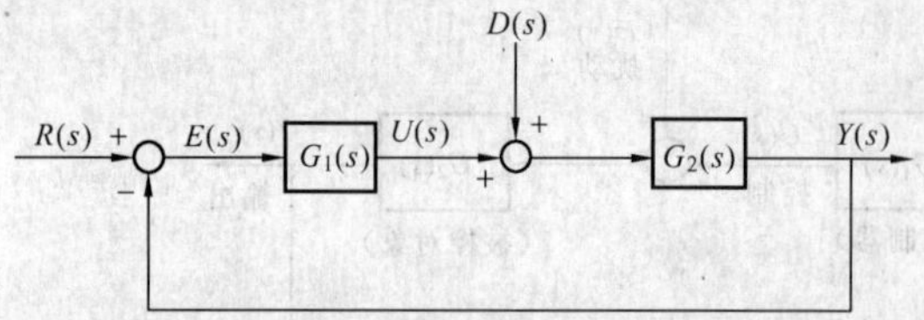

图 4 - 2 典型的单位反馈控制系统

馈信号等于系统输出 $Y(s)$，而作用误差 $E(s)$ 也等于系统偏差 $\hat{E}(s)$。

二、性能与误差的关系

当对某一反馈控制系统的技术性能进行分析与评价时，从控制理论的观点出发[1]，对系统性能的总的要求可以概括为：系统的响应（输出）应能迅速而准确地跟踪给定的系统响应的希望值的变化，并且当出现外界扰动或内部参数发生变化时，应能尽量减少系统响应所受到的影响。不论对于恒值控制系统或是随动系统，都应满足这一要求。

就图 4 - 2 所示典型的单位反馈控制系统来说，上述要求可以表述为

$$e(t)\to 0,\ t\geqslant 0 \tag{4-5}$$

亦即，尽量使系统在任何时间（$t\geqslant 0$）的误差均为最小。由此可见，对系统性能的分析是和对误差的分析紧密相连的。

当系统受到参考输入 $r(t)$ 或外界扰动输入 $d(t)$ 的激励之后（$t\geqslant 0$），系统的响应及误差都将出现一个变化的过程。这个过程称为暂态过程。随着时间的推移，当 $t\to\infty$ 时，响应与误差均可能趋向于某种稳定状态。$t\to\infty$ 时的响应，称为稳态响应，表为 $y(\infty)$；$t\to\infty$ 时的误差，称为稳态误差，表为 $e(\infty)$。与稳态响应相对应的暂态响应仍用 $y(t)$ 代表；而稳态值是暂态值的一个极限，即

$$y(\infty)\triangleq\lim_{t\to\infty}y(t) \tag{4-5a}$$

$$e(\infty)\triangleq\lim_{t\to\infty}e(t) \tag{4-5b}$$

这样划分之后，可以分别分析系统的暂态性能与稳态性能。

在图 4 - 2 中，利用 Mason 公式，可得如下关系

$$Y(s)=\frac{G_1(s)G_2(s)}{1+G_1(s)G_2(s)}R(s)+\frac{G_2(s)}{1+G_1(s)G_2(s)}D(s) \tag{4-6a}$$

$$E(s)=\frac{1}{1+G_1(s)G_2(s)}R(s)-\frac{G_2(s)}{1+G_1(s)G_2(s)}D(s) \tag{4-6b}$$

式（4 - 6）表明，系统的响应和误差均各由两部分分量构成。为了减少误差，应分别减少由 $R(s)$ 和由 $D(s)$ 所引起的两个分量；但同时又要保证系统响应还能很好地跟踪 $R(s)$ 的变化。从这两个方面的要求来考虑，首先尽量减少扰动 $D(s)$ 对系统响应和误差的影响，是十分必要的。

在给定两个输入 $r(t)$ 和 $d(t)$ 的变化规律的情况下，利用式（4 - 6）进行拉氏反变换不难求出暂态响应 $y(t)$ 和暂态误差 $e(t)$。此外，根据拉氏变换中的终值定理，也可以直接从式（4 - 6）求出稳态响应和稳态误差，即

$$y(\infty)=\lim_{t\to\infty}y(t)=\lim_{s\to 0}sY(s) \tag{4-7a}$$

$$e(\infty)=\lim_{t\to\infty}e(t)=\lim_{s\to 0}sE(s) \tag{4-7b}$$

三、性能与输入的关系

反馈控制系统的性能，与误差——暂态误差 $e(t)$ 和稳态误差 $e(\infty)$ 紧密相连。而误差

[1] 此外，从实际工程的观点出发，还有许多其他性能需要考虑，如经济性、元器件的可靠性以及是否易于实现等。

本身又和系统的结构参数（通过传递函数体现）以及系统的输入——$r(t)$ 及 $d(t)$ 有关。

输入函数可能是各种各样的时间函数。有的输入甚至是随机的，事先无法确切地了解其变化规律。大多数扰动输入都具有随机的性质。对于随动控制系统来说，其参考输入也可能无法预知其随时间的变化规律。即使对于恒值控制系统，其参考输入虽然基本上能维持在某一恒值的水平上，但有时也会做些必要的变动。

但是，在分析与评价系统性能时，为了方便起见，只能取几类有典型性的函数作为输入信号。常用的典型函数（这里只限于确定型非周期函数；此外，还可能有周期函数，将在第五章专门讲述）有如下四种：

（1）单位阶跃函数［图 4 - 3（a）］

$$1(t)\triangleq\begin{cases}0, & t<0\\ 1, & t>0\end{cases} \tag{4-8a}$$

$$\mathscr{L}[1(t)]=\frac{1}{s} \tag{4-8b}$$

（2）单位冲激函数［图 4 - 3（b）］

$$\delta(t)\triangleq\begin{cases}0, & t\neq 0\\ \infty, & t=0\end{cases}$$

并且，

$$\int_{-\infty}^{\infty}\delta(t)\mathrm{d}t=1 \tag{4-9a}$$

$$\mathscr{L}[\delta(t)]=1 \tag{4-9b}$$

（3）单位斜坡函数［图 4 - 3（c）］

$$t\times 1(t)\triangleq\begin{cases}0, & t<0\\ t, & t\geqslant 0\end{cases} \tag{4-10a}$$

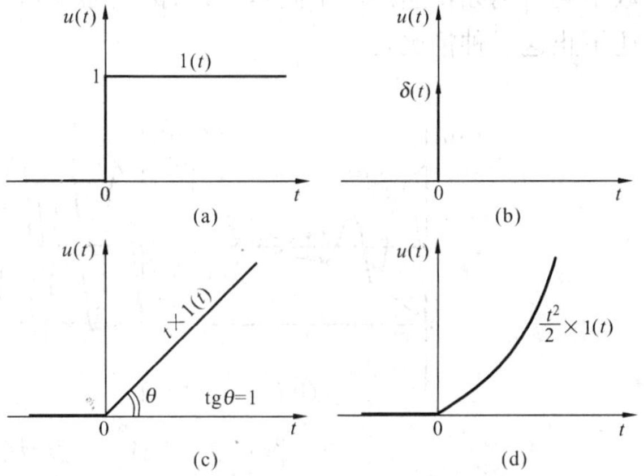

图 4 - 3　常用的典型非周期函数

（a）单位阶跃函数；（b）单位冲激函数；（c）单位斜坡函数；（d）单位抛物线函数

$$\mathscr{L}[t\times 1(t)]=\frac{1}{s^2} \tag{4-10b}$$

（4）单位抛物线函数［图 4 - 3（d）］

$$\frac{t^2}{2}\times 1(t)\triangleq\begin{cases}0, & t<0\\ \dfrac{t^2}{2}, & t\geqslant 0\end{cases} \tag{4-11a}$$

$$\mathscr{L}\left[\frac{t^2}{2}\times 1(t)\right]=\frac{1}{s^3} \tag{4-11b}$$

控制系统对上述四种典型输入信号的响应，分别称为阶跃响应、冲激响应、斜坡响应及抛物线响应。

当研究系统的暂态性能时，一般规定采用单位阶跃函数作为输入信号，并且称系统的阶跃响应为暂态响应。之所以如此，是考虑到阶跃输入代表了突然跳变的不连续信号，对暂态性能而言，其考验是最为严格的。如果系统对阶跃输入具有满意的暂态响应，那么对于大多数实际输入信号来说，系统基本上都会具有满意的暂态性能。

但是，在研究系统的稳态性能时，却必须首先确定出该系统经常出现的输入信号的类型（阶跃、斜坡或抛物线等信号），然后再在此种类型输入信号的激励之下，研究稳态误差特性。之所以如此，是考虑到由不同类型的输入信号所引起的稳态误差是大不相同的（详见本章第五节）。

四、性能类别

反馈控制系统的性能，可以归结为如下五个方面：

1. 稳定性

稳定性是控制理论中极其重要的概念。任何一个能够正常工作的反馈控制系统，首先必须是稳定的。关于稳定性的严格定义，将在第六章里给出。粗略地说，一个处于静止或稳定工作状态的系统，当受到任何输入的激励，经过一段暂态过程以后，系统中的状态和输出都能恢复到原来的稳定状态或达到一个新的稳定状态，则这样的系统就称为稳定的系统。

现在来考察系统对单位阶跃输入的响应，即暂态响应。对不同的系统，由于它们的结构参数不同（例如传递函数不同），各自的暂态响应可能出现如图 4-4 所示的三种情况（实际上还不止这三种情况）。

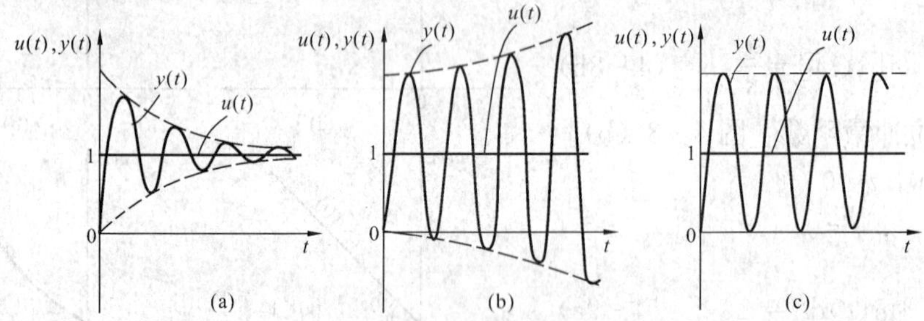

图 4-4　三种不同类型系统的暂态响应

(a) 稳定；(b) 不稳定；(c) 临界状态

在第六章里将要介绍，线性定常的动态系统稳定的充分必要条件是，系统全部特征根（对完全表征的传递函数则为其全部极点）$\lambda_i=\sigma_i+j\omega_i$ 的实部均为负，即

$$\mathrm{Re}(\lambda_i)=\sigma_i<0,\ i=1,\ 2,\ \cdots,\ n \tag{4-12}$$

本章以下的讨论，都是在假定系统是稳定的这个总前提下进行的。相反地，如果系统是不稳定的，那末，以下各项就都无从谈起了。

2. 暂态性能

系统的暂态性能是指系统受到某一输入（一般为单位阶跃函数）的激励后，整个暂态过程（$t\geqslant0$）中系统的表现，如系统暂态响应、暂态误差以及内部状态的变化等。

我们知道，实际控制系统中的被控对象都是动态（有记忆）子系统。因此，要求系统暂态响应在暂态过程的任何时刻都能准确地跟踪参考输入的变化，同时又能不受扰动的影响，是不现实的。但是可以在一定设备条件下，通过调整有关结构参数，使系统暂态性能尽可能地达到最好。这就要求对暂态性能的评价给出具体的指标（见本章第二节）。

3. 稳态性能

稳态性能一般通过稳态误差的倒数（称为稳态准确度）来衡量。稳态误差越小稳态性能越好；当稳态误差等于零时稳态性能最好。

要求一个系统对所有类型（阶跃、斜坡、抛物线及其他类型）的参考输入都具有最好的稳态准确度，实际上无法做到，也无此必要。但是，根据所研究问题的性质，使系统对某一二个类型（如阶跃）参考输入的稳态误差等于零，却是能做到的。

此外，不可避免的外界扰动也会产生附加的稳态误差。在必要时，应采取措施使稳态误差能被控制在可接受的程度。这种措施称为对扰动的补偿措施。

4. 对参数变化的不敏感性

当系统中结构参数变化时，系统对这种变化的反应，应具有足够的不敏感性。这种性质一般通过系统对参数变化的敏感度来表征。希望系统对参数变化的敏感度越小越好。

5. 抗噪声能力

系统的有效输入（或各环节的有效输入）常常被不希望的噪声所污染。现实世界中，总会存在各种各样的噪声源，如环境温度引起的热噪声，周边强磁场中存在的电磁噪声，机械运动引起的震动噪声，等等。因此，希望系统能具有一定的抗噪声能力。由于噪声一般表现为多种频率的组合，在考虑系统的频率特性时（见第五章），可利用控制带宽的办法，以抑制带宽以外的噪声。

本章以下各节重点讨论暂态性能与稳态性能，对参数变化的不敏感性问题只作简要介绍。第五章里一部分内容是有关抗噪声能力的讨论。第六章重点讨论稳定性。

第二节　暂态性能指标

一、数值型性能指标

为了分析上的方便，约定：

（1）系统已归化为单位反馈控制系统，其结构如图 4-5 所示。

（2）输入信号取为单位阶跃函数，即

$$r(t)=1(t) \tag{4-13a}$$

$$R(s)=\frac{1}{s} \tag{4-13b}$$

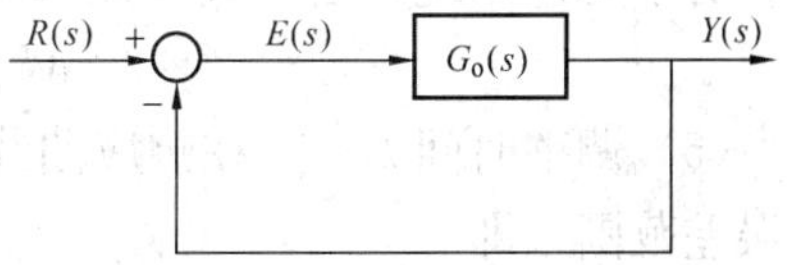

图 4-5　考虑暂态性能时所采用的系统

（3）系统的初始状态为零——零状态。

在上述约定之下，系统的暂态响应与暂态误差只相差一个单位，即

$$e(t)=1(t)-y(t) \tag{4-14}$$

因此，考察系统的暂态性能，既可以用考察 $y(t)$，也可以用考察 $e(t)$ 来代表。

现在考察 $y(t)$，即系统的暂态响应。$y(t)$ 大多呈现出阻尼（衰减）振荡的形式，随着时间的推移，$y(t)$ 将向某一恒值趋近（正如在上一节已提过的，只考察稳定的系统），以最终达到稳定状态。图 4-6 示出了这种响应过程的曲线。

为了表征系统的暂态性能，通常采用一些数值型性能指标，见图 4-6。图中，假定系统对单位阶跃输入的稳态响应具有如下特征

$$y(\infty)=\lim_{t\to\infty}y(t)=1 \tag{4-15}$$

式（4-15）表明，稳态响应最终将等于参考输入。这样的系统称为无差系统。此外，还有有差系统。如果系统的阶跃响应的稳态值不等于参考输入值，则称为有差系统。有差系统与无差系统在暂态性能方面没有太大区别。只是对有差系统，图 4-6 中的纵坐标上的 1 应理解为等于系统的某个稳态响应值。这时施加于系统的参考输入信号不是单位阶跃函数，而是幅值不等于 1 的某个阶跃函数。

图 4-6 中所表示的暂态性能指标一般规定如下：

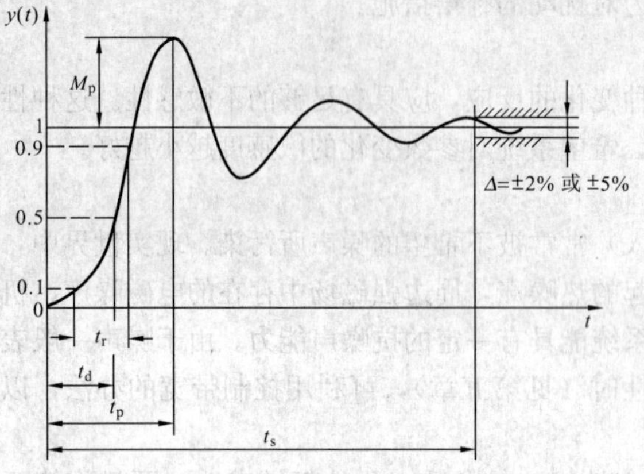

图 4-6 系统暂态响应曲线及其性能指标

(1) 延迟时间 t_d——响应曲线第一次达到稳态值一半所需的时间。

(2) 上升时间 t_r——响应曲线变化于下列两种状态之一所需的时间:

1) 从 0 上升到稳态值的 100%;

2) 从稳态值的 10%上升到 90%。

对于暂态过程中系统响应出现过调的场合,通常采用上述 1) 作为上升时间;对于不存在过调现象的系统,通常采用 2) 作为上升时间。

(3) 峰值时间 t_p——响应曲线达到第一个过调峰值(最大峰值)所需的时间。

(4) 过调量 M_p——响应曲线从其稳态值的 100%作为起点计算所得的最大过调量,一般以百分率表示,即

$$M_p\% = \frac{y(t_p) - y(\infty)}{y(\infty)} \times 100\% \tag{4-16}$$

对于无差系统,由于式(4-15)的关系成立,所以这时的过调量又可表为

$$M_p\% = [y(t_p) - 1] \times 100\% \tag{4-16a}$$

(5) 调整时间 t_s——在响应曲线上用稳态响应的百分数(通常取为 5%或 2%)作为允许误差范围,即

$$\Delta = \pm 2\% \text{或} \Delta = \pm 5\% \tag{4-17}$$

响应曲线开始进入并保持在上述误差范围内所需要的时间。

一般认为,系统在 $[0, t_s]$ 时间区间上的过程,属于暂态过程;当 $t \geqslant t_s$ 以后,便可认为系统已进入了实际上的稳定状态。当然,在理论上还是以 $t \to \infty$ 时的极限状态作为稳定状态。

还可以规定若干其他数值型指标,由于实际使用不多,故略去。

规定这样一些指标的目的,不外乎对系统的暂态响应有一个大致的约束。有了这些指标的约束后,暂态响应曲线的允许变化区域就大体上被限定了,如图 4-7 所示。图中的阴影区域是禁区。其中用实线标出的禁区边界是由给定指标确定的准确边界,而虚线边界则不那么严格。但是,这些指标并不一定对任何系统都要全部采用。例如,对于不存在过调的系统,就不需要过调量指标和峰值时间指标。

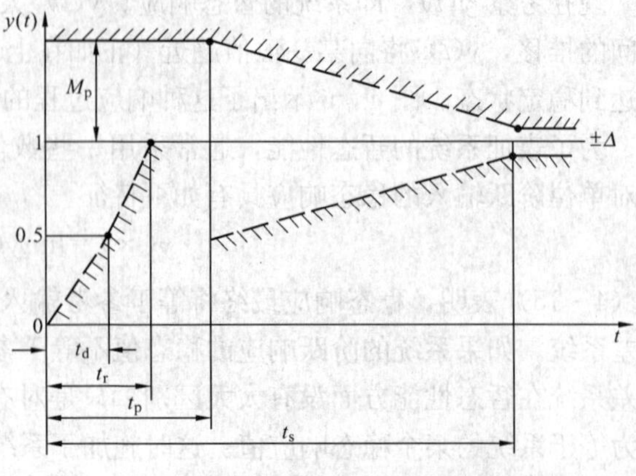

图 4-7 暂态响应曲线被性能指标限定的区域

在上述 5 个指标中,时间指标 t_d,

t_r 和 t_p 代表暂态响应的快速性；时间指标 t_s 代表暂态过程的时间长短；过调量 M_p 代表了暂态响应振荡的严重程度。

在大多数的实际应用中，对于存在过调现象的暂态过程来说，只要能保证过调量 M_p、上升时间 t_r 和调整时间 t_s 这 3 个主要指标符合要求，就可以认为是满意的了。

但不难看出，上述 3 个主要指标 M_p、t_r 和 t_s 的要求，是互相矛盾的。例如，满足快速响应性（t_r 小）的系统，往往会有较高的过调量（M_p 大）；而不存在过调的系统，往往无法保证具有满意的快速响应性和调整时间。因此，在实际工程中，只能采取某种折衷的方案。

二、二次型性能指标

上述针对控制系统的暂态响应给出的各项指标，都属于在时域上的数值型指标。此外，在频域上也有若干数值型指标，将在以后几章里介绍。就是在时域上，除了数值型指标外，还可以从综合反映控制系统性能优良程度的观点，提出所谓最佳性能指标。例如二次型性能指标，就是研究最佳控制问题时经常采用的指标之一。

考察如图 4－8 所示的控制系统。其中 $\hat{y}(t)$ 代表系统输出 $y(t)$ 的希望值；系统偏差由式 $\Delta y(t)=\hat{y}(t)-y(t)$ 给出；$u(t)$ 代表控制变量。

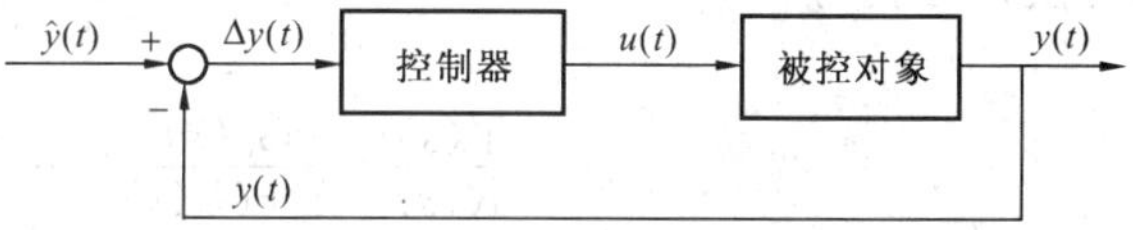

图 4－8　单输入－单输出控制系统

对于图 4－8，为了能综合地反映出系统性能的各个方面（稳定性、暂态和稳态性能等），可采用下面形式的性能指标

$$J \triangleq \int_0^{\infty}\{q[\hat{y}(t)-y(t)]^2+u^2(t)\}\mathrm{d}t \tag{4-18}$$

式中　$\hat{y}(t)-y(t)$——系统实际输出对希望值的偏差（即系统偏差）；

q——正定的权系数，$q>0$。

式（4－18）中的被积函数是系统偏差项与控制项的平方加权和，称为二次型性能指标。从式（4－18）不难看出，在整个暂态过程（$t=0\to\infty$）中，指标中的被积函数将始终是非负的，积分的结果值 J，必定随着时间的推移而逐渐增大。如果积分的结果是有界的，则它必定收敛于某个确定的有界值。只在这种情况下，式（4－18）所描述的二次型性能指标才是有意义的。我们不加证明地假定积分值 J 有解，来讨论下面的问题。为了得到最佳的综合性能，式（4－18）所给出的指标值 J 显然是越小越好。之所以将 $u^2(t)$ 与系统偏差项一起也列入被积函数中，是考虑到不仅要求系统偏差要小，而且使所耗费的控制能量也要小。通过改变图 4－8 中控制器的控制规律 $u_{[0,\infty)}$，可以得到各种不同的指标值 J。在众多的 J 中存在极小值。当 J 达到极小值时，控制系统的综合性能就达到了最佳状态。寻找一种控制规律 $u_{[0,\infty)}$，使式（4－18）所描述的二次型性能指标 J 达到其极小值；这样的控制规律 $u_{[0,\infty)}$，称为最佳控制规律。

寻找使式（4－18）所示指标 J 达到极小值的控制规律 $u_{[0,\infty)}$ 的问题，属于现代控制理论中一个重要分支——最佳控制理论的范畴。本书第十章将简要介绍。

第三节　典型二阶系统的暂态性能分析

二阶系统的暂态性能对于高阶系统也具有一定的代表性，因为许多高阶系统的暂态性能可以用相应的二阶系统来近似代表。

一、典型二阶系统及其暂态响应

由基本二阶滞后因子描述的系统，称为典型二阶系统，如下所示

$$\frac{Y(s)}{R(s)}=\frac{1}{T^2s^2+2\zeta Ts+1}=\frac{\omega_n^2}{s^2+2\zeta\omega_n s+\omega_n^2} \tag{4-19}$$

式中　ζ——阻尼比；

ω_n——自然振荡频率（角频率），$\omega_n=\frac{1}{T}$。

式（4-19）表明，典型二阶系统的性能，完全由参数ζ和ω_n所确定。此外，对该式稍加变换，可表为

$$\frac{Y(s)}{R(s)}=\frac{G_o(s)}{1+G_o(s)}=\frac{\dfrac{\omega_n^2}{s(s+2\zeta\omega_n)}}{1+\dfrac{\omega_n^2}{s(s+2\zeta\omega_n)}} \tag{4-19a}$$

$$G_o(s)=\frac{\omega_n^2}{s(s+2\zeta\omega_n)} \tag{4-19b}$$

式中　$G_o(s)$——开环传递函数。

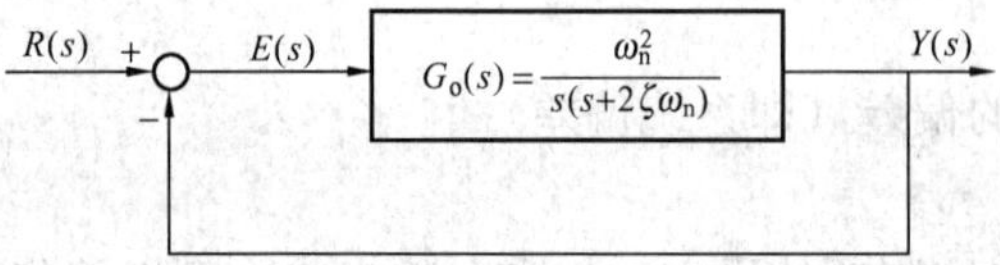

图 4-9　典型二阶系统

式（4-19）表明，典型二阶系统也是一个单位反馈控制系统。这时系统的传递函数，又可称为闭环传递函数。对应的传递函数方框图示于图 4-9 中。

典型二阶系统的闭环传递函数是完全表征的，因此该传递函数的特征方程

$$1+G_o(s)=s^2+2\zeta\omega_n s+\omega_n^2=0 \tag{4-20}$$

也是所属系统的特征方程。闭环传递函数的零、极点，称为闭环零、极点。开环传递函数［即$G_o(s)$］的零、极点，称为开环零、极点。对于典型二阶系统来说，闭环极点也是系统特征根。由式（4-20）可求得

$$\lambda_{1,2}=\omega_n(-\zeta\pm\sqrt{\zeta^2-1}) \tag{4-21}$$

为了求得系统的暂态响应，取$R(s)=1/s$代入式（4-19），则得频域响应

$$Y(s)=\frac{\omega_n^2}{s^2+2\zeta\omega_n s+\omega_n^2}\frac{1}{s}=\frac{\omega_n^2}{s(s-\lambda_1)(s-\lambda_2)} \tag{4-22}$$

将此式展开为部分分式的形式，然后进行拉氏反变换，即可得到时域响应。

典型二阶系统的各项性能，与阻尼比ζ的关系尤为密切。按ζ的取值大小，有如下三种情况❶：

❶ 这部分有关内容在电路理论课程中已有介绍，因此这儿将只叙述结论，不作推导。

1. 欠阻尼（$0<\zeta<0$）

这时闭环极点［式（4 - 21）］是两个共轭复数极点

$$\lambda_{1,2}=\sigma\pm j\omega_d=-\zeta\omega_d\pm j\omega_n\sqrt{1-\zeta^2} \quad (4-23)$$

$$\sigma=-\zeta\omega_n;\omega_d=\omega_n\sqrt{1-\zeta^2} \quad (4-23a)$$

式中　σ，ω_d——分别代表闭环极点的实部与虚部，ω_d 称为阻尼振荡频率（角频率）。

由于 $\sigma<0$，共轭复数极点 λ_1，λ_2 都位于左半 s 平面上，如图 4 - 10 所示。这时的系统称为阻尼系统。

其暂态响应可表为

$$y(t)=1-\frac{\omega_n}{\omega_d}e^{\sigma t}\sin(\omega_d t+\beta) \quad (4-24)$$

式中

$$\beta=\mathrm{arctg}\frac{\sqrt{1-\zeta^2}}{\zeta},且\ 0\leqslant\beta<\frac{\pi}{2} \quad (4-24a)$$

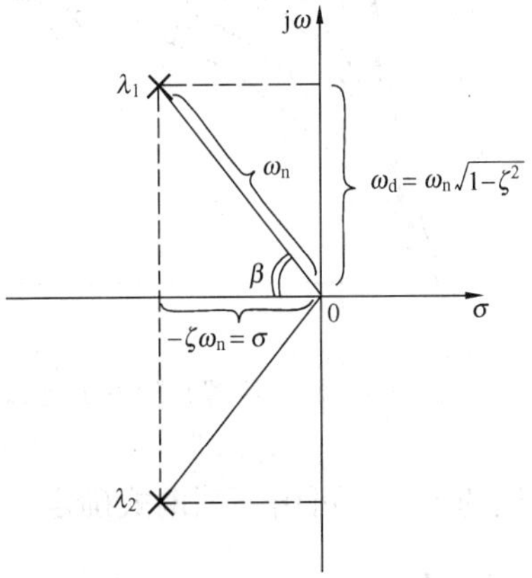

图 4 - 10　当 $0<\zeta<1$ 时闭环极点在 s 平面上的位置

欠阻尼系统的暂态响应呈现出阻尼振荡的形式，其振荡频率为 ω_d。这就是把 ω_d 称为阻尼振荡频率的缘故。

阻尼越小，振荡越激烈，过调量也随之增大。当 $\zeta=0$ 时，闭环极点位于虚轴上，其实部为零，而暂态响应也变为不衰减的等幅振荡形式

$$y(t)=1-\cos\omega_n t \quad (4-25)$$

这时的振荡频率是自然振荡频率 ω_n。

2. 临界阻尼（$\zeta=1$）

这时闭环极点是位于左半实轴线上的重极点

$$\lambda_1=\lambda_2=-\omega_n \quad (4-26)$$

对应的系统称为临界阻尼系统。它的暂态响应为

$$y(t)=1-e^{-\omega_n t}(1+\omega_n t) \quad (4-27)$$

临界阻尼系统的暂态响应特性是从有振荡向无振荡过渡的一个临界状态。

3. 过阻尼（$\zeta>1$）

这时闭环极点是位于左半实轴线上的 2 个不相等的实极点为

$$\lambda_1=-\omega_n(\zeta+\sqrt{\zeta^2-1});\ \lambda_2=-\omega_n(\zeta-\sqrt{\zeta^2-1}) \quad (4-28)$$

其暂态响应中包含两个衰减的指数项，即

$$y(t)=1-\frac{\omega_n}{2\sqrt{\zeta^2-1}}\left(\frac{1}{\lambda_1}e^{\lambda_1 t}-\frac{1}{\lambda_2}e^{\lambda_2 t}\right) \quad (4-29)$$

图 4 - 11 画出了与各种不同的阻尼比 ζ 相对应的暂态响应曲线族。图中横坐标采用 $\omega_n t$，纵坐标为 $y(t)$。这些曲线是根据式（4 - 24），式（4 - 27）及式（4 - 29）做出的。

由该图可知，对欠阻尼系统，当阻尼比在 $0.5\leqslant\zeta\leqslant0.8$ 的范围，其暂态响应比临界阻尼或过阻尼系统能更快地达到稳态值，即具有较小的调整时间 t_s。在无振荡的系统中，临界阻尼系统比过阻尼系统的响应时间和调整时间都短。过阻尼系统响应的速度是最迟缓的。

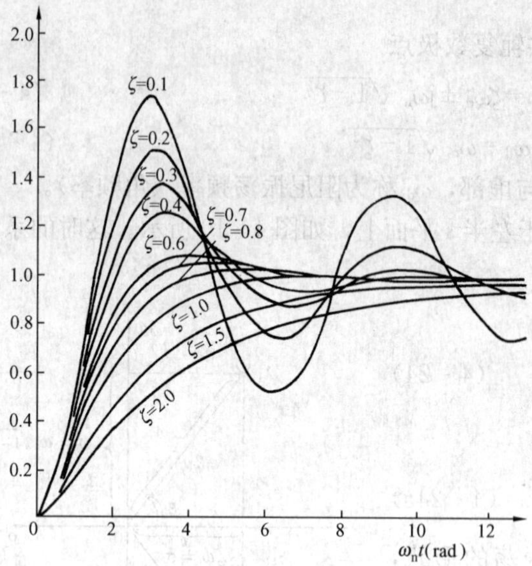

图 4-11 典型二阶系统暂态响应曲线

二、性能指标与闭环极点位置的关系

典型二阶系统的全部性能，只由参数 ζ 和 ω_n 所确定。根据闭环极点 λ_1、λ_2 在 s 平面上的位置又可以确定出对应的 ζ 和 ω_n（图 4-10）。因此，只要给定闭环极点的位置，该系统的全部性能就被完全确定了。

下面以欠阻尼系统为主，讨论其性能指标与闭环极点位置的关系。

1. 上升时间 t_r

上升时间指标有两种标准。这里采取从 $y(\infty)$ 的 10%第一次达到 90%所需的时间作为上升时间。在式（4-24）中令从 0 达到 10%的时间为 t_1，从 0 达到 90%的时间为 t_2，则上述上升时间 t_r 应为

$$t_r = t_2 - t_1 \tag{4-30}$$

这里的 t_1、t_2 可由下列两式确定

$$0.1 = 1 - \frac{\omega_n}{\omega_d} e^{\sigma t_1} \sin(\omega_d t_1 + \beta) \tag{4-30a}$$

$$0.9 = 1 - \frac{\omega_n}{\omega_d} e^{\sigma t_2} \sin(\omega_d t_2 + \beta) \tag{4-30b}$$

式中 β——由式（4-24a）确定的夹角，在 s 平面上（图 4-10），β 等于闭环极点 λ_1 与负实轴所构成的夹角。

根据式（4-30）不难看出，$\omega_n t_r$ 只与阻尼比 ζ 有关，用曲线表示如图 4-12 所示。在同一张图上，还画出了 $\omega_n t_d$ 随 ζ 变化的曲线。

此外，还可以根据式（4-30）的关系，在 s 平面上绘出一族等 t_r 的曲线，如图 4-13 所示。在图中，只要闭环极点 λ_1（或 λ_2）不落入某一等 t_r 线与虚轴所包围的区域以内，那么该系统的实际上升时间就一定小于与该区域边界相对应的上升时间。举例说，假定闭环极点位于 $t_r=0.2$s 的边界以外，那么该系统的实际上升时间就将小于 0.2s。这样，一经确定了闭环极点在 s 平面上的位置，通过 s 平面上的等 t_r 线，很快就可查出该系统的上升时间的大致数值（其精确度决定于等 t_r 线族的密度）。

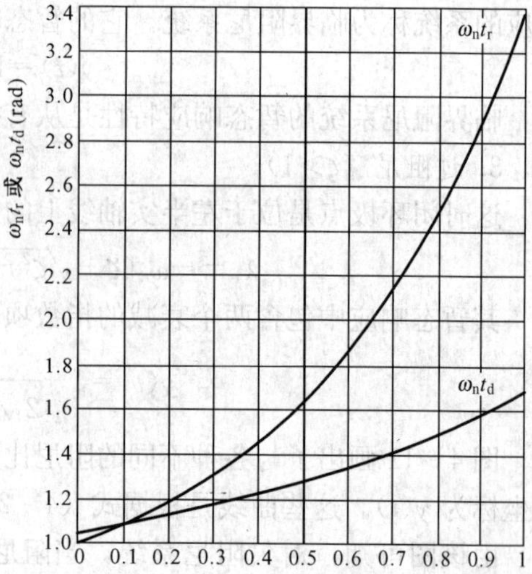

图 4-12 $\omega_n t_r$ 或 $\omega_n t_d$ 随 ζ 变化的曲线

2. 过调量 M_p

首先求峰值时间 t_p，然后将 t_p 代入式（4-24）再求 M_p。

由图 4 - 11 可以看出，当 $t=t_p$ 时，$\frac{dy}{dt}=0$。据此，直接对式（4 - 24）求导，并令其导数等于零，则得到

$$t=\frac{k\pi}{\omega_d},\ k=1,\ 2,\ \cdots \quad (4-31)$$

当 $K=1$ 时，式（4 - 31）对应于第一（最大）峰值时间

$$t_p=\frac{\pi}{\omega_d}=\frac{\pi}{\omega_n\sqrt{1-\zeta^2}} \quad (4-31a)$$

此式表明，峰值时间与闭环极点的虚部 ω_d 成反比。

将式（4 - 31）代入式（4 - 24），并注意到过调量的定义式（4 - 16），则可得过调量

$$M_p=y(t_p)-1=e^{-\zeta\pi/\sqrt{1-\zeta^2}} \quad (4-32)$$

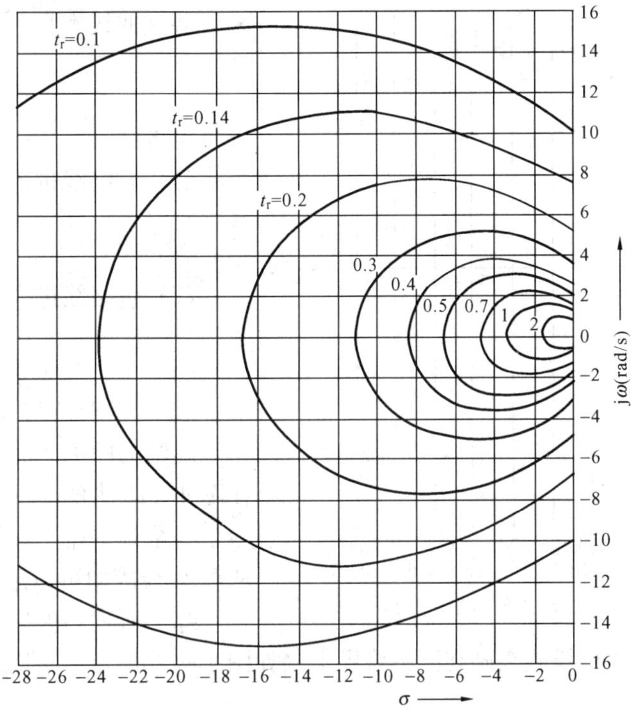

图 4 - 13　在 s 平面上的等 t_r 曲线族

由此可见，过调量也唯一地由阻尼比 ζ 所确定。由于阻尼比与夹角 β 又有一一对应的关系，所以 M_p 与 β 也是一一对应的。在图 4 - 14中的 s 平面上画出了一族等 M_p 线。这样，闭环极点在 s 平面上的位置一经确定，很快就可以查出该系统过调量的大小。此外，在已知阻尼比的情况下，在同一图上也可找到对应的过调量。

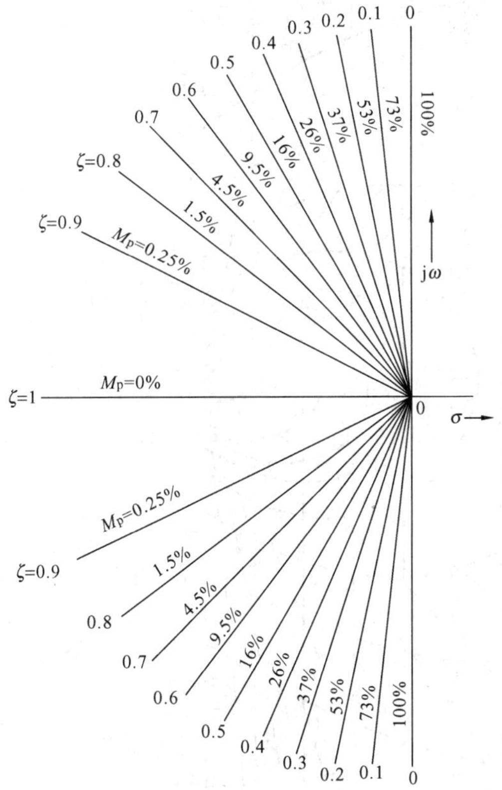

图 4 - 14　在 s 平面上的等 M_p 线族

对于实际控制系统，为了保证较好的快速响应性，又不致引起过大的过调量，一般认为选取

$$\zeta=0.4\sim0.8 \quad (4-33a)$$

是适合的。与此相对应的过调量

$$M_p=26\%\sim1.5\% \quad (4-33b)$$

从图 4 - 14 和式（4 - 33a，b）看出，阻尼比 ζ 越小，过调量 M_p 越大。

3. 调整时间 t_s

为了计算上的方便，这里采用暂态响应曲线的包络线［见式（4 - 24）］

$$y'(t)=1-\frac{\omega_n}{\omega_d}e^{\sigma t} \quad (4-34)$$

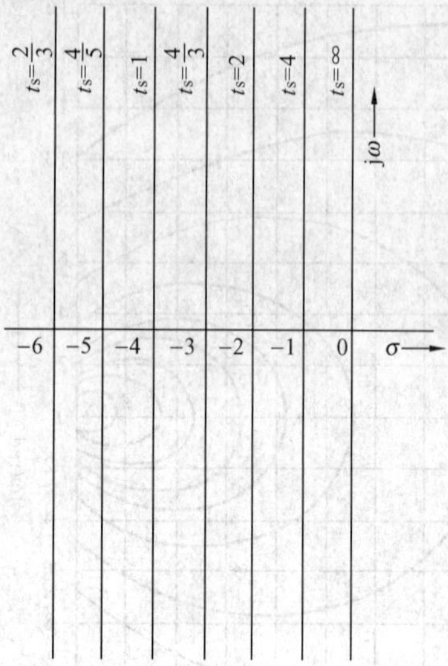

图 4-15 在 s 平面上的等 t_r 线族（$\Delta=\pm2\%$）

来代替该曲线本身。包络线的衰减时间常数为

$$\tau=\frac{1}{-\sigma}=\frac{1}{\zeta\omega_n} \tag{4-35}$$

于是可得：

（1）包络线进入 $\Delta=\pm5\%$ 误差区的调整时间为

$$t_{s(5\%)}\approx3\tau=\frac{3}{\zeta\omega_n} \tag{4-36a}$$

（2）包络线进入 $\Delta=\pm2\%$ 误差区的调整时间为

$$t_{s(2\%)}\approx4\tau=\frac{4}{\zeta\omega_n} \tag{4-36b}$$

式（4-35）与式（4-36）表明，调整时间与闭环极点到虚轴的距离 $|\sigma|$ 成反比，亦即 $|\sigma|$ 越大，t_s 越小。在图 4-15 中的 s 平面上，等 t_s（按 $\Delta=\pm2\%$ 示出）线族是一系列平行于虚轴的平行线。根据闭环极点的位置，从等 t_s 线族中可以迅速查出相应的调整时间。

综上所述，如果把 s 平面上的等 t_r 线族、等 M_p 线族和等 t_s 线族叠画在同一张图上（如图 4-16 所示），那么根据闭环极点的位置，就可以方便

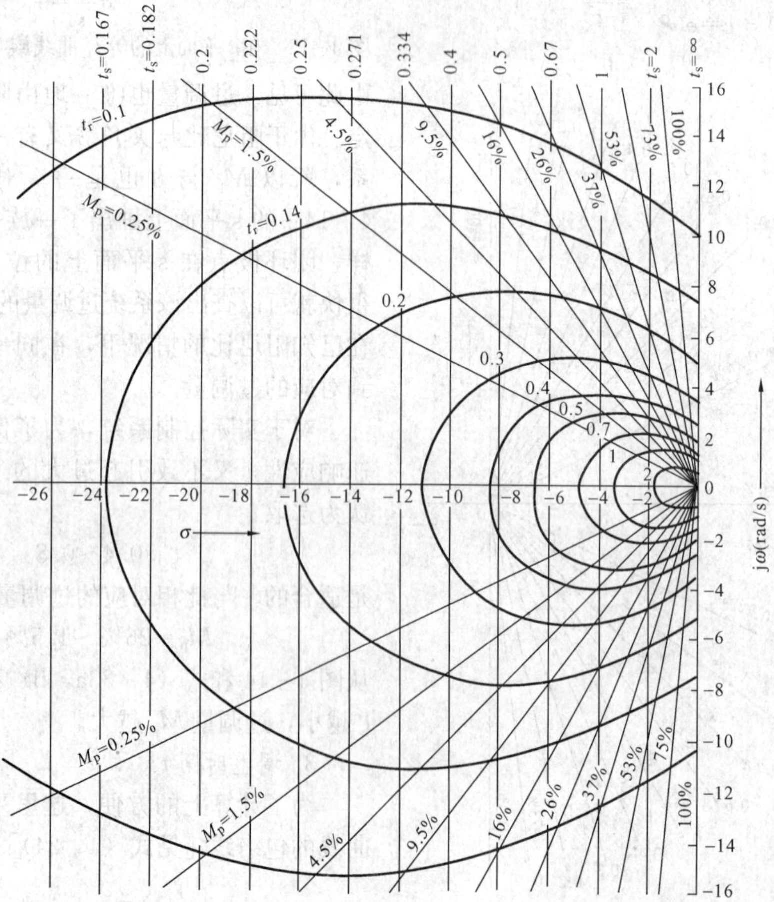

图 4-16 在 s 平面上的等 M_p、等 t_r 和等 t_s 线族

地同时查出该系统暂态性能中的三项主要指标 M_p，t_r 及 t_s。反过来，如果给定了 M_p，t_r 及 t_s 这三项性能指标，那么利用图 4 - 16 也可以确定出闭环极点的希望位置。

【例 4 - 1】 某二阶系统的闭环传递函数为

$$\frac{Y(s)}{R(s)}=\frac{b}{s^2+as+b} \tag{4-37}$$

现设 $a=8$，$b=36$，试估计该系统的性能指标 M_p，t_s 和 t_r。

解 利用图解法来估计系统性能。由系统特征方程

$$\Delta(s)=s^2+as+b \tag{4-38}$$

求得其根为

$$\lambda_{1,2}=-\frac{a}{2}\pm\sqrt{\frac{a^2}{4}-b}=4\pm j4.47 \tag{4-39}$$

将此根标注在叠画有等 M_p，等 t_r 和等 t_s 线族的 s 平面上，如图 4 - 17 所示。

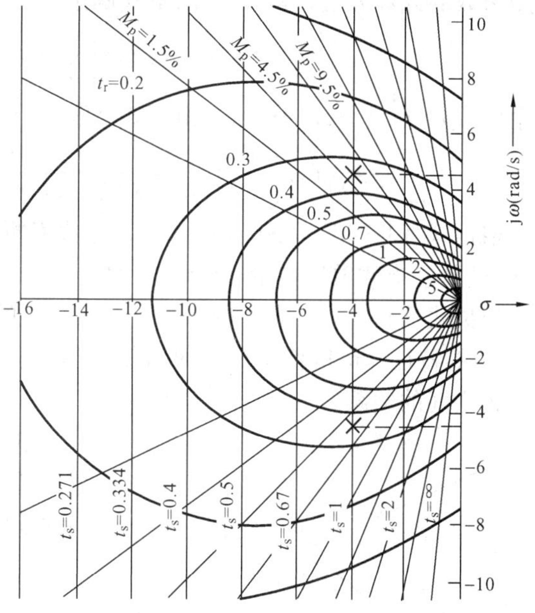

图 4 - 17　[例 4 - 1] 中根的位置

从该图可得

$$M_p=6\%,\ t_r=0.35\text{s},\ t_s=1\text{s}$$

第四节　高阶系统的暂态性能与闭环零点、极点配置的关系

一、闭环零点、极点及留数

考虑一个高阶控制系统，设其闭环传递函数为

$$G_c(s)\triangleq\frac{Y(s)}{R(s)}=\frac{b_0(s-z_1)\cdots(s-z_m)}{(s-\lambda_1)\cdots(s-\lambda_n)},\quad n>m \tag{4-40}$$

式中　b_0——实常数；

z_1，…，z_m——闭环零点；

λ_1，…，λ_n——闭环极点。

为了计算上的方便，假定上述闭环极点中不存在重极点或零极点；此外，只考虑稳定系统。在这种情况下，系统对单位阶跃输入的频域响应

$$Y(s)=\frac{b_0(s-z_1)\cdots(s-z_m)}{(s-\lambda_1)\cdots(s-\lambda_n)}\frac{1}{s}=\frac{c_0}{s}+\frac{c_1}{s-\lambda_1}+\cdots+\frac{c_n}{s-\lambda_n} \tag{4-41}$$

式中　c_0，c_1，…，c_n——与 0，λ_1，…，λ_n 相对应的留数，若其中 λ_i，λ_{i+1} 为共轭复数时，则留数 c_i，c_{i+1} 亦为共轭复数。

对式 (4 - 41) 进行拉氏反变换，则得系统的暂态响应为

$$y(t)=c_0+c_1e^{\lambda_1 t}+\cdots+c_ne^{\lambda_n t} \tag{4-42}$$

由于所有闭环极点的实部均为负，所以当 $t\rightarrow\infty$ 时，式 (4 - 42) 中的所有指数项均已衰减至零。于是暂态响应的稳态值

$$y(\infty)=\lim_{t\to\infty}y(t)=c_0 \tag{4-43}$$

应用留数的计算方法，留数 c_0 由下式确定

$$c_0=G_c(s)\Big|_{s\to 0}=(-1)^{n-m}\frac{b_0z_1\cdots z_m}{\lambda_1\cdots\lambda_n} \tag{4-44a}$$

其余留数 $c_i(i=1, 2, \cdots, n)$ 由下式确定

$$c_i=G_c(s)\frac{s-\lambda_i}{s}\Big|_{s\to\lambda_i}=\frac{b_0(\lambda_i-z_1)\cdots(\lambda_i-z_m)}{\lambda_i(\lambda_i-\lambda_1)\cdots(\lambda_i-\lambda_{i-1})(\lambda_i-\lambda_{i+1})\cdots(\lambda_i-\lambda_n)} \tag{4-44b}$$

根据式（4-43）及式（4-42），c_0 代表暂态响应的稳态值，其余留数 $c_i(i=1, 2, \cdots, n)$ 代表对应指数项的初始（$t=0^+$）值。

根据式（4-44），各留数 c_0，c_1，…，c_n 的值决定于系统闭环零点、极点及常数 b_0，其中 c_0 值的特征，留待稳态分析时（第五节）再讨论。现在讨论 c_1，…，c_n 与闭环零点、极点位置之间的关系。

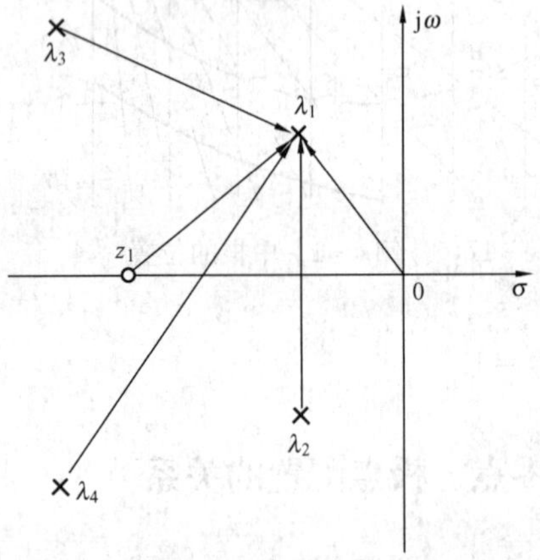

图 4-18 零点、极点的分布与留数的关系
×—极点；0—零点

以图 4-18 所示的闭环零点、极点在 s 平面上的分析情况为例，计算极点 λ_1 的留数 c_1。根据式（4-44b）有

$$c_1=\frac{b_0(\lambda_1-z_1)}{\lambda_1(\lambda_1-\lambda_2)(\lambda_1-\lambda_3)(\lambda_1-\lambda_4)} \tag{4-45}$$

这里除常数 b_0 外，(λ_1-z_1)，λ_1，$(\lambda_1-\lambda_2)$，…，$(\lambda_1-\lambda_4)$ 等因子在 s 平面上都各代表一个矢量。而留数 c_1 就等于 b_0 乘以这些矢量的积或商。由此关于留数可得如下结论：

（1）如果某个极点 λ_i 到原点的距离，比其他各极点到原点的距离都近，并且 λ_i 附近又没有零点，那么留数 c_i 将会比其他留数要大。

（2）如果极点 λ_i 离某一零点 z_j 很近，并且它们附近又没有其他极点，那么留数 c_1 将会很小。相互靠得很近并且使留数变得很小的这种零点、极点对，称为偶极子。作为极限情况，若某一对偶极子重合在一起，则对应的留数等于零。这就是说，这时偶极子的零点、极点发生了对消现象。在设计工作中，有时为了消除系统中已经存在的不希望极点的作用，就可以采取增加一个新零点的办法，以人为地构成一对可以对消的偶极子。

当某极点 λ_i 为实数时，则对应留数 c_i 亦必为实数。这时暂态响应式（4-42）中的对应项为衰减的指数项，即 $c_i e^{\lambda_i t}$。当某极点 λ_i 为复数时，在系统中必同时存在一个与之共轭的极点 $\lambda_{i+1}=\lambda_i^*$（*代表共轭）。它们的留数 c_i，c_{i+1}亦必为共轭复数 $c_{i+1}=c_i^*$。这时暂态响应式（4-42）中的对应两项，可以化成阻尼正弦振荡分量的形式，即

$$c_i e^{\lambda_i t}+c_{i+1}e^{\lambda_{i+1}t}=2|c_i|e^{\sigma_i t}\cos(\omega_i t+\angle c_i) \tag{4-46}$$

式中

$$\lambda_i=\sigma_i+j\omega_i;\ \lambda_{i+1}=\sigma_i-j\omega_i \tag{4-46a}$$

综合上述，一个高阶系统［式（4-40）］的暂态响应 $y(t)$［式（4-42）］，是由常数项分量 c_0 和一些指数项分量 $c_i e^{\lambda_i t}$ 以及一些阻尼正弦振荡分量［式（4-46）］等合成的。图 4-19 示出了两个例子。

高阶系统暂态响应曲线的特点是：由一些大振荡曲线叠加上一些小振荡曲线；或者在指数曲线上再叠加上一些小振荡曲线。在这里，快速衰减的分量（$\sigma_i \ll 0$），只在初始时段内发生明显的作用。

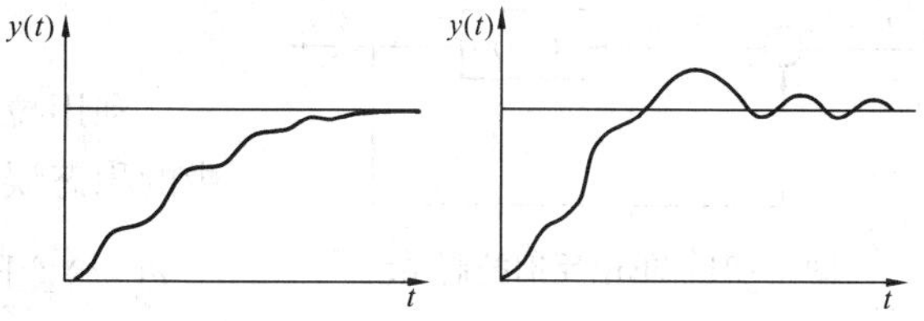

图 4-19　高阶系统暂态响应曲线形状举例

应当记住，暂态响应曲线的形状总的取决于闭环零点、极点的位置。曲线的类型（指数型或阻尼振荡型），取决于闭环极点的类型（实数型或共轭复数型），而响应的初始阶段的特性（各个分量所占的比例等），主要取决于留数。随着时间的推移，那些极点离虚轴越近的部分，它们所对应的分量的作用就越明显。

二、闭环主导极点

对于高阶系统中的一种特殊情况，即如果存在一对共轭复数极点 λ_i，λ_{i+1}，它们离虚轴最近，并且其留数 c_i，c_{i+1} 的模也最大，那么这种情况下系统的暂态响应 $y(t)$［式（4-42）］可以用下述二阶系统来近似代替，即

$$y(t) \approx c_0 + c_i e^{\lambda_i t} + c_{i+1} e^{\lambda_{i+1} t} = c_0 + 2|c_i| e^{\sigma_i t} \cos(\omega_i t + \angle c_i) \tag{4-47}$$

这样的一对极点，称为闭环主导极点。在 s 平面上是否存在一对闭环主导极点，大致可以依据下列两条之一进行判断：

（1）一对共轭复数极点 λ_i，λ_{i+1} 到虚轴的距离是其他极点到虚轴的距离的 1/5 以下，同时该共轭极点附近又不存在闭环零点；

（2）在离虚轴最近的一对共轭复数极点 λ_i，λ_{i+1} 附近，不存在闭环零点，并且在离虚轴距离为 λ_i，λ_{i+1} 到虚轴的距离的 5 倍以内，只存在偶极子。

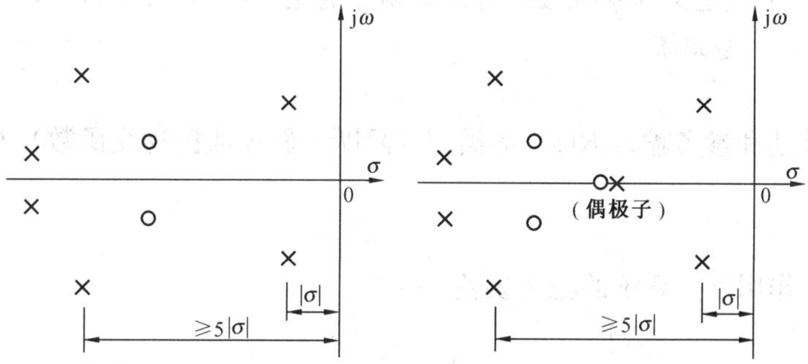

图 4-20　高阶系统中存在闭环主导极点的例子
×—极点；○—零点

图 4-20 所示为高阶系统存在闭环主导极点的例子。对这样的高阶系统，就可以用闭环主导极点所构成的二阶系统［式（4-47）］来近似代替。

高阶系统中存在闭环主导极点，虽属特殊情况，但实际控制系统中却常常可以找到这样的例子。有时，对于不太符合存在闭环主导极点条件的高阶系统，可设法使其符合条件。例如，在某些不希望的闭环极点附近加设闭环零点，以人为地构成可以对消的偶极子。

第五节　参考输入作用下的稳态误差分析

一、系统按稳态误差划分的型

考虑如图 4-21 所示的单位反馈控制系统（非单位反馈系统，可以变换成单位反馈系统）。图中 $G_o(s)$ 代表系统的开环传递函数。

频域误差如下

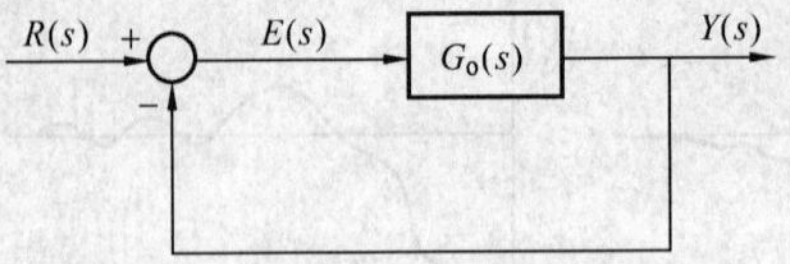

图 4-21 单位反馈控制系统

$$E(s)=\frac{1}{1+G_o(s)}R(s) \tag{4-48}$$

利用拉氏变换中的终值定理，由上式可求出时域中的稳态误差

$$e(\infty)\triangleq\lim_{t\to\infty}\mathscr{L}^{-1}[E(s)]=\lim_{s\to 0}sE(s)=\lim_{s\to 0}\frac{sR(s)}{1+G_o(s)} \tag{4-49}$$

式（4-49）表明，系统在参考输入作用下的稳态误差，与参考输入 $R(s)$ 及开环传递函数 $G_o(s)$ 都有关，这里先考虑后者。对于有限阶（不含延迟因子）的线性定常系统，$G_o(s)$ 可以表为

$$G_o(s)=\frac{K(T_a s+1)(T_b s+1)\cdots(T_m s+1)}{s^N(T_{N+1}s+1)(T_{N+2}s+1)\cdots(T_n s+1)},n>m \tag{4-50}$$

式中　K——开环增益；

$\frac{1}{s^N}$——N 重积分因子（N 是包括零在内的正整数）；

T_a，T_b，…，T_m，T_{N+1}，T_{N+2}，…，T_n——时间常数（可为复常数）。

下面将会看到，开环传递函数中所包含的积分因子的重数 N，是对系统的稳态误差起决定性作用的因素之一。因此数 N 就定义为系统按稳态误差划分的型。当 $N=0$，1，2，…时，所属系统分别称为 0，1，2，…型系统。

二、稳态误差分析

根据式（4-49），稳态误差还和参考输入 $R(s)$ 的类型（阶跃、斜坡或抛物线函数）有关。现分别讨论如下。

1. 单位阶跃输入

在单位阶跃输入 $R(s)=1/s$ 作用下，系统的稳态误差

$$e(\infty)=\lim_{s\to 0}\frac{s\cdot\frac{1}{s}}{1+G_o(s)}=\frac{1}{1+\lim\limits_{s\to 0}G_o(s)} \tag{4-51}$$

令

$$K_p\triangleq\lim_{s\to 0}G_o(s) \tag{4-51a}$$

当 $K_p\gg 1$ 时，稳态误差又可表为 $e(\infty)=\frac{1}{1+K_p}\approx\frac{1}{K_p}$。$K_p$ 称为位置误差系数。在考察系统的稳态性能时，利用 K_p 比直接利用 $e(\infty)$ 有时更方便些（见第七章）。

由式（4-50），对于各型系统，可以得到：

$N=0$ 时，

$$K_p=\lim_{s\to 0}G_o(s)=K \tag{4-52a}$$

$$e(\infty)=\frac{1}{1+K}$$

$N=1$ 时，

$$K_p=\lim_{s\to 0}G_o(s)=\infty \tag{4-52b}$$

$$e(\infty)=0$$

$N\geqslant 2$ 时，

$$K_p=\lim_{s\to 0}G_o(s)=\infty$$

$$e(\infty)=0 \tag{4-52c}$$

这个结果表明，在阶跃输入（单位或非单位阶跃输入）作用下，1 型及 1 型以上系统的

稳态误差都等于零。换言之，只要系统开环传递函数中包含有积分因子，该系统对阶跃响应的稳态误差就等于零。由于这个缘故，1 型及 1 型以上系统又称为无差系统；而 0 型系统则相应地称为有差系统。

对于 0 型系统，它对阶跃响应的稳态误差是有限值［式（4-52a)］。特别是，当开环增益 $K\gg1$ 时，式（4-52a）中的稳态误差可以近似表为

$$e(\infty)\approx\frac{1}{K} \tag{4-53}$$

此式表明，0 型系统对阶跃响应的稳态误差只与开环增益 K 有关，且与它近似地成反比。

进一步将 0 型系统开环传递函数（式 4-50）中的分子、分母分别展开成多项式形式，则

$$G_o(s)=\frac{K(T_as+1)(T_bs+1)\cdots(T_ms+1)}{s^0(T_1s+1)(T_2s+1)\cdots(T_ns+1)}=\frac{b_0s^m+\cdots+b_{m-1}s+b_m}{a_0s^n+\cdots+a_{n-1}s+a_n}$$

$$K=\frac{b_m}{a_n} \tag{4-54}$$

由此式及式（4-53）得

$$e(\infty)\approx\frac{1}{K}=\frac{a_n}{b_m} \tag{4-55}$$

这就是说，0 型系统对阶跃响应的稳态误差，只由开环传递函数中分母多项式的常数项 a_n 对分子多项式的常数项 b_m 的比值 a_n/b_m 确定，并且近似等于这个比值。

2. 单位斜坡输入

在单位斜坡输入 $R(s)=1/s^2$ 作用下，系统的稳态误差

$$e(\infty)=\lim_{s\to0}\frac{s\frac{1}{s^2}}{1+G_o(s)}=\frac{1}{\lim\limits_{s\to0}sG_o(s)} \tag{4-56}$$

这里的极限 $\lim\limits_{s\to0}sG_o(s)$ 称为速度误差系数，并用 K_v 代表，即

$$K_v\triangleq\lim_{s\to0}sG_o(s) \tag{4-57}$$

由式（4-50），对各型系统可得：

$$N=0\text{ 时，}K_v=\lim_{s\to0}sG_o(s)=0$$

$$e(\infty)=\infty \tag{4-58a}$$

$$N=1\text{ 时，}K_v=\lim_{s\to0}sG_o(s)=K$$

$$e(\infty)=1/K \tag{4-58b}$$

$$N\geqslant2\text{ 时，}K_v=\lim_{s\to0}sG_o(s)=\infty$$

$$e(\infty)=0 \tag{4-58c}$$

这个结果表明，在斜坡输入作用下，2 型及 2 型以上系统的稳态误差等于零；1 型系统的稳态误差等于开环增益 K 的倒数，是有限值；0 型系统的稳态误差等于无限大。

3. 单位抛物线输入

在单位抛物线输入 $R(s)=1/s^3$ 作用下，系统的稳态误差

$$e(\infty)=\lim_{s\to0}\frac{s\frac{1}{s^3}}{1+G_o(s)}=\frac{1}{\lim\limits_{s\to0}s^2G_o(s)} \tag{4-59}$$

这里的极限$\lim\limits_{s\to 0}s^2G_o(s)$ 称为加速度误差系数，并用K_a 代表，即

$$K_a \triangleq \lim_{s\to 0}s^2G_o(s) \tag{4-59a}$$

由式 (4-50)，对各型系统可得：

$$N\leqslant 1\text{ 时，}K_a=\lim_{s\to 0}s^2G_o(s)=0$$

$$e(\infty)=\infty \tag{4-60a}$$

$$N=2\text{ 时，}K_a=\lim_{s\to 0}s^2G_o(s)=K$$

$$e(\infty)=1/K \tag{4-60b}$$

$$N\geqslant 3\text{ 时，}K_a=\lim_{s\to 0}s^2G_o(s)=\infty$$

$$e(\infty)=0 \tag{4-60c}$$

将这个结果连同以前两个结果汇集在一起，列出一个总表，如表 4-1 所示。

表 4-1　　各种类型输入作用下的稳态误差

系统的型 N	单位阶跃输入	单位斜坡输入	单位抛物线输入	系统的型 N	单位阶跃输入	单位斜坡输入	单位抛物线输入
0	$\approx 1/K$	∞	∞	2	0	0	$1/K$
1	0	$1/K$	∞	3	0	0	0

这个总表表明，系统按稳态误差划分的型 N 越高，系统的稳态响应跟踪参考输入的能力越强。从保证稳态跟踪能力的观点看，系统开环传递函数中所包含的积分因子的重数 N 越多越好。但是，从保证系统稳定性的观点看（详见第六章），上述积分因子的重数 N 越多，系统就越难保证稳定性。因此，在实际控制工程中，积分因子重数一般最大不超过 2，最常用的是 $N=1$。

顺便指出，当输入信号不是单位函数而是单位函数的某一倍数 α（α 可大于 1，可小于 1，但大于 0）时，则只需对表 4-1 所示的各误差乘以倍数 α 就可以了。

4. 几种类型的合成输入

考虑如下形式的合成输入信号

$$r(t)=\left(\alpha+\beta t+\frac{1}{2}\gamma t^2\right)\times 1(t) \tag{4-61}$$

亦即

$$R(s)=\frac{\alpha}{s}+\frac{\beta}{s^2}+\frac{\gamma}{s^3} \tag{4-61a}$$

式中　α，β，γ——任意的实常数。

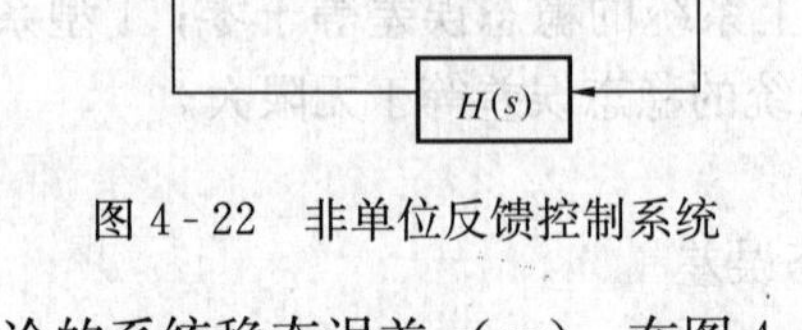

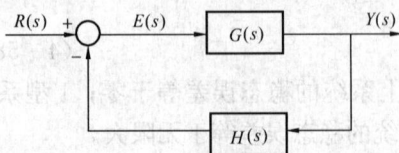

图 4-22　非单位反馈控制系统

对这样的合成输入，可以采用叠加原理，分别求出系统对阶跃 α/s、对斜坡 β/s^2 和对抛物线γ/s^3输入下的稳态误差，然后再将所得结果相叠加即可，这里不再详述。需要指出，上述分析虽然都是针对图 4-21 所示单位反馈系统进行的，但是所得结论同样适用于非单位反馈系统（图 4-22）。只是上面所讨论的系统稳态误差 $e(\infty)$，在图 4-22 中应特指系统偏离参考输入的误差而言，不代表系统输出偏离其希望值的误差（但对单位反馈系统，两种误差则是同一的）。此外，上述开环传递函数 $G_o(s)$ 在图 4-22 中应按下式计算

$$G_o(s)=G(s)H(s) \tag{4-62}$$

【例 4-2】 考虑一个非单位反馈系统，如图 4-22 所示。其中，$G(s)=\dfrac{200}{s(s+1)}$，$H(s)=\dfrac{0.5}{s+10}$。试求系统在参考输入

$$r(t)=\left(\alpha+\beta t+\frac{1}{2}\gamma t^2\right)\times 1(t)$$

作用下的稳态误差。式中 α、β 和 γ 是任意的实常数。

解 利用叠加原理，设系统对 α，βt 和 $\frac{1}{2}\gamma t^2$ 输入的稳态误差，分别表为 $e_1(\infty)$，$e_t(\infty)$ 和 $e_{tt}(\infty)$。由于系统是 1 型的，参照表 4-1 有

$$e_1(\infty)=0$$
$$e_t(\infty)=\beta/10$$
$$e_{tt}(\infty)=\infty$$

将此结果相加，最后得出系统在所给参考输入作用下的稳态误差为

$$e(\infty)=e_1(\infty)+e_t(\infty)+e_{tt}(\infty)=0+\frac{\beta}{10}+\infty=\infty$$

第六节 扰动对稳态误差的影响及补偿措施

一、调差率

在实际控制系统中，除希望的参考输入之外，常常还要受到不希望的扰动的作用。这种情况下，就必须计及扰动所引起的附加误差。在电力系统中，一台投入电网运行的同步发电机，其机端电压不仅随励磁电流而变化，同时还会随负载电流（主要是负载电流中的无功分量）而变化。对同步发电机励磁控制系统来说，负载电流影响机端电压的作用，就相当于负载电流是作用在这个系统中的扰动。

扰动一般具有随机的性质。但为了分析上的方便，这里仍只就阶跃、斜坡和抛物线等几种典型信号形式的扰动进行考虑。此外，扰动的作用点也因问题而异：可能作用于被控对象的输入端，也可能作用于其输出端或其中的某一环节上。为不失一般性，现考虑图 4-23 的情况。当只考虑扰动输入 $D(s)$ 的作用时［图 4-23（b）］，系统对扰动的响应 $Y_D(s)$ 和误差 $E(s)$ 相比只差一个负号

$$Y_D(s)=-E(s)$$

因此，要消除或减少扰动所引起的误差，就要消除或减少系统对扰动的响应

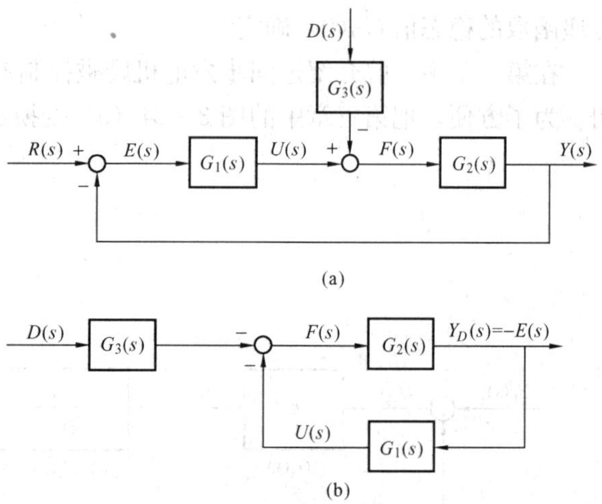

图 4-23 考虑扰动作用时的系统

（a）同时考虑参考输入与扰动输入；（b）只考虑扰动输入

$Y_D(s)$。

由图 4 - 23 (b) 有

$$G_D(s) \triangleq \frac{Y_D(s)}{D(s)} = \frac{-G_2(s)G_3(s)}{1+G_1(s)G_2(s)} \tag{4-63}$$

式中 $G_D(s)$——系统对扰动的传递函数;

$G_1(s)G_2(s)$——开环传递函数,$G_o(s) \triangleq G_1(s)G_2(s)$;

$-G_2(s)G_3(s)$——从 $D(s)$ 到 $Y_D(s)$ 所属前向通路的传递函数。

假定扰动信号是单位阶跃函数 $D(s)=1/s$。于是在图 4 - 23 (b) 中,系统对扰动的稳态响应(亦即稳态误差)为

$$y_D(\infty) = \lim_{s\to\infty} sG_D(s)D(s) = \lim_{s\to\infty} G_D(s) \triangleq G_D(0) \tag{4-64}$$

对于实际工程中的恒值控制系统,一般采用所谓调差率来表征阶跃型扰动对系统响应的稳态值的影响程度。设系统对扰动输入 $d(t)=1(t)$ 的稳态响应表为 $y_D(\infty)$,则二者的比

$$\delta_s \triangleq -\frac{y_D(\infty)}{y_R(\infty)}\bigg|_{r(t)=1(t),\ d(t)=1(t)} \tag{4-65}$$

定义为调差率。

注意,这里依据一般工程中的习惯,将上述比值取为负值,即当扰动 $d(t)$ 增加引起响应 $y_D(\infty)$ 减少时,习惯上将 δ_s 取为正;而当 $d(t)$ 增加引起 $y_D(\infty)$ 也增加时,习惯上将 δ_s 取为负。

根据定义式 (4 - 65) 可知,调差率的绝对值 $|\delta_s|$ 越小,系统受扰动输入 $d(t)$ 的影响也越小。

对于具有单位反馈的无差系统 [图 4 - 23 (a)],当 $r(t)=1(t)$ 时有 $Y_D(\infty)=1$。根据式 (4 - 63) ~式 (4 - 65),这种情况下的调差率可以改写为

$$\delta_s = -y_D(\infty) = -G_D(0) = \lim_{s\to 0} \frac{G_2(s)G_3(s)}{1+G_1(s)G_2(s)} \tag{4-66}$$

这个关系十分重要。它表明:对于具有单位反馈的无差系统,调差率只由系统对扰动的传递函数的稳态值 $G_D(0)$ 确定。

在第三章中,曾介绍过同步发电机励磁控制系统,关于调差率的概念,可以用该例来说明。为了方便,把第三章中的图 3 - 24 (a) 变换成单位反馈控制系统,如图 4 - 24 所示。

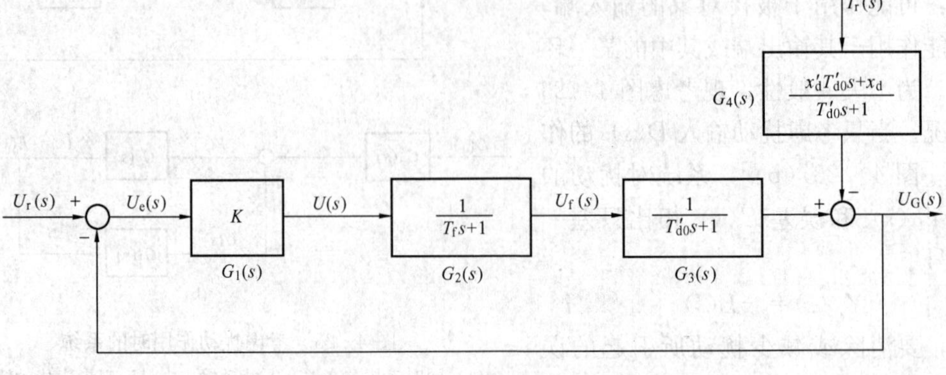

图 4 - 24 同步发电机励磁控制系统

这是一个恒值控制系统。同步发电机的端电压 $U_G(s)$ 是系统的被控制量。同步发电机负载电流中的无功电流 $I_r(s)$ 相当于系统的扰动作用［假定 $U_G(s)$ 不受有功电流的影响］。设同步发电机空载时机端电压的稳态值表为 U_{G0}，后者由恒定的参考输入 $U_r(t)=1(t)$ 所确定，且 $U_{G0}=\text{const}$。当发电机带上负载之后，设无功电流的稳态值表为 I_r，对应的同步发电机电压的稳态值表为 U_{G0}。这种情况下，U_G 的大小还与 I_r 的大小有关，这种关系称为调差特性。同步发电机励磁控制系统的典型调差特性示于图 4 - 25 中。

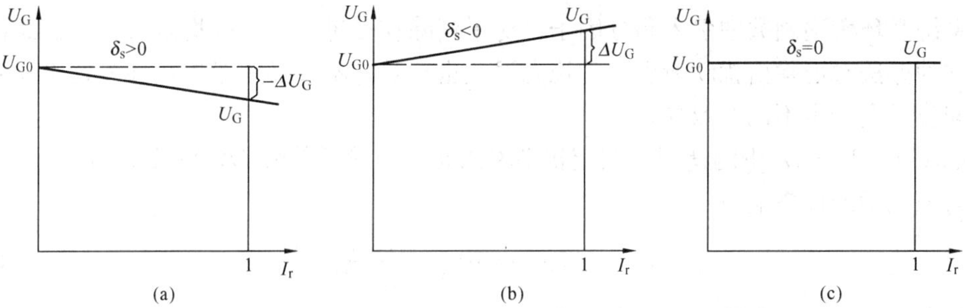

图 4 - 25　同步发电机励磁控制系统的典型调差特性
（a）正调差率；（b）负调差率；（c）零调差率

在图中，根据调差率的定义［式（4 - 65)］，可得

$$\delta_s=-\frac{U_G-U_{G0}}{U_{G0}}=\frac{U_{G0}-U_G}{U_{G0}} \tag{4 - 67}$$

其中图（a）代表当无功电流（稳态的有效值）增大时，机端电压（稳态的有效值）下降，因此相应的调差率为正：$\delta_s>0$；图（b）代表 U_G 随 I_r 的增加而上升，相应的调差率为负：$\delta_s<0$；图（c）代表 U_G 不随 I_r 而改变，始终保持 $U_G=U_{G0}=\text{const}$，因此相应的调差率为零：$\delta_s=0$。

式（4 - 67）表明，调差率 δ_s 可以通过对励磁控制系统中同步发电机的空载和负载试验确定：在空载时，测得空载电压 U_{G0}；然后带上负载，当无功电流达到额定值（$I_r=1$）时，测得负载电压 U_G；最后再按式（4 - 67）求出调差率。

此外，对于图 4 - 25 所示的有差系统，直接利用系统中各环节的传递函数也可以计算调差率。相似于式（4 - 66)，系统对参考输入 $U_r(t)=1(t)$ 的稳态响应可由下式确定

$$U_{G0}=\frac{G_1(0)G_2(0)G_3(0)}{1+G_1(0)G_2(0)G_3(0)}=\frac{K}{1+K} \tag{4 - 68}$$

在调差特性（图 4 - 25）中的电压差 $\Delta U_G=U_{G0}-U_G$，应等于系统对扰动输入 $i_r(t)=1(t)$ 的稳态响应。根据图 4 - 24，该稳态响应可以表为

$$\Delta_G=-G_D(0)=\frac{G_4(0)}{1+G_1(0)G_2(0)G_2(0)}=\frac{x_d}{1+K} \tag{4 - 69}$$

由式（4 - 68)、式（4 - 69）可得系统的调差率

$$\delta_s=\frac{\Delta U_G}{U_{G0}}=\frac{x_d}{K} \tag{4 - 70}$$

式（4 - 70）表明，对于有差系统，调差率 δ_s 与系统中开环增益 K 成反比，亦即增大 K，可以减少 δ_s，从而可以减少扰动对系统的影响。但是以后将会知道，过大的 K 会使系统的暂态性能变差，甚至会破坏系统工作的稳定性。

关于调差率还需指出，在多台同步发电机组并列运行时，各机组所属励磁控制系统的调差率的正负和大小，对各机组间的稳定运行是十分重要的。有关对调差率要求的详细情况将在后继课程《电力系统自动装置原理》中介绍。

二、稳态误差的消除与所需调差率的获得

这一节里将研究怎样消除由扰动所引起的稳态误差，同时又保证系统对扰动提供一定的调差率。

1. 加装积分环节

在系统开环传递函数中引入积分因子，对于消除在参考输入下的稳态误差，已经进行过分析。这种办法对消除由扰动所引起的稳态误差也有效。不过必须指出，环节处于开环通路中的不同位置会产生不同的效果。

考虑图 4－23（a）中的情况。假定扰动输入是单位阶跃信号 $D(s)=1/s$。由式（4－66）得系统对该扰动的稳态响应

$$y_D(\infty)=G_D(0)=\lim_{s\to\infty}\frac{-G_2(s)G_3(s)}{1+G_1(s)G_2(s)} \tag{4-71}$$

式中 $G_1(s)G_2(s)$——系统开环传递函数；

$-G_2(s)G_3(s)$——以扰动 $D(s)$ 作为起点的前馈通路的传递函数。

为了消除稳态误差［即使 $y_D(\infty)=0$］，可有两种办法：其一，在前馈传递函数 $-G_2(0)G_3(0)$ 取非零有限值时，使开环传递函数变成无限大：$G_1(0)G_2(0)=\infty$。其二，在开环传递函数 $G_1(0)G_2(0)$ 取有限值时，使前馈传递函数变成零：$-G_2(0)G_3(0)=0$。

在开环传递函数中加入积分因子 $1/s$，就可以实现上述第一种办法。但是要注意，为保证此时的前馈传递函数 $-G_2(0)G_3(0)$ 不变成无限大，积分因子只能包含在环节 $G_1(s)$ 中，而不能包含在环节 $G_2(s)$ 中。这就是说，当将 $G_1(s)$，$G_2(s)$ 和 $G_3(s)$ 分别表为有理因子形式时，应该有（注意积分因子 $1/s$ 的位置）

$$G_1(s)=\frac{K_1(T'_a s+1)\cdots(T'_q s+1)}{s(T'_1 s+1)\cdots(T'_p s+1)} \tag{4-72a}$$

$$G_2(s)=\frac{K_2(T''_a s+1)\cdots(T''_q s+1)}{(T''_1 s+1)\cdots(T''_p s+1)} \tag{4-72b}$$

$$G_3(s)=\frac{K_3(T'''_a s+1)\cdots(T'''_q s+1)}{(T'''_1 s+1)\cdots(T'''_p s+1)} \tag{4-72c}$$

在只有 $G_1(s)$ 包含积分因子的情况下，系统对扰动的稳态响应等于零，因为根据式（4－72）有

$$y_D(\infty)=G_D(0)=-\frac{-G_2(0)G_3(0)}{1+G_1(0)G_2(0)}=\frac{-K_2K_3}{1+\infty K_2}=0 \tag{4-73}$$

反馈控制系统中只包含一个环路时，称为单环反馈控制系统。图 4－23、图 4－24 所示即为单环反馈控制系统。对于在主反馈环路中还包含有局部反馈环路的多环系统，可以通过方框图变换，化为单环系统。把上述关于加装积分环节的分析应用于任何一个单环反馈控制系统（含单位反馈或非单位反馈），可得如下结论：

（1）为了消除阶跃型扰动所引起的稳态响应 $y_D(\infty)$，开环通路中应包含积分环节 $1/s$，但后者不应处于以扰动输入 $D(s)$ 作为起点的前馈通路中，而应处于从 $Y(s)$ 到 $D(s)$ 的反馈通路中。

（2）在阶跃型参考输入 $R(s)$ 的作用下，为了消除稳态误差 $e(\infty)$，在开环通路中的任何地点加装一个积分环节就够了。但是，为了既消除对 $R(s)$ 的稳态误差，又消除对 $D(s)$ 的稳态响应［亦即对 $D(s)$ 的稳态误差］，上述积分环节只应处于从 $R(s)$ 到 $D(s)$ 的通路中。而在实际控制系统中，如果从 $R(s)$ 到 $D(s)$ 的通路由若干个实际环节串联组成的话，应将积分环节设置在尽量靠近参考输入 $R(s)$ 的一侧。这样，在从该积分环节以后直到输出 $Y(s)$ 端为止的整个通路上，将对所有扰动（可预知或不可预知）的影响，都有一定的抑制作用。

现以图 4－24 所示同步发电机励磁控制系统为例加以说明。图中 $G_1(s)$、$G_2(s)$ 和 $G_3(s)$ 分别代表控制器、励磁机和同步发电机的传递函数。当需要加装积分环节时，就应将它设置在控制器中。

顺便指出，如果把上述积分环节改为二阶的：$1/s^2$，那么不仅能消除阶跃型扰动的影响，还可以消除斜坡型扰动的影响。但是正如上面已经提过的那样，实际系统很少设计成 2 型以上的。

2. 对扰动的补偿措施

现在考虑消除扰动影响的第二种办法：使以扰动 $D(s)$ 为起点的前馈传递函数变为零，在图 4－23（a）中使 $-G_2(0)G_3(0)=0$ 成立。显然，此法只适用于其扰动 $D(s)$ 是可以测量的场合。

在具体实现时，往往不是直接做到 $-G_2(0)G_3(0)=0$，而是采取对扰动的某种补偿措施，以抵消扰动的影响。办法如图 4－26 所示：引入一个附加的环节——称为补偿环节 $G_4(s)$，适当选择 $G_4(0)$ 的参数，使

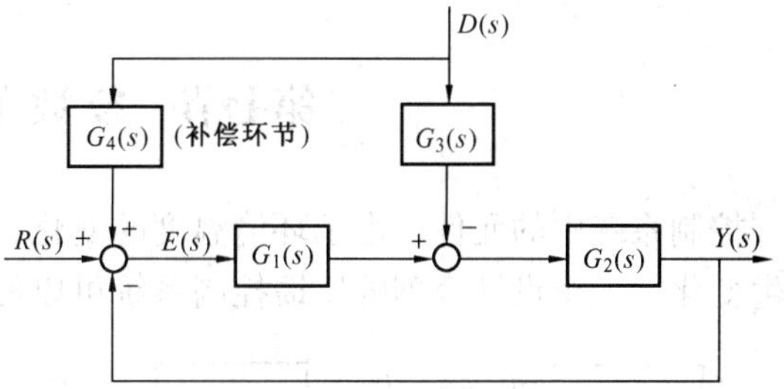

图 4－26　对扰动的补偿措施

$$-G_2(0)G_3(0)+G_1(0)G_2(0)G_4(0)=0 \tag{4-74}$$

亦即

$$G_4(0)=\frac{G_3(0)}{G_1(0)} \tag{4-75}$$

不难证明，当式（4－75）成立时，系统对单位阶跃扰动 $D(s)=1/s$ 的稳态响应等于零。事实上，此时由图 4－26 得稳态响应

$$y_D(\infty)=\frac{-G_2(0)G_3(0)+G_1(0)G_2(0)G_4(0)}{1+G_1(0)G_2(0)}=0 \tag{4-76}$$

【例 4－3】　考虑同步发电机励磁控制系统，如图 4－27 所示。

（1）计算系统不加装补偿环节时的调差率（称为自然调差率）δ_s；

（2）设计一个比例型的补偿环节，使调差率可在 $-10\%\leqslant\delta_s\leqslant+10\%$ 范围内任意调整。

解　（1）在图 4－27 中自然调差率［参见式（4－70）］

$$\delta_s=\frac{x_d}{K}=\frac{1.3}{30}=4.3\%$$

根据实际运行经验，当各同步发电机组在机端母线上并列运行时，如果机组所属励磁控制

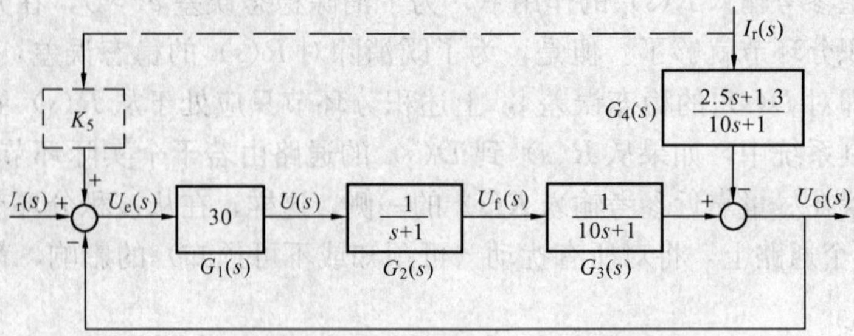

图 4-27　同步发电机励磁控制系统参数

系统具有（4～5）%的调差率，那么，一般就可以保证各机组间的运行稳定性。

（2）当加装补偿环节 K_5（见图 4-27）后，调差率可以表为

$$\delta_s = \frac{-G_1(0)G_2(0)G_3(0)K_5 + G_4(0)}{G_1(0)G_2(0)G_3(0)} = -K_5 + \frac{1.3}{30}$$

亦即

$$K_5 = \frac{1.3}{30} - \delta_s$$

当要求 δ_s 变化于 $-10\% \leqslant \delta_s \leqslant +10\%$ 时，比例系数应设计成

$$0.143 \geqslant K_s \geqslant -0.057$$

第七节　参数敏感度分析

控制系统中的元件，由于环境温度的变化、元件自身的发热或老化等原因，会使其参数发生变化。一个设计合理的反馈控制系统可以使系统的响应对系统中某些元件参数的变化不敏感。为了定量地表征参数变化对系统特性的影响程度，特引入参数敏感度的概念。

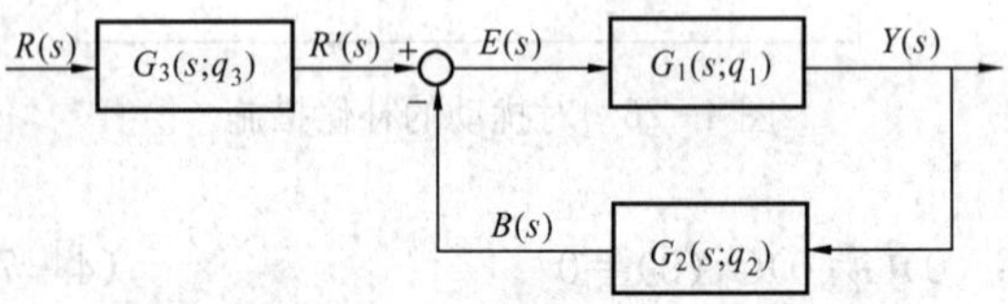

图 4-28　考虑参数变化时的反馈控制系统

考虑如图 4-28 所示的反馈控制系统。图中的 q_1，q_2 和 q_3 代表对应传递函数 $G_1(s)$，$G_2(s)$ 和 $G_3(s)$ 中的可变参数。

定义一个参数矢量

$$\boldsymbol{q} \triangleq (q_1, q_2, q_3)^T \tag{4-77}$$

令

$$G_c(s; q_1, q_2) \triangleq \frac{Y(s; \boldsymbol{q})}{R'(s)} = \frac{G_1(s; q_1)}{1+G_1(s; q_1)G_2(s; q_2)} \tag{4-78a}$$

$$G_\Sigma(s; \boldsymbol{q}) \triangleq \frac{Y(s; \boldsymbol{q})}{R(s)} = G_3(s; q_3)G_c(s; q_1, q_2) \tag{4-78b}$$

式中　$G_c(s; q_1, q_2)$——闭环传递函数；

$G_\Sigma(s; \boldsymbol{q})$——系统总传递函数。

当参数矢量 $\boldsymbol{q}$ 从某一参考值 $\boldsymbol{q}_0$ 产生一微小变化时，系统总传递函数 $G_\Sigma(s; \boldsymbol{q})$ 也将相应地产生变化。特此定义复变量

$$S_i(s;\ \boldsymbol{q}_0) \triangleq \left| \frac{\partial \ln G_\Sigma(s;\ \boldsymbol{q})}{\partial \ln q_i} \right|_{q=q_0},\ i=1,\ 2,\ 3 \tag{4-79}$$

为系统总传递函数 G_Σ 关于参数 q_i（$i=1$，2，3）的对数敏感度，简称敏感度。

这里采用自然对数的形式来定义敏感度，其函义可由对数微分公式，对式（4－79）进行改写后即可明了

$$S_i(s;\ \boldsymbol{q}_0) \triangleq \left| \frac{\partial \ln | G_\Sigma}{\partial \ln q_i} \right|_{q=q_0} = \frac{\partial G_\Sigma / G_\Sigma}{\partial q_i / q_i} \Bigg|_{q=q_0} \tag{4-80}$$

这就是说，对数敏感度代表了系统总传递函数的相对变化对某一参数的相对变化的比。换言之，对数敏感度表征了总传递函数受某一参数的相对变化的影响程度。

为了分析上述敏感度，对式（4－79）稍加变换如下

$$S_i(s;\ \boldsymbol{q}_0) \triangleq \frac{\partial \ln G_\Sigma}{\partial \ln q_i} \Bigg|_{q=q_0} = \frac{\partial \ln G_\Sigma}{\partial \ln G_i} \cdot \frac{\partial \ln G_i}{\partial \ln q_i} \Bigg|_{q=q_0} \tag{4-81}$$

式中　$G_i = G_i(s;\ q_i)$ ——第 i 环节的传递函数。

令

$$W_i(s) \triangleq \frac{\partial \ln G_\Sigma(s;\ \boldsymbol{q})}{\partial \ln G_i(s;\ q_i)} \Bigg|_{q=q_0} \tag{4-82a}$$

$$V_i(s) \triangleq \frac{\partial \ln G_i(s;\ q_i)}{\partial \ln q_i} \Bigg|_{q=q_0} \tag{4-82b}$$

则式（4－81）可简记为

$$S_i(s;\ \boldsymbol{q}_0) = W_i(s) V_i(s),\ i=1,\ 2,\ 3 \tag{4-83}$$

其中的 $W_i(s)$ 称为系统总传递函数关于第 i 个环节传递函数的对数敏感度；$V_i(s)$ 称为第 i 个环节传递函数关于参数 q_i 的对数敏感度。

$W_i(s)$ 只与系统的总体结构有关；$V_i(s)$ 只与该环节 i 自身有关。把系统敏感度 $S_i(s;\ \boldsymbol{q}_0)$，$i=1$，2，3 分解为两个因子 $W_i(s)$，$V_i(s)$，可便于分析计算。

在图 4－28 中，根据式（4－82a）分别计算 W_1，W_2 和 W_3 有

$$W_1(s) = \frac{\partial \ln G_\Sigma}{\partial \ln G_1} = \frac{\partial G_\Sigma}{\partial G_1} \times \frac{G_1}{G_\Sigma} = \frac{G_3}{(1+G_1G_2)^2} \times \frac{1+G_1G_2}{G_3}$$

$$= \frac{1}{1+G_1(s;\ q_{10})G_2(s;\ q_{20})} \tag{4-84a}$$

$$W_2(s) = \frac{G_1(s;\ q_{10})G_2(s;\ q_{20})}{1+G_1(s;\ q_{10})G_2(s;\ q_{20})} \tag{4-84b}$$

$$W_3(s) = 1 \tag{4-84c}$$

在上列三式式（4－48a）、式（4－84b）和式（4－84c）中，G_1G_2 是图 4－28 中环路的开环传递函数。如果在所感兴趣的频率范围内，将此开环传递函数设计得足够的大；$G_1G_2 \gg 1$，那么根据式（4－83）及式（4－84a）、式（4－84b）、式（4－84c）就有如下结果：

$W_1(s) = \dfrac{1}{1+G_1G_2} \approx 0$，即

$$S_1(s;\ \boldsymbol{q}_0) \approx 0 \tag{4-85a}$$

$W_2(s) = \dfrac{G_1G_2}{1+G_1G_2} \approx 1$，即

$$S_2(s;\ \boldsymbol{q}_0) \approx V_2(s) \tag{4-85b}$$

$W_3(s) = 1$，即

$$S_3(s;\boldsymbol{q}_0)=V_3(s) \tag{4-85c}$$

考察这三个关系式可以看出：系统总传递函数 G_Σ 对图 4-28 中环路内前馈通路的参数 q_1 的变化，是不敏感的（$S_1\approx 0$）；而对环路外前馈通路的参数 q_3 以及环路内反馈通路的参数 q_2 的变化，则比较敏感（$S_2\approx V_2$；$S_3=V_3$）。

这个结论对于单环负反馈控制系统具有普遍意义，十分重要。从参数敏感度的观点看，希望设计尽可能大的开环传递函数。这样，环路内前馈通路中的各种参数即使不那么十分准确，也没有什么关系。但是这时环路内反馈通路或环路外前馈通路中的各种参数，就要求设计得比较准确，同时应尽量避免运行中受环境变化等因素的影响。

本章小结

（1）从控制理论观点出发，要求一个反馈控制系统的输入应能迅速而准确地跟踪参考输入的变化，尽可能地减少误差（含暂态误差和稳态误差）。这个总的要求可以归结为 5 个方面的性能：稳定性、暂态性能、稳态性能、对参数变化的不敏感性和抗噪声能力。

（2）稳定性，是对任何一个能够正常工作的反馈控制系统的首要要求。关于稳定性的分析，以后将专题研究。对系统的其余性能的分析，都是在系统是稳定的这个总前提下进行的。

（3）为了评价系统的暂态性能，这里介绍了时域中的几个主要的数值型指标，如上升时间 t_r、调整时间 t_s 和过调量 M_p 等。在给定这些指标之下，系统暂态响应的性状就大体确定了。

此外，在时域中还有其他类型指标，例如在最佳控制问题中较常采用的二次型性能指标等。此外，在频域中也有一些指标，以后将陆续介绍。

（4）其闭环传递函数可以表为

$$G_c(s)=\frac{\omega_n^2}{s^2+2\zeta\omega_n s+\omega_n^2}$$

的系统，称为典型二阶系统。这种系统的暂态性能，可由闭环极点 $\lambda_{1,2}$ 在 s 平面上的位置所唯一确定。例如，由 $\lambda_{1,2}$ 的位置确定出诸如 t_r、t_s 和 M_p 等性能指标；反过来，在给定这些指标之下，也能在 s 平面上定出 $\lambda_{1,2}$ 的满足指标要求的希望区域。

（5）对高阶系统可以通过闭环极点、零点在 s 平面上的配置大致地确定其暂态性能。暂态响应的类型（指数型或阻尼振荡型），取决于闭环极点；而与闭环极点相对应的留数，则确定了暂态响应初始阶段的值；随着时间的推移，上述响应特性将主要由离虚轴最近的那些极点确定。

在高阶系统中，如果存在一对共轭复数极点，它们离虚轴最近，并且其留数的模也最大，那么，这对极点即可称为高阶系统的闭环主导极点。这样的高阶系统的暂态响应性能，可以用由主导极点所构成的二阶系统的性能来近似代表。

（6）反馈控制系统按稳态误差划分的型，由开环传递函数中所含积分因子的重数 N 确定。

积分环节在开环通路中的位置对系统稳态性能有着不同的影响，如表 4-2 所示。

表 4-2　积分环节在开环通路中的位置对系统稳态性能的影响

积分环节在开环通路中的位置	稳态误差		稳态响应	
	$e_R(\infty)$	$e_D(\infty)$	$y_R(\infty)$	$y_D(\infty)$
在前馈通路中介于 $R(s)\sim D(s)$ 之间	0	0	希望值	0
在前馈通路中介于 $Y(s)\sim D(s)$ 之间	0	非 0	希望值	非 0
在反馈通路中，即 $Y(s)\sim B(s)$ 之间	0	非 0	0	0

从上表可得，为保证系统的稳态性能，积分环节应设置在闭环内前馈通路中靠近参考输入端的一侧。

（7）调差率是表征反馈控制系统对阶跃型参考输入的稳态响应受阶跃型扰动输入影响程度的一个指标

$$\delta_s = -\frac{y_D(\infty)}{y_R(\infty)}\bigg|_{r(t)=1(t),d(t)=1(t)}$$

为了减少扰动的影响，希望 $|\delta_s|$ 越接近于零越好。但是当几个被控制系统并联运行时，为保证各系统间的正常运行，又要求各系统的 δ_s 具有需要的符号和大小。利用对某一扰动加装补偿环节的办法，可以使系统对该扰动具有所需的调差率。为此目的，将上述补偿环节设计成比例型的就可以了。

（8）参数敏感度是表征反馈控制系统总传递函数 G_Σ 受系统中有关元件参数 q_i（i=1，2，3，）变化的影响程度的一个指标，定义

$$S_i(s;\boldsymbol{q}_0) = \frac{\partial \ln G_\Sigma(s;\boldsymbol{q})}{\partial \ln q_i}\bigg|_{q=q_0}$$

为系统总传递函数 G_Σ 关于参数 q_i（i=1，2，3）的对数敏感度。

分析表明，如果所设计开环传递函数足够的大，那么 G_Σ 受环路内前馈通路中元件参数变化的影响就可以忽略不计。但是，G_Σ 受环路内反馈通路和环外前馈通路中的元件参数变化的影响则不可忽略不计。

习　题

T4-1　设某单位反馈控制系统的闭环传递函数为

$$G_c(s) = \frac{1}{Ts+1}$$

当输入单位阶跃信号时，经 15s 系统响应达到稳态值的 98%，试求该系统的开环传递函数 $G_o(s)$ 以及时间常数 T。

T4-2　已知二阶系统的传递函数为

$$G(s) = \frac{\omega_n^2}{s^2+2\xi\omega_n s+\omega_n^2}$$

随着参数 ξ、ω_n 的不同，其一对极点在 s 平面上有如图 T4-2 所示①～⑥的 6 种分布。若系统输入单位阶跃信号，试列出与这 6 对极点相对应的暂态响应曲线的形状

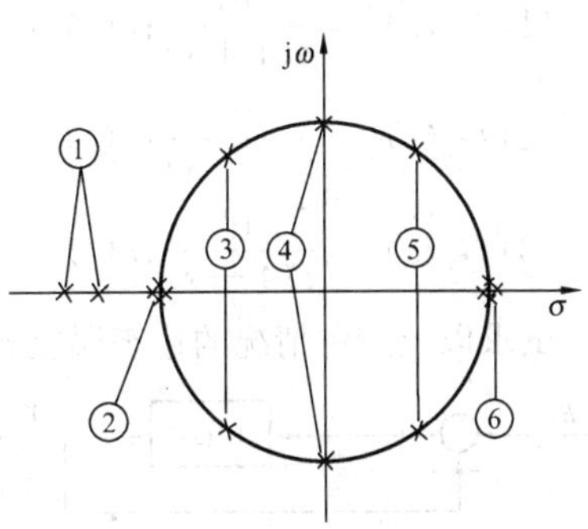

图 T4-2　典型二阶系统极点对的分布图

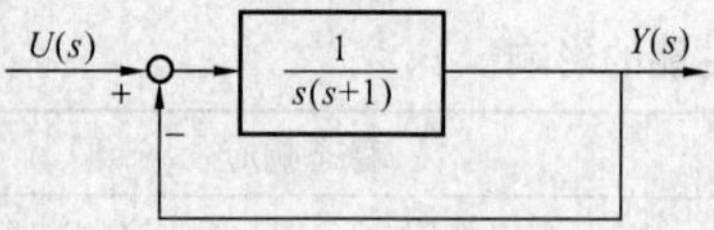

图 T4-3 单位反馈系统方框图

特征。

T4-3 设单位反馈控制系统的结构如图 T4-3 所示，试求其阶跃响应的暂态性能指标：

t_r——从 0 上升到 100%稳态值时的上升时间；

t_p——峰值时间；

M_p——过调量；

$t_{s,2}$——允许误差为 2%的调整时间；

$t_{s,5}$——允许误差为 5%的调整时间。

T4-4 已知某二阶单位反馈系统对单位阶跃信号响应的暂态误差为

$$e(t) = 1.66e^{-8t}\sin(6t + 37°)$$

试确定系统的自然振荡角频率 ω_n，阻尼比 ξ 和阻尼振荡角频率 ω_d。

T4-5 设有一典型二阶系统

$$\frac{Y(s)}{U(s)} = \frac{\omega_n^2}{s^2 + 2\zeta\omega_n s + \omega_n^2}$$

为了使系统对阶跃输入的响应有 5%的过调量和 2s 的调整时间（允许误差为 5%），求阻尼比 ξ 和自然振荡角频率 ω_n。

T4-6 一单位负反馈系统如图 T4-3 所示，当输入信号为 $U(s) = 1/s$ 时，求系统的响应 $y(t)$。

T4-7 某系统如图 T4-7 所示，试求其对单位阶跃信号的响应 $y(t)$。

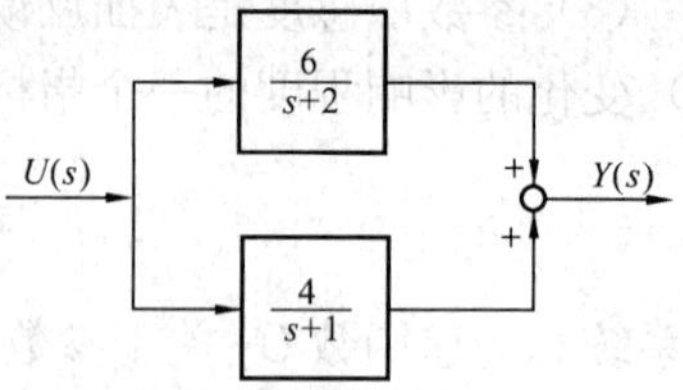

图 T4-7 前馈系统方框图

T4-8 已知系统的闭环传递函数为

$$G_c(s) = \frac{4s^2 + 64s + 144}{s^2 + 7s + 12}$$

当输入信号为 $u(t) = 7 \times 1(t)$ 时，求其响应 $y(t)$。

T4-9 已知系统的闭环传递函数为

$$G_c(s) = \frac{27s + 30}{(s+1)(s+5)(s+6)}$$

当输入信号为 $u(t) = 1(t)$ 时，求系统的响应 $y(t)$；根据响应说明系统有无主导极点，为什么？

T4-10 一闭环系统的结构如图 T4-10 所示，若开环传递函数 $G_o(s)$ 与输入信号 $r(t)$ 为

(1) $G_o(s) = \dfrac{10}{s(4+s)}$；$r(t) = 10t$。

(2) $G_o(s) = \dfrac{10}{s(4+s)}$；$r(t) = 4 + 6t + 3t^2$。

(3) $G_o(s) = \dfrac{10}{s(4+s)}$；$r(t) = 4 + 6t + 3t^2 + 1.8t^3$。

试求以上三种情况的稳态误差 $e(\infty)$。

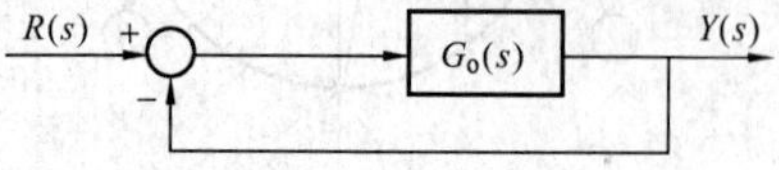

图 T4-10 单位反馈系统方框图

T4-11 已知单位负反馈系统（图 T4-10）的开环传递函数为

(1) $G_o(s) = \dfrac{100}{(0.1s+1)(s+5)}$；

(2) $G_o(s) = \dfrac{10}{s(0.1s+1)(s+5)}$。

试求出两系统的位置误差系数 K_p，速度误差系数 K_v 及加速度误差系数 K_a。

T4-12　某具有扰动输入的反馈控制系统如图 T4-12 所示，如果其参考输入量和扰动量都是单位阶跃信号，即

$$r(t) = d(t) = 1(t)$$

试求其频域响应 $Y(s)$、频域误差 $E(s)$ 以及时域的稳态误差 $e(\infty)$。

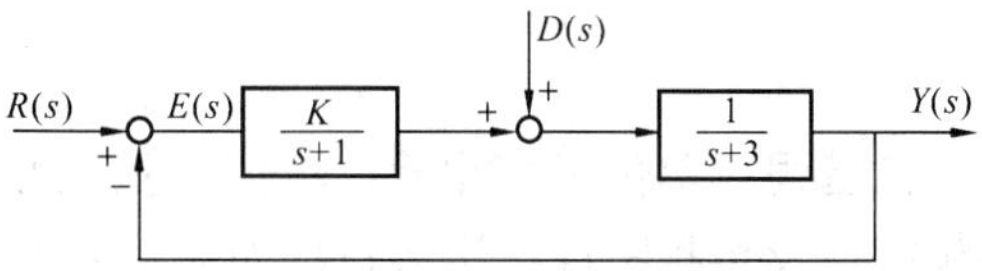

图 T4-12　具有扰动的单位反馈系统

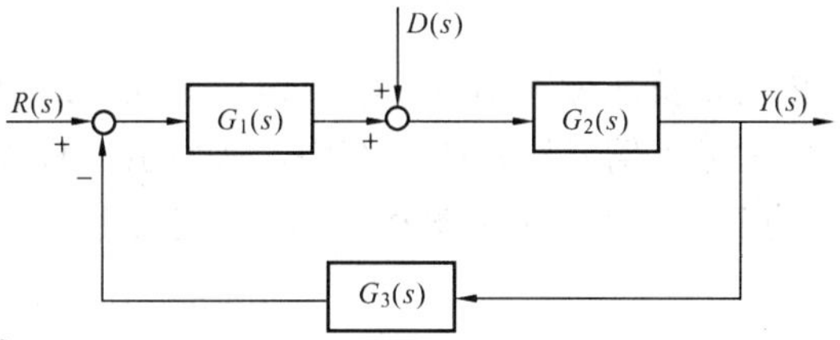

图 T4-13　具有扰动的反馈系统

T4-13　某具有扰动输入的反馈系统如图 T4-13 所示，设 $R(s)=D(s)=1/s$。系统中各环节传递函数为

$$G_1(s) = \frac{K}{0.05s+1}$$

$$G_2(s) = \frac{1}{s+5}$$

$$G_3(s) = 2.5$$

要求：(1) 求出系统的稳态误差及调差率；

(2) 在扰动点左侧的前馈通路中串入积分因子 $1/s$ 后，求系统的稳态误差及调差率；

(3) 在扰动点右侧的前馈通路中串入积分因子 $1/s$ 后，求系统的稳态误差及调差率；

(4) 在上列项 (2) 的情况下，拟对扰动加装比例型补偿环节，以使调差率 $\delta_s=0.04$，试画出补偿方框图。

第五章 频率特性及其图示

关键词：单位正弦相量，单位正弦函数，频率响应，频率特性，开环及闭环频率特性，幅频特性及相频特性，实频特性及虚频特性，系统的识别，Nyquist 图——频率特性的极座标图，等 M 圆，等 N 圆，Bode 图，对数幅频特性，对数相频特性，对数幅频渐近特性，对数相频渐近特性，分贝，闭环频率域性能指标，转角频率，剪切频率，截止频率（频率域的）带宽，谐振峰值，谐振频率。

内容提要：上几章讨论了阶跃、斜坡、抛物线以及冲激等函数的输入信号对控制系统的作用，现在考虑另一种重要函数——正弦函数作为输入信号对系统的作用，从而引出有关频率特性的概念；对频率特性的两种重要的图示方法——Nyquist 图和 Bode 图进行介绍；最后讨论闭环频率域性能指标。

第一节 频 率 特 性

先看一个线性电路中双端口网络的例子（图 5-1）。设在其输入端施加正弦电压 $U_i\cos\omega t$❶，那么当暂态过程结束后，在其输出端必然得到同频率的另一电压 $u_o=U_o\cos(\omega t+\varphi)$。这一现象在学习有关电工理论时已经是熟知的了。特别重要的是，无论如何改变输入电压的频率，输出的稳态响应总具有与输入相同的频率。但是输出电压的幅值 U_o 和初相角 φ_o，却不保持对输入的幅值 U_i 和初相角 φ_i（在图 5-1 中示出的是 $\varphi_i=0$，$\varphi_o=\varphi$）的固定比例关系。

图 5-1 在正弦电压作用下的线性双端口网络

实际上，任何线性动态系统，都具有上述规律。为了证明这个结论，首先把任一正弦函数改写为复指数函数的形式

$$A\cos(\omega t+\varphi)=\mathrm{Re}[A\mathrm{e}^{\mathrm{j}(\omega t+\varphi)}]=\frac{1}{2}A[\mathrm{e}^{\mathrm{j}(\omega t+\varphi)}+\mathrm{e}^{-\mathrm{j}(\omega t+\varphi)}],t\geqslant 0 \qquad (5-1)$$

并且定义正弦函数的相量为

$$\overline{A}(\omega t)\triangleq A\mathrm{e}^{\mathrm{j}(\omega t+\varphi)}\triangleq A\angle(\omega t+\varphi),t\geqslant 0❷ \qquad (5-2)$$

这样，对于线性系统，考察它在正弦函数［式（5-1）］作用下的行为，就可以等效地用考察它在正弦相量 $\overline{A}(\omega t)$［式（5-2）］作用下的行为来代替。

与单位冲激、单位阶跃等单位函数一样，定义其幅值 $A=1$，初相角 $\varphi=0$，频率 ω 为任意正实数的正弦相量为单位正弦相量，且表为

❶ 为了方便，对正弦或余弦函数均统称为正弦函数。

❷ 在电工理论中的相量一般定义为 $\dot{A}\triangleq A\angle\varphi$。我们把旋转因子 $\mathrm{e}^{\mathrm{j}\omega t}$ 也一并计入，并采用符号 $\overline{A}(\omega t)$ 来代表相应的相量。

$$\overline{1}(\omega t) \triangleq 1(t)e^{j\omega t} \tag{5-3}$$

单位正弦相量的拉氏变换为

$$\mathscr{L}[\overline{1}(\omega t)] = \frac{1}{s - j\omega} \tag{5-3a}$$

这里把与单位正弦相量 $\overline{1}(\omega t)$ 相对应的正弦函数

$$1(t)\cos\omega t = \frac{1}{2}1(t)(e^{j\omega t} + e^{-j\omega t}) \tag{5-4}$$

称为单位正弦函数。

考虑一个线性系统，设其具有有理函数形式的传递函数［图 5-2（a）］

$$G(s) = \frac{b_0(s - z_1)\cdots(s - z_m)}{(s - p_1)\cdots(s - p_n)}, n > m \tag{5-5}$$

其输入端作用一个单位正弦相量 $\overline{1}(\omega t)$ 时，系统的复频域响应为

$$\begin{aligned} Y(s) &= G(s)\frac{1}{s - j\omega} = \frac{b_0(s - z_1)\cdots(s - z_m)}{(s - p_1)\cdots(s - p_n)(s - j\omega)} \\ &= \frac{c_0}{s - j\omega} + \frac{c_1}{s - p_1} + \cdots + \frac{c_n}{s - p_n} \end{aligned} \tag{5-6}$$

式中，系数 c_0，…，c_n 为各对应极点的留数。

为了方便，假定不存在重极点，则由留数计算公式得

$$c_0 = [G(s)]_{s=j\omega} = G(j\omega) \tag{5-7a}$$

$$c_i = \left[G(s)\frac{s - p_i}{s - j\omega}\right]_{s=p_i}, i = 1,\cdots,n \tag{5-7b}$$

对 $Y(s)$ 取拉氏反变换，得时域响应

$$\begin{aligned} y(\omega t) &= \mathscr{L}^{-1}[Y(s)] = \mathscr{L}^{-1}\left[\frac{G(j\omega)}{s - j\omega} + \frac{c_1}{s - p_1} + \cdots + \frac{c_n}{s - p_n}\right] \\ &= G(j\omega)e^{j\omega t} + c_1 e^{p_1 t} + \cdots + c_n e^{p_n t} \end{aligned} \tag{5-8}$$

对于一个稳定的系统，p_1，…，p_n 都具有负实部，即 $\mathrm{Re}(p_i) < 0 (i = 1,\cdots,n)$。当 $t \to \infty$ 时，各项 $c_i e^{p_i t} \to 0$（$i=1$，…，n）。因此，该系统的稳态响应［图 5-2（b）］应为

$$\overline{y}(\omega t) = G(j\omega)e^{j\omega t}, t \to \infty \tag{5-9}$$

可以证明，纵然上述系统传递函数 $G(s)$ 中存在重极点，只要关系 $\mathrm{Re}(p_i) < 0 (i = 1,\cdots,n)$ 在 $i = 1,\cdots,n$ 时都成立，则式（5-9）也成立。

式（5-9）表明，线性系统在正弦相量（例如单位正弦相量 $\overline{1}(\omega t)$，但不限于单位正弦相量）作用下的稳态响应，是一个与输入信号同频率的正弦相量 $\overline{y}(\omega t+\varphi)$［式（5-9）中，$\varphi=0$］。

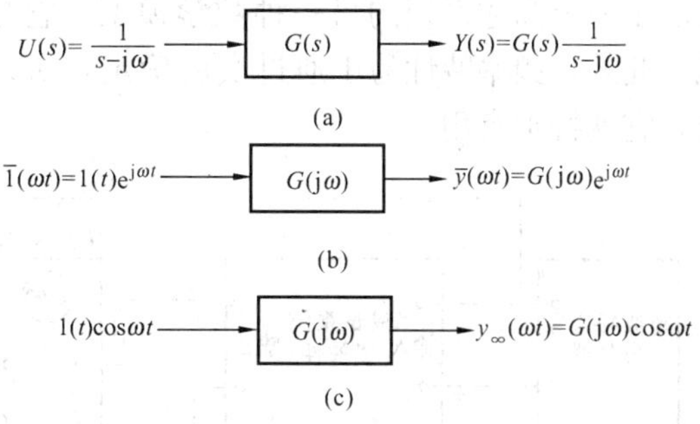

图 5-2　线性系统的复频域响应及频域响应
（a）复频域响应；（b）、（c）频域响应

此外，由式（5-1）的关系同样可得，系统在单位正弦函数作用下的稳态响应［图 5-2（c）］为

$$y_\infty(\omega t)=\frac{1}{2}G(\mathrm{j}\omega)(\mathrm{e}^{\mathrm{j}\omega t}+\mathrm{e}^{-\mathrm{j}\omega t})$$

$$=G(\mathrm{j}\omega)\cos\omega t \tag{5-10}$$

可见，该系统在正弦函数作用下的稳态响应，也是与输入信号具有相同频率的正弦函数。

我们称稳定的线性系统在单位正弦相量作用下的稳态响应为频率响应。后者是一个与输入信号同频率的正弦相量，系统稳态响应的正弦相量对输入的正弦相量的比，称为系统的频率特性，即

$$\frac{\overline{y}(\omega t)}{\overline{1}(\omega t)}=\frac{G(\mathrm{j}\omega)\mathrm{e}^{\mathrm{j}\omega t}}{1(t)\mathrm{e}^{\mathrm{j}\omega t}}G(\mathrm{j}\omega) \tag{5-11}$$

这个关系十分重要。它表明，系统的频率特性就等于在系统传递函数 $G(s)$ 中以 $s=\mathrm{j}\omega$ 代入后所得到的结果 $G(\mathrm{j}\omega)$。由于这个理由，系统的频率特性 $G(\mathrm{j}\omega)$，又可以称为“频率传递函数”。但本书只采用“频率特性”这个称呼。

同样地可以知道，系统的频率特性 $G(\mathrm{j}\omega)$，也等于系统在单位正弦函数作用下的稳态响应 $y_\infty(\omega t)$ 对该正弦函数 $1(t)\cos\omega t$ 的比，即

$$\frac{y_\infty(\omega t)}{1(t)\cos\omega t}=\frac{G(\mathrm{j}\omega)\cos\omega t}{1(t)\cos\omega t}=G(\mathrm{j}\omega) \tag{5-12}$$

系统的频率特性 $G(\mathrm{j}\omega)$，是一个以频率 ω 为自变量的复变函数。可以将其表为

$$G(\mathrm{j}\omega)\triangleq G(\omega)\mathrm{e}^{\mathrm{j}\varphi(\omega)}\triangleq G(\omega)\angle[\varphi(\omega)] \tag{5-13}$$

的形式。其中 $G(\omega)$ 代表 $G(\mathrm{j}\omega)$ 的幅值（或模），即

$$G(\omega)\triangleq|G(\mathrm{j}\omega)| \tag{5-13a}$$

而 $\varphi(\omega)$ 代表 $G(\mathrm{j}\omega)$ 相角，即

$$\varphi(\omega)\triangleq\angle[G(\mathrm{j}\omega)] \tag{5-13b}$$

显然可知，幅值 $G(\omega)$ 和相角 $\varphi(\omega)$ 都是频率 ω 的函数，分别称为幅频特性及相频特性。

频率特性 $G(\mathrm{j}\omega)$ 又可分成实部及虚部两部分，即

$$G(\mathrm{j}\omega)=\mathrm{Re}G(\mathrm{j}\omega)+\mathrm{j}\mathrm{Im}G(\mathrm{j}\omega) \tag{5-14}$$

实部 $\mathrm{Re}G(\mathrm{j}\omega)$ 和虚部 $\mathrm{Im}G(\mathrm{j}\omega)$ 也都是频率 ω 的函数，分别称为实频特性及虚频特性。

系统频率特性 $G(\mathrm{j}\omega)$ 与系统传递函数 $G(s)$ 之间的这种简明、直接的对应关系，向我们展示了一个描述系统的另一种数学模型，它是对系统进行分析与综合的又一极端重要的领域。此外，频率特性易于通过实验确定，所以对于用解析方法获取数学模型感到困难的场合，它就特别有用。

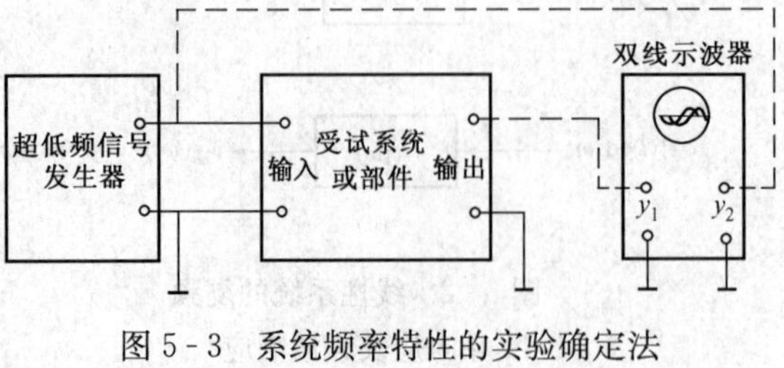

图 5-3 系统频率特性的实验确定法

通过实验手段来获取系统的模型，称为系统的识别。在控制工程中，这是一个相当活跃的领域。

作为例子，在图 5-3 上绘制出了确定系统频率特性 $G(\mathrm{j}\omega)$ 的一种可能的实验接线方案[1]，其中用一台频率可在 0.01～100Hz 的范围内调整的正弦信号

[1] 现在市场上已有若干种专用的测试仪器。

发生器（电量的或机械量的）作为受试系统或元件的输入信号源，用可以测量输入、输出信号幅值及相位差的仪器（图示为双线示波器）测量出输出、输入信号幅值比 $G(\omega)\triangleq Y(\omega)/U(\omega)$ 和相位差 $\varphi(\omega)$，改变信号源的频率 ω，反复进行上述测试，即可得到一系列的实验数据。

第二节　频率特性的极坐标图（Nyquist 图）

频率特性 $G(j\omega)$ 是频率 ω 的复变函数，可以在复平面上用一个矢量来表示某一频率 ω 下的量 $G(j\omega)$。该矢量的幅值为 $G(\omega)=|G(j\omega)|$，它的相角为 $\varphi(\omega)=\angle[G(j\omega)]$。注意，相角的大小与正负，要从正实轴开始按反时针方向为正进行计算。当频率 ω 从 $0\to\infty$ 变化时，矢量的轨迹就表示频率特性。

按上述办法，把频率特性在复平面上用极坐标表示的几何图形，称为频率特性的极坐标图，或称为 Nyquist 图❶。

一、一阶环节的极坐标图

一阶环节，即一阶滞后环节，其传递函数为

$$G(s)=\frac{K}{1+Ts} \tag{5-15}$$

将复频率 s 以虚频率 $j\omega$ 代替，得频率特性

$$G(j\omega)=\frac{K}{1+j\omega T}=\frac{K}{\sqrt{1+\omega^2T^2}}\angle[-\mathrm{arctg}(\omega T)] \tag{5-16}$$

其幅频特性及相频特性为

$$G(\omega)=\frac{K}{\sqrt{1+\omega^2T^2}},\varphi(\omega)=-\mathrm{arctg}(\omega T) \tag{5-17}$$

为了绘制频率为正值区间 $0\leqslant\omega<\infty$ 的极坐标图，选择其中几个频率值 ω，计算幅值与相角，列于表 5-1 中。其中标“＊”号的是特殊频率。

表 5-1　一阶环节在几个频率下的幅值与相角

ω	0^*	$1/2T$	$1/T^*$	$10/T$	∞^*
$G(\omega)=\frac{K}{\sqrt{1+\omega^2T^2}}$	K	$K/1.12$	$K/\sqrt{2}$	$K/10.0$	0
$\varphi(\omega)=-\mathrm{arctg}\omega T$	0	$-26.6°$	$-45°$	$-84°$	$-90°$

如果在表 5-1 中多取几个 ω 值计算，绘出平滑的曲线，就可以发现矢端轨迹是一个半圆形。圆心的直角坐标是（$K/2$，j0），半径是 $K/2$，如图 5-4 所示。

为了证明上述极坐标图确实是一个半圆形，不妨将式（5-16）改写为如下的直角坐标形式

$$G(j\omega)=\frac{K}{1+j\omega T}=\frac{K}{1+\omega^2T^2}+j\frac{-K\omega T}{1+\omega^2T^2} \tag{5-18}$$

❶ 一般的习惯，把开环系统的频率特性极坐标图称为 Nyquist 图。我们这里虽然未区分开环或闭环，但主要还是指开环的极坐标图。

令
$$X \triangleq \mathrm{Re}G(\mathrm{j}\omega) = \frac{K}{1+\omega^2T^2} \tag{5-18a}$$

$$Y \triangleq \mathrm{Im}G(\mathrm{j}\omega) = -\frac{K\omega T}{1+\omega^2T^2} \tag{5-18b}$$

则有
$$\left(X-\frac{K}{2}\right)^2+Y^2=\left(\frac{K}{1+\omega^2T^2}-\frac{K}{2}\right)^2+\left(-\frac{K\omega T}{1+\omega^2T^2}\right)^2=\left(\frac{K}{2}\right)^2 \tag{5-19}$$

这就证明了一阶系统频率特性的极坐标图是一个圆。此外，从图 5-4 看到，由式（5-15）确定的一阶环节，其相位是滞后的，且当 $0\leqslant\omega<\infty$ 时，$0\geqslant\varphi(\omega)>-90°$。这个相位滞后的特点，是人们把它称为一阶滞后环节的理由。

另外，当 ω 变化于负实数区间 $-\infty<\omega\leqslant 0$ 时，由于

$$G(-\mathrm{j}\omega) = \mathrm{Re}G(\mathrm{j}\omega) - \mathrm{j}\mathrm{Im}G(\mathrm{j}\omega) = G^*(\mathrm{j}\omega)$$

即 $G(-\mathrm{j}\omega)$ 与 $G(\mathrm{j}\omega)$ 互为共轭对称，关于实轴互为镜像，如图 5-4 所示。

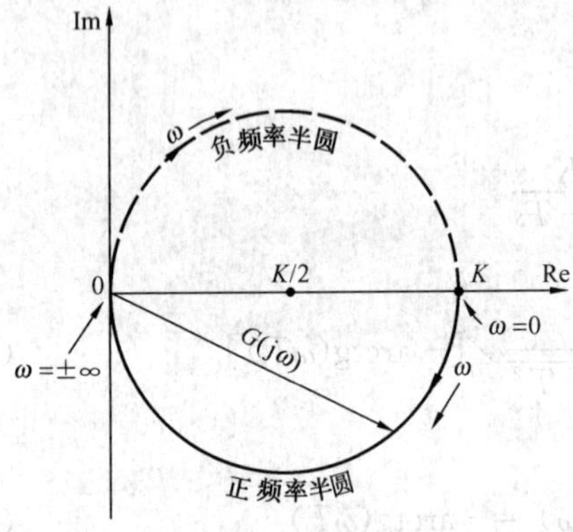

图 5-4　一阶环节的极坐标图

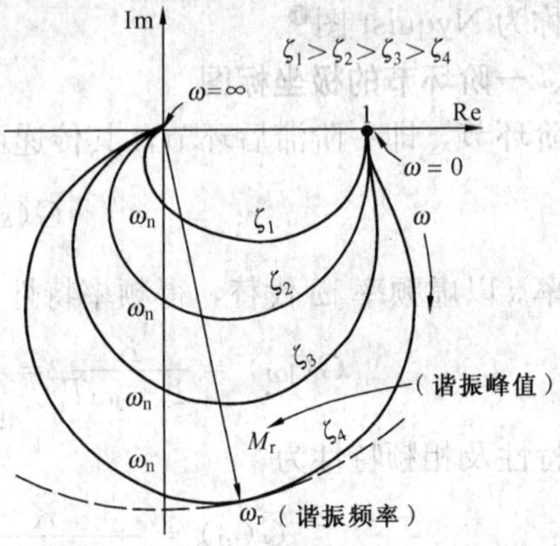

图 5-5　典型二阶系统的极坐标图

图 5-4 中的这个特点是所有频率特性极坐标图所共有的。因此，根据正频率的极坐标图，按镜像原则，即可绘出负频率的图形。

二、二阶环节的极坐标图

典型二阶环节的传递函数为

$$G(s) = \frac{\omega_n^2}{s^2+2\zeta\omega_n s+\omega_n^2} = \frac{1}{1+2\zeta Ts+T^2s^2} \tag{5-20}$$

假定只考虑稳定系统，这时阻尼比 $\zeta>0$。频率特性为

$$G(\mathrm{j}\omega) = \frac{1}{1-\omega^2T^2+\mathrm{j}2\zeta\omega T} \tag{5-21}$$

幅频特性为

$$G(\omega) = \frac{1}{[(1-\omega^2T^2)^2+(2\zeta\omega T)^2]^{1/2}} \tag{5-21a}$$

相频特性为

$$\varphi(\omega) = -\mathrm{arctg}\frac{2\zeta\omega T}{1-\omega^2T^2} \tag{5-21b}$$

对应于频率为正值区间（$0\leqslant\omega<\infty$）上几个特殊频率 ω 的幅值及相角列于表 5-2 中。

表 5-2　二阶环节在几个特殊频率下的幅值及相角

ω	0	$1/T$	∞
$G(\omega)$	1	$1/(2\zeta)$	0
$\varphi(\omega)$	0°	-90°	-180°

如果所取的频率 ω 值更多些，对应于不同的阻尼比（$\infty>\zeta_1>\zeta_2>\zeta_3>0$），可以逐点描出一束频率特性，如图 5-5 所示。在图中的低频段，即 $\omega\to 0$ 的区段，$G(\omega)\to 1$。而在高频段，即 $\omega\to\infty$ 的区段，$G(\omega)\to 0$。在中频段，极坐标图的准确形状与阻尼比 ζ 的大小有关。但是不管对过阻尼（$\zeta>1$），还是对欠阻尼（$1>\zeta>0$），图形的大致形状都相同，且其相位都是滞后的。

由表 5-2 还可以看出，当 $\omega=1/T$ 时，由于相角 $\varphi(\omega)=-90^\circ$，故知此时频率特性与负虚轴相交。又由于 $\omega=1/T$，故交点上所对应的频率是自然频率。交点处矢量的幅值为 $G(\omega_n)=\dfrac{1}{2\zeta}$。

此外，对应于欠阻尼，且 $0.7>\zeta>0$ 时，频率特性在某一频率 ω_r 处的幅值达到极大值 $G(\omega_r)=M_r$。此 M_r 称为谐振峰值；对应的频率 ω_r 称为谐振频率。

如果对式（5-21a）关于 ω 求导，并令导数为零，则可求得谐振频率为

$$\omega_r=\sqrt{1-2\zeta^2}\,\frac{1}{T}=\sqrt{1-2\zeta^2}\,\omega_n \tag{5-22a}$$

于是对应的谐振峰值

$$M_r=G(\omega_r)=\frac{1}{2\zeta\sqrt{1-\zeta^2}},\quad \frac{1}{\sqrt{2}}\geqslant\zeta>0 \tag{5-22b}$$

需要指出，式（5-22）只适用于 $1/\sqrt{2}\geqslant\zeta>0$。由式（5-22b）可知，当 $\zeta=0$ 时，$M_r=\infty$；而由式（5-22a）可知，当 $\zeta>1/\sqrt{2}$ 时，ω_r 变为虚数，没有意义。这表明，谐振频率 ω_r 与谐振峰值 M_r 只在 $1/\sqrt{2}\geqslant\zeta>0$ 范围内存在。并且，ζ 越小，谐振频率 ω_r 越接近于自然频率 ω_n；同时谐振峰值 M_r 也越趋于∞。当 $\zeta=1/\sqrt{2}$ 时，$\omega_r=0$，即谐振峰值所对应的矢量位于实轴上，且等于 1。当 $\zeta\geqslant 1/\sqrt{2}$ 时，极坐标图的形状接近于一个半圆，其最大幅值等于 1。

三、高阶系统极坐标图的一般形状

考虑下面高阶系统的开环频率特性

$$G_o(j\omega)=\frac{K(1+j\omega T_a)\cdots(1+j\omega T_m)}{(j\omega)^N(1+j\omega T_{N+1})\cdots(1+j\omega T_n)} \tag{5-23}$$

式中的 N 是系统按稳态误差划分的型。对于实际控制系统，获得开环频率特性比获得闭环频率特性要容易些。因此，对于系统控制工程师来说，如何通过对系统开环性能的研究来掌握其闭环性能，是很重要的任务。

将开环频率特性 $G_o(j\omega)$ 中分母、分子的各因子展开表示，则有

$$G_o(j\omega)=\frac{b_0(j\omega)^m+b_1(j\omega)^{m-1}+\cdots+K}{a_0(j\omega)^n+\cdots+a_{n-N-1}(j\omega)^{N+1}+(j\omega)^N} \tag{5-24}$$

要逐点计算出这个复变量，从而画出整个曲线，显然是很麻烦的事。为了较迅速地作出极坐标图的大致形状，下面把曲线分成低频段、中频段和高频段三部分来考虑。

1. 高频段

在频率特性中，$\omega\to\infty$的部分称为高频段。对式（5-24），其高频段可近似地表为

$$G_o(j\omega)\Big|_{\omega\to\infty}\approx\frac{b_0}{a_0}\frac{1}{j^{n-m}}\frac{1}{\omega^{n-m}}\Big|_{\omega\to\infty} \tag{5-25}$$

此式表明，高频段的特性主要决定于分母、分子多项式中的最高次数项。

当 $n=m$ 时

$$G_o(j\omega)\mid_{\omega\to\infty}\approx\frac{b_0}{a_0} \tag{5-25a}$$

即高频特性曲线将以实轴上的点 $\left(\frac{b_0}{a_0},j0\right)$ 为终点。

当 $n>m$ 时

$$G_o(j\omega)=\mid_{\omega\to\infty}\approx\frac{1}{j^{n-m}}\times 0=0\angle\left[(n-m)\left(\frac{-\pi}{2}\right)\right] \tag{5-25b}$$

即高频特性最终趋近于坐标原点，并且趋近原点的方向，与正、负虚半轴或与正、负实半轴相切，如图 5-6 所示。

当 $n<m$ 时，高频段特性趋于∞（实际系统不会出现这种情况）。

2. 低频段

在频率特性中，$\omega\to0$ 时的部分称为低频段。对式（5-24），其低频段可近似地表为

$$G_o(j\omega)=\Big|_{\omega\to0}\approx K\frac{1}{j^N}\frac{1}{\omega^N}\Big|_{\omega\to0} \tag{5-26}$$

这表明，低频段的特性主要决定于分母、分子多项式中的最低次数项。其具体形状决定于系统按稳态误差划分的型号 N。

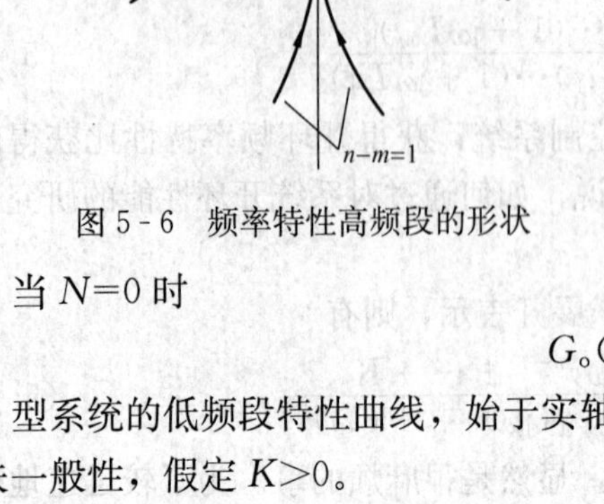

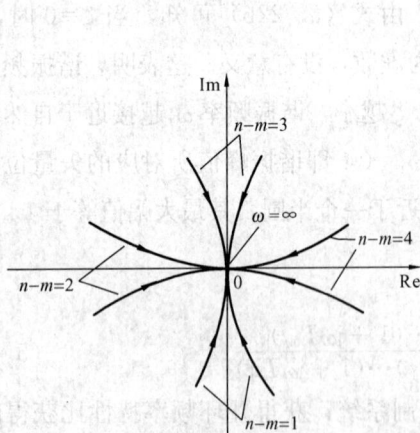

图 5-6　频率特性高频段的形状

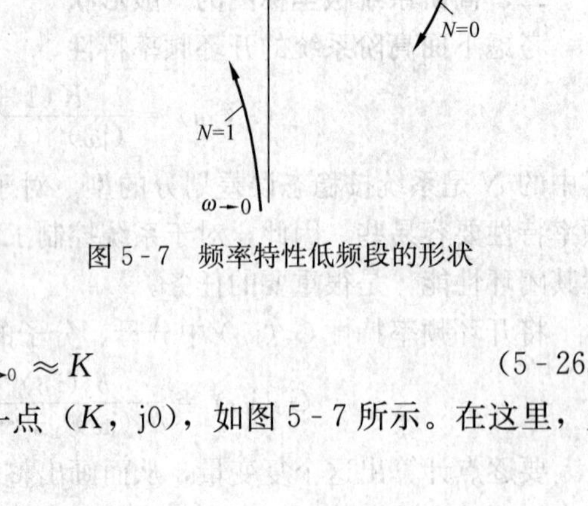

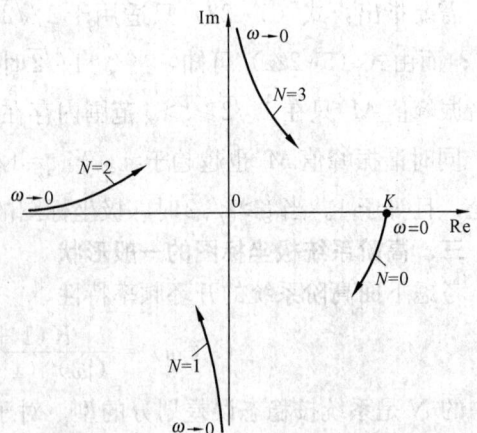

图 5-7　频率特性低频段的形状

当 $N=0$ 时

$$G_o(j\omega)\mid_{\omega\to0}\approx K \tag{5-26a}$$

即 0 型系统的低频段特性曲线，始于实轴上的一点（K，j0），如图 5-7 所示。在这里，为不失一般性，假定 $K>0$。

当 $N=1$ 时

$$G_o(j\omega)=|_{\omega\to 0}=\frac{1}{j}\times\infty=\infty\angle\left(\frac{-\pi}{2}\right) \tag{5-26b}$$

即 1 型系统（$K>0$）的低频段特性曲线起始于负虚轴上的无穷远处。

当 $N\geqslant 2$ 时

$$G_o(j\omega)=\Big|_{\omega\to 0}=\frac{1}{j^N}\times\infty=\infty\angle\left[N\frac{-\pi}{2}\right] \tag{5-26c}$$

等于及大于 2 型的系统，当 $\omega\to 0$ 时，频率特性曲线在无穷远处与各轴线相切。

应指出，对于不符合形如式（5-23）所示的系统，例如因式中含有负号，就不能套用上述规律。

3. 中频段

在频率特性中，ω 介于 0 和∞之间的广大部分称为中频段。在低频段及高频段形状已经确定的前提下，中频段的形状仍然可能出现各种复杂的变化，如图 5-8 所示。这些形状上的变化，主要是由频率特性中分子、分母的各因子的时间常数的个数与大小所引起的。

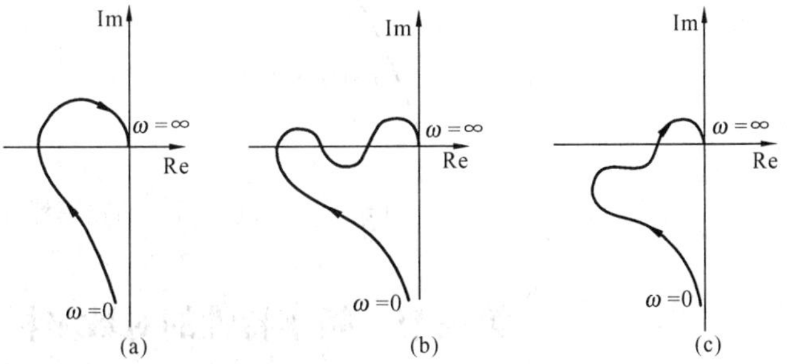

图 5-8 频率特性中频段形状的多种变化

为了估计中频段的大致形状，可令 $\mathrm{Im}G_o(j\omega)=0$，找到该曲线与实轴的交点。同样地令 $\mathrm{Re}G_o(j\omega)=0$，也可找到该曲线与虚轴的交点。当需要较精确的形状时，还可设若干个频率值 ω_i（$i=1,2,3,\cdots$），求出对应的 $G_o(j\omega_i)$，再将表示在复平面上的这些点用平滑曲线描绘出来。

上面就频率特性极坐标图在高频段、低频段和中频段的形状与方次 n、m，型号 N 以及分子各项时间常数的关系，分别进行了讨论。这是就频率特性的整体性状来说的。但是有时常常希望了解频率特性中某个因子对曲线形状会产生一些什么影响，而极坐标图在这方面是不方便的。

【例 5-1】 已知某系统的开环频率特性为

$$G_o(j\omega)=\frac{K}{j\omega(1+j\omega T_1)(1+j\omega T_2)}$$

其中 $K=10$，$T_1=0.2\text{s}$，$T_2=0.05\text{s}$。试绘制其极坐标图。

解 例中 $m=0$，$n-m=3$，型号为 $N=1$。由此可知，特性曲线的低频段开始于负虚轴的无穷远处，而其高频段是从与正虚轴相切的方向进入原点。

至于中频段的大致形状，由于分子项的时间常数不存在，所以应该呈现出并不复杂的变化。我们把给定的参数值代入式中，即

$$G_o(j\omega)=\frac{10}{j\omega(1+j0.2\omega)(1+j0.05\omega)}$$

令 $\mathrm{Im}G_o(j\omega)=0$，求得 $\omega=\pm 10\text{rad/s}$。取其正值（只考虑正频率区间的特性），代入下式，求出曲线与实轴的交点

$$\mathrm{Re}G_o(j10)=-0.4$$

即交点为（-0.4，$j0$）。

再令 $\mathrm{Re}G_o(j\omega)=0$，求得 $\omega=0\mathrm{rad/s}$。说明曲线与虚轴的交点在无穷远处，亦即在非零有限频段内曲线不与虚轴相交。

根据上述各点，可以大致绘出极坐标图形状如图 5-9 所示。

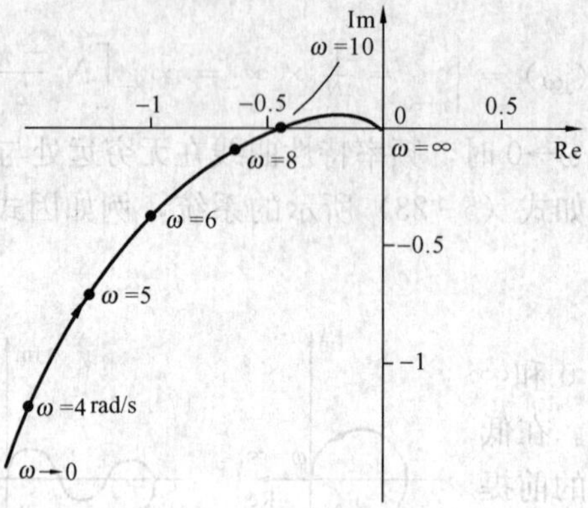

图 5-9 ［例 5-1］的频率特性极坐标图

第三节 频率特性的对数坐标图（Bode 图）

一、Bode 图及其特点

频率特性的对数坐标图，即 Bode 图❶。它在频率法中应用最为广泛。为了称呼上的方便，以后我们采用 Bode 图这个名称。它由两条曲线组成，分别称为对数幅频特性和对数相频特性。它们的横坐标是对数刻度的频率 ω ［rad/s］。

对数幅频特性的纵坐标是频率特性幅值 $G(\omega)$ 的分贝数［dB］，设用 Lm 表示则有

$$\mathrm{Lm}G(\omega) \triangleq 20\lg|G(j\omega)| \quad [\mathrm{dB}] \tag{5-27}$$

由于 $\mathrm{Lm}G(\omega)$ 已是对数值，所以这时纵坐标采用均匀刻度。

对数相频特性的纵坐标是均匀刻度的相角 $\varphi(\omega)$。

因此，两种特性均应采用半对数坐标纸绘制。在标度横坐标时要注意，频率为 0 的点是不存在的（$\lg 0=-\infty$），所以不能标出 $\omega=0$ 的点。此外，在手头上一时没有半对数坐标纸时，可用直角坐标纸代替，这时两种横坐标有如表 5-3 所示的对应关系。

表 5-3 对数坐标与直角坐标的对应关系

对数坐标	1	2	3	4	5	6	7	8	9	10
直角坐标	0	0.301	0.477	0.602	0.699	0.778	0.845	0.903	0.954	1

为了使用上的方便，把幅值与分贝值的对应关系也列成表备查，如表 5-4 所示。

表 5-4 幅值与分贝值的对应关系

G	10^{-3}	10^{-2}	10^{-1}	1	2	3	5	7	10	10^2	10^3
LmG (dB)	−60	−40	−20	0	6.02	9.54	13.98	16.90	20	40	60

❶ 主要把开环（而不是闭环）频率特性的对数坐标图称为 Bode 图。

使用Bode图有如下优点：

（1）对频率特性$G(j\omega)$取对数之后，其中各因子之间的乘除运算便转化成了加减运算。例如对形如

$$G(j\omega)=G(\omega)e^{j\varphi(\omega)}=\frac{G_1(\omega)e^{j\varphi_1(\omega)}}{G_2(\omega)e^{j\varphi_2(\omega)}G_3(\omega)e^{j\varphi_3(\omega)}} \tag{5-28}$$

的频率特性取对数，并求分贝值，则

$$\begin{aligned}\mathrm{Lm}G(j\omega)&=\mathrm{Lm}[G(\omega)e^{j\varphi(\omega)}]\\&=\mathrm{Lm}G(\omega)+j\varphi(\omega)\mathrm{Lme}\\&=\mathrm{Lm}G_1(\omega)-\mathrm{Lm}G_2(\omega)-\mathrm{Lm}G_3(\omega)+j\varphi_1(\omega)\mathrm{Lme}\\&\quad-j\varphi_2(\omega)\mathrm{Lme}-j\varphi_3(\omega)\mathrm{Lme}\quad[\mathrm{dB}]\end{aligned} \tag{5-29}$$

式中Lme=8.686=const。最后一个等号两边的实部与虚部应分别相等，且其实部即为对数幅频特性

$$\mathrm{Lm}G(\omega)=\mathrm{Lm}G_1(\omega)-\mathrm{Lm}G_2(\omega)-\mathrm{Lm}G_3(\omega)\quad[\mathrm{dB}] \tag{5-29a}$$

而其虚部为对数相频特性

$$\varphi(\omega)=\varphi_1(\omega)-\varphi_2(\omega)-\varphi_3(\omega) \tag{5-29b}$$

（2）式（5-29a）和式（5-29b）表明，Bode图是由频率特性中各因子的“叠加”而构成的，所以它能反映出各因子对总Bode图形状的影响。显然，这种Bode图，对分析系统中不同环节的作用以及由某些环节综合为一个整体，都是非常方便的。

（3）可以采用由折线构成的具有较高精度的渐近特性，以近似地代替精确的Bode图，这种图绘制起来十分迅速、方便。

二、基本因子的Bode图

1. 比例因子的Bode图

比例因子$K\geqslant1$的对数幅频特性及对数相频特性为

$$\mathrm{Lm}K=20\lg K\quad[\mathrm{dB}] \tag{5-30a}$$

$$\varphi=\angle K=0^\circ \tag{5-30b}$$

对应的Bode图如图5-10所示。当$K=1$时，由于Lm1=0，所以对数幅频特性将是一条和横轴相重合的直线。

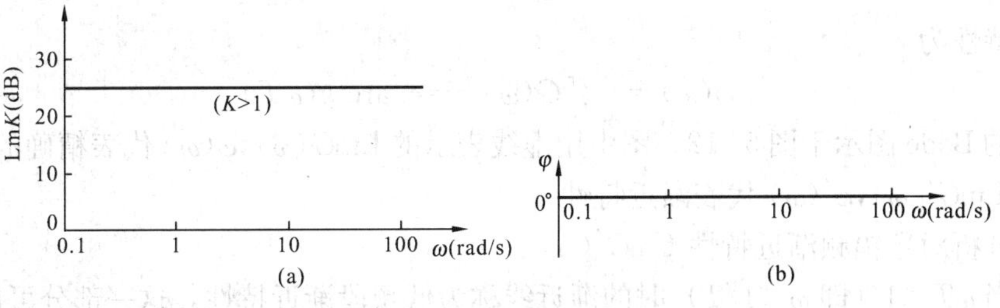

图5-10　比例因子（$K>1$）的Bode图

（a）幅频特性；（b）相频特性

当$0<K<1$时，设$K=1/M$，$M>1$，则

$$\mathrm{Lm}K=-20\lg M\quad[\mathrm{dB}] \tag{5-31a}$$

$$\varphi=\angle\left(\frac{1}{M}\right)=0^\circ \tag{5-31b}$$

式（5-31a）和式（5-31b）表明，小于1的常数的分贝值为负，但其相角仍为0°。

2. 积分因子的 Bode 图

对积分因子 1/j(ω) 取对数，则得对数幅频特性

$$\mathrm{Lm}\left|\frac{1}{\mathrm{j}\omega}\right| = -\mathrm{Lm}\omega = -20\lg\omega \quad [\mathrm{dB}] \tag{5-32a}$$

对数相频特性

$$\varphi = \angle\left(\frac{1}{\mathrm{j}\omega}\right) = -90° \tag{5-32b}$$

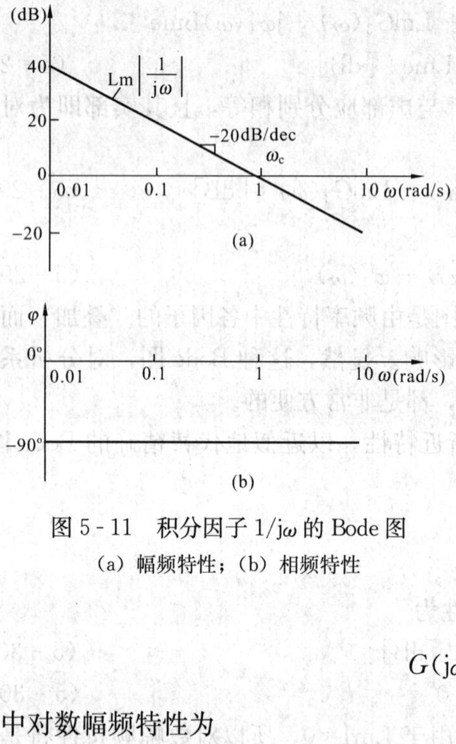

图 5-11 积分因子 1/jω 的 Bode 图

（a）幅频特性；（b）相频特性

式（5-32a）表明，纵轴变量$\left(\mathrm{Lm}\left|\frac{1}{\mathrm{j}\omega}\right|\right)$和横轴变量（lgω）之间保持直线关系，且其斜率等于-20dB/dec（dec 即 decade，十倍频程），即横轴 ω 每增加十倍频程（注意，lg10=1），纵轴的分贝幅值 $\mathrm{Lm}\left|\frac{1}{\mathrm{j}\omega}\right|$ 即降低 20dB，如图 5-11（a）所示。

该直线与横轴（0dB）相交于 ω=1 处（Lm1=0dB）。称对数幅频特性与 0dB 横轴的交点处的频率为剪切频率，且表为ω_c。对积分因子 1/jω，其剪切频率ω_c=1rad/s。

积分因子的对数相频特性［式（5-32b）］是滞后 90°的一条直线，如图 5-11（b）所示。

3. 一阶滞后因子 Bode 图

系统频率特性中的一阶滞后因子为

$$G(\mathrm{j}\omega) = \frac{1}{1+\mathrm{j}\omega T} \tag{5-33}$$

其中对数幅频特性为

$$\mathrm{Lm}G(\omega) = -\frac{1}{2}\mathrm{Lm}(1+\omega^2T^2) \quad [\mathrm{dB}] \tag{5-34a}$$

对数相频特性为

$$\varphi(\omega) = \angle[G(\omega)] = -\mathrm{arctg}(\omega T) \tag{5-34b}$$

对应的 Bode 图示于图 5-12。图中用虚线表示的 $\mathrm{Lm}G(\omega)$，$\varphi(\omega)$ 代表精确的特性，用折线表示的 $\mathrm{Lm}G'(\omega)$，$\varphi'(\omega)$ 代表渐近特性。

现在分析对数幅频渐近特性 $\mathrm{Lm}G'(\omega)$：

（1）当 $\omega T<1$（即 $\omega<1/T$）时的渐近线称为低频段渐近特性，这一部分可以表为

$$\mathrm{Lm}G'(\omega)\Big|_{\omega<1/T} = -\frac{1}{2}\mathrm{Lm}(1+\omega^2T^2)\Big|_{\omega<1/T} \approx 0\mathrm{dB} \tag{5-35a}$$

即低频段渐近特性是一条 0dB 的水平直线段（与横轴重合）。

（2）当 $\omega T>1$（即 $\omega>1/T$）时的渐近线称为高频段渐近特性，即

$$\mathrm{Lm}G'(\omega)\Big|_{\omega>1/T} = -\frac{1}{2}\mathrm{Lm}(1+\omega^2T^2)\Big|_{\omega>1/T} \approx -20\lg(\omega T) \quad [\mathrm{dB}] \tag{5-35b}$$

这也是一条直线，其斜率为-20dB/dec。

（3）令式（5-35b）中$-20\lg(\omega T)=0$，则得两渐近直线的交点频率为

$$\omega_1 = 1/T \qquad (5-35c)$$

相邻两渐近直线的交点频率 ω_1 称为转角频率。

综合上面的分析，一阶滞后因子的对数幅频渐近特性可表为

$$\mathrm{Lm}G'(\omega) = \begin{cases} 0, & \omega \leqslant 1/T \\ -20\lg(\omega T), & \omega > 1/T \end{cases} \quad [\mathrm{dB}] \qquad (5-36)$$

此渐近特性与精确特性 $\mathrm{Lm}G(\omega)$ 之间的最大误差出现在转角频率 $\omega_1=1/T$ 处（图 5-12）。将 $\omega_1=1/T$ 代入式（5-36）及式（5-34a）得

$$\begin{aligned}\Delta G &\triangleq \mathrm{Lm}G'(\omega_1) - \mathrm{Lm}G(\omega_1) \\ &= 0-(-3.01) \approx 3(\mathrm{dB})\end{aligned} \qquad (5-37)$$

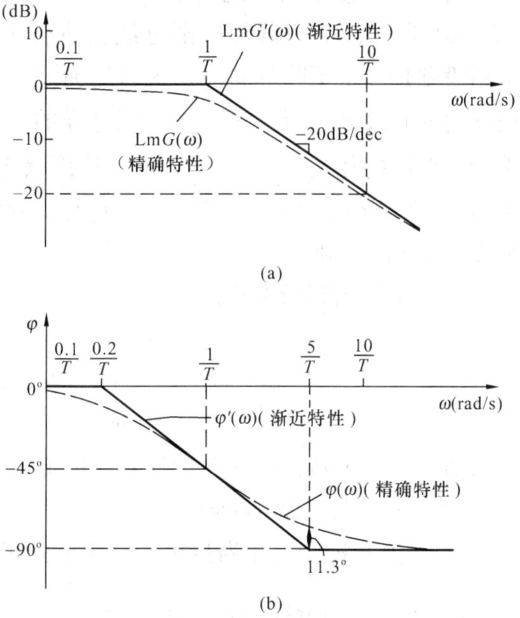

图 5-12　一阶滞后因子的 Bode 图
（a）幅频特性；（b）相频特性

即最大误差约为 3dB。在其他频率下的误差，示于图 5-13（a）。

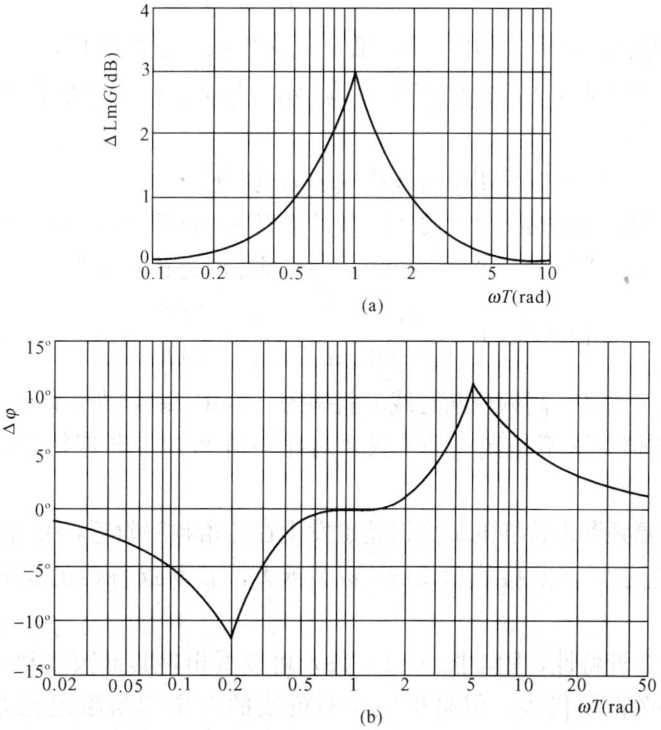

图 5-13　一阶滞后因子渐近特性误差曲线
（a）幅频渐近特性误差曲线；（b）相频渐近特性误差曲线

下面分析对数相频渐近特性 $\varphi'(\omega)$。为了逼近精确特性，需要采用三段直线，如图 5-12（b）所示。其中低频段渐近线为重合于横轴的 0°线段，高频段渐近线为 −90°线段，而中频段则是一个下降的斜线。这里的关键，是如何确定中频段斜线。出于不同的考虑，可以用不同的斜线来逼近。这里，采用这样的一条斜线：它在转角频率 $\omega_1=1/T$ 处与精确特性重合，对应的相角 $\varphi(\omega_1)=-45°$；从该点作精确特性的切线。可以推导出，这条切线的斜率为 −1.15rad/dec≈−65.9°/dec。它与低频段的 0°线相交于 $\omega\approx0.2/T$ 处，与高频段 −90°线相交于 $\omega\approx5/T$ 处。

因此，对数相频渐近特性可以表为

$$\varphi'(\omega)=\begin{cases}0°, & \omega\leqslant0.2/T\\ -65.9°/\text{dec}, & 0.2T<\omega<5/T\\ -90°, & \omega\geqslant5/T\end{cases} \tag{5-38}$$

对数相频渐近特性的误差曲线示于图 5-13（b）。

4. 二阶滞后因子的 Bode 图

式（5-21）即为二阶滞后因子。由该式可得其对数幅频特性为

$$\begin{aligned}\text{Lm}G(\omega)&=\text{Lm}\frac{1}{[(1-\omega^2T^2)^2+(2\zeta\omega T)^2]^{1/2}}\\&=-10\times\lg[(1-\omega^2T^2)^2+(2\zeta\omega T)^2]\quad[\text{dB}]\end{aligned} \tag{5-39a}$$

其相频特性为

$$\varphi(\omega)=-\text{arctg}\frac{2\zeta\omega T}{1-\omega^2T^2} \tag{5-39b}$$

对应的 Bode 图示于图 5-14 中。正如我们已多次指出过的那样，特性曲线形状决定于阻尼比 ζ。当 $0<\zeta<0.7$ 时，出现谐振峰值：$\text{Lm}M_r=\text{Lm}G(\omega_r)$，并且在 $\zeta\to0$ 时，谐振频率 $\omega_r\to\omega_n=1/T$。

对二阶滞后因子，也可以采用由折线构成的渐近特性。

对于对数幅频特性 $\text{Lm}G(\omega)$，由式（5-39a），当 $\omega\ll1/T$ 时，$\text{Lm}G(\omega)\approx0$；当 $\omega\gg1/T$，$\text{Lm}G(\omega)\approx-10\text{tg}[(\omega^2T^2)^2+0]\approx-40\lg(\omega T)$。因此渐近特性应为

$$\text{Lm}G'(\omega)=\begin{cases}0, & \omega\leqslant1/T\\ -40\lg(\omega T), & \omega>1/T\end{cases}\quad[\text{dB}] \tag{5-40a}$$

特性的转角频率 $\omega_1=1/T$。高频段渐近线的斜率为 −40dB/dec，即正好是一阶滞后因子斜率（−20dB/dec）的 2 倍。这不是偶然的。只要对比一阶和二阶渐近特性的推导过程，即可明了。

二阶滞后因子幅频渐近特性的最大误差也发生在转角频率附近，并且和阻尼比 ζ 密切相关。当然，ζ 越趋近于零，谐振峰值 $\text{Lm}G(\omega_r)$ 越大，其渐近特性的误差也越大［参见图 5-14（a）］。

至于对数相频渐近特性，则由图 5-14（b）可以看出，其低频段和高频段分别可用 0°和 −180°的两条水平直线代表。但是中频段渐近线的斜率则与阻尼比 ζ 有关，且可表为 $-132°/\zeta/\text{dec}$。中频段各渐近线的公共点在 $\omega_1=1/T$ 及 $\varphi=-90°$ 处。

这样，在已知阻尼比 ζ 的情况下，对数相频渐近特性可表为

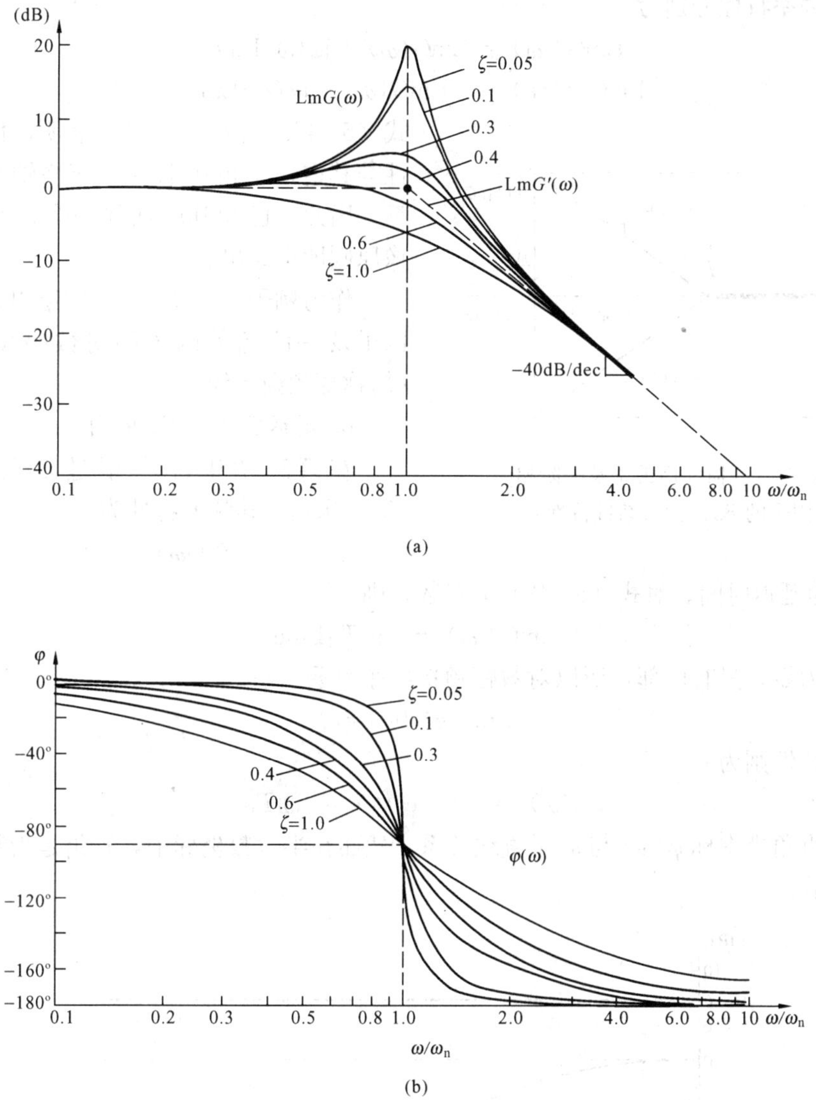

图 5-14　二阶滞后因子的 Bode 图

（a）幅频特性；（b）相频特性

$$\varphi'(\omega)=\begin{cases}0^\circ, & \omega\ll 1/T\\ -90^\circ, & \omega=1/T\\ -132^\circ/\zeta, & \omega\approx 1/T\\ -180^\circ, & \omega\gg 1/T\end{cases}\tag{5-40b}$$

5. 逆因子的 Bode 图

频率特性的倒数 $G^{-1}(j\omega)$，称为 $G(j\omega)$ 的逆。上面已经介绍过的四种因子的倒数，称为逆因子。例如，积分因子的逆因子，即为微分因子 $j\omega T$；一阶滞后因子的逆因子为一阶超前因子（$1+\omega T$）；二阶滞后因子的逆因子为二阶超前因子［$(1+\omega^2T^2)+j2\zeta\omega T$］。

设某一频率特性表为 $G(j\omega)=G(\omega)e^{j\varphi(\omega)}$，则其逆为

$$G^{-1}(j\omega)=G^{-1}(\omega)e^{-j\varphi(\omega)}\tag{5-41}$$

两者的对数频率特性分别为

$$\mathrm{Lm}G(\mathrm{j}\omega)=\mathrm{Lm}G(\omega)+\mathrm{j}\varphi(\omega)\mathrm{Lme} \quad (5-42a)$$

$$\mathrm{Lm}G^{-1}(\mathrm{j}\omega)=-\mathrm{Lm}G(\omega)-\mathrm{j}\varphi(\omega)\mathrm{Lme} \quad (5-42b)$$

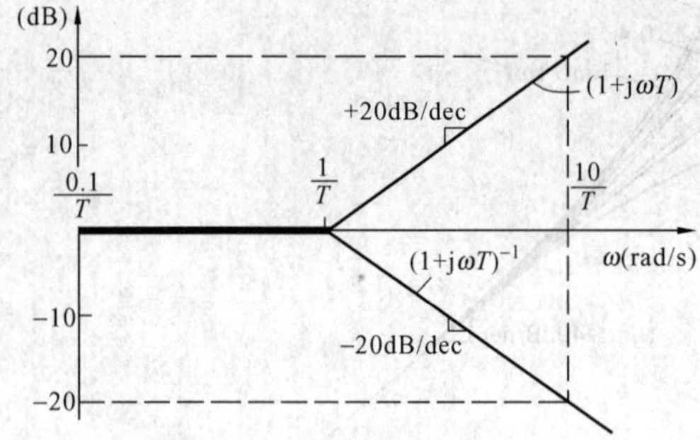

图 5-15 一阶滞后因子及一阶超前因子的 Bode 图（渐近特性）

式（5-42a）和（5-42b）表明，任一频率特性与其逆，在 Bode 图上关于横轴互成镜像关系。因此，已知其中任何一个，另一个按镜像原则即可绘出。

作为例子，在图 5-15 中绘出了一阶滞后因子及一阶超前因子的对数幅频渐近特性(简称幅频渐近线)。

6. 延迟因子的 Bode 图

在第三章曾经介绍过延迟因子［式(3-13h)］，其频率特性为

$$G(\mathrm{j}\omega)=\mathrm{e}^{-\mathrm{j}\omega T_{\mathrm{D}}} \quad (5-43)$$

式中的 T_{D} 为延迟时间。对式（5-43）取对数，则

$$\mathrm{Lm}G(\mathrm{j}\omega)=-\mathrm{j}\omega T_{\mathrm{D}}\mathrm{Lme} \quad (5-44)$$

由于其实部为零，只有虚部，所以对数幅频特性亦为零

$$\mathrm{Lm}\mid \mathrm{e}^{-\mathrm{j}\omega T_{\mathrm{D}}}\mid=0 \quad (5-44a)$$

而对数相频特性则为

$$\varphi(\omega)=\angle(-\mathrm{e}^{\mathrm{j}\omega T_{\mathrm{D}}})=-\omega T_{\mathrm{D}} \quad (5-44b)$$

可见在普通直角坐中标 $\varphi(\omega)$ 与 ω 呈直线关系。然而在半对数坐标中，它仍是指数关系，如图 5-16 所示。

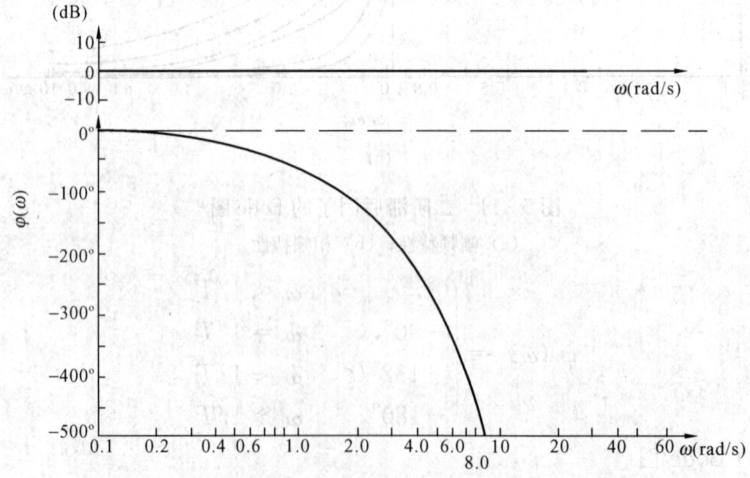

图 5-16 延迟因子的 Bode 图

至此，即可把前几章以及这一章里讨论过的一些基本环节（或基本因子）的不同的数学描述方法，进行一下小结，如表 5-5 所示。

表 5-5　基本环节数学模型汇总表

环节名称	环节动态方程	传递函数	单位阶跃响应	单位冲激响应	频率特性	
					Nyquist 图	Bode 图
比例	$y(t)=Ku(t)$	$G(s)=K$	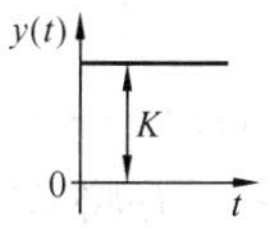	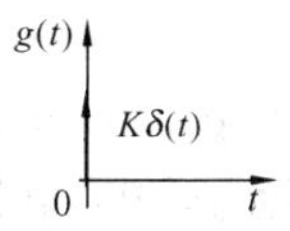	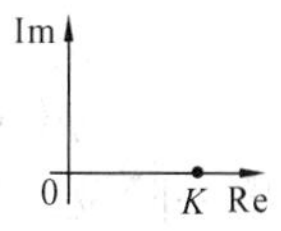	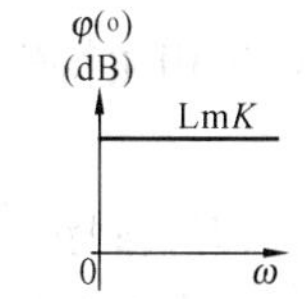
一阶滞后	$T\dfrac{dy(t)}{dt}+y(t)=Ku(t)$	$G(s)=\dfrac{K}{Ts+1}$	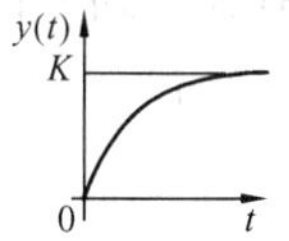	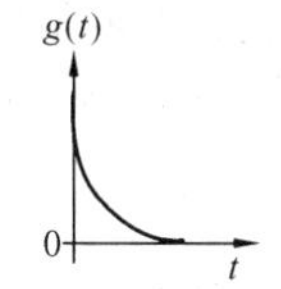	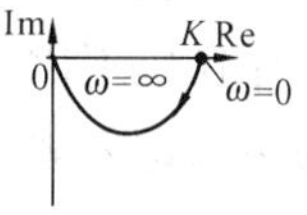	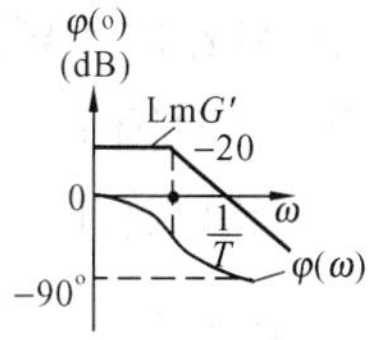
二阶滞后	$T^2\dfrac{d^2y(t)}{dt^2}+2\zeta T\dfrac{dy(t)}{dt}+y(t)=Ku(t)$	$G(s)=\dfrac{K}{T^2s^2+2\zeta Ts+1}$ $\left(T=\dfrac{1}{\omega_n}\right)$	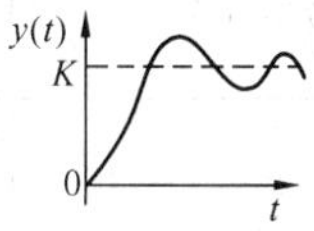	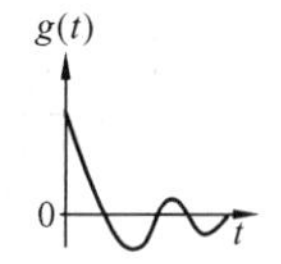	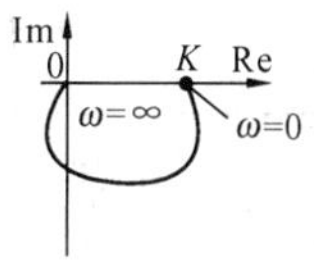	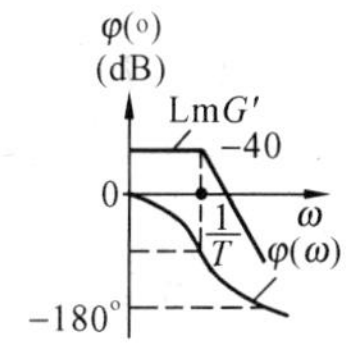
积分	$y(t)=K\int_0^t u(\tau)d\tau$	$G(s)=\dfrac{K}{s}$	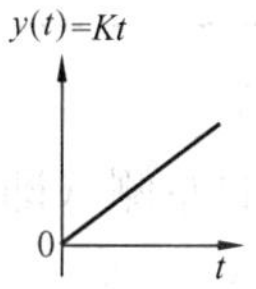	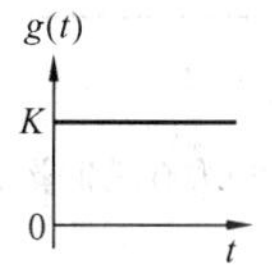	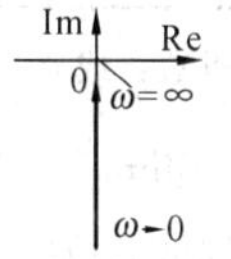	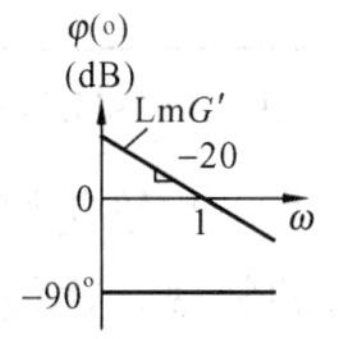
理想微分	$y(t)=K\dfrac{du(t)}{dt}$	$G(s)=Ks$	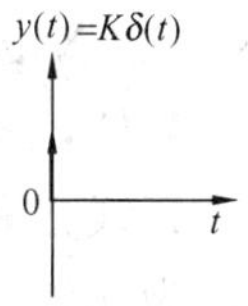	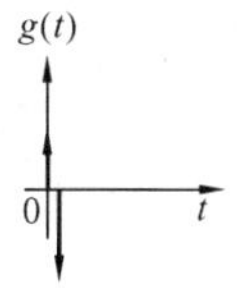	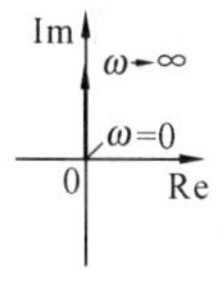	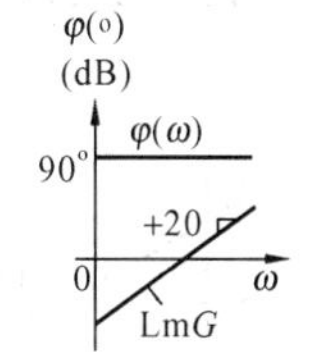
延迟	$y(t)=Ku(t-T_D)$	$G(s)=Ke^{-T_Ds}$	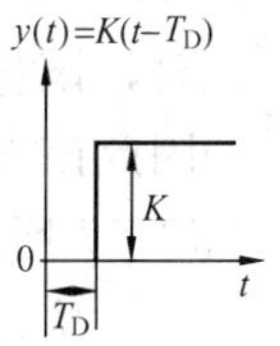	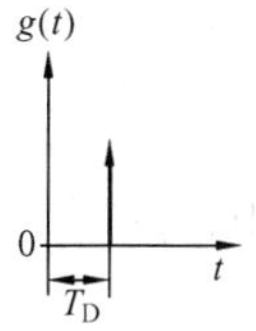	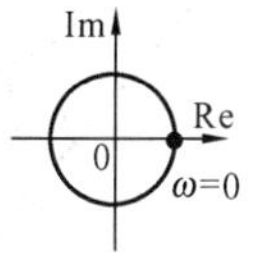	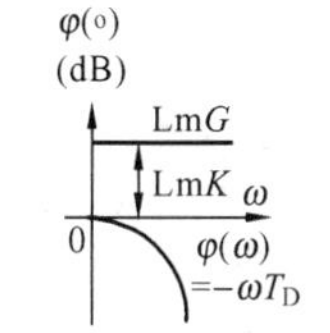

三、Bode 图的合成法

在第三节的开头已指出，Bode 图的优越性之一，便是可以把频率特性中各因子的乘积转化为 Bode 图上的叠加。

在绘制一个由多因子构成的频率特性的 Bode 图时，一般可以遵循如下步骤进行：

(1) 分解：将频率特性 $G(j\omega)$ 分解成为若干个基本因子的乘积，即

$$G(j\omega)=G_1(j\omega)G_2(j\omega)\cdots G_n(j\omega) \tag{5-45}$$

式中 $G(j\omega)=G(\omega)e^{j\varphi(\omega)}$；

$G_i(j\omega)=G_i(\omega)e^{j\varphi_i(\omega)}, i=1,\cdots,n$。

由此得对数幅频特性

$$\mathrm{Lm}G(\omega)=\mathrm{Lm}G_1(\omega)+\mathrm{Lm}G_2(\omega)+\cdots+\mathrm{Lm}G_n(\omega) \quad [\mathrm{dB}] \tag{5-45a}$$

及对数相频特性

$$\varphi(\omega)=\varphi_1(\omega)+\varphi_2(\omega)+\cdots+\varphi_n(\omega) \tag{5-45b}$$

(2) 排序：求出一阶及二阶因子的转角频率，并将式（5-45）中各因子按其转角频率从小到大的顺序重新排列，并且把比例因子 K，定为第一号，积分因子 $1/j\omega$（或微分因子 $j\omega$）排在第二号，从第三号开始再按其转角频率从小到大的顺序 $\omega_1<\omega_2<\cdots\cdots$ 排列各个一阶及二阶因子（若存在延迟因子 $e^{-j\omega T_D}$，则排在最后）。

建议将排序的结果记入表 5-6 中。

表 5-6 频率特性中各因子排序表

顺序	因子	转角频率	幅频渐近线斜率	
			因子的	累加后
1	K	—	0	0
2	$(j\omega)^{-N}$	—	$-20N$	$-20N$
3	各一、二阶因子	ω_1	⋮	⋮
⋮	⋮	⋮	⋮	

注 N—积分因子的重数：或 0，或 1，或 2，…。

(3) 绘制幅频渐近线：从最小转角频率 ω_1 的左侧（即低频段）开始，按表 5-6 中累加后的斜率，逐段绘制幅频渐近线。

低频段的幅频渐近特性，只决定于表 5-6 中的第一、二两项因子，即

$$\mathrm{Lm}G'(\omega)|_{\omega<\omega_1}=\mathrm{Lm}K-20N\lg\omega \quad [\mathrm{dB}] \tag{5-46}$$

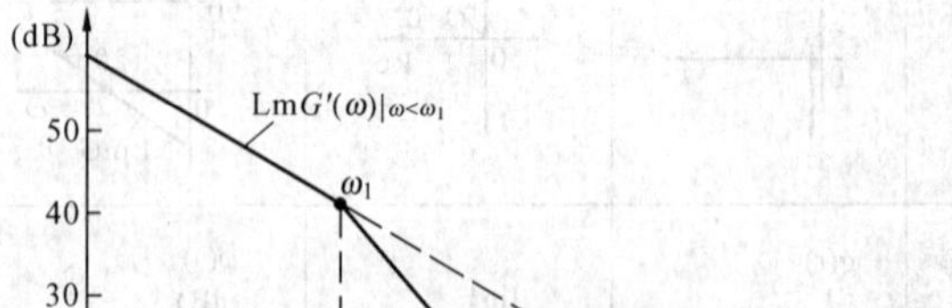

图 5-17 幅频渐近线低频段的绘制

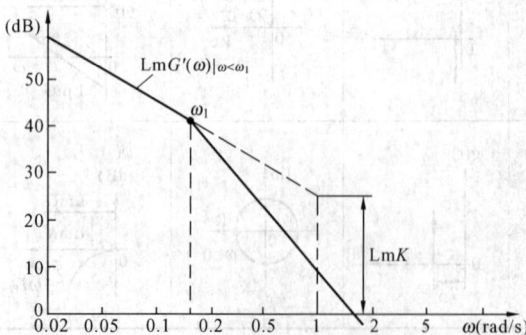

显然，式（5-46）在 Bode 图上代表一个直线方程［纵坐标为 $\mathrm{Lm}G'(\omega)$，横坐标为 $\lg\omega$］，直线的斜率为 $-20N$dB/dec（$N=0, 1, 2, \cdots$）。当 $\omega=1$ 即 $\lg\omega=0$ 时，该直线上的点为 $\mathrm{Lm}G'(\omega)=\mathrm{Lm}K$。因此该直线的具体位置已完全确定，如图 5-17 所示。

从 ω_1 以后各段，按表 5-6 所列累加后的斜率逐段绘出。

(4) 修正：按渐近特性的误差曲线（如图 5-13 那样，或误差表），把渐近线修正为精确曲线。

(5) 绘制对数相频特性：利用与上述步骤（3）、（4）相似的办法，绘制相频渐近线，再修正为精确的相频特性。但一般由于相频渐近线的绘制并不十分简便，而且修正时的难度也较大，所以有时也可直接将各因子的精确特性逐点叠加。

下面举例说明上述各步骤。

【例 5-2】 绘制某系统开环频率特性

$$G(j\omega)=\frac{8\times10^2(1+j0.2\omega)(1+j0.1\omega)}{j\omega(1+j\omega)(1+j0.5\omega)[1+j6\times10^{-3}\omega+6\times10^{-5}\times(j\omega)^2]}$$

的 Bode 图。

解 按照上面介绍的步骤进行之。

(1) 分解：这个频率特性共包含七个因子，即常数、积分、二个超前因子以及三个滞后因子。

(2) 排序：如表 5-7 所示。

(3) 绘制幅频渐近线：首先确定低频段的位置。由式 (5-46)，得 (注意到 $\omega_1=1$)

$$\mathrm{Lm}G'(\omega)\big|_{\omega<\omega_1}=\mathrm{Lm}800-20\lg\omega$$

当 $\omega=1$ 时

$$\mathrm{Lm}G'(\omega)\big|_{\omega=1}=\mathrm{Lm}800=58.1(\mathrm{dB})$$

此即该渐近线上的一点。低频段渐近线的斜率为 $-20\mathrm{dB/dec}$。因此，低频段 ($\omega<\omega_1=1$) 的位置就已完全确定。从 ω_1 点以后的各段渐近线，根据表 5-7 的累加斜率即可逐段绘出，如图 5-18 中实线所示。

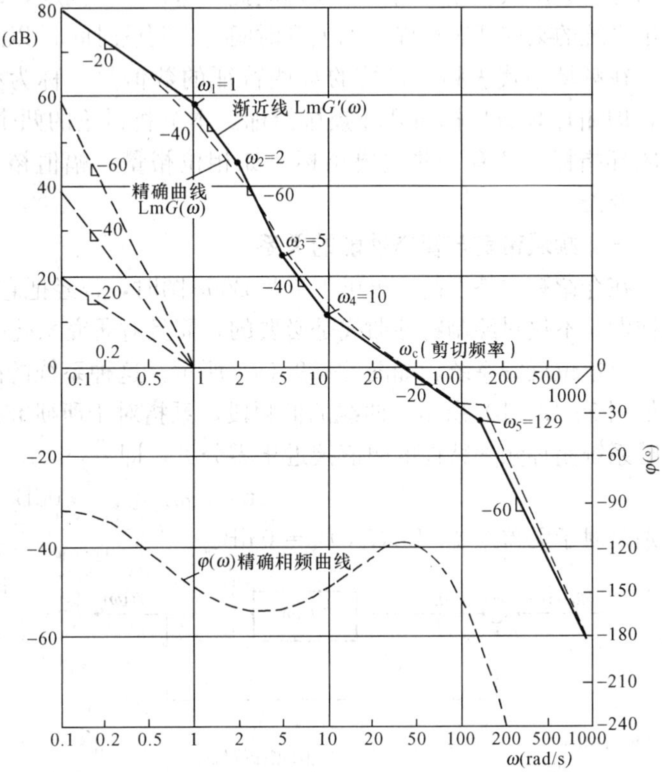

图 5-18 [例 5-2] 的 Bode 图

表 5-7 **例 5-2 中各因子排序表**

顺 序	因 子	转角频率 (rad/s)	幅频渐近线斜率 (dB/dec) 因 子 的	累 加 后
1	8×10^2	—	0	0
2	$(j\omega)^{-1}$	—	−20	−20
3	$(1+j\omega)^{-1}$	1	−20	−40
4	$(1+j0.5\omega)^{-1}$	2	−20	−60
5	$1+j0.2\omega$	5	+20	−40
6	$1+j0.1\omega$	10	+20	−20
7	$[1+j6\times10^{-3}\omega+6\times10^{-5}\times(j\omega)^2]^{-1}$	129	−40	−60

(4) 修正：如图 5-18 中虚线所示。

(5) 绘制对数相频特性：直接利用各因子的精确曲线逐点叠加，即可得到如图 5-18 所示的特性。

第四节　由闭环频率特性估计暂态性能

前面已经讨论，系统的暂态性能可由系统闭环传递函数确定，而系统闭环频率特性也可由闭环传递函数直接列出。现在理应提出这样一个问题，即如何根据系统闭环频率特性，来确定系统的某些暂态性能，如上升时间 t_r、调整时间 t_s 以及过调量 M_p 等。

在频域中代表频率特性的某些特征的数值量，称为频域指标。它们大体上可分为两类，即闭环频域指标与开环频域指标。本节将讨论的两个指标——带宽与谐振峰值，都属于闭环指标。还有一些重要指标，如相位裕量、幅值裕量等，属于开环指标，将在下一章里介绍。

一、频域带宽与暂态性能的关系

在介绍频率特性的 Nyquist 图及 Bode 图时，曾经把它分为低、中、高三个频段来叙述。这样做，不仅对绘制特性曲线是必要的，而且对研究系统的性能，也提供了某些方便。设考虑一个单位反馈系统，如图 5-19（a）所示。这种系统的闭环对数幅频特性 $\mathrm{Lm}G_c(\omega)$，一般如图 5-19（b）所示。曲线的低频段，系指对于所研究的问题来说是足够低的频率范围。这时系统闭环频率特性的幅值接近于零分贝，即

$$\mathrm{Lm}G_c(\omega)\,|_{\omega\to 0} \approx 0\mathrm{dB} \tag{5-47}$$

特别是对于无差系统，$\mathrm{Lm}G_c(0) = 0$ dB。

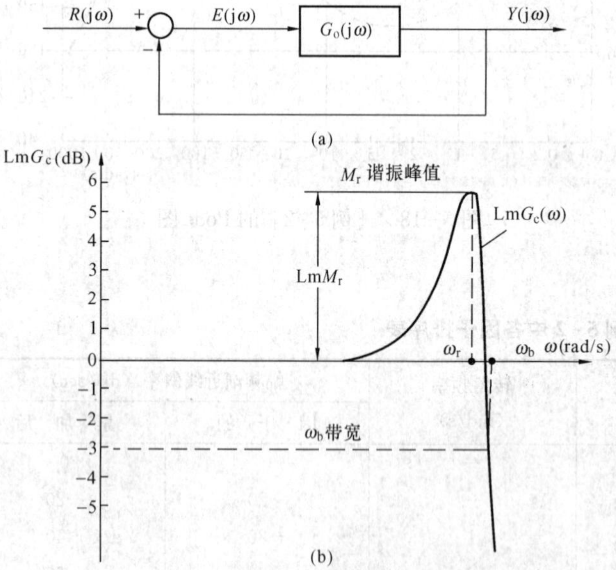

图 5-19　单位反馈系统及其闭环幅频特性

（a）单位反馈系统；（b）闭环幅频特性

由此看来，系统低频段特性决定了系统的稳态性能。

在对数幅频特性上，可以按下述方法确定其高频段的范围：设想一个高频段边界频率 ω_h，对于超过边界频率的所有频率 $\omega>\omega_h$，频率特性的幅值已经足够小，使得

$$G_c(\omega)\,|_{\omega>\omega_h} < \varepsilon \tag{5-48}$$

在实用上，ε 可取为 0.03～0.05，对应的分贝值约为 −20～−30dB。用这种办法确定出高频段，可以简化基于 Bode 图所进行的分析。因为高频段的幅值 $G_c(\omega)$ 已很小，所以它对系统性能不产生明显的影响，分析时可以不予考虑。

除此而外的广阔中间频率范围，都属于中频段。中频段特性决定着系统的暂态性能。谐振峰值 M_r 以及带宽等闭环频域指标，确定了闭环系统幅频特性中频段曲线的主要特征。

在图 5-19（b）中，当闭环频率特性的分贝幅值从 $\mathrm{Lm}G_c(\omega) = 0\mathrm{dB}$ 降低到 $\mathrm{Lm}G_c(\omega) = -3\mathrm{dB}$ ［幅值 $G_c(\omega)$ 降低到 $1/\sqrt{2}$ 倍］时所对应的频率宽度 ω_b，称为带宽。必须指出，人们

对系统频域带宽的规定不是唯一的。但上述规定标准得到了最广泛的采用。带宽边界的频率ω_b，称为截止频率。显然，带宽的宽度，与截止频率是同一个频率数值ω_b。

系统频域带宽ω_b，是和系统响应的快速性——上升时间t_r和调整时间t_s密切相关的。可惜，对于一般系统没有精确的定量的对应关系，因此只能定性地说，系统的上述响应时间反比于带宽，亦即，带宽ω_b越大，响应的快速性就越好。

对于这个论断，可以这样来理解：大的带宽ω_b，表明输入信号频谱$R(j\omega)$中的较高频率分量可以通过闭环系统而达到输出端。例如对图 5-19 (a)，系统输出的频谱

$$Y(j\omega)=G_c(j\omega)R(j\omega) \tag{5-49}$$

式中

$$G_c(j\omega)=G_o(j\omega)/[1+G_o(j\omega)] \tag{5-50}$$

这就是说，系统能较快速地响应快速变化的输入$R(j\omega)$（例如包含有丰富谐波频谱的阶跃输入），因此系统应有较短的上升时间t_r。

此外，系统的调整时间t_s也与带宽有关。在很多情况下，带宽ω_b越大，调整时间t_s会越小。

从缩短系统暂态响应时间t_r、t_s的角度考虑，增大系统频域带宽ω_b是有好处的。但是要注意，大的带宽也会使输入噪声顺利通过，这就引起了噪声对系统的干扰，使系统的抗噪声能力下降。而这往往是不允许的。因此，从抗噪声能力的角度，带宽不应过大。如何正确处理好带宽的两个互相矛盾的要求，是设计系统时必须考虑的问题。

关于带宽，最后还要指出这样一个问题，即如何根据系统的开环频率特性而不是闭环频率特性来确定带宽？对于如图 5-19 (a) 所示的单位反馈控制系统，虽然闭环频域带宽和开环 Bode 图上的剪切频率之间没有简单的关系，但对于能正常工作的系统，可以证明（这里不予证明），带宽ω_b通常约等于剪切频率ω_c。因此，通常可以用剪切频率ω_c代替带宽ω_b来考虑问题。

上面曾指出，频率特性的高频段对暂态性能没有明显的影响，但是必须注意，高频段对抑制高于高频段边界频率ω_h的高频噪声，可以发挥良好作用。为了有效地抑制高频噪声，应这样设计系统：使高频段边界频率ω_h不要离开带宽或剪切频率过远（例如$\omega_h/\omega_c\approx2\sim3$），然后对所有的$\omega>\omega_h$，都能使式 (5-48) 得到满足。为了达到这个目的，可以在高频段增加一些具有小时间常数的滞后因子，从而保证高频段的幅频渐近线的斜率迅速下降。这后一部分内容和系统设计工作密切相关，在第七章讲述设计与校正时，还会提到。

二、频域谐振峰值与时域过调量的关系

先考虑一个典型二阶系统，然后再把结果推广到高阶系统上去。

1. 典型二阶系统

对于典型二阶系统［式 (5-20) 和式 (5-21)］，已经求得其谐振峰值［式 (5-22b)］为

$$M_r=\frac{1}{2\zeta\sqrt{1-1\zeta^2}},\ 0.707\geqslant\zeta>0 \tag{5-51}$$

此外，在时域中对该典型二阶系统还曾得到它的过调量M_p与阻尼比ζ的关系［式 (4-32)］为

$$M_p=e^{-\zeta\pi/\sqrt{1-\zeta^2}} \tag{5-52}$$

无论是频域中的谐振峰值M_r，还是时域中的过调量M_p，两者都仅与阻尼比ζ有关。将两者对ζ的关系绘制在一张图上，如图 5-20 所示。

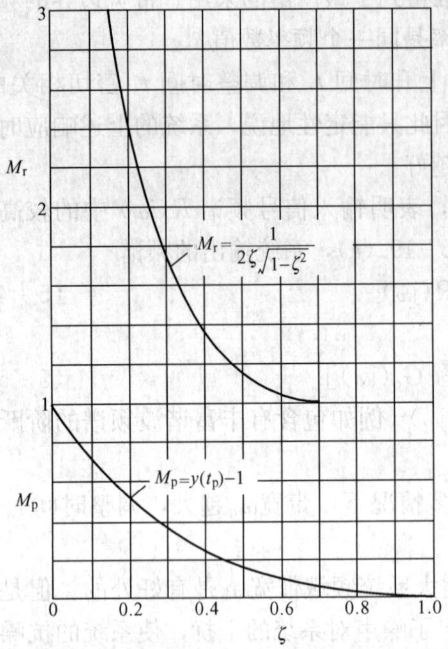

图 5-20 谐振峰值与过调量的关系曲线

根据过调量的定义，它与系统时域最大响应值 $y(t_p)$ 相差 1 个单位，即

$$y(t_p)=1+M_p \tag{5-53}$$

由图 5-20 不难得出，在实际有用的阻尼比的变化范围（$0.4\leqslant\zeta\leqslant0.7$）内，系统过调量与谐振峰值之间保持如下关系

$$1+M_p\leqslant1.09M_r, 0.4\leqslant\zeta\leqslant0.707 \tag{5-54}$$

当阻尼比 ζ 过小时，谐振峰值增加很快，上列关系不成立。尽管如此，这个关系仍然很有用，因为实际可以正常工作的控制系统中的 ζ 很少（或者说不允许）小于 0.4 以下。

因此，对二阶系统，用频域的谐振峰值 M_r 来估计时域中的过调量 M_p 具有相当的准确度。

2. 高阶系统

对于高阶系统，M_p 与 M_r 的关系呈现出复杂的情况。这时附加的闭环极点改变了二阶系统所具有的比较简单的暂态响应与频率响应之间的关系。对于一个具体的高阶系统，推导出 M_p 与 M_r 之间的数学关系，是可能办到的。但是由于花费时间很多，对实际工程来说这样做的必要性似乎不大。

有的文献指出，对于一般的反馈系统，在确定的输入信号频谱 $R(j\omega)$ 之下，系统响应的频谱 $Y(j\omega)$ 也可以导出［参见图 5-19（a）］。从推导过程中（这里略去推导）可以得到 M_p 与 M_r 之间的一般近似关系为

$$1+M_p\leqslant1.18M_r \tag{5-55}$$

因此，一般单位反馈系统的时域过调量 M_p，在相同的阻尼之下近似地不大于 18%倍的频域谐振峰值 M_r。这个近似关系回答了由频域谐振峰值指标来估计时域过调量指标的问题。

第五节 由开环 Nyquist 图确定闭环频率特性

对于实际工程中的反馈控制系统，无论通过分析系统中物理元件的特性，还是通过实验来建立系统开环的频率特性，都比建立系统闭环的频率特性，要方便得多。例如，本章前几节介绍的 Nyquist 图及 Bode 图，虽然也适用于系统的闭环频率特性，但主要是适用于开环频率特性。因为只有开环通路中的各个环节（相当于物理环节），才呈现出串联连接的状态，这就使这些环节的数学表达式可以直接作为相乘的因子而出现在开环频率特性中。至于闭环频率特性，虽然在数学上也能分解为若干因子相乘的形式，但是这些因子却无法与系统开环通路中的物理环节相对应。

于是，就需要解决这样一个问题：如何由开环频率特性来确定闭环频率特性？这一节主要讨论如何由开环 Nyquist 图确定闭环频率特性的问题。

在讨论这个问题时，仍然以如图 5-19（a）所示的单位反馈系统作为对象。

利用复平面上的开环 Nyquist 图，可以很方便地确定闭环频率特性，如图 5 - 21 所示。系统闭环频率特性

$$G_c(j\omega)=\frac{G_o(j\omega)}{1+G_o(j\omega)} \qquad (5-56)$$

图中的矢量$\overrightarrow{OA}$代表开环频率特性 $G_o(j\omega)$。负实轴上点 P（-1，j0）到点 A 的矢量$\overrightarrow{PA}$就代表 $1+G_o(j\omega)$。

于是

$$G_c(j\omega)=\frac{\overrightarrow{OA}}{\overrightarrow{PA}}\triangleq Me^{j\alpha} \qquad (5-57)$$

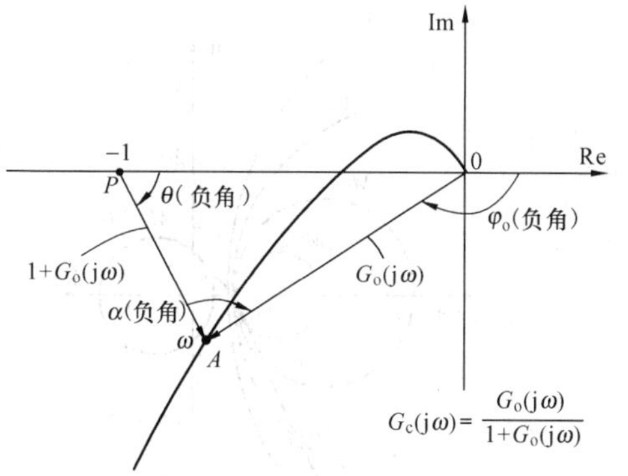

图 5 - 21　由开环 Nyquist 图确定闭环频率特性

式中

$$M\triangleq\left|\frac{\overrightarrow{OA}}{\overrightarrow{PA}}\right|;\alpha\triangleq\varphi_o-\theta \qquad (5-58)$$

利用式（5 - 57）即可确定闭环频率特性。此外，利用下面介绍的等幅值轨迹（又称等 M 圆）和等相角轨迹（又称等 N 圆），由 Nyquist 图确定闭环频率特性则更为方便。

1. 等 M 圆

等 M 圆，就是在复平面上表示闭环频率特性等幅值的一族圆。

将式（5 - 56）中的 $G_o(j\omega)$ 表为直角坐标形式，即

$$G_o(j\omega)=X+jY \qquad (5-59)$$

则闭环频率特性 $G_c(j\omega)$ 的幅值

$$M=|G_c(j\omega)|=\left|\frac{X+jY}{1+X+jY}\right|=\left[\frac{X^2+Y^2}{(1+X)^2+Y^2}\right]^{1/2}$$

或改写为

$$(1+X)^2M^2+Y^2M^2=X^2+Y^2 \qquad (5-60)$$

经代数运算，方程（5 - 60）可以写成

$$\left(X-\frac{M^2}{1-M^2}\right)^2+Y^2=\left(\frac{M^2}{1-M^2}\right)^2 \qquad (5-61)$$

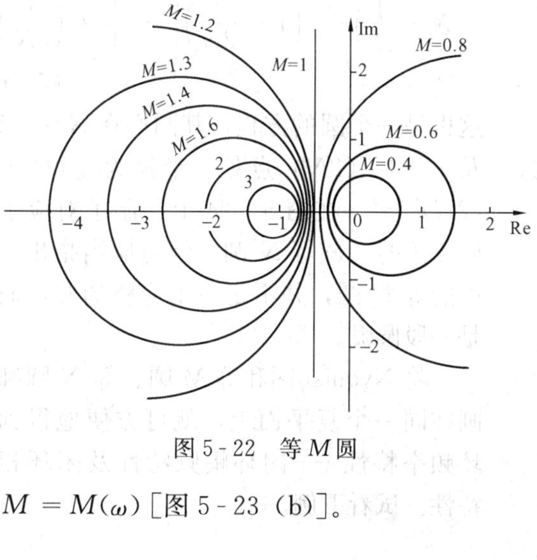

图 5 - 22　等 M 圆

这是一个圆的方程，其圆心在 $X=M^2/(1-M^2)$ 和 $Y=0$ 所确定的点上，其半径为 $M/(1-M^2)$。

在复平面上，对应于不同的 M 值，可以绘制一族等 M 圆，如图 5 - 22 所示。对于 $M=1$，圆蜕化成一条过点（-0.5，j0）的垂线。

将 Nyquist 图叠画在等 M 圆的复平面上［如图 5 - 23（a）所示］，就可方便地求得闭环谐振峰值 M_r。而利用 M_r 来估计时域过调量 M_p［根据式（5 - 55）］也是方便的。在需要时，也可以绘制闭环幅频特性 $M=M(\omega)$［图 5 - 23（b）］。

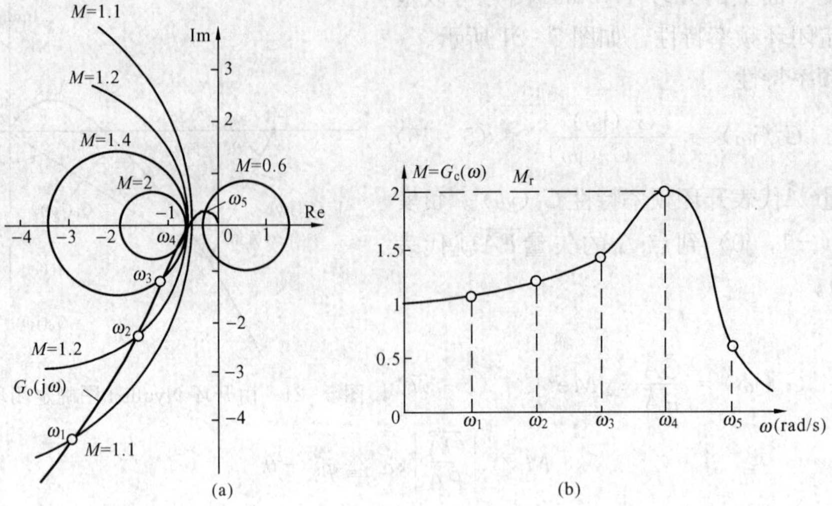

图 5-23 利用 Nyquist 图及等 M 圆确定闭环幅频特性

(a) 开关 Ngquist 图叠加上等 M 圆；(b) 闭环幅频特性

2. 等 N 圆

等 N 圆，是复平面上表示闭环频率特性等相角的一族圆，以下对此加以讨论。

首先求闭环频率特性的相角 α。此时

$$\alpha = \angle\left(\frac{X+\mathrm{j}Y}{1+X+\mathrm{j}Y}\right) = \mathrm{arctg}\,\frac{Y}{X} - \mathrm{arctg}\,\frac{Y}{1+X} \tag{5-62}$$

令

$$\mathrm{tg}\alpha \triangleq N \tag{5-63}$$

则

$$N = \mathrm{tg}\left[\mathrm{arctg}\,\frac{Y}{X} - \mathrm{arctg}\,\frac{Y}{1+X}\right]$$

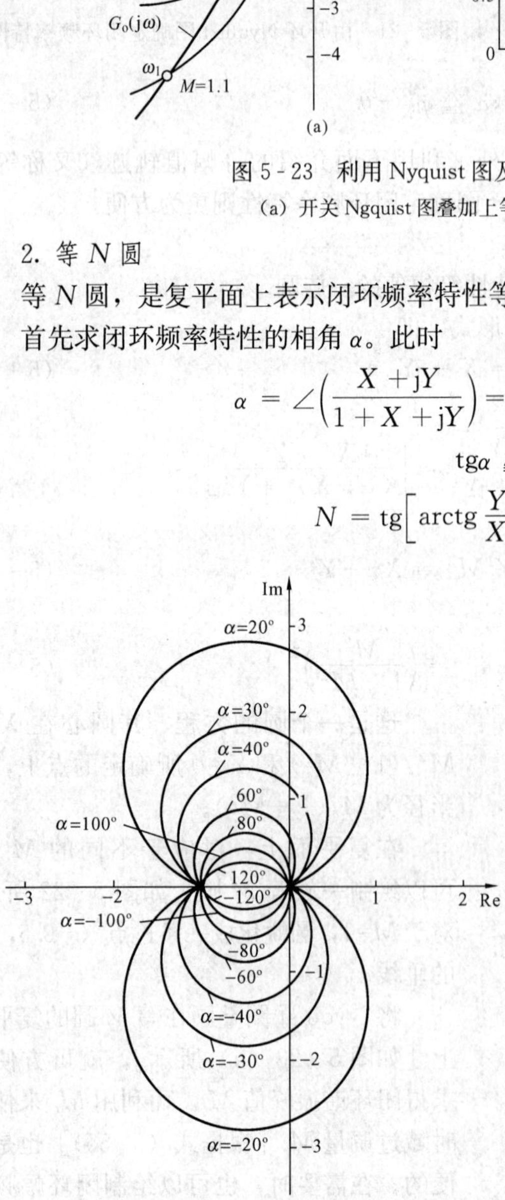

图 5-24 等 N 圆

利用三角函数中和角公式，上式可改写为

$$N = \frac{Y}{X^2+X+Y^2} \tag{5-64}$$

经代数运算得到

$$\left(X+\frac{1}{2}\right)^2 + \left(Y-\frac{1}{2N}\right)^2 = \frac{1}{4} + \left(\frac{1}{2N}\right)^2 \tag{5-65}$$

这也是一个圆的方程，其圆心在 $X=-1/2$ 及 $Y=1/(2N)$ 点处，半径为 $[1/4+1/(2N)^2]^{1/2}$。在图 5-24 上绘制了对应于不同 α 角的一族等 N 圆。但是应当指出，图中的等 N 圆，并不是一个完整的圆，而只是一段圆弧。

将 Nyquist 图和等 M 圆、等 N 圆都叠画在同一个复平面上，就可方便地得到闭环频率特性——闭环幅频特性及闭环相频特性。试看下例。

【例 5-3】 已知某单位反馈系统的开环频率特性为

$$G_o(j\omega)=\frac{10}{j\omega(1+j0.2\omega)(1+j0.05\omega)} \tag{5-66}$$

试绘制闭环频率特性。

解 在等 M 圆及等 N 圆的复平面上，再叠画上上列频率特性的 Nyquist 图，如图 5-25 所示。这样就很方便地得到了（非对数坐标的）闭环幅频特性与相频特性，如图 5-26 所示。

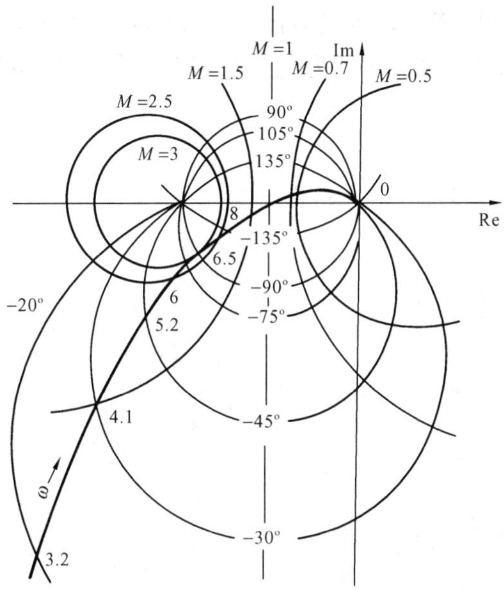

图 5-25 由 Nyquist 图及等 M、等 N 圆确定闭环频率特性

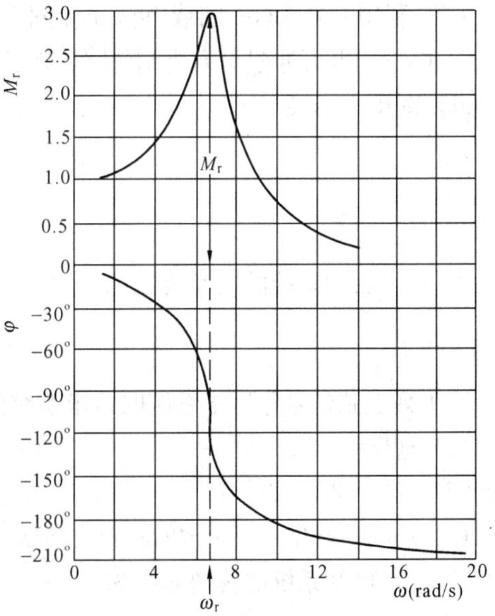

图 5-26 ［例 5-3］的闭环频率特性

本 章 小 结

（1）频率响应是稳定的线性定常系统在正弦输入作用下的稳态响应。这种稳态响应之所以重要，原因之一是，它能反映系统的暂态性能。在正弦稳态情况下，线性系统的频率特性定义为输出的正弦相量对输入的正弦相量之比。

（2）本章介绍了频率特性的两种图示方法，即 Nyquist 图和 Bode 图。实际上这两种图是一回事，但由于采用的坐标系不同，所以在具体应用上也各有特色。两种图形的坐标系及主要适用范围，如表 5-8 所示。

表 5-8　　频率特性两种图示方法的对照表

图　名	坐标系		主要适用范围
	纵坐标	横坐标	
Nyquist	ImG	ReG	开环特性；便于理论分析
Bode	LmG (dB)	lgω，但以 ω 刻度，rad/s	开环特性；便于实际应用
	φ (°)		

(3) 把频率特性的曲线分成低、中、高三个频段，不仅便于图形的绘制，而且对分析系统的性能有重要意义：低频段和系统的稳态性能有关；中频段和系统的暂态性能有关；高频段则和抑制高频噪声方面的问题有关。

(4) 带宽ω_b与谐振峰值M_r是两个重要的闭环系统的频域指标。它们代表了闭环频率特性的中频段的主要特征。根据它们的大小，还可以估计出系统的三个重要暂态时域指标——上升时间t_r、调整时间t_s和过调量M_p。

(5) 利用开环 Bode 图或 Nyquist 图上的剪切频率ω_c，可以估计闭环带宽ω_b，并且误差不大。同样，也可通过开环频率特性确定闭环谐振峰值M_r。为此，利用叠画有等M圆的 Nyquist 图也很方便。

习　　题

T5-1　已知系统的闭环传递函数为

$$G(s)=\frac{10}{11+s}$$

当下列正弦信号作用于系统时，求系统的稳态响应：

(1) $r(t)=\sin(t+30^\circ)$；

(2) $r(t)=2\cos(2t-45^\circ)$；

(3) $r(t)=\sin(t+30^\circ)-2\cos(2t-45^\circ)$。

T5-2　已知系统的传递函数为

$$G(s)=\frac{2s}{1+2s}$$

要求：

(1) 画出它的频率特性的 Nyquist 图；

(2) 验证该 Nyquist 曲线是以（1/2，0）为圆心，1/2 为半径的圆周。

T5-3　一热电偶的传递函数可表为一阶惯性环节

$$G(s)=\frac{U(s)}{\Theta(s)}=\frac{K}{1+Ts}\qquad [\mathrm{V/℃}]$$

如果它具有$T=5\mathrm{s}$时间常数，试问当环境温度以正弦律$\theta(t)=\theta_1\sin\omega t$变化时，与温度不变$[\theta(t)=\mathrm{const}]$相比，在什么频率$\omega$下输出电压将衰减为一半和10%？

T5-4　画出下列传递函数的频率特性 Nyquist 图：

(1) $G(s)=\dfrac{100}{(s+10)(s+50)}$；

(2) $G(s)=\dfrac{250}{s(s+50)}$；

(3) $G(s)=\dfrac{250(1+s)}{s^2(s+5)(s+15)}$。

T5-5　已知二阶系统的传递函数，求它们的自然振荡频率ω_n，阻尼比ζ，谐振频率ω_r以及谐振峰值M_r。

(1) $G(s)=\dfrac{10}{s^2+6s+10}$；

(2) $G(s)=\dfrac{100}{s^2+2s+100}$。

T5-6　绘制下列三个开环传递函数的频率特性的 Bode 图：

(1) $G_o(s)=\dfrac{100}{(s+10)(s+50)}$；

(2) $G_o(s)=\dfrac{250}{s(s+50)}$；

(3) $G_o(s)=\dfrac{250(1+s)}{s^2(s+5)(s+15)}$。

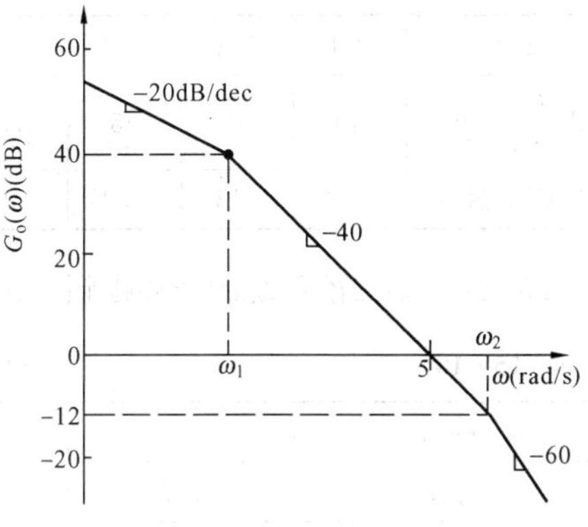

图 T5-7　幅频渐近特性

T5-7　某系统的开环幅频渐近特性如图 T5-7 所示，已知开环传递函数中的零点、极点均位于左半复平面上，试写出其开环传递函数。

T5-8　某系统开环幅频渐近特性如图 T5-8 所示，已知开环零点、极点均位于左半复平面上，试确定系统的开环传递函数。

T5-9　根据以下数据画出它们的渐近 Bode 图，并由此确定对应的传递函数（假定全部零点、极点位于复平面的左半部分）：

(1) 输入信号 $u_{in}=2\sin\omega t$ [mV] 时，稳态响应信号 u_{out} [峰值，mV] 及相角 φ [滞后，(°)]，如表 T5-9—1 所示。

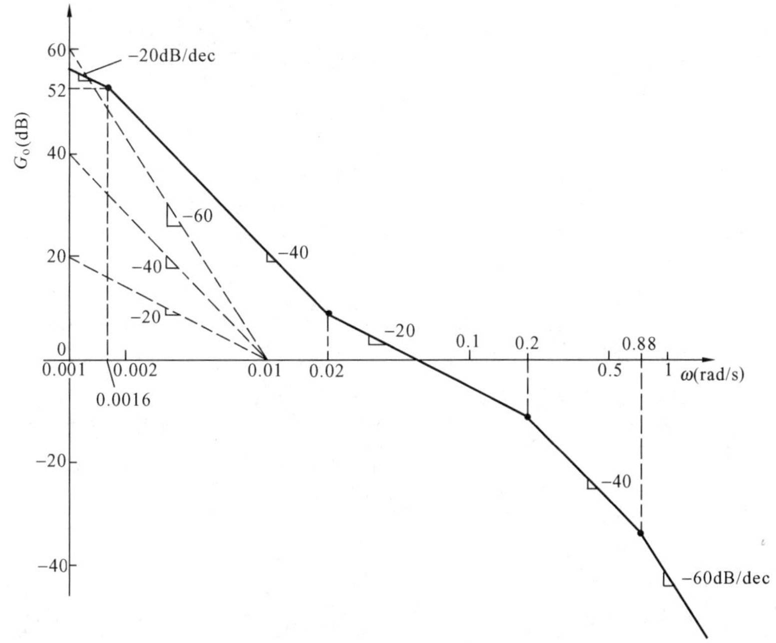

图 T5-8　幅频渐近特性

表 T5-9-1　　**试 验 数 据 (一)**

频率 (Hz)	0.01	0.03	0.06	0.1	0.3	0.6	1	3	6
U_{out} (mV，峰值)	1990	636	285	159	20.2	4.7	1.4	0.071	0.009
φ [(°)，滞后]	−98°	−110°	−126°	−142°	−180°	−202°	−220°	−250°	−260°

(2) 试验结果见表 T5-9-2。

表 T5-9-2 试验数据(二)

ω [rad/s]	0.1	0.4	0.7	1	1.3	2	3	6	10	20	40
$20\lg\frac{U_{in}}{u_{out}}$ (dB)	40	41	45	47.6	42	30	21.5	8	−3	−19	−37
φ [(°),滞后]	−2°	−12°	−32°	−96°	−148°	−179°	−192°	−208°	−222°	−241°	−254°

T5-10 某二阶系统的开环幅频、相频率特性实验数据如表 T5-10 所示。

表 T5-10 开环频率特性实验数据

ω (rad/s)	2	3	4	5	6
$\lvert G(j\omega)\rvert$	2.7	1.7	0.97	0.63	0.4
$\angle G(j\omega)$ (°)	−115°	−126°	−138°	−150°	−163°

要求:

(1) 按等 M 圆中直角坐标比例,用透明纸绘制本系统的开环幅、相频率特性(Nyquist 图);

(2) 将上述 Nyqusit 图重叠在等 M 圆上,求闭环谐振峰值 M_p 和谐振频率 ω_r;

(3) 求二阶系统的自然振荡角频率 ω_n 和阻尼比 ζ;

(4) 求闭环系统的带宽频率 ω_b。

第六章　稳定性分析

关键词：稳定性，BIBO（有界输入－有界输出）稳定性，渐近稳定性，全局渐近稳定性，Liapunov 稳定性，范数，特征方程式，自由系统－零输入系统，自由系统的平衡状态（平衡点），纯量函数，纯量函数的正定性及负定性，Liapunov 直接法，Liapunov 函数，Liapunov方程，Liapunov 定理，Routh 稳定判据，（Routh 稳定判据中的）摄动分析法，Sylvester准则，主要主子行列式，Nyquist 图，Nyquist 曲线，Nyquist 稳定判据，稳定裕量，相位裕量、幅值裕量，相位交界频率（相位剪切频率），开环频域性能指标，相位裕量，幅值裕量，最小相位系统，Bode 定理。

内容提要：前两章已经对控制系统的稳态性能、暂态性能以及频率特性等进行分析。但必须指出，所有这些分析，都是在一个总的前提下进行的——系统是稳定的。由此可见，稳定性问题是一个头等重要的问题。在第四章曾不加证明地阐述过：为使系统稳定，其传递函数 $G_c(s)$ 的全部特征根的实部都必须为负值，即

$$\mathrm{Re}(\lambda_i)<0,\ i=1,\ 2,\ \cdots,\ n \tag{6-1}$$

这一章，将给出关于稳定性的较严格的定义，并且在此基础上，试图不用直接计算特征根，而是通过在时域和频域中对系统特性的分析，来判定系统的稳定性及稳定裕量。

第一节　线性系统有界输入－有界输出（BIBO）稳定性

关于动态系统的稳定性，可以从两个方面来定义：

（1）从系统的外部描述——输入输出关系上定义，即有界输入－有界输出（BIBO，Bounded Input-Bounded Output）稳定性；

（2）从系统内部的状态变化上定义，即渐近稳定性。

本节介绍 BIBO 稳定性。

首先给出如下定义：如果线性系统对任何一个有界输入的零状态响应都是有界的，就称该系统的零状态响应是有界输入－有界输出（BIBO）稳定的。

必须注意，BIBO 稳定性一般只适用于线性动态系统，而不适用于非线性系统。例如，对于带饱和或带限幅的非线性系统，当计及饱和或限幅时，则不管信号如何，其最大输出只能达到饱和点或限幅值为止。因此，BIBO 稳定性在这种情况下是没有意义的。

为了明确定义中所提"有界"的涵义，这里规定：对于单输出系统，其输出变量 $y(t)$ 的有界性，通过其模的有界性来定义，即存在一个有界常数 M，使

$$|y(t)|\leqslant M<\infty,\ t\geqslant 0 \tag{6-2a}$$

对于多输出系统，其输出可表为矢量 $\boldsymbol{y}(t)\triangleq[y_1(t),\ \cdots,\ y_m(t)]^T$，这时可按输出矢量的范数[1]来定义其有界性，即

---

[1] 关于范数‖·‖的概念，可参见式（6-19）或线性代数等有关书籍。

$$\| \boldsymbol{y}(t) \| \leqslant M < \infty,\ t \geqslant 0 \tag{6-2b}$$

但我们也可以等效地按每一个输出变量 $y_i(t)$（$i=1, 2, \cdots, n$）的模的有界性代替范数的有界性，即

$$| y_i(t) | \leqslant M < \infty,\ t \geqslant 0,\ i=1, \cdots, n \tag{6-2c}$$

对多输入系统的输入矢量 $\boldsymbol{u}(t) \triangleq [u_1(t), \cdots, u_r(t)]^T$ 的有界性，也可以相仿于式（6－2）来定义，不再赘述。

为了较深刻地理解 BIBO 稳定性，这里考虑一个用状态空间描述的单输入－单输出系统 $[\boldsymbol{A}, \boldsymbol{b}, \boldsymbol{c}]$

$$\dot{\boldsymbol{x}} = \boldsymbol{A}\boldsymbol{x} + \boldsymbol{b}u,\ \boldsymbol{x}(t_0) = \boldsymbol{x}_0 \tag{6-3a}$$

$$y = \boldsymbol{c}\boldsymbol{x} \tag{6-3b}$$

式中，$\boldsymbol{x}(t)$ 是 n 维状态矢量；$u(t)$、$y(t)$ 分别是输入、输出变量。

该系统满足初始条件的全响应为

$$y(t) = y_{0-\mathrm{m}}(t) + y_{0-\mathrm{st}}(t) = \boldsymbol{c\Phi}(t)\boldsymbol{x}_0 + \int_0^t \boldsymbol{c\Phi}(t-\tau)\boldsymbol{b}u(\tau)\mathrm{d}\tau \tag{6-4}$$

式中，$\boldsymbol{\Phi}(t-\tau) = \mathrm{e}^{A(t-\tau)}$，代表状态转移矩阵；而

$$y_{0-\mathrm{in}}(t) \triangleq \boldsymbol{c\Phi}(t)\boldsymbol{x}_0 \tag{6-4a}$$

$$y_{0-\mathrm{st}}(t) \triangleq \int_0^t \boldsymbol{c\Phi}(t-\tau)\boldsymbol{b}u(\tau)\mathrm{d}\tau \tag{6-4b}$$

分别代表零输入响应与零状态响应。

根据 BIBO 稳定性的定义，如果对于任何一个有界的输入满足

$$|u(t)| \leqslant M_1 < \infty, t \geqslant 0 \tag{6-5}$$

系统 $[\boldsymbol{A}, \boldsymbol{b}, \boldsymbol{c}]$ 的零状态响应总是有界的，即

$$| y_{0-\mathrm{st}}(t) | = \left| \int_0^t \boldsymbol{c\Phi}(t-\tau)\boldsymbol{b}u(\tau)\mathrm{d}\tau \right| \leqslant M < \infty, t \geqslant 0 \tag{6-5a}$$

那么，就说系统的零状态响应是 BIBO 稳定的。

BIBO 稳定性特别适合于用传递函数形式描述的线性系统。因为传递函数代表的正是系统零状态响应的拉氏变换对系统输入的拉氏变换之比。

BIBO 稳定性着眼于系统的零状态响应，至于对零输入响应以及全响应的稳定方面的性状，暂且未予讨论（以后会看出，在一定条件下它们是等效的）。

现在考虑由下列不可约真有理函数描述的线性动态系统

$$\frac{Y(s)}{U(s)} = \frac{b_0(s-z_1)\cdots(s-z_m)}{(s-\lambda_1)\cdots(s-\lambda_n)} \tag{6-6}$$

式中 $\lambda_1, \cdots, \lambda_n$——系统传递函数$\dfrac{Y(s)}{U(s)}$的特征根，亦即闭环极点；

$z_1, \cdots, z_m$——传递函数的闭环零点。

可以证明（但这里略去证明），对于由式（6－6）所描述的系统，当且仅当系统传递函数$\dfrac{Y(s)}{U(s)}$的全部极点都具有负实部时，系统的零状态响应是 BIBO 稳定的。

顺便指出，为了证明某系统不是 BIBO 稳定的，只要找到能使输出无界的任何一个有界

输入就够了；但是即使找到一千个有界输入能使其输出有界，也不能断定该系统是 BIBO 稳定的。

第二节 特征方程与稳定性的关系

系统的特征方程对系统的稳定性起着决定性的作用。但是，当考察同一系统的角度不相同时，却可以得到可能不完全相同的特征方程。

对于线性动态系统［$\boldsymbol{A}$，$\boldsymbol{B}$，$\boldsymbol{C}$］，系统的特征方程可表为

$$\Delta(s)=\det(s\boldsymbol{I}-\boldsymbol{A})=0 \tag{6-7}$$

特征方程的左函数$\Delta(s)=\det(s\boldsymbol{I}-\boldsymbol{A})$ 称为特征式。

为了区别起见，称这样得到的特征方程（6-7）为系统特征方程。由于它的表达式中只与矩阵 $\boldsymbol{A}$ 有关，所以它也就是零输入系统（又称自由系统，简记为 $\boldsymbol{A}$）

$$\dot{\boldsymbol{x}}=\boldsymbol{A}\boldsymbol{x}，\boldsymbol{x}(0)=\boldsymbol{x}_0 \tag{6-8}$$

的特征方程。

对于同一系统，系统的传递函数矩阵可表为

$$\boldsymbol{G}(s)=\frac{\boldsymbol{C}\mathrm{adj}(s\boldsymbol{I}-\boldsymbol{A})\boldsymbol{B}}{\det(s\boldsymbol{I}-\boldsymbol{A})}=\begin{bmatrix} G_{11}(s) & \cdots & G_{1n}(s) \\ \vdots & \cdots & \vdots \\ G_{n1}(s) & \cdots & G_{nn}(s) \end{bmatrix} \tag{6-9}$$

式中 $G_{ij}(s)$ （i，$j=1$，…，n）——传递函数矩阵 $\boldsymbol{G}(s)$ 中的元素，都是约简后的（关于 s 的）真有理函数。

令

$$\Delta'(s)\triangleq G_{ij}(s)\ \text{的最小公分母多项式} \tag{6-10}$$

$$\Delta'(s)=0 \tag{6-11}$$

即为传递函数矩阵 $\boldsymbol{G}(s)$ 的特征方程。

在第二章里已经论述过，当系统可由传递函数完全表征时，传递函数特征式与系统特征式是一致的，即

$$\Delta'(s)=\Delta(s) \tag{6-12}$$

当系统不能由传递函数完全表征时，说明传递函数的零点、极点间存在对消现象，因此传递函数特征式将与系统特征式不一致，且有关系

$$\Delta'(s)\subset\Delta(s) \tag{6-13}$$

换言之，$\Delta'(s)$ 的根是$\Delta(s)$ 的根的一部分。

正如第一节所述，判定一个系统的 BIBO 稳定，根据的正是该系统的传递函数特征式$\Delta'(s)$中的根的性状如何。当系统不能由传递函数完全表征时，就可能发生如下情况：系统是 BIBO 稳定的，但系统的部分内部状态却是发散的。

上述分析表明，当系统是由传递函数完全表征时，BIBO 稳定性可以代表包括全部状态在内的整个系统的稳定性，但是当系统不能由传递函数完全表征时，BIBO 稳定性就不能代表整个系统中全部状态的稳定性。

既能代表系统中全部状态的稳定性，又能蕴含 BIBO 稳定性的特征方程［式（6-7）］，是自由系统［式（6-8）］的特征方程。由于自由系统中不涉及输入 $u(t)$，所以这时 BIBO

稳定性的概念就不适用了。这就要求进一步引入自由系统的稳定性的有关概念。

第三节 Liapunov 稳定性及渐近稳定性

Liapunov 稳定性及渐近稳定性的概念，不只限于线性动态系统，也适用于一般的非线性动态系统。它属于自由系统的状态的稳定性问题。

考虑任何一个能由零输入条件下的状态方程描述的自由系统的稳定性问题。该状态方程为

$$\dot{\boldsymbol{x}}=\boldsymbol{f}(\boldsymbol{x}),\ \boldsymbol{x}(0)=\boldsymbol{x}_0 \tag{6-14}$$

式中 $\boldsymbol{x}$——n 维状态矢量，$\boldsymbol{x}\triangleq(x_1,\ \cdots,\ x_n)^T$；

$\boldsymbol{f}$——n 维函数矢量，$\boldsymbol{f}\triangleq(f_1,\ \cdots,\ f_n)^T$。

这个问题最早由俄国学者 Liapunov 进行过研究。Liapunov 稳定性和渐近稳定性，是自由系统关于平衡状态的一种属性。因此，这里首先讨论平衡状态。

一、自由系统的平衡状态

假定自由系统［式（6-14）］在给定的初始状态 $\boldsymbol{x}(0)=\boldsymbol{x}_0$ 之下具有唯一的解，即状态转移函数

$$\boldsymbol{x}(t)=\boldsymbol{\varphi}(t;\ \boldsymbol{x}_0) \tag{6-15}$$

对于这个自由系统，如果存在一个初始状态 $\boldsymbol{x}(0)=\boldsymbol{x}_e$，能使状态转移函数始终等于此恒定状态

$$\boldsymbol{\varphi}(t;\ \boldsymbol{x}_e)=\boldsymbol{x}_e=\text{const},\ t\geqslant 0 \tag{6-16}$$

则称此状态 $\boldsymbol{x}_e$ 为自由系统［式（6-14）］的平衡状态或平衡点。

按此定义，所谓平衡状态就是这样一种状态：如果系统的初始状态等于平衡状态$\boldsymbol{x}(0)=\boldsymbol{x}_e$，那么该系统就永远保持在这个状态上不变。

显然，式（6-16）也是式（6-14）的一个解——一个等于常矢量的解，故将式（6-16）代入原自由系统［式（6-14）］中，则得

$$\dot{\boldsymbol{x}}_e=\boldsymbol{0}=\boldsymbol{f}(\boldsymbol{x}_e),\ \boldsymbol{x}(0)=\boldsymbol{x}_e \tag{6-17}$$

由此可知，对于自由系统 $\dot{\boldsymbol{x}}=\boldsymbol{f}(\boldsymbol{x})$，能使其右函数等于零，即使

$$\boldsymbol{f}(\boldsymbol{x}_e)=\boldsymbol{0} \tag{6-18}$$

的状态 $\boldsymbol{x}_e$，都是平衡状态。

对于线性定常的自由系统 $\dot{\boldsymbol{x}}=\boldsymbol{A}\boldsymbol{x}$，$n$ 状态空间的坐标原点 $\boldsymbol{0}$，显然是它的一个平衡状态或平衡点 $\boldsymbol{x}_e=\boldsymbol{0}$。而且，当 $\boldsymbol{A}$ 阵是 $n\times n$ 满秩矩阵时，原点 $\boldsymbol{0}$ 是唯一的平衡点。当 $\boldsymbol{A}$ 阵不满秩时，那么除 $\boldsymbol{0}$ 外还会存在其他的平衡点，即有多个平衡点。

对于非线性系统［式（6-14）］，状态空间的坐标原点 $\boldsymbol{0}$ 不一定是平衡点，而且平衡点也不一定是唯一的，但是，利用坐标变换的办法，总可以把坐标原点移到我们感兴趣的那个平衡点上去。因此，以后约定，坐标原点是平衡点，并且只考虑关于坐标原点的稳定性。

为了表征系统的状态 $\boldsymbol{x}(t)$ 趋近于坐标原点 $\boldsymbol{0}$ 的程度，相仿于欧氏几何空间的距离的概念，定义一个范数

$$\|\boldsymbol{x}(t)\|\triangleq[x_1^2(t_1)+\cdots+x_n^2(t)]^{1/2} \tag{6-19}$$

它代表 n 维状态空间矢量 $\boldsymbol{x}(t)$ 到坐标原点 $\boldsymbol{0}$ 的距离。

二、Liapunov 稳定性与渐近稳定性的定义

再强调一下，假定坐标原点 **0** 是平衡点，所说的稳定均指关于原点的稳定性。

对于式（6-14）所代表的自由系统，如果对于每一个 $\varepsilon>0$，总存在一个对应的 $\delta(\varepsilon)>0$，使只要

$$\|\boldsymbol{x}_0\|<\delta(\varepsilon) \tag{6-20a}$$

就有

$$\|\boldsymbol{\varphi}(t;\ \boldsymbol{x}_0)\|<\varepsilon,\ t\geqslant 0 \tag{6-20b}$$

那么就称该系统的原点是 Liapunov 稳定的（简称系统是 Liapunov 稳定的）。

关于 Liapunov 稳定性，可以利用图 6-1 来解释。式（6-20）代表初始状态 $\boldsymbol{x}_0$ 处于以原点 **0** 为中心，以 $\delta(\varepsilon)$ 为半径的球域之内。式（6-20b）代表从 $\boldsymbol{x}_0$ 出发的状态 $\boldsymbol{x}(t)=\boldsymbol{\varphi}(t;\ \boldsymbol{x}_0)$，当 $t\geqslant 0$ 时，永远不会从任意给定的球域 ε 中跑出去。不管 ε 多么小，上述情况均应成立。不过要注意，$\delta(\varepsilon)$ 的选择依附于 ε 的取定。

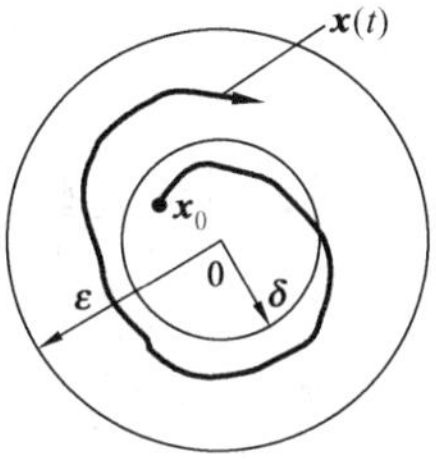

图 6-1 Liapunov 稳定性示意图

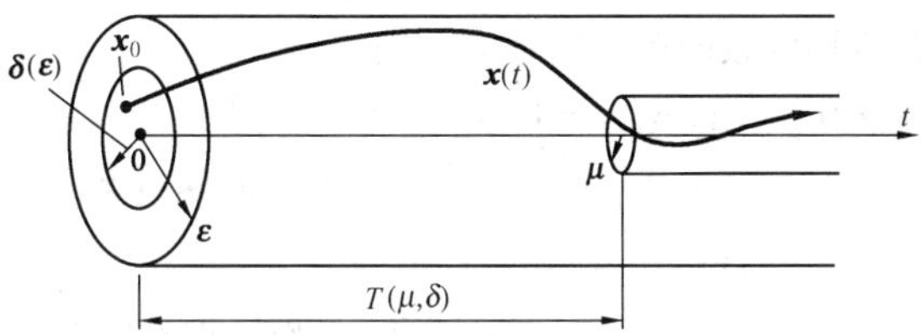

图 6-2 渐近稳定性示意图

上述 Liapunov 稳定性，用极限的概念表示，就可表为

$$\lim_{\|x_0\|\to 0}\|\boldsymbol{\varphi}(t;\ \boldsymbol{x}_0)\|=0 \tag{6-21}$$

在工程中一般不采用 Liapunov 稳定的概念，而是采用条件更为苛刻的渐近稳定性的概念。

对于上述系统，如果：

（1）系统是 Liapunov 稳定的；

（2）同时从球域 $\delta(\varepsilon)$ 内点 $\boldsymbol{x}_0$ 出发的状态 $\varphi(t,\ \boldsymbol{x}_0)$，随着 $t\to\infty$ 而趋近于原点**0**，即任给一个无论多么小的 $\mu>0$，总存在一个 $T(\mu,\ \delta)$，使得只要

$$\|\boldsymbol{x}_0\|<\delta(\varepsilon)\text{及 } t\geqslant T(\mu,\ \delta) \tag{6-22a}$$

就有

$$\|\boldsymbol{\varphi}(t;\ \boldsymbol{x}_0)\|<\mu \tag{6-22b}$$

那么，就称该系统（的原点）是渐近稳定的。

渐近稳定性的图解说明，如图 6-2 所示。通俗地说，一个满足 Liapunov 稳定的自由系统，当 $t\to\infty$ 时它的状态收敛于原点，就是渐近稳定的。用极限概念表示，则为

$$\lim_{\|x_0\|\to 0}\|\boldsymbol{\varphi}(t;\ \boldsymbol{x}_0)\|=0 \tag{6-23a}$$

且

$$\lim_{t\to\infty}\|\boldsymbol{\varphi}(t;\ \boldsymbol{x}_0)\|=0 \tag{6-23b}$$

要特别注意，不要把 Liapunov 稳定性和渐近稳定性混为一谈。对于前者，只要求从球域 $\delta(\varepsilon)$ 内出发的状态永远不跑出球域 ε，至于随着时间的推移，是趋近于原点还是趋近于球域 ε 的边界，或在其中任意变化，都不作规定。但是渐近稳定性，就不仅要求状态不跑出

ε 球域，而且还要求随时间的推移，最终必须趋近于原点。

【例 6-1】 讨论自由系统 $\dot{\boldsymbol{x}}=\boldsymbol{Ax}$，$\boldsymbol{x}(0)=\boldsymbol{x}_0$ 的稳定性，其中矩阵

$$\boldsymbol{A}\triangleq\begin{bmatrix}0 & 0 & 0\\ 0 & -1 & 0\\ 0 & 0 & -2\end{bmatrix} \tag{6-24}$$

解 为了利用稳定性定义以判定系统的稳定性，这里首先解出状态转移函数

$$\boldsymbol{x}(t)=\boldsymbol{\varphi}(t;\ \boldsymbol{x}_0)=\mathrm{e}^{At}\boldsymbol{x}_0=\begin{bmatrix}\mathrm{e}^{0t} & 0 & 0\\ 0 & \mathrm{e}^{-t} & 0\\ 0 & 0 & \mathrm{e}^{-2t}\end{bmatrix}\boldsymbol{x}_0 \tag{6-25}$$

将此解展开表示，则

$$\begin{bmatrix}\varphi_1(t;\boldsymbol{x}_0)\\ \varphi_2(t;\boldsymbol{x}_0)\\ \varphi_3(t;\boldsymbol{x}_0)\end{bmatrix}=\begin{bmatrix}1 & & \\ & \mathrm{e}^{-t} & \\ & & \mathrm{e}^{-2t}\end{bmatrix}\begin{bmatrix}x_{01}\\ x_{02}\\ x_{03}\end{bmatrix}=\begin{bmatrix}x_{01}\\ x_{02}\mathrm{e}^{-t}\\ x_{03}\mathrm{e}^{-2t}\end{bmatrix} \tag{6-25a}$$

求上述状态转移函数的范数的平方，则

$$\|\boldsymbol{\varphi}(t;\ \boldsymbol{x}_0)\|^2\triangleq(x_{01})^2+(x_{02}\mathrm{e}^{-t})^2+(x_{03}\mathrm{e}^{-2t})^2\leqslant x_{01}^2+x_{02}^2+x_{03}^2=\|\boldsymbol{x}_0\|^2,\ \boldsymbol{t}\geqslant0 \tag{6-26}$$

即

$$\|\boldsymbol{\varphi}(t;\ \boldsymbol{x}_0)\|\leqslant\|\boldsymbol{x}_0\|,\ \boldsymbol{t}\geqslant0 \tag{6-26a}$$

因此有

$$\lim_{\|x_0\|\to0}\|\boldsymbol{\varphi}(t;\ \boldsymbol{x}_0)\|=0,\ \boldsymbol{t}\geqslant0 \tag{6-26b}$$

从而证明了系统 **A** 是 Liapunov 稳定的。

但是当 $\boldsymbol{t}\to\infty$ 时，由于

$$\lim_{t\to\infty}\|\boldsymbol{\varphi}(t;\ \boldsymbol{x}_0)\|=\lim_{t\to\infty}[(x_{01})^2+(x_{02}\mathrm{e}^{-t})^2+(x_{03}\mathrm{e}^{-2t})^2]^{\frac{1}{2}}=|x_{10}|>0 \tag{6-26c}$$

故知状态趋近于不等于 0 的常数，从而证明该系统不是渐近稳定的。

应该指出，上述 Liapunov 稳定性与渐近稳定性是个局部的概念。这里关心的是原点附近某个区域上的稳定性状。只要回忆一下一个系统可能具有多个平衡点的事实，对上述稳定性的局部性质即可明了。因此有必要引入全局渐近稳定的概念。

对于上述自由系统，如果原点是渐近稳定的，且从状态空间的每一点 $\boldsymbol{x}_0$ 出发的状态 $\boldsymbol{\varphi}(\boldsymbol{t};\boldsymbol{x}_0)$，随着 $\boldsymbol{t}\to\infty$ 都能趋近于原点**0**，那么就称该系统是全局（或大区域）渐近稳定的。

显然，全局渐近稳定的先决条件是该系统必须具有唯一的平衡点。

在实际控制工程中，总是希望系统具有全局渐近稳定性。如果系统不是全局渐近稳定的，那么问题就转化为确定渐近稳定的最大范围。这通常是不易解决的。然而，对于实际工程如能判定渐近稳定的范围足够大，以致系统将受到的扰动不会超过它，这也就够了。

把［例 6-1］所得的结果推广到一般的线性定常系统［**A**］［见式（6-8）］，设 **A** 阵的特征根表为 λ_i（$i=1,\ 2,\ \cdots,\ n$），则可得如下结论：

（1）当且仅当全部特征根的实部均为负，即

$$\mathrm{Re}(\lambda_i)<0,\ i=1,\ \cdots,\ n \tag{6-27}$$

时，系统是渐近稳定的；

（2）当且仅当全部特征根的实部均为非正，即

$$\mathrm{Re}(\lambda_i)\leqslant0,\ i=1,\ \cdots,\ n \tag{6-28}$$

时，系统是 Liapunov 稳定的。

此外，对于线性系统 $\boldsymbol{A}$，不难证明，如果它是渐近稳定的，那么一定也是全局渐近稳定的。因此，对于线性系统可以统称为渐近稳定的，而不必区分渐近稳定的和全局渐近稳定的。

还要指出，对于考虑了输入矢量 $\boldsymbol{u}(t)$ 的线性定常系数 [$\boldsymbol{A}$，$\boldsymbol{B}$，$\boldsymbol{C}$]

$$\dot{\boldsymbol{x}}=\boldsymbol{A}\boldsymbol{x}+\boldsymbol{B}\boldsymbol{u},\ \boldsymbol{x}(0)=\boldsymbol{x} \tag{6-29}$$

$$\boldsymbol{y}=\boldsymbol{C}\boldsymbol{x} \tag{6-30}$$

（为了更具一般性，考虑多输入－多输出系统）零输入时 [$\dot{\boldsymbol{x}}=\boldsymbol{A}\boldsymbol{x}$] 的渐近稳定性，隐含着零状态响应的 BIBO 稳定性。换言之，一个渐近稳定的系统，必然也是 BIBO 稳定的。如果系统是完全表征的，那么 BIBO 稳定的系统，必然也是渐近稳定的。但是，如果系统不是完全表征的，那么即使满足 BIBO 稳定性，也不一定满足渐近稳定性。

第四节　Liapunov 直 接 法

一、基本定理

对于零输入条件下形如

$$\dot{\boldsymbol{x}}=\boldsymbol{f}(\boldsymbol{x}),\ \boldsymbol{f}(0)=0,\ \boldsymbol{x}(0)=\boldsymbol{x}_0 \tag{6-31}$$

的自由系统的渐近稳定性，Liapunov 提出了两种方法，分别称为第一法和第二法，后者又称为直接法。

Liapunov 直接法的基本思路是：如果一个由式（6-31）描述的自由系统，当系统的总能量连续地减少直到平衡状态为止，那么这个系统是渐近稳定的。为了表征系统“总能量”，需要定义一个纯量函数 $v(\boldsymbol{x})$，使得：

当 $\boldsymbol{x}\neq\boldsymbol{0}$，$v(\boldsymbol{x})>0$；

当且仅当 $\boldsymbol{x}=\boldsymbol{0}$ 时，$v(\boldsymbol{x})=0$。

这样的纯量函数，称为正定的。所谓“总能量”的连续减少，就是说，上述正定函数 $v(\boldsymbol{x})$ 对时间的导数 $\dot{v}(\boldsymbol{x})$，应是负定的，亦即：

当 $\boldsymbol{x}\neq\boldsymbol{0}$，$\dot{v}(\boldsymbol{x})<0$；

当且仅当 $\boldsymbol{x}=\boldsymbol{0}$，$\dot{v}(\boldsymbol{x})=0$。

上述思路可以归纳成一个定理：

定理 1　对于式（6-31）所描述的自由系统，如果存在一个具有连续的一阶偏导数的纯量函数 $v(\boldsymbol{x})$，满足：

（1）$v(\boldsymbol{x})$ 是正定的；

（2）$\dot{v}(\boldsymbol{x})$ 是负定的。

那么系统必是渐近稳定的。

此外，如果随着 $\|\boldsymbol{x}\|\to\infty$，$v(\boldsymbol{x})\to\infty$，那么系统就又是全局渐近稳定的。

满足上述条件（1）、（2）的函数 $v(\boldsymbol{x})$，称为 Liapunov 函数。

根据渐近稳定的定义可以证明这个定理，这里略去证明。

上述定理，称为 Liapunov 直接法的基本定理。它给出了稳定性的充分条件，而不是必要条件。应用这个定理的关键，是如何找到 Liapunov 函数 $v(\boldsymbol{x})$，由于还没有普遍适用的办法，因此需一定的熟练技巧。

【例 6-2】 确定下述非线性自由系统的稳定性

$$\dot{x}_1=x_2-x_1(x_1^2+x_2^2)$$
$$\dot{x}_2=-x_1-x_2(x_1^2+x_2^2)$$

解 解出该系统的平衡点 $\boldsymbol{x}=\boldsymbol{0}$。为了判定稳定性，这里的关键是找到 $v(\boldsymbol{x})$。设取如下的正定函数

$$v(\boldsymbol{x})=x_1^2+x_2^2>0$$

对它关于 t 求导，则

$$\dot{v}(\boldsymbol{x})=2x_1\dot{x}_1+2x_2\dot{x}_2=-2(x_1^2+x_2^2)^2<0$$

是负定的

又，当 $\|\boldsymbol{x}\|\to\infty$，显然有 $v(\boldsymbol{x})\to\infty$。根据 Liapunov 基本定理可知，本题所给系统是全局渐近稳定的。

在上述定理中条件 (2) 还可适当放宽，于是又可表述成第二定理：对于式 (6-31) 所描述的自由系统，如果存在一个具有连续的一阶偏导数的纯量函数 $v(\boldsymbol{x})$，满足：

(1) $v(\boldsymbol{x})$ 是正定的；

(2) $\dot{v}(\boldsymbol{x})$ 是负半定的，亦即

$$\dot{v}(\boldsymbol{x})\leqslant 0，\boldsymbol{x}=\text{任意 } n \text{ 维矢量} \tag{6-32}$$

(3) 对从原点 $\boldsymbol{0}$ 以外的状态 $\boldsymbol{x}(t)$ 出发的运动 $\boldsymbol{x}(\tau)=\boldsymbol{\varphi}[\tau;\ \boldsymbol{x}(t)]$，总使 $\dot{v}[\boldsymbol{x}(\tau)]$ 不恒等于 0。

那么系统是渐近稳定的。

此外，如果随着 $\|\boldsymbol{x}\|\to\infty$，$v(\boldsymbol{x})\to\infty$，那么系统就是全局渐近稳定的。

为了说明这个定理，考虑下例。

【例 6-3】 确定下述系统的稳定性

$$\begin{bmatrix}\dot{x}_1\\ \dot{x}_2\end{bmatrix}=\begin{bmatrix}0 & 1\\ -1 & -1\end{bmatrix}=\begin{bmatrix}x_1\\ x_2\end{bmatrix}$$

解 取可能的 Liapunov 函数为

$$v(\boldsymbol{x})=x_1^2+x_2^2>0$$

则它对时间 t 的导数为

$$\dot{v}(\boldsymbol{x})=2x_1\dot{x}_1+2x_2\dot{x}_2=-2x_2^2$$

显然，$\dot{v}(\boldsymbol{x})\leqslant 0$，这就是说，定理中条件 (1)、(2) 已得到满足。现在证明条件 (3)。采用归谬法：设在时刻 t 达到的状态为 $\boldsymbol{x}(t)\neq\boldsymbol{0}$，对此后 $\tau\geqslant t$ 的运动 $\boldsymbol{x}(\tau)=\boldsymbol{\varphi}[\tau;\ \boldsymbol{x}(t)]$，假定 $\dot{v}[\boldsymbol{x}(\tau)]$ 恒等于 0。那么 $x_2(\tau)$ $(\tau\geqslant t)$ 亦必恒等于 $\boldsymbol{0}$。这样，下面一系列因果关系均将成立

$$x_2(\tau)=0，\tau\geqslant t$$
$$\Downarrow$$
$$0=\dot{x}_2(\tau)=-x_1(\tau)-x_2(\tau)，\tau\geqslant t$$
$$\Downarrow$$
$$x_1(\tau)=0，\tau\geqslant t$$
$$\Downarrow$$
$$\boldsymbol{x}(\tau)=[x_1(\tau),x_2(\tau)]^T=\boldsymbol{0}，\tau\geqslant t$$

这就是说，$\dot{v}(\boldsymbol{x})$ 只在原点 0 处才恒等于零，这和前面假定 $\boldsymbol{x}(t)\neq\boldsymbol{0}$ 相矛盾，说明 $v[\boldsymbol{x}(t)]$ 在 $\tau\geqslant t$ 时不恒等于 0，于是条件（3）得证。

定理 2 当 $\|\boldsymbol{x}\|\to\infty$，$v(\boldsymbol{x})\to\infty$。所以最后得知该系统是全局渐近稳定的。

上面两个基本定理，都属于判定渐近稳定性的充分条件。这就是说，如果寻找不到 Liapunov 函数，对系统的稳定性就不能判断。在此情况下，如果能寻找到证明系统不稳定的办法也是好的。

为了判定某系统是不稳定的，现介绍如下定理。

定理 3 对于式（6 - 31）所描述的系统，如果存在一个具有连续的一阶偏导数的纯量函数 $w(\boldsymbol{x})$，满足：

（1）$w(\boldsymbol{x})$ 在原点的某一邻域内是正定的；

（2）$\dot{w}(\boldsymbol{x})$ 在同一领域内是正定的，那么系统必是不稳定的。

从以上三个基本定理可见，在寻求可能的 Liapunov 函数 $v(\boldsymbol{x})$ 时，最好能使 $v(\boldsymbol{x})$ 和 $\dot{v}(\boldsymbol{x})$ 具有“定号性”：两者或者具有相反的定号性（从而证明是渐近稳定的）；或者具有相同的定号性（从而证明是不稳定的）。再不然，也希望 $v(\boldsymbol{x})$ 或 $\dot{v}(\boldsymbol{x})$ 中至少有一个是定号性的，这样也好对系统的稳定性进行判断。在作函数 $v(\boldsymbol{x})$ 时，可以先试探给出一个正定的 $v(\boldsymbol{x})$，然后考察 $\dot{v}(\boldsymbol{x})$ 的符号；也可以先给出 $\dot{v}(\boldsymbol{x})$ 为负定的，然后再确定 $v(\boldsymbol{x})$ 是否正定；还可以从系统渐近稳定的要求出发，使 $v(\boldsymbol{x})$ 为正定，然后确定当使 $\dot{v}(\boldsymbol{x})$ 为负定时应给予系统的限制。

二、Liapunov 直接法在线性系统中的应用

现考虑线性定常系统 $[\boldsymbol{A}]$

$$\dot{\boldsymbol{x}}=\boldsymbol{A}\boldsymbol{x},\quad \boldsymbol{x}(0)=\boldsymbol{x}_0$$

对此系统取如下二次型函数作为可能的 Liapunov 函数

$$v(\boldsymbol{x})=\boldsymbol{x}^T\boldsymbol{P}\boldsymbol{x} \tag{6 - 33}$$

式中的 $\boldsymbol{P}$ 为 $n\times n$ 维常系数对称矩阵，它可使 $v(\boldsymbol{x})$ 成为正定的。这样的 $\boldsymbol{P}$ 被称为正定对称矩阵。

对式（6 - 33）关于 t 求导，则得

$$\begin{aligned}\dot{v}(\boldsymbol{x})&=\dot{\boldsymbol{x}}^T\boldsymbol{P}\boldsymbol{x}+\boldsymbol{x}^T\boldsymbol{P}\dot{\boldsymbol{x}}\\&=(\boldsymbol{A}\boldsymbol{x})^T\boldsymbol{P}\boldsymbol{x}+\boldsymbol{x}^T\boldsymbol{P}(\boldsymbol{A}\boldsymbol{x})\\&=\boldsymbol{x}^T(\boldsymbol{A}^T\boldsymbol{P}+\boldsymbol{P}\boldsymbol{A})\boldsymbol{x}\end{aligned} \tag{6 - 33a}$$

对于渐近稳定，我们要求 $\dot{v}(\boldsymbol{x})$ 是负定的，亦即

$$\dot{v}(\boldsymbol{x})=-\boldsymbol{x}^T\boldsymbol{Q}\boldsymbol{x}=\text{负定的} \tag{6 - 33b}$$

即要求

$$\boldsymbol{Q}=-(\boldsymbol{A}^T\boldsymbol{P}+\boldsymbol{P}\boldsymbol{A})=\text{正定的} \tag{6 - 33c}$$

对于形如

$$\boldsymbol{A}^T\boldsymbol{P}+\boldsymbol{P}\boldsymbol{A}=-\boldsymbol{Q} \tag{6 - 34}$$

的矩阵方程，称为 Liapunov 方程。

现在我们把上述结果用定理的形式表述出来。为了表示上的方便，采用下列符号代表某一对称矩阵（例如 $\boldsymbol{Q}$）的正定性或正半定性：

正定对称的 Q 表为 $Q>\mathbf{0}$；

正半定对称的 Q 表为 $Q\geqslant\mathbf{0}$。

这样，对于线性定常的自由系统［A］［式 6-8)］和相应的 Liapunov 方程［式（6-34)］，我们有如下定理：在任给一个 $Q>\mathbf{0}$ 之下

$$P>\mathbf{0}\Rightarrow^{❶} A \tag{6-35a}$$

是渐近稳定的。

根据这个定理，为了判定系统的渐近稳定性，可以任意取一正定对称的 Q 阵（为了方便，一般可取 $Q=I$，I—正定对称的么阵：其主对角线元素全为 1，非对角线元素全为 0)，然后利用式（6-34）求出 P 阵，再检查 P 是否正定。如果 P 正定，系统就是渐近稳定的。

作为 A 渐近稳定的必要条件，还有下列定理（略去证明）：在 $Q>0$（$\geqslant 0$）之下

$$A\text{ 渐稳}\Rightarrow P>0\ (\geqslant 0) \tag{6-35b}$$

根据矩阵知识，判定一个矩阵的正定性，可以利用 Sylvester 准则，即 $n\times n$ 维的对称矩阵的所有主要主子行列式 Δ_n，Δ_{n-1}，…，Δ_1 均为正。

【例 6-4】 利用线性系统中的 Liapunov 定理，确定下述系统的稳定性

$$\begin{bmatrix}\dot{x}_1\\ \dot{x}_2\end{bmatrix}=\begin{bmatrix}0 & 1\\ -1 & -1\end{bmatrix}=\begin{bmatrix}x_1\\ x_2\end{bmatrix}$$

解 在［例 6-3］中已经证明此系统是渐近稳定的，现在用 Liapunov 定理再来验证一下。为此，现取 $Q=I$，根据式（6-35)，设待求的对称矩阵为

$$\mathrm{P}=\begin{bmatrix}p_{11} & p_{12}\\ p_{12} & p_{22}\end{bmatrix}$$

则有

$$\begin{bmatrix}0 & 1\\ -1 & -1\end{bmatrix}^T\begin{bmatrix}p_{11} & p_{12}\\ p_{12} & p_{22}\end{bmatrix}+\begin{bmatrix}p_{11} & p_{12}\\ p_{12} & p_{22}\end{bmatrix}\begin{bmatrix}0 & 1\\ -1 & -1\end{bmatrix}=-\begin{bmatrix}1 & 0\\ 0 & 1\end{bmatrix}$$

将矩阵方程展开，可得联立方程组

$$-2p_{12}=-1$$
$$p_{11}-p_{12}-p_{22}=0$$
$$2p_{12}-2p_{22}=-1$$

从方程组中解出 p_{11}，p_{12}，p_{22}，则

$$\begin{bmatrix}p_{11} & p_{12}\\ p_{12} & p_{22}\end{bmatrix}=\begin{bmatrix}3/2 & 1/2\\ 1/2 & 1\end{bmatrix}$$

用 Sylvester 准则，验证 P 的正定性。在 P 中的各主要主子行列式为

$$\Delta_1=p_{11}=3/2>0$$

$$\Delta_2=p_{11}p_{22}-p_{12}^2=\frac{3}{2}-\frac{1}{4}=\frac{5}{4}>0$$

由此得知该系统是渐近稳定的。

第五节 Routh 稳定判据

本节和以后各节中，将介绍适用于线性动态系统的几种稳定判据。为了讨论方便，假定

❶ 符号⇒代表因果关系，即左端的条件成立时必然产生右端的结果。

所考虑的系统都是可由传递函数完全表征的。在此情况下，系统的 BIBO 稳定与渐近稳定是一致的，无需特别加以区分，因此，将统称为“稳定”。在同样情况下。系统的特征方程与传递函数特征方程也是一致的，无需区分。

一、Routh 稳定判据

设系统的特征方程可以表为

$$\Delta(s) = as^n + a_1 s^{n-1} + \cdots + a_{n-1}s + a_n = 0 \tag{6-36}$$

Routh 稳定判据的特点是无需求解特征方程的根，只根据观察各系数间的相互关系就可以判定各特征根的实部是否全为负值。

在叙述判据之前需要指出，当式（6-36）中的全部系数 $a_i(i=0, 1, \cdots, n)$ 同号时，系统才可能是稳定的（即全部特征根的实部均为负值）。这里假定全部系数均为正：$a_i>0$ $(i=0, 1, \cdots, n)$。如果系数中出现有一个或几个负值或缺项（即等于零），这种系统就是不稳定的。

事实上，一个具有实系数的关于 s 的多项式$\Delta(s)$，总可以分解为一次及二次因子，形如 $(s+a)$ 和 (s^2+bs+c)，并且不难知道，这些因子的根的实部为负值时，则其系数 a、b、c 均为正实数。若干个只包含正实系数的一次、二次因子的积，必然也是一个具有正实系数的多项式。因此，特征多项式的全部系数为正，就构成了特征根的实部为负的必要条件，但不是充分条件。

现假定式（6-36）中的全部系数均为正，则 Routh 稳定判据如下：

表 6-1　　Routh 阵列表

行 \ 列	1	2	3	4	5	…
$1(s^n)$	a_0	a_2	a_4	a_6		…
$2(s^{n-1})$	a_1	a_3	a_5	a_7		…
$3(s^{n-2})$	b_1	b_2	b_3	b_4		…
$4(s^{n-3})$	c_1	c_2	c_3	c_4		…
⋮	⋮	⋮	⋮	⋮	⋮	⋮

首先根据各系数列出一个 Routh 阵列表，如表 6-1 所示。阵列表中，第一行从最高次 s^n 的系数 a_0 开始，每隔一个，即 a_2，a_4，…排成一横行；第二行从 s^{n-1} 的系数 a_1 开始，还有 a_3，a_5，…排成一横行；第三行及其以后各行的元素，按下列各式进行计算，即

$$b_1 = \frac{-1}{a_1}\begin{vmatrix} a_0 & a_2 \\ a_1 & a_3 \end{vmatrix} = \frac{a_1a_2 - a_0a_3}{a_1}$$

$$b_2 = \frac{-1}{a_1}\begin{vmatrix} a_0 & a_4 \\ a_1 & a_5 \end{vmatrix} = \frac{a_1a_4 - a_0a_5}{a_1}$$

$$b_3 = \frac{-1}{a_1}\begin{vmatrix} a_0 & a_6 \\ a_1 & a_7 \end{vmatrix} = \frac{a_1a_6 - a_0a_7}{a_1}$$

………………

$$c_1 = \frac{-1}{b_1}\begin{vmatrix} a_1 & a_3 \\ b_1 & b_2 \end{vmatrix} = \frac{b_1a_3 - a_1b_2}{b_1}$$

$$c_2=\frac{-1}{b_1}\begin{vmatrix}a_0 & a_5\\ b_1 & b_3\end{vmatrix}=\frac{b_1a_5-a_1b_3}{b_1}$$

$$c_3=\frac{-1}{b_1}\begin{vmatrix}a_1 & a_7\\ b_1 & b_4\end{vmatrix}=\frac{b_1a_7-a_1b_4}{b_1} \tag{6-37}$$

………………

这样的过程一直进行到第 $n+1$ 行为止。完整的 Routh 阵列呈现为三角形。应注意在展开的阵列中，为了简化其后各行的数值计算，允许用一个正整数去除或乘某一整行，这时并不改变判定稳定性的结论。

根据已作出的阵列，Routh 稳定判据是：系统特征方程式（6-36）中，全部根的实部均为负值的充分必要条件是特征方程的全部系数均为正值，即 $a_i>0(i=0, 1, \cdots, n)$；同时 Routh 阵列中第一列的各项均为正号；此外，在 Routh 阵列中第一列的各项系数有变号的情况下，表明系统不稳定，且方程式（6-36）所具有的不稳定的根的个数，等于 Routh 阵列第一列中系数改变符号的次数。Routh 判据的证明从略。

【例 6-5】 已给两个系统的特征方程式：

(1) $s^5+4s^4+7s^3+10s^2+5s+3=0$；

(2) $s^4+5s^3+2s^2+4s+3=0$。

根据 Routh 判据判定它们的稳定性。

解 上列两式的全部系数都存在，且为正值，因此可分别作出 Routh 阵列，如表 6-2a 及表 6-2b 所示，以进一步作出判断。

在表 6-2a 中第一列各项始终保持为正号，因此题给式（1）所代表的系统是稳定的。在表 6-2b 中第一列各项发生两次变号：1.2→−3.5；−3.5→3。因此题给式（2）所代表的系统是不稳定的，并且可知其中有二个特征根位于右半 s 平面。作为参考，已求出式（2）的全部特征根如下：

表 6-2a Routh 阵列一

行 \ 列	1	2	3	4
1(s^5)	1	7	5	0
2(s^4)	4	10	3	0
3(s^3)	4.5	4.25	0	0
4(s^2)	6.22	3	0	0
5(s^1)	2.08	0	0	0
6(s^0)	3	0	0	0

表 6-2b Routh 阵列二

行 \ 列	1	2	3	4	
1(s^4)	1	2	3	0	
2(s^3)	5	4	0	0	
3(s^2)	1.2	3	0	0	
					改变一次符号
4(s^1)	−3.5	0	0	0	
					又改变一次符号
5(s^0)	3	0	0	0	

$$-4.727;\ -0.658;\ 0.193\pm j0.963$$

表明不稳定的两个根是共轭复根。

在使用 Routh 判据时，有时会遇到如下几种特殊情况：

1. Routh 阵列第一列出现零元素

例如对于特征方程

$$\Delta(s)=s^4+s^3+2s^2+2s+1=0$$

列出 Routh 阵列（表 6-3），其中第三行第一列元素等于 0，这时可采用所谓“摄动分析法”，即令特征方程的系数作极微小的变动（摄动），以致其根只作微小的摄动，这样作不会影响系统的稳定性质。具体是在上述为 0 的位置上用一个足够小的数（$\varepsilon \to 0$ 且 $\varepsilon > 0$），来代替第一列中为 0 的项，并且据此再继续计算以后各行，如表 6-3 所示。

表 6-3　Routh 阵列第一列出现 0 时的处理

行 \ 列	1	2	3	4	
$1(s^4)$	1	2	1	0	
$2(s^3)$	1	2	0	0	
$3(s^2)$	0	1	0	0	←此行第一列元素为 0
$3'(s^2)$	ε	1	0	0	←给予一个足够小的摄动 $\varepsilon>0$ 以代替原第 3 行
$4(s^1)$	$2-1/\varepsilon$	0	0	0	←可以继续计算下去
$5(s^0)$	1	0	0	0	

就这个例子说，在摄动（$\varepsilon>0$）作用下，第一列改变两次符号：从 $\varepsilon>0$ 至（$2-1/\varepsilon$）<0；又从（$2-1/\varepsilon$）<0 至 1。因此系统是不稳定的，并且有两个根位于右半 s 平面之上。

2. Routh 阵列中某一中间行全行为零

例如对于特征方程

$$\Delta(s) = s^6 + s^5 - 2s^4 - 3s^3 - 7s^2 - 4s - 4 = 0$$

它所代表的系统显然是不稳定的，但还是列出 Routh 阵列表 6-4 进行分析。结果发现其中第四行全行为 0。这种情况表明，系统中含有对称于 s 平面的根，如共轭纯虚根，绝对值相同而符号相异的两实根等。这时可利用上一行的系数作一辅助方程，如表 6-4 第三行所示。将它对 s 求导，得到一个新方程，再利用这个新方程的系数去代替全为 0 的那一行，如表 6-4 中第 4′所示。后面的步骤可以继续进行下去。

表 6-4　Routh 阵列某一中间行全为 0 时的处理

行 \ 列	1	2	3	4	
$1(s^6)$	1	−2	−7	−4	
$2(s^5)$	1	−3	−4	0	
$3(s^4)$	1	−3	−4	0	→$s^4-3s^2-4=0$（辅助方程）
$4(s^3)$	0	0	0	0	←全为 0　↓求导后↓
$4'(s^3)$	4	−6	0	0	→$4s^3-6s=0$
$5(s^2)$	−3/2	−4	0	0	
$6(s^1)$	−16.7	0	0	0	
$7(s^0)$	−4	0	0	0	

有趣的是，辅助方程的次数都是偶数。求解这个偶次方程的根，就是特征方程中对称于原点的那些根。例如就本例说，辅助方程

$$s^4 - 3s^2 - 4 = (s^2 - 4)(s^2 + 1) = 0$$

的 4 个根分别为 $\lambda_{1,2} = \pm 2$；$\lambda_{3,4} = \pm j$。它们都是对称于原点的。显然，该系统是不稳定的。

二、利用 Routh 判据估计稳定裕量

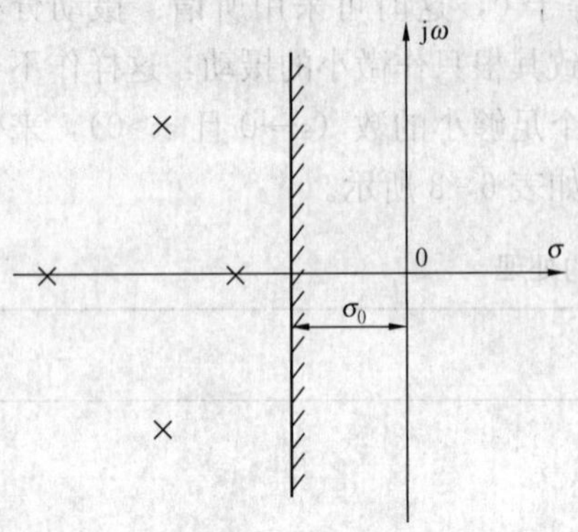

图 6-3 用平移稳定边界线的办法检查稳定裕量

Routh 判据不仅能回答系统稳定与否的问题，而且还可以回答系统稳定储备的程度，亦即距离稳定边界的远近程度。应用 Routh 判据检查稳定裕量的办法，是在 s 平面上将稳定边界线向左平移至某一距离处 $-\sigma_0$ 处（图 6-3），亦即用

$$s=z-\sigma_0 \quad (\sigma_0>0，常数) \tag{6-38}$$

代入原方程式（6-36）中，从而得到关于变量 z 的新方程

$$\Delta(z-\sigma_0)=a_0(z-\sigma_0)^n+a_1(z-\sigma_0)^{n-1}+\cdots+a_{n-1}(z-\sigma_0)+a_n=0 \tag{6-39}$$

然后再对整理后的以 z 为新变量的方程

$$\Delta'(z)=a_0'z^n+a_1'z^{n-1}+\cdots+a_{n-1}'z+a_n'=0 \tag{6-40}$$

应用 Routh 判据，以检查边界线平移后的新系统的稳定性。

【例 6-6】 设某控制系统如图 6-6 所示。现欲使系统中所有的闭环极点都位于距离虚轴一个单位以左的 s 平面区域上，问图 6-4 中的 K 应在什么数值范围内选取？

解 闭环传递函数的特征方程是

$$\Delta(s)=1+\frac{K}{s\left(1+\frac{s}{10}\right)\left(1+\frac{s}{4}\right)}=0$$

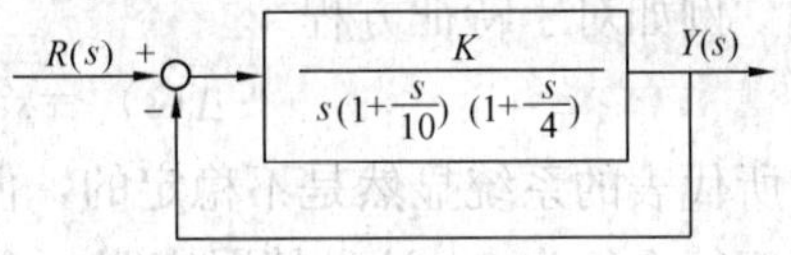

图 6-4 ［例 6-6］中的控制系统

亦即 $\Delta(s)=s^3+14s^2+40s+40K=0$

按题意要求，将 $s=z-1$ 代入上式，则

$$\Delta(z-1)=z^3+11z^2+15z+40K-27=0$$

对后式列 Routh 阵列（表 6-5）。为了保证系统具有一个单位的稳定裕量，故应满足

表 6-5 **Routh 阵 列 五**

行 \ 列	1	2	3
1(z^3)	1	15	0
2(z^2)	11	$40K-27$	0
3(z^1)	$\frac{11\times15-(40K-27)}{11}$	0	0
4(z^0)	$40K-27$	0	0

$$11\times15-(40K-27)>0，即 K<4.8$$

及

$$40K-27>0，即 K>0.675$$

所以最终得

$$4.8>K>0.675$$

后人在 Routh 稳定判据的基础上，又发展出了若干种变形的判据。中国学者谢绪恺于 1957 年针对式（6-36）提出了一个十分简明的稳定判据。有兴趣的读者可参见有关资料。[1]

[1] 例如，谢绪恺著《现代控制理论基础》，辽宁人民出版社，1981 年版。

第六节 复平面上围线映射

Nyquist 在 1932 年针对单环反馈控制系统，提出了一个稳定判据。它能根据系统开环频率特征的 Nyquist 图，判断系统闭环的稳定性，从而在频率法中得到了广泛的应用。

Nyquist 稳定判据的严格推导，要用到复变函数理论，但这里不做严格的推导，而将重点放在理解推导过程的基本思路上。作为预备，本节讨论复平面上的围线映射。

考虑一个有理函数

$$F(s)=\frac{K(s-z_1)(s-z_2)\cdots(s-z_m)}{(s-p_1)(s-p_2)\cdots(s-p_n)} \tag{6-41}$$

式中 z_1，z_2，…，z_m——有理函数 $F(s)$ 的零点；

p_1，p_2，…，p_n——有理函数 $F(s)$ 的极点；

K——实常数。

函数 $F(s)$ 是复频率 s 的单值函数。s 可以在整个 s 平面上变化，对于其上的每一点，除有限（n）个极点外，函数 $F(s)$ 都有唯一的一个值与之对应。$F(s)$ 的值域，也构成一个复平面，称之为 $F(s)$ 平面。这就是说，s 平面上的每一个点（极点除外），依照式（6-41）的函数关系，将映射到 $F(s)$ 平面上的相应一点。其中 s 平面上的全部零点都映射到 $F(s)$ 平面上的原点；s 平面上的极点映射到 $F(s)$ 平面上时都变成了无限远点。除了 s 平面上的零点、极点之外的普通点，映射到 $F(s)$ 平面上是除原点外的有限远点。

现在考虑 s 平面上既不经过零点也不经过极点的一条封闭曲线 C（图 6-5）。当变点 s 沿 C 顺时针方向绕行一周，连续取值时，则在 $F(s)$ 平面上也将映射出一条封闭曲线 Γ。在图 6-5 的 s 平面上，用阴影线表示的区域，称为 C 的内域。由于我们规定沿顺时针方向绕行，所以内域始终处于行进方向的右侧。在 $F(s)$ 平面上，由 C 映射而得的封闭曲线 Γ 的形状及位置，严格地决定于 C。在这种映射关系中，有一点是十分重要的，即：不需知道围绕 C 的确切形状和位置，只要知道它的内域所包含的零点和极点的数目，就可以预知围线 Γ 是否包围坐标原点和包围原点多少次；反过来，根据已给的围线 Γ 是否包围原点和包围原点的次数，也可以推测出围线 C 的内域中有关零、极点数的信息。

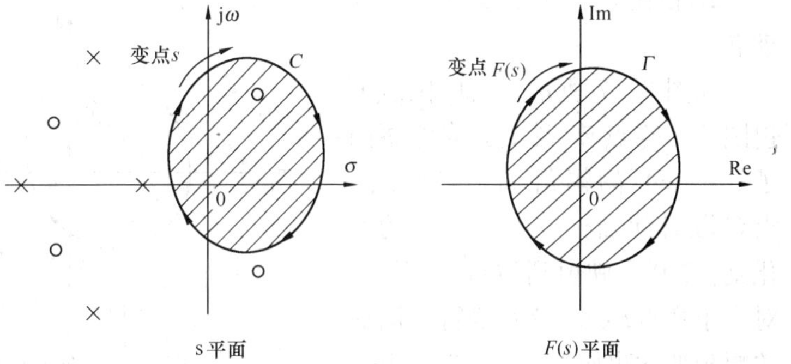

图 6-5 复平面 $s\rightarrow F(s)$ 的围线映射

这里先给出上述围线映射的有关结论，然后再加以说明。设 C 的内域所包含的零点数为 Z，极点数为 P（当存在多重极点或零点时，例如 j 重，则在 P 或 Z 中的该极、零点数应按 j 计数）。在 s 平面上，当变点 s 沿 C 按顺时针方向绕行一周时，在 $F(s)$ 平面上被映射的 Γ 将按顺时针方向包围原点 $Z-P$ 次，设其次数表为 N，则有

$$N=Z-P \tag{6-42}$$

这种映射关系，称为映射定理。它是 Nyquist 稳定判据的理论基础。为了说明该定理的正确性，将式（6-41）中的各因子用复指数形式表示为

$$(s-z_i)=A_i e^{j\alpha_i}, i=1,\cdots,m \tag{6-43a}$$

$$(s-p_k)^{-1}=B_k^{-1}e^{-j\beta_k}, k=1,\cdots,n \tag{6-43b}$$

因此，式（6-41）又可表为

$$F(s)=\frac{KA_1\cdots A_m}{B_1\cdots B_n}e^{j[(\alpha_1+\cdots+\alpha_m)-(\beta_1+\cdots+\beta_n)]} \tag{6-44}$$

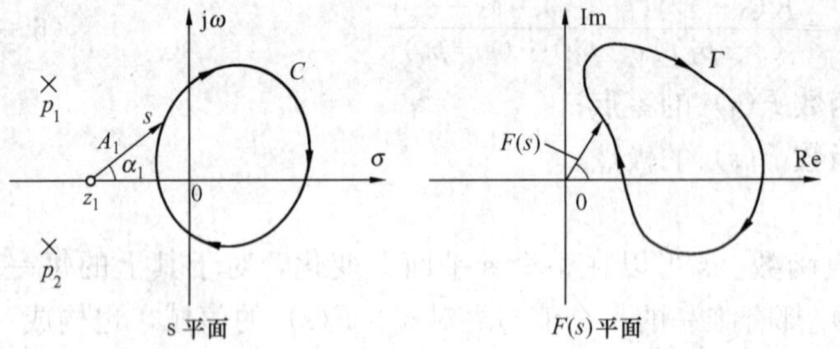

图 6-6　围线 C 不包围零点、极点时的映射

下面分几种情况讨论：

1. 围线 C 既不包围零点也不包围极点

如图 6-6 所示，在 s 平面上当变点 s 沿围线 C 按顺时针方向运动一周时，来考察 $F(s)$ 中各因子项的幅角的变化规律。现以图中未被包围的零点 z 为例。当变点 s 沿 C 绕行一周后，因子 $(s-z)$ 的幅角 α_1 的变化为 0°。于是，映射到 $F(s)$ 平面上，当变点 $F(s)$ 沿 Γ 绕行一周后的幅角变化［由式（6-44）确定］，也应等于 0°。后一情况表明，围线 Γ 此时不应包围原点。

2. 围线 C 只包围零点不包围极点

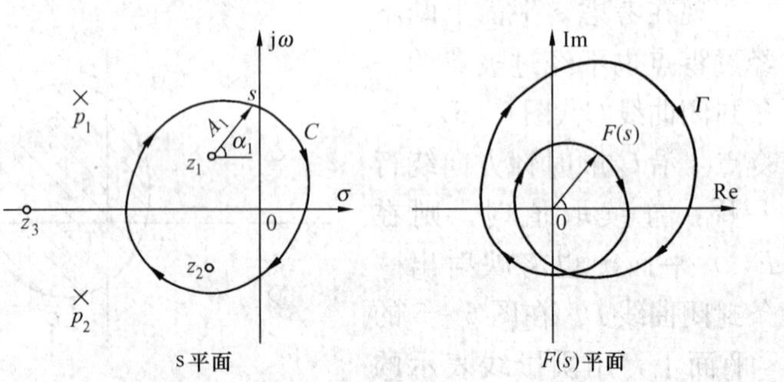

图 6-7　围线 C 包围两个零点时的映射

如图 6-7 所示，其中围线 C 包围两个零点 z_1 及 z_2。先考察因子 $(s-z)$ 的幅角 α_1，当变点 s 沿 C 顺时针绕行一周时，α_1 的变化是 −360°。映射到 $F(s)$ 平面上，对应于变点 $F(s)$ 沿 Γ 绕行一周后的幅角变化也应等于 −360°。由于 C 的内域包含两个零点，所以在 $F(s)$ 平面上，围线 Γ 的幅角的总变化应为 −2×360°，亦即顺时针环绕原点两周。

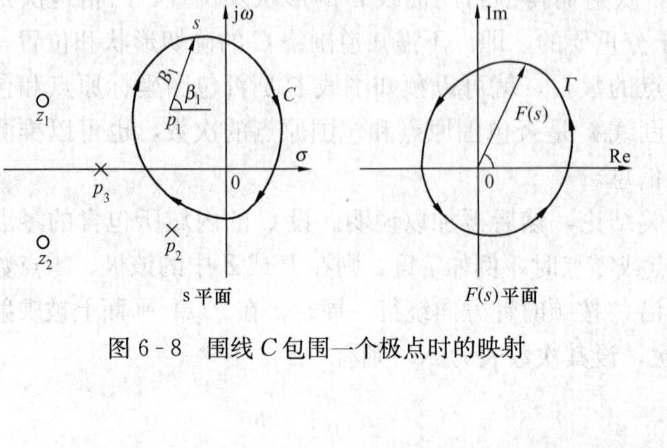

图 6-8　围线 C 包围一个极点时的映射

同理，当围线 C 的内域包含有 Z 个零点时（但不包含极点），Γ 应顺时针包围原点 Z 次。

3. 围线 C 只包围极点不包围零点

这种情况如图 6-8 所示，如果 C 只包围一个极点 p_1，则当变点 s 沿 C 顺时针绕行一周时，因子 $(s-p_1)^{-1}$ 的幅角 $-\beta_1$，将变化

+360°。映射到 $F(s)$ 平面上，围线 Γ 应逆时针包围原点一次。

同理，当围线 C 的内域只包含 P 个极点时，Γ 应逆时针包围原点 P 次，或者说，Γ 顺时针包围原点 $-P$ 次。

4. 围线 C 包围 Z 个零点和 P 个极点

由上述三项讨论显然可知，当变点 s 沿 C 顺时针绕行一周时，Γ 应顺时针包围原点 $Z-P$ 次，亦即 Γ 顺时针包围原点次数 $N=Z-P$。这就是我们所要证明的结论。

第七节 Nyquist 稳 定 判 据

一、基本思路

考虑如图 6-9 所示的单环反馈控制系统。设开环传递函数为

$$G_o(s) \triangleq G(s)H(s) = \frac{K(s-z_1)\cdots(s-z_m)}{(s-p_1)\cdots(s-p_n)} \tag{6-45}$$

式中 z_1，…，z_m——开环零点；

p_1，…，p_n——开环极点。

对于实际物理系统，$G_o(s)$ 必定是真有理函数，或至少是同阶有理函数，亦即 $n \geqslant m$。这一特点在论证 Nyquist 判据时要用到。

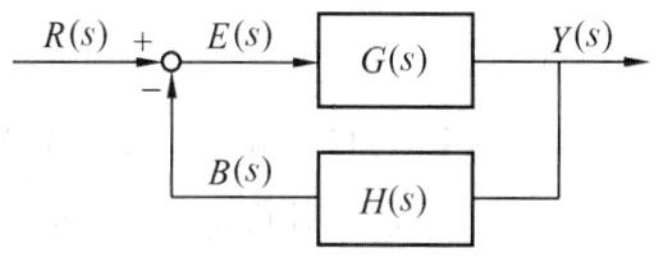

图 6-9 单环反馈控制系统

该系统的闭环传递函数

$$G_c(s) = \frac{G(s)}{1+G_o(s)} \tag{6-46}$$

系统的闭环传递函数的特征式为

$$\Delta(s) = 1 + G_o(s) \tag{6-47}$$

将式（6-45）代入之，则

$$\Delta(s) = 1 + \frac{K(s-z_1)\cdots(s-z_m)}{(s-p_1)\cdots(s-p_n)} = \frac{b_0(s-\lambda_1)\cdots(s-\lambda_n)}{(s-p_1)\cdots(s-p_n)} \tag{6-48}$$

式中 λ_1，…，λ_n——特征式的零点，亦即特征根或闭环极点。

在本章第一节已经证明过，对由闭环传递函数描述的动态系统，它的 BIBO 稳定（对可完全表征的系统，BIBO 稳定与渐近稳定是一致的）的充分必要条件是：全部特征根的实部均为负，即 $\mathrm{Re}(\lambda_i)<0$ [式（6-1)]。

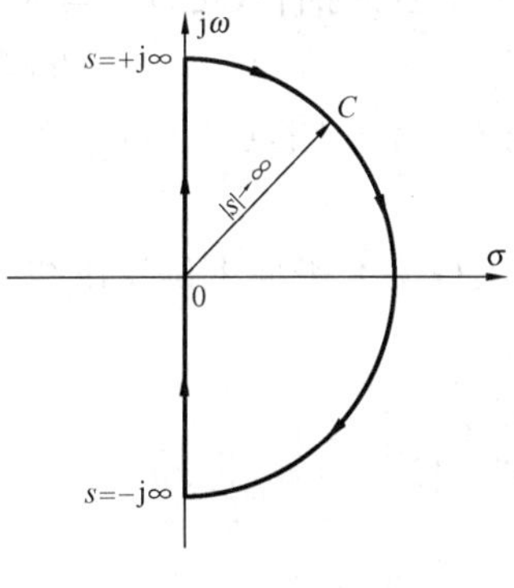

图 6-10 围绕整个右半 s 平面的 Nyquist 围线

Nyquist 稳定判据，就是用上一节的映射定理来说明这个条件，而不需准确地决定特征根的位置。

为了应用映射定理，在 s 平面上建立一个顺时针方向的围线 C（图 6-10）：它沿虚轴从 $\omega=-\infty$ 伸展到 $\omega=+\infty$，然后又沿一个半径无限大的半圆绕整个右半平面折回（暂且假定虚轴上不存在特征函数 $1+G_o(s)$ 的零点及极点）。这样的围线 C，称为 Nyquist 围线。显然，Nyquist 围线的内域是整个右半平面。设特征式 $1+G_o(s)$ 在右半 s 平面上的零点数（即特征根数）为 Λ、极点数为 P_o。把这个围线 C 从 s 平面映射到 $1+G_o(s)$ 平面上去，得到围线 Γ。设围线 Γ 顺时

针包围原点的次数为 N。

系统稳定的充分必要条件是，右半 s 平面上的特征根数 $\Lambda=0$。由映射定理

$$N=\Lambda-P_{o} \tag{6-49}$$

可知系统稳定的充分必要条件，又可等效于

$$-N=P_{o} \tag{6-50}$$

这个关系是 Nyquist 稳定准则的基本关系式。由于它的重要性，再仔细讨论一下它所代表的涵义。

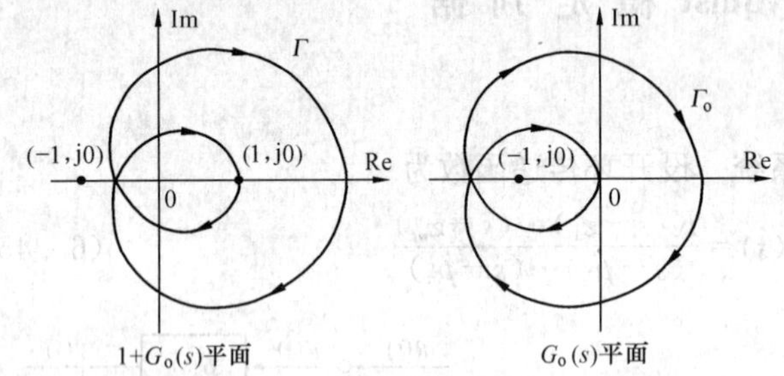

图 6-11 把 $1+G_{o}(s)$ 平面上的围线 Γ 映射到 $G_{o}(s)$ 平面，变成围线 Γ_{o}

1. 关于 N 的讨论

N 代表在 $1+G_{o}(s)$ 平面上围线 Γ 沿顺时针方向包围原点的次数，由于 $G_{o}(s)$ 与 $1+G_{o}(s)$ 只相差一个常数 1，可以写为 $G_{o}(s)=[1+G_{o}(s)-1]$，所以只要将 $1+G_{o}(s)$ 平面的围线 Γ 沿实轴向左平移一个单位，就可将 $1+G_{o}(s)$ 平面上的 Γ 再映射到 $G_{o}(s)$ 平面上，设表为 Γ_{o}（图 6-11）。与此相应，在 $1+G_{o}(s)$ 平面上围线 Γ 对原点的包围的说法，应改为在 $G_{o}(s)$ 平面上的围线 Γ_{o} 对点（−1，j0）的包围。

还要注意，当 $G_{o}(s)$ 平面上的围线 Γ_{o} 正巧通过点（−1，j0）时，表明 s 平面的虚轴 $j\omega$ 上存在着特征根，这时的系统显然是不稳定的（非 BIBO 稳定），使判定问题反而简单化了。以后可以不再讨论后一种情况。

综合上述可以说，N 代表在 $G_{o}(s)$ 平面上围线 Γ_{o} 顺时针包围点（−1，j0）的次数；而 $-N$ 则代表 Γ_{o} 逆时针包围点（−1，j0）的次数。

2. 关于 P_{o} 的讨论

P_{o} 代表特征式 $1+G_{o}(s)$ 在不含虚轴的右半 s 平面上的极点数。由式（6-48）可知，$1+G_{o}(s)$ 的极点也就是 $G_{o}(s)$ 的极点。换言之，P_{o} 代表开环传递函数 $G_{o}(s)$ 在不含虚轴的右半 s 平面上的极点数。

对于一个设计良好的控制系统，其开环特性应是稳定的，亦即开环传递函数 $G_{o}(s)$ 在不含虚轴的右半 s 平面上不应有极点，即 $P_{o}=0$。因此，系统稳定的充分必要条件又可以改写为

$$N=0，当 P_{o}=0 时 \tag{6-51}$$

此式表明，对于开环稳定的系统，在 $G_{o}(s)$ 平面上的围线 Γ，不包围点（−1，j0），是闭环系统稳定的充分必要条件。

这样一来，确定一个闭环系统稳定性的关键，就在于如何在 $G_{o}(s)$ 平面上确定围线 Γ_{o}。下面将证明，围线 Γ_{o} 就是开环频率特性 $G_{o}(j\omega)$ 的 Nyquist 图。

二、Nyquist 稳定判据

这里首先假定开环传递函数仍如式（6-45）所示，形如

$$G_{o}(s)=\frac{K(s-z_1)\cdots(s-z_m)}{(s-p_1)\cdots(s-p_n)}$$

其中不包含位于 s 平面虚轴 $j\omega$ 上的极点（这也正是在上一小节中所假定的前提）。在此

基础上，讨论从 s 平面上 Nyquist 围线 C 到 $G_o(s)$ 平面上围线 Γ_o 的映射。下面将分别讨论围线 C 的两个组成部分（图 6 - 10）：

（1）沿虚轴的部分；

（2）沿无限大半径的半圆部分。

在 s 平面上，当变点 s 沿虚轴 jω 变化时，$s=\mathrm{j}\omega$，将其代入 $G_o(s)$ 中，即得开环频率特征式 $G_o(\mathrm{j}\omega)$。

当变点 s 沿无限大半径（$|s|=\infty$）的半圆部分运动时，$s\to\infty$，将其代入 $G_o(s)$ 中，注意到式（6 - 45）中的 $n\geqslant m$，可得 $G_o(\infty)=0$（或 K）。这表明 s 沿无限大半径半圆路径运动的全过程，都只在 $G_o(s)$ 平面上映射为围线 Γ_o 上的一点即（0，j0）或（K，j0）。只有当变点从 $\mathrm{j}\omega=-\mathrm{j}\infty$ 沿虚轴走过并最终达到 $\mathrm{j}\omega=+\mathrm{j}\infty$ 的运动过程中，才在 $G_o(s)$ 平面上映射出整个围线 Γ_o，即 $G_o(\mathrm{j}\omega)$ 的 Nyquist 曲线。

综上所述，当 $G_o(s)$ 在 s 平面的虚轴 jω 上不含有极点时，Nyquist 稳定判据可以表述为：

（1）对于开环稳定系统［$G_o(s)$ 在右半 s 平面上不含极点］，当且仅当开环频率特性 $G_o(\mathrm{j}\omega)$的 Nyquist 曲线不包围点（-1，j0）时，闭环系统是稳定的（BIBO 稳定）；

（2）对于开环不稳定系统［$G_o(s)$ 在右半 s 平面上含有 $P_o\neq 0$ 个极点］，当且仅当开环频率特性 $G_o(\mathrm{j}\omega)$ 的 Nyquist 曲线沿逆时针方向包围点（-1，j0）P_o 次时，闭环系统是稳定的（BIBO 稳定）。

注意，在 Nyquist 曲线上的行进方向，规定为：$\omega=-\infty\to 0\to\omega=+\infty$。所谓不包围点（$-1$，j0），系指行进方向的右侧不包围它。所谓沿逆时针方向包围点（-1，j0）P_o 次，系指行进方向的左侧包围它 P_o 次。

为了说明上述判据的应用方法，考虑如图 6 - 12 的几个 Nyquist 图。图（a）中的实线部分代表正频率 $0\leqslant\omega\leqslant+\infty$ 部分；虚线部分是按镜像原则绘制的负频率 $-\infty<\omega\leqslant 0$ 部分。图（b）和图（c）中只给出了正频率部分。

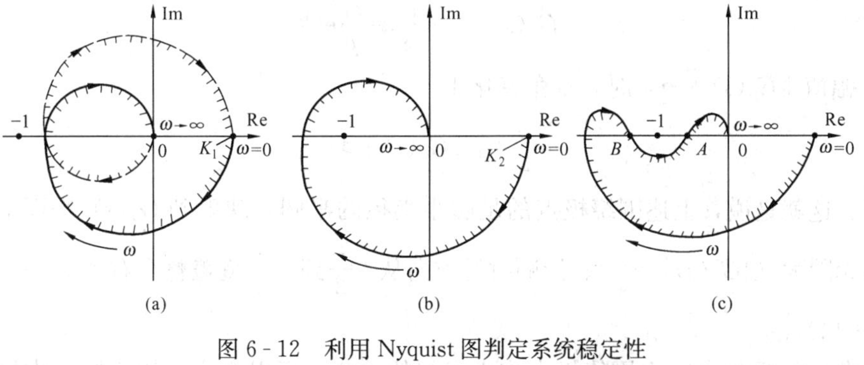

图 6 - 12　利用 Nyquist 图判定系统稳定性

（a）稳定的系统；（b）不稳定的系统；（c）条件稳定的系统

假定图 6 - 12 中的三个 Nyquist 图所对应的系统都是开环稳定的。这样，即可看到由于图（a）中的 Nyquist 曲线沿 ω 增加的方向行进时，行进方向的右侧（如图打阴影的区域）始终不能对点（-1，j0）形成包围，因此系统是稳定的。但是，如果把开环增益由图（a）中的 K_1 增大到图（b）中的 $K_2>K_1$，则可能会使 Nyquist 曲线对点（-1，j0）形成包围，从而使系统由稳定变成不稳定。

对比图（a)、(b）似乎可以看出，增大开环增益，就要降低系统的稳定程度，使之趋于不稳定状态。这个结论一般是对的。但是对于图（c）所示的系统，却可能出现这样一种情况：如果增加增益，图中的点 A 向右移动，可能使（−1，j0）被包围；如果减少增益，图中的点 B 向左移动，也会使点（−1，j0）被包围。对于这种系统，只有开环增益保持在一定范围内，并使点（−1，j0）不被包围，系统才是稳定的。这种系统称为条件稳定系统。

三、虚轴上存在极点时的 Nyquist 稳定判据

正如在介绍开环传递函数 $G_o(s)$ 的因子时经常提到的那样，它常常会包含有积分因子，亦即 $G_o(s)$ 在 s 平面原点上含有一个极点。这表明围线 C 经过此极点时，映射到$G_o(s)$平面上就使模 $|G_o(s)|$ 变成无限大。换言之，$G_o(s)$ 在极点上是不连续的。

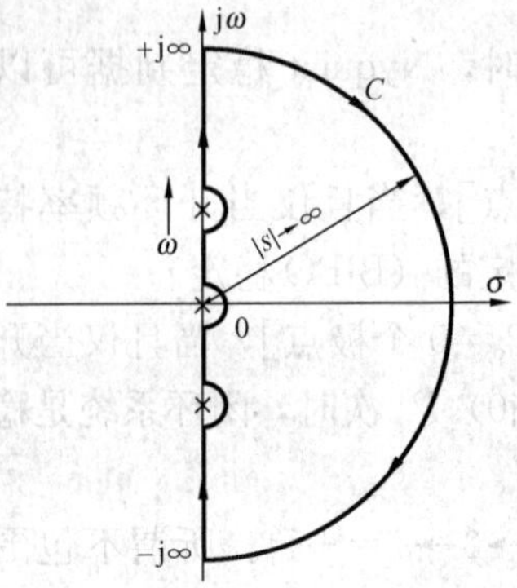

图 6-13　s 平面上局部修改后的 Nyquist 围线

对于在 s 平面的虚轴 jω 上出现极点的情况，可以用局部修改经由这些极点的路径的办法绕过它们，如图 6-13 所示，即以虚轴 jω 上的极点为中心，从其右侧❶以足够小半径 ρ 的半圆形路径绕过它。

作为例子，设 s 平面的原点上有 $G_o(s)$ 的一个极点，则在围绕该极点的半圆路径上的轨迹为

$$s=\rho e^{j\varphi},\quad -\frac{\pi}{2}\leqslant\varphi\leqslant\frac{\pi}{2} \tag{6-52}$$

把有理函数形式的 $G_o(s)$（式 6-45）展开成部分分式，由于 $p_1=0$ 是一个极点，则展开后有

$$G_o(s)=\frac{c_1}{s}+\frac{c_2}{s-p_2}+\cdots+\frac{c_n}{s-p_n} \tag{6-53}$$

当变点 s 沿半径为 $\rho\to 0$ 的小半圆运动时，注意到这时 $s\to 0$，所以式（6-53）中主项应为$\frac{c_1}{s}$，即

$$G_o(s)\big|_{s\to 0}\approx\frac{c_1}{s}=\frac{c_1}{\rho}e^{-j\varphi} \tag{6-54}$$

当 $\rho\to 0$，幅值 $|G_o(s)|\to\infty$时，幅角变化于

$$+\frac{\pi}{2}\geqslant\angle[G_o(s)]\geqslant-\frac{\pi}{2} \tag{6-55}$$

的范围内。这就是说，上述围绕极点的足够小半径的半圆，映射到 $G_o(s)$ 平面上时，就变成半径为无限大（$|G_o(s)|\to\infty$）、沿顺时针方向从$+\frac{\pi}{2}$到$-\frac{\pi}{2}$覆盖整个右半 $G_o(s)$ 平面的半圆（图 6-14）。

这种在 s 平面虚轴 jω 上围绕极点作小半圆的方法，可以推广应用于同一虚轴上的其他极点，也可以推广应用于原点上有多重极点的情况。例如，在 s 平面原点有两重极点时，式（6-54）相应地要修改为

---

❶ 从其左侧绕过它，也可进行类似的分析。但是这时 Nyquist 围绕的内域将包含此极点，分析时要注意到这一情况。

$$G_o(s)\big|_{s\to 0}\approx\frac{c_1}{s^2}=\frac{c_1}{\rho^2}e^{-2j\varphi} \tag{6-56}$$

因此，当$\rho\to 0$时，除幅值$|G_o(s)|$趋于无限大外，幅角将变化于

$$+\pi\geqslant\angle[G_o(s)]\geqslant-\pi \tag{6-57}$$

的范围内，即两重极点上的小半圆映射到$G_o(s)$平面上时演变为沿顺时针方向从$+\pi$到$-\pi$，半径为无限大的圆周（两个半圆的角度）。

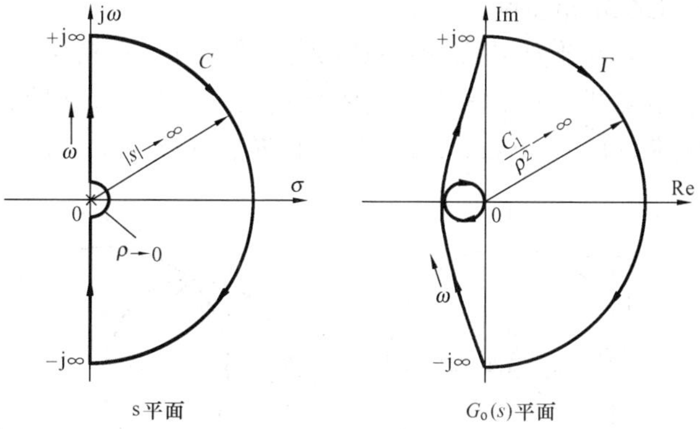

图 6-14 围绕单极点的无限小半圆映射为$G_o(s)$平面上的无限大半圆

综合上述，当$G_o(s)$在虚轴$j\omega$上含有极点时，采用局部修改的Nyquist围线，仍然可以应用Nyquist稳定判据以判定闭环系统的稳定性。也就是说，在上面第二段里介绍的稳定判据仍然适用。

【例 6-7】 已知某系统的开环频率特性为

$$G_o(j\omega)=\frac{10}{(j\omega)^2(1+j0.1\omega)(1+j0.2\omega)}$$

确定闭环系统的稳定性。

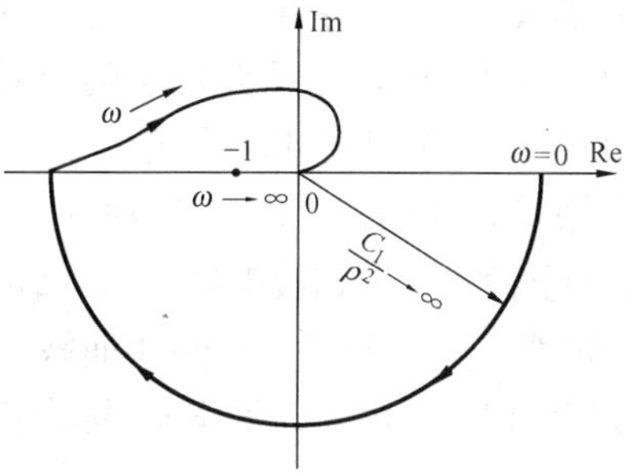

图 6-15 ［例 6-9］的 Nyquist 图

解 该系统的开环传递函数$G_o(s)$在s平面上原点上含有两重极点。除此，在右半s平面上不再含有极点，按局部修改后的Nyquist围线判断，$P_o=0$，即可以采用开环稳定系统的Nyquist判据判定闭环系统的稳定性。$G_o(j\omega)$的Nyquist图示于图6-15。图中只示出了正频率部分。图中的点（-1，j0）被Nyquist曲线顺时针包围两次（正、负频率部分各一次），说明闭环系统是不稳定的，并且含有两个不稳定的特征根。

最后应指出，Nyquist稳定判据也适用于$G_o(s)$中含有延迟因子$G_o(s)=G_1(s)e^{-T_D s}$的情况。由于这时的特征式$1+G_o(s)$不能表示为有限维有理函数的形式，使用Routh判据是困难的。但是$1+G_o(s)$除有限个极点外，在s平面上仍保持解析的性质，映射定理是适用的，因此在这种情况下Nyquist稳定判据也还能适用。

第八节 稳 定 裕 量

一、利用开环 Nyquist 图确定稳定裕量

由上一节已经知道，应用Nyquist稳定判据，判定一个开环Liapunov稳定[1]的闭环系统的稳定性，是非常简便的：只需考察开环频率特性$G_o(j\omega)$的Nyquist曲线是否包围点（-1，j0）就够了。现在理应提出这样一个问题：如果一个闭环系统是稳定的，那么它具有

[1] 这里的开环Liapunov稳定，系指开环传递函数中的全部极点都位于左半s平面或在虚轴上的情况而言。

多大的稳定裕量呢?

在第五节介绍 Routh 稳定判据时，对稳定裕量问题已经进行过讨论。在那里，曾利用特征根离开 s 平面虚轴 $j\omega$ 的距离 σ（图 6-3）来度量稳定裕量。同样地，也可以利用上述开环频率特征的 Nyquist 曲线离开临界点（-1，j0）的远近程度，来度量稳定裕量。

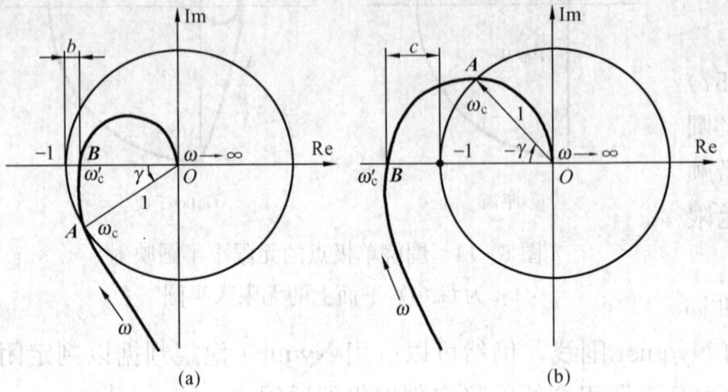

图 6-16 利用开环 Nyquist 图确定稳定裕量

(a) 稳定的系统；(b) 不稳定的系统

如图 6-16（a）、(b) 所示，为了度量稳定裕量，在 $G_o(s)$ 平面上绘制一个单位圆（以原点为中心，以一个单位为半径的圆）。对于一个稳定的系统［图 6-16（a）］，其 Nyquist 曲线与负实轴的交点 B，应位于单位圆内，并且交点 B 在圆内离开临界点（-1，j0）越远（b 越大），说明稳定裕量越大。同一个 Nyquist 曲线与单位圆的交点 A，应位于负实轴以下，并且线段$\overline{OA}$与负实轴所形成的夹角 γ 越大，说明稳定裕量越大。对于一个不稳定的系统［图 6-16（b）］，其开环 Nyquist 曲线与负实轴的交点 B，应位于单位圆外，并且交点在圆外离开临界点（-1，j0）越远（c 越大），说明系统丧失稳定的程度越严重。同一个 Nyquist 曲线与单位圆应相交于负实轴以上（点 A），并且夹角 γ 的绝对值（根据下面的定义，不稳定时的夹角 γ 为负值）越大，说明系统丧失稳定的程度越严重。

通常采用相位裕量、幅值裕量两个指标，来度量稳定裕量。在图 6-16（a）和（b）两图上，点 A 处开环频率特性的幅值等于 1，即 $G_o(\omega_c)\triangleq|G_o(j\omega_c)|=1$，相应的频率 ω_c 已被定义为剪切频率（参见第五章），也可称为幅值交界频率。此外，上述开环 Nyquist 曲线与负实轴的交点 B 上的相角等于$-180°$，即 $\varphi_o(\omega_c')\triangleq\angle[G_o(\omega_c')]=180°$，相应的频率 ω_c' 称为相位交界频率（或相位剪切频率）。

这里定义相位裕量 γ 为

$$\gamma\triangleq180°+\varphi_o(\omega_c)\triangleq180°+\angle[G_o(j\omega_c)] \tag{6-58a}$$

定义幅值裕量 m 为

$$m\triangleq\mathrm{Lm}1-\mathrm{Lm}G_o(\omega'_c)\triangleq-\mathrm{Lm}|G_o(j\omega_c')| \tag{6-58b}$$

这里的相角 $\varphi_o(\omega_c)$ 必须从正实轴按顺时针方向测量，然后取负号（以代表滞后量）。相位裕量的单位是度（°）；而幅值裕量则采用分贝值（dB）。对于稳定系统，相位裕量和幅值裕量均为正值；对于不稳定系统，这两个裕量均为负值。它们的值等于 0 时，系统处于稳定的临界状态（按 BIBO 稳定或渐近稳定定义，此点也是不稳定的）。

还要强调，上述定义的相位裕量与幅值裕量只适用于开环 Liapunov 稳定的系统。幸好，大多数实际工程系统都是开环 Liapunov 稳定的。

应当指出，同一个系统的相位裕量或幅值裕量都能表征系统的稳定程度。但是两个指标之间的数值上并不存在确定的对应关系。因此，考察一个系统的稳定裕量，一般应同时考察相位裕量和幅值裕量这两个指标。它们都属于开环频域指标。由于下面即将提到的理由，当只采用一个指标来度量稳定裕量时，人们更乐于采用相位裕量而不是幅值裕量。

二、相位裕量、幅值裕量与谐振峰值的关系

谐振峰值 M_r 是闭环频域指标，它与时域中的过调量 M_p 之间的关系是比较确定的［式（5－55）］。现在就来建立属于开环频域指标的相位裕量和幅值裕量对谐振峰值之间的关系。

在开环 Nyquist 图上再叠画上等 M 圆（如图 6－17 所示）就可以求出对应于不同的 M 值时的相位裕量和幅值裕量。使谐振峰值限定在允许值 M 以内的充分必要条件是，Nyquist曲线位于等 M 圆之外。因此，等 M 圆又可称为 Nyquist 曲线的禁区圆。

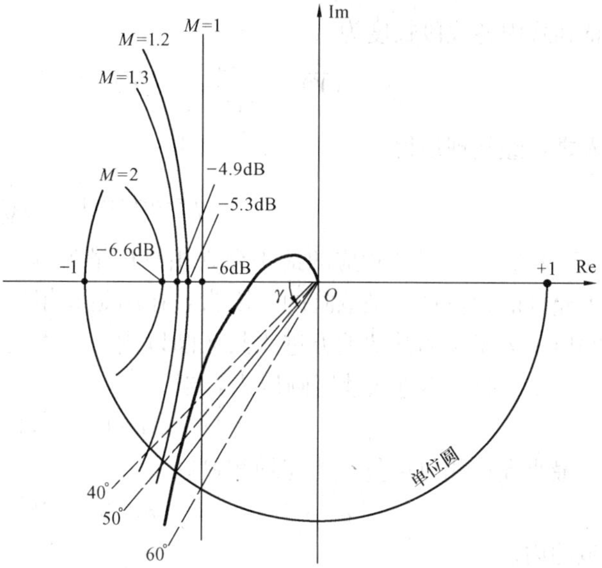

图 6－17 等 M 圆与相位裕量和幅值裕量

图 6－18 是在 $G_o(s)$ 平面上绘制的禁区圆。在上一章已知，该圆的中心 O_1 到坐标原点 O 的距离

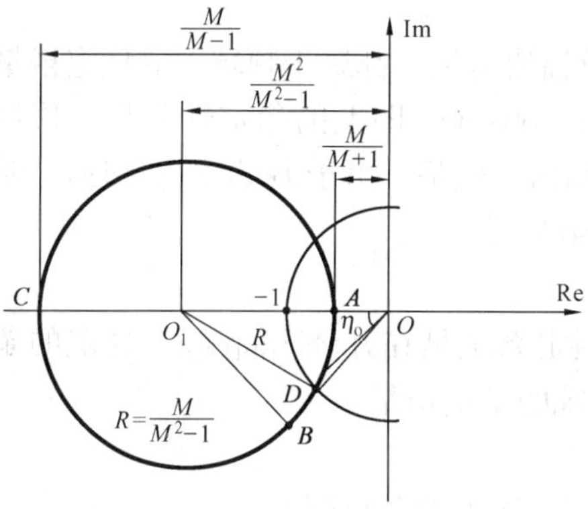

图 6－18 $G_o(s)$ 平面上的禁区圆

$$\overline{OO_1}=\frac{M^2}{M^2-1},\ M>1 \tag{6-59a}$$

其半径 $R=\overline{O_1A}=\overline{O_1B}=\dfrac{M}{M^2-1}$，$M>1$

$$\tag{6-59b}$$

由上两式可以求得

$$\overline{OA}=\overline{OO_1}-\overline{OA}=\frac{M}{M+1} \tag{6-60}$$

为了使 M_r 不超过给定的 M，Nyquist 曲线交于负实轴上的点不应超出线段 $\overline{OA}$ 以外。这样，根据幅值裕量的定义［式（6－58b）］，可以求得最小允许幅值裕量为

$$m_{min}=-\text{Lm}\,\overline{OA}=-\text{Lm}\,\frac{M}{M+1} \tag{6-61}$$

对于电力系统中的自动控制系统，一般要求系统的过调量不要过大，并有较好的阻尼。在这种情况下，把谐振峰值控制在

$$M_r\leqslant 1.3\sim 1.5 \tag{6-62}$$

的范围内是合适的。将它代入式（6－61），则得相应的最小允许幅值裕量

$$m_{min}=5\sim 4.44\text{dB} \tag{6-63}$$

此外，利用禁区圆与单位圆的交点（图 6－18 中的点 D），可以求得相应的相位裕量。在图 6－18 中与点 D 对应的相位裕量为

$$\eta_o = \arccos\frac{\overline{OO_1^2} + \overline{OD^2} - \overline{O_1D^2}}{2\,\overline{OO_1}\cdot\overline{OD}} \tag{6-64}$$

注意到式中各线段长度为

$$\overline{OO_1} = \frac{M^2}{M^2-1};\ \overline{OD} = 1;\ \overline{O_1D} = R = \frac{M}{M^2-1}$$

代入之，经整理后得

$$\eta_o = \arccos\left(1 - \frac{1}{2M^2}\right) \tag{6-65}$$

当 $M=1.3\sim1.5$ 时，相应的最小允许相位裕量为 $\eta_o=45.24°\sim38.94°$。但是实际上采用此式作为允许的相位裕量是危险的。因为，在满足此相位裕量的情况下，Nyquist 曲线还有可能在幅值不等于 1 的其他地方进入禁区圆以内。不太复杂的分析表明（略去详细推导）：为保证 Nyquist 曲线不进入禁区圆以内，当

$$M = 1.3\sim1.5 \tag{6-66a}$$

时，最小允许相位裕量应相应地控制在

$$\eta_o = 50°\sim40° \tag{6-66b}$$

的范围内。

对于电力系统中的自动控制系统，如果具有能满足式（6-66）的相位裕量，就可以认为满意了。

第九节　Bode 图上的稳定性分析

通过上节讨论已经知道，谐振峰值、相位裕量及幅值裕量，都属于频域中的稳定裕量指标。三者之间有一定的等效关系。在这一节，将把在 Nyquist 图上的稳定性分析，移植到 Bode 图上进行。显然，两者具有相同的限制条件和用途。但是，由于 Bode 图在图形绘制和分析上具有简便和鲜明的特点，故人们更乐于采用 Bode 图。

一、利用 Bode 图确定稳定裕量

在上一节中用 Nyquist 图讨论稳定裕量时，是假定系统是在开环 Liapunov 稳定的条件下进行的。在同一条件下，利用 Bode 图也能确定系统的稳定裕量。

Bode 图与 Nyquist 图之间存在如下对应关系：

（1）Bode 图上幅频特性的 0dB 轴线对应于 Nyquist 图上的单位圆；

（2）Bode 图上相频特性的 $-180°$ 轴线对应于 Nyquist 图上的负实轴线。

根据上述对应关系，可以把 Nyquist 图上判别稳定和确定稳定裕量的办法，移植到 Bode 图上来。

首先，需要绘制系统开环频率特性的 Bode 图。为了便于观察，将幅频特性的 0dB 轴线和相频特性的 $-180°$ 轴线重合画在一起。这时，幅频渐近线、相频曲线与横轴相交不外乎出现如图 6-19 所示的三种情况。请注意，图上相频特性的纵坐标 φ 正方向是向下的，在下面的内容中将常用这样的画法。

图中幅频特性与横轴的交点 ω_c，即为剪切频率；相频特性与横轴的交点 ω_c'，即为相位交界频率。根据相位裕量的定义［式（6-58a）］可知，在剪切频率 ω_c 点上，相频特性到横轴的距离即为相位裕量 γ。当相频特性在该点上位于横轴以下时，$\gamma>0$；位于横轴以上时，

$\gamma<0$。根据幅值裕量的定义式（6-58b）可知，在相位交界频率 ω'_c 点上，幅频特性到横轴的距离，即为幅值裕量 m。当幅频特性在该点上位于横轴以下时，$m>0$；位于横轴以上时，$m<0$。

在图 6-19（a）中，幅频特性先于相频特性与横轴相交，亦即 $\omega_c<\omega'_c$。这时相位裕量和幅值裕量均为正，说明系统是稳定的。在图 6-19（b）中，幅频特性后于相频特性与横轴相交，亦即 $\omega_c>\omega'_c$。这时相位裕量和幅值裕量均为负值，说明系统是不稳定的。在图 6-19（c）中，两个特性同时与横轴相交，亦即 $\omega_c=\omega'_c$。这时相位裕量和幅值裕量均为 0，说明系统处于稳定的临界状态。

从图 6-19 还可看出，闭环系统的稳定性与稳定裕量只由剪切频率 ω_c 附近的开环 Bode 图的中频段形状确定，而与它的低频段或高频段的形状几乎无关。

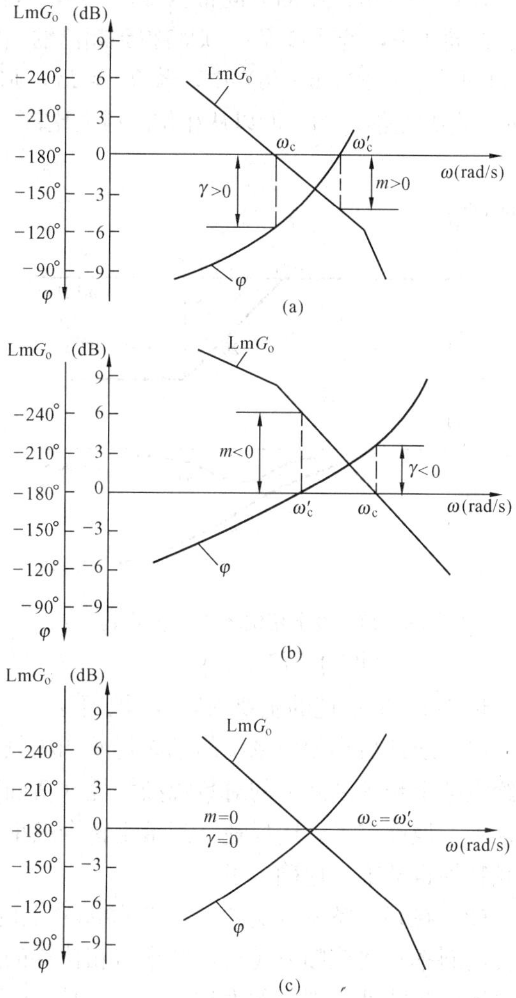

图 6-19 Bode 图中两特性交于横轴的三种情况

（a）稳定系统；（b）不稳定系统；（c）临界系统

二、Bode 定理介绍

Bode 定理对于判定所谓最小相位系统的稳定性以及求取稳定裕量，是十分有用的。在这里，只定性地介绍定理的涵义，而不引用严格的数学表达式。有兴趣的读者可参阅有关文献。

首先说明什么是最小相位系统。一个系统，如果它的开环传递函数中的全部零点和极点都位于左半 s 平面或虚轴上，则称为最小相位系统。换言之，在开环 Liapunov 稳定的系统中，如果开环传递函数的全部零点都位于左半 s 平面或虚轴上，就称为最小相位系统。把这种系统称为最小相位系统的原因是，它与具有相同幅频特性但相频特性不同的其他开环频率特性相比，在所有频率上它的相位滞后量是最小的。

为了说明这个论断的正确性，不妨对如下两个环节进行对比：一个是最小相位环节，即

$$G_1(j\omega)=\frac{1+j\omega T_2}{1+j\omega T_1},\quad T_1>T_2 \tag{6-67}$$

另一个环节的幅频特性相同，但相频特性不同，即

$$G_2(j\omega)=\frac{1-j\omega T_2}{1+j\omega T_1} \tag{6-68}$$

两个环节的 Bode 图示于图 6-20。从图中可以看到，在所有频率上，最小相位环节的相位滞后量是最小的。

在式（6-67）中的时间常数 $T_1>T_2$，这样的环节具有滞后的相位移，因此称为滞后环节。在同式中，若 $T_2>T_1$，则将得到超前的相位移，称为超前环节。超前环节的 Bode 图如图 6-21 所示。在式（6-68）中，若 $T_2>T_1$，则它的幅频特性虽然仍与上述的超前环节一致，但相位移却是滞后的。所以从相位滞后上比较，前者的相位滞后量也算是最小的（不滞后）。

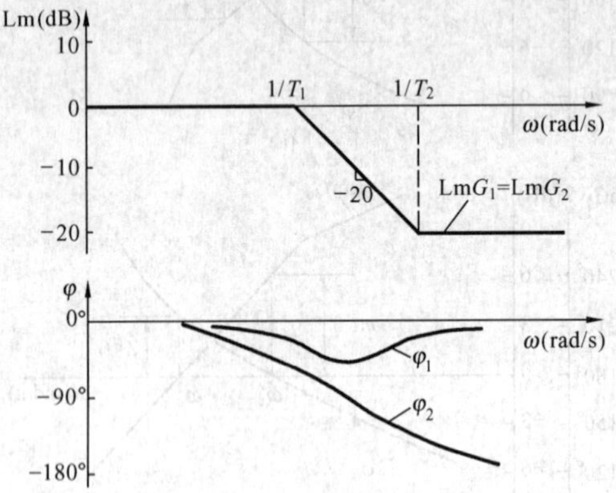

图 6-20　最小相位环节与非最小相位环节的对比（一）

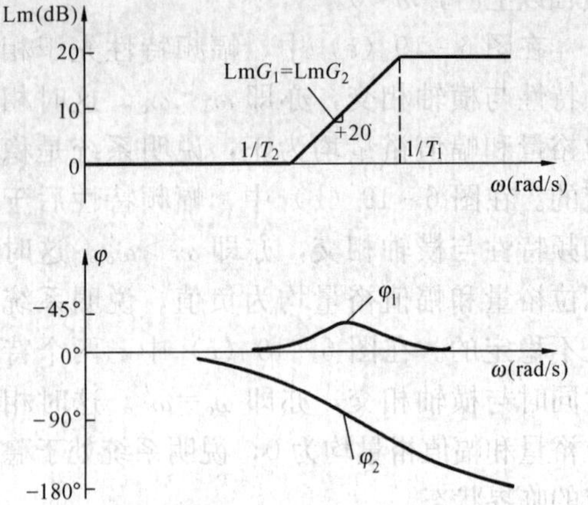

图 6-21　最小相位环节与非最小相位环节的对比（二）

现将 Bode 定理的主要内容概括如下：

（1）线性最小相位系统的幅频特性和相频特性整个频率区间上是一一对应的。具体说，当给定整个频率区间上的对数幅频特性（精确特性）的斜率时，同一区间上的对数相频特性就被唯一地确定了。同样地，当给定整个频率区间上的对数相频特性时，同一区间上的对数幅频特性也被唯一地确定了。

（2）在某一频率（例如剪切频率 ω_c）上的相位移，主要决定于同一频率上的对数幅频特性的斜率；离该频率越远，斜率对相位移的影响越小。某一频率上的相位移与同一频率上的对数幅频特性的斜率的大致对应关系是：$\pm20n$dB/dec 的斜率对应于大约 $\pm n90^\circ$ 的相位移，这里 $n=0$，1，2，…。例如，如果在剪切频率 ω_c 上的对数幅频特性的渐近线的斜率是 -20dB/dec，那么该点上的相位移就大约接近 -180°。在后一种情况下，闭环系统或者是不稳定的，或者只具有不大的稳定裕量。

在实际工程中，为了使系统具有相当的相位裕量，往往这样设计开环传递函数：使幅频渐近线以 -20dB/dec 的频率通过剪切点 ω_c，并且至少在剪切频率的左右，从 $\omega_c/4$ 到 $2\omega_c$ 的这一段频率范围内保持上述渐近线的斜率不变。

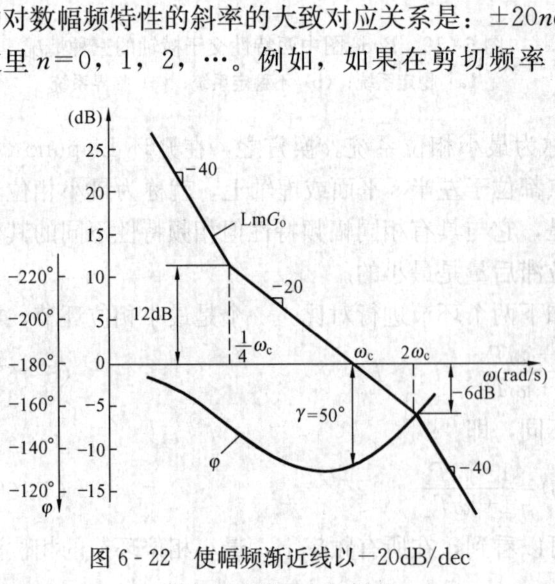

图 6-22　使幅频渐近线以 -20dB/dec 斜率通过剪切点的例子

图 6-22 所示即为满足上述要求的例子。关于反馈控制系统的设计与校正方法，将在下一章里详细讨论。但就这

个例子来说，在 $\omega_c/4 \sim 2\omega_c$ 这一频率范围内保持幅频渐近线斜率为 -20dB/dec，而在此范围两侧都具有 -40dB/dec 的斜率的情况下，再绘出相频特性，可以看出：剪切频率 ω_c 处的相位裕量约为 $\gamma \approx 50°$，因此对应的谐振峰值 $M_r \approx 1.3$［见式（6-66）］。

本章小结

（1）Liapunov 稳定性和渐近稳定性，是着眼于动态系统内部描述而定义的稳定概念；BIBO 稳定性则是着眼于外部描述而定义的稳定概念。前者适用于任何线性或非线性动态系统；后者只适用于零状态下的线性动态系统。对于可由传递函数完全表征的线性定常动态系统，BIBO 稳定与渐近稳定是等效的；对于不完全表征的系统，渐近稳定也意味着 BIBO 稳定，但 BIBO 稳定却并不一定意味着渐近稳定。

对于线性定常动态系统（本小结的后面部分只考虑这种系统，并且假定是完全表征的），当且仅当其全部特征根都位于不含虚轴的左半 s 平面上时，系统才是渐近稳定的，也是 BIBO 稳定的。在这种情况下的稳定，统一简称为稳定，不必再区分渐近稳定性和 BIBO 稳定性。此外，如果还有部分特征根位于虚轴上，则说系统是 Liapunov 稳定的。

（2）根据系统所采用的数学描述的不同，系统特征方程也有几种表现形式，如表 6-6 所示。

表 6-6　特征方程的几种表现形式

系 统 描 述	特 征 方 程 $\Delta(s)=0$
$[\boldsymbol{A}, \boldsymbol{B}, \boldsymbol{C}, \boldsymbol{D}]$	$\Delta(s)=\det(s\boldsymbol{I}-\boldsymbol{A})$
$\dfrac{Y(s)}{U(s)}=\dfrac{G(s)}{1+G_o(s)}$	$\Delta(s)=1+G_o(s)$
$\dfrac{Y(s)}{U(s)}=\dfrac{b_0 s^m+b_1 s^{m-1}+\cdots+b_m}{s^n+a_1 s^{n-1}+\cdots+a_n}$	$\Delta(s)=s^n+a_1 s^{n-1}+\cdots+a_n$

对反馈控制系统，要注意区别闭环极点、闭环零点，开环极点、开环零点的涵义的异同。例如，特征根即是闭环极点，也是特征式 $\Delta(s)=1+G_o(s)$ 中的零点；对单位反馈系统，开环零点即是闭环零点，等等。

（3）当采用 Liapunov 直接法以判定任一系统的稳定性时，关键的一步是寻求可能的 Liapunov 函数。对非线性系统，这一工作要求具有相当的技巧。但是对线性定常系统，则归结为任给一个 $n \times n$ 正定矩阵 $\boldsymbol{Q}$（通常取为么阵 $\boldsymbol{I}$），然后根据

$$\boldsymbol{A}^{\mathrm{T}}\boldsymbol{P}+\boldsymbol{P}\boldsymbol{A}=-\boldsymbol{Q}$$

求出 $\boldsymbol{P}$ 阵，再检查 $\boldsymbol{P}$ 阵是否正定即可。如果 $\boldsymbol{P}$ 是正定的，系统就是渐近稳定的；否则就不是渐近稳定的。

对于形如

$$\Delta(s)=a_0 s^n+a_1 s^{n-1}+\cdots+a_{n-1}s+a_n$$

的特征式，采用 Routh 稳定判据，判定系统的稳定性，只需观察各系数之间的相互关系，而无需求解特征方程的根。利用 Routh 判据还可以估计稳定裕量。

（4）在给定系统开环传递函数 $G_o(s)$ 的情况下，根据开环频率特性的 Nyquist 图或

Bode 图，可以方便而形象地判定闭环系统的稳定性，并可求取稳定裕量。

对于开环 Liapunov 稳定的系统，根据 Nyquist 曲线在频率增加方向的右侧是否对点（−1，j0）形成包围，就可以判定闭环系统是否稳定：包围则不稳定，不包围则稳定；也可以根据 Bode 图中幅频特性及相频特性交于横轴的先后次序来判定（如图 6-19 所示）：幅频特性先交于横轴，闭环系统稳定；否则不稳定。

（5）谐振峰值、相位裕量和幅值裕量，都是频域中的稳定裕量指标。三者之间具有一定的对应关系，并且对于衡量、判定系统的稳定程度也具有一定的等效性。比较常用的指标是谐振峰值或相位裕量。

对于工程中的控制系统，一般取谐振峰值指标为

$$M_r \leqslant 1.3 \sim 1.5$$

对应的相位裕量指标则为

$$\gamma \geqslant 50° \sim 40°$$

（6）利用 Bode 图求取稳定裕量，比直接利用 Nyquist 图要简便得多。特别是对于最小相位系统，由于其幅频特性和相频特性是一一对应的，所以从原则上讲，只要绘出对数幅频特性的渐近线，就能比较准确地估计出相位裕量和谐振峰值。这时，对上述裕量指标起主导作用的是渐近线在剪切点前后几倍频程内的斜率及变化情况。

习　题

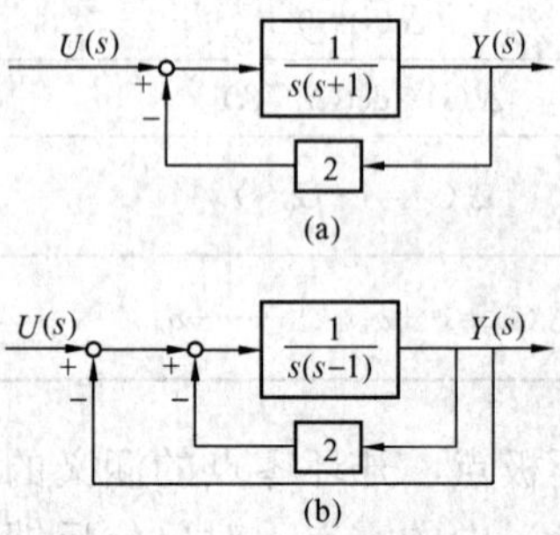

图 T6-1　反馈系统方框图

T6-1　试判断图 T6-1（a）、（b）所示两个系统的 BIBO 稳定性。

T6-2　检验下列系统的稳定性：

（1）$\dot{\boldsymbol{x}} = \begin{bmatrix} 1 & -1 & -1 \\ 1 & 1 & -3 \\ 1 & -5 & -3 \end{bmatrix} \boldsymbol{x}$；

（2）$\dot{\boldsymbol{x}} = \begin{bmatrix} -1 & 1 \\ 2 & 3 \end{bmatrix} \boldsymbol{x}$。

T6-3　有一线性系统［$\boldsymbol{A}$，$\boldsymbol{B}$，$\boldsymbol{C}$］，试判断其渐近稳定性与 BIBO 稳定性，其中：

$$\boldsymbol{A} = \begin{bmatrix} -1 & 1 & 0 \\ 0 & -1 & 0 \\ 0 & 0 & 0 \end{bmatrix};\ \boldsymbol{B} = \begin{bmatrix} 0 \\ 1 \\ 2 \end{bmatrix};\ \boldsymbol{C} = \begin{bmatrix} 1 & -1 & 0 \end{bmatrix}$$

T6-4　控制系统方框图如图 T6-4 所示，若以图中 $X_1(s)$，$X_2(s)$ 和 $X_3(s)$ 为状态变量，问反映系统内部状态的渐近稳定性与反映系统外部输入、输出的 BIBO 稳定性是否一致？

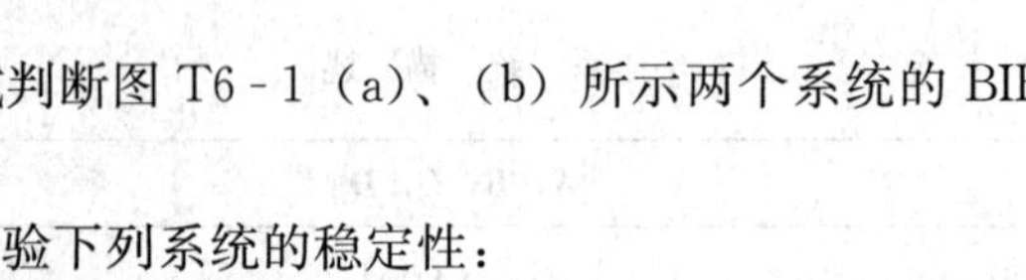

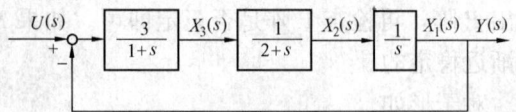

图 T6-4　控制系统方框图

T6-5　讨论下列二次型函数的定号性：

（1）$v(\boldsymbol{x}) = 10x_1^2 + 4x_2^2 + x_3^2 + 2x_1x_2 - 2x_2x_3 - 4x_1x_3$；

(2) $v(\boldsymbol{x})=\boldsymbol{x}^T\boldsymbol{Q}\boldsymbol{x}$，其中

$$\boldsymbol{Q}=\begin{bmatrix}1 & 1 & 1\\ 1 & 2 & 0\\ 1 & 0 & 2\end{bmatrix};\ \boldsymbol{x}=\begin{bmatrix}x_1\\ x_2\\ x_3\end{bmatrix}$$

(3) $v(\boldsymbol{x})=\boldsymbol{x}^T\boldsymbol{Q}\boldsymbol{x}$，其中

$$\boldsymbol{Q}=\begin{bmatrix}1 & 7\\ 1 & 3\end{bmatrix};\ \boldsymbol{x}=\begin{bmatrix}x_1\\ x_2\end{bmatrix}$$

T6-6　检验下列给定系统的稳定性。如稳定，试求出它的 Liapunov 函数。

(1) $\dot{\boldsymbol{x}}=\begin{bmatrix}-1 & 1\\ 2 & -3\end{bmatrix}\boldsymbol{x}$;

(2) $\dot{\boldsymbol{x}}=\begin{bmatrix}-1 & -2\\ 1 & -4\end{bmatrix}\boldsymbol{x}$。

T6-7　验证函数

$$v(\boldsymbol{x})=6x_1^2+12x_2^2+4x_1x_2^4+x_2^8$$

为非线性系统

$$\begin{cases}\dot{x}_1=-2x_1+2x_2^4\\ \dot{x}_2=-x_2\end{cases}$$

的 Liapunov 函数，分析其原点的稳定性。

T6-8　验证函数

$$v(\boldsymbol{x})=\frac{1}{4}x_1^4+\frac{1}{2}x_2^2$$

是非线性系统

$$\begin{cases}\dot{x}_1=x_2\\ \dot{x}_2=-x_2-x_1^3\end{cases}$$

的 Liapunov 函数，分析其原点的稳定性。

T6-9　应用 Routh 判据确定下列特征方程的根中带正实部根数、带零实部的根数及带负实部的根数：

(1) $s^4+5s^3+2s+10=0$;

(2) $s^5+5.5s^4+14.5s^3+8s^2-19s-10=0$;

(3) $2s^5+s^4+6s^3+3s^2+s+1=0$;

(4) $s^4+2s^3+7s^2+10s+10=0$;

(5) $s^5+s^4-2s^3+2s^2+8s+8=0$。

T6-10　已知闭环系统如图 T6-10 所示。为使该系统具有一定的稳定裕量，应使 s 平面上最右侧的闭环极点距离虚轴在 $\sigma=-1$ 以左，问 K 值的取值范围如何？

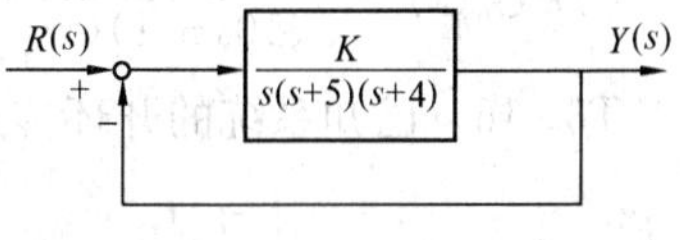

图 T6-10　闭环系统方框图

T6-11　讨论特征方程

$$126s^3+219s^2+258s+85=0$$

其中有多少根的实部落在开区间 (0，−1) 上。

T6-12　有一系统的特征方程为

$$s^3+(\eta+1)s^2+(\eta+\mu-1)s+(\mu-1)=0$$

试讨论使系统稳定时 η，μ 的取值范围。

T6-13 给定下列闭环系统的开环传递函数，试应用 Nyquist 判据判断这些闭环系统的稳定性：

(1) $G_o(s)=\dfrac{2s+1}{2(s+1)}$；

(2) $G_o(s)=\dfrac{10}{(1+s)(1+2s)(1+3s)}$；

(3) $G_o(s)=\dfrac{10}{s(s-1)(0.2s+1)}$。

注：在作 Nyquist 曲线时，只需找出若干有代表意义的点，然后描出曲线的大致形状，再加以判断。

T6-14 已知系统的开环 Nyquist 图如图 T6-14 所示。图中 $P_{右}$ 代表系统开环传递函数在右半 s 平面上的极点数，试判断它们的稳定性。

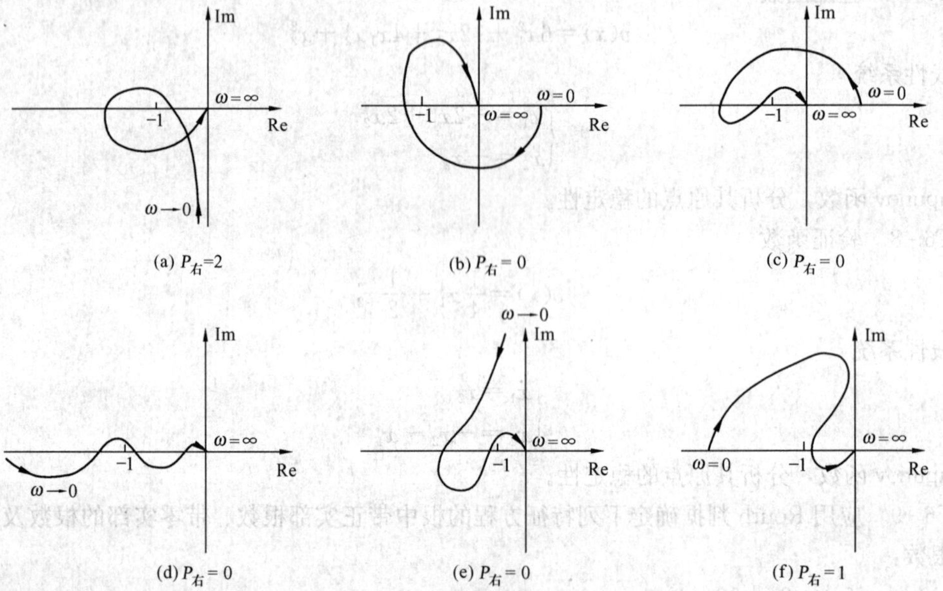

图 T6-14 开环 Nyquist 图

T6-15 绘制下列系统的开环 Nyquist 曲线，据此求出系统稳定的 K 值范围：

(1) $G_o(s)=\dfrac{K(1+0.1s)}{s(s-1)}$；

(2) $G_o(s)=\dfrac{K(0.5s+1)(s+1)}{(10s+1)(s-1)}$。

T6-16 已知系统的开环传递函数为

$$G_o(s)=\frac{2083(s+3)}{s(s^2+20s+625)}$$

试绘制系统的 Bode 图，求剪切频率 ω_c 及相位裕量 γ。

T6-17 某系统开环传递函数为

$$G_o(s)=\frac{3500}{s(s^2+10s+70)}$$

绘制其 Bode 图，若要求 $\gamma=30^\circ$，问 $G_o(s)$ 式中开环放大倍数 3500 应降至多少？

T6-18 已知某反馈系统的开环传递函数为

$$G_o(s)=\frac{K}{s(1+0.2s)^2}$$

为了使其相位裕量 $\gamma>45^\circ$，幅值裕量 $m>6\text{dB}$，试确定最大允许的开环放大倍数 K。

第七章　基于 Bode 图的设计及校正

关键词：校正，校正环节，镇定，镇定环节，串联校正，并联校正，局部反馈校正，比例积分（PI）控制，比例微分（PD）控制，比例积分微分（PID）控制，稳态误差禁区，稳态误差禁区上的检查点，滞后校正（积分校正），超前校正（微分校正），滞后—超前校正（积分—微分校正），局部软反馈—局部微分反馈，局部硬反馈—局部比例反馈，误差校正器。

内容提要：在学习过数学模型的建立和技术性能分析的基础上，这一章将开始研究控制系统的设计及校正问题。这方面的知识，不仅对实际装置的设计和制造者是必需的，而且对从事运行和调试的人们也是必不可少的。

第一节　设　计　概　述

自动控制系统的设计，是指为了完成给定的任务，寻找一个符合要求的实际工程系统。对运行于电力系统中的大多数自动控制系统来说，被控制对象是给定了的，在这种情况下，设计工作的主要任务就是要寻找符合要求的控制器（包括选择合适的物理部件）。

以自动励磁控制系统的设计为例，设计工作的内容包括：为同步发电机配置相应的功率励磁装置和设计自动励磁调节器（AVR：Automatic Voltage Regulator）。功率励磁装置的选择，决定于采用什么样的励磁方式，而励磁方式又和同步发电机的型式（水轮机或汽轮机）及容量等许多因素有关。这部分的设计工作一般由负责发电机及其辅机的设计者担任。对于控制工程师来说，他的任务就归结为自动励磁调节器的设计，并且最终将发电机、功率励磁装置和自动励磁调节器这三者连接成一个完整的控制系统。

实际上，上述控制系统的设计基本上属于试探法，即根据已有设计与运行经验，选择若干种不同的方案进行技术经济比较，并从中择优确定一种方案。这是一个需要多次反复进行的过程。

一旦选好物理装置和部件之后，就要转向采用解析的方法进行设计，如：建立环节和系统的数学模型；根据已给定的性能指标，去分析系统的性能；当系统不能满足全部性能指标时，则应调整参数（主要是控制器的参数），加装补偿或校正环节直至改变系统结构等，在整个设计过程中，控制理论的知识和有关专业知识显然都是必不可少的。

对一般的自动控制系统，可以归纳出如图 7 - 1 所示的设计流程图。现对其中的主要步骤作一些说明。

1. 技术要求的设定

技术要求的设定就是为系统设定一系列性能准则：稳定性、暂态性能、稳态性能、对参数变化的不敏感性及抗噪声能力等（详见第四章）。对于设计工作，在满足稳定性的前提下，暂态性能和稳定性能是应该着重考虑的问题；然后在此基础上，再考虑采取必要的措施，以提高系统的抗噪声能力和对参数变化的不敏感性。

对稳定性能的要求，主要通过设定稳态误差来体现。而对稳定裕量和暂态性能的要求，则主要通过设定如表 7-1 所示的某些性能指标来体现。各不同组指标之间，存在着一定的等效对应关系，所以可以根据所用设计分析方法的不同，决定采用哪一些指标。

表 7-1　暂态性能与稳定裕量的主要指标

时　域	频　域	
	闭　环	开　环
过调量（M_p）	谐振峰值（M_r）	相位裕量（γ） 幅值裕量（m）
上升时间（t_r） 调整时间（t_s）	带宽（ω_b）	剪切频率（ω_c）

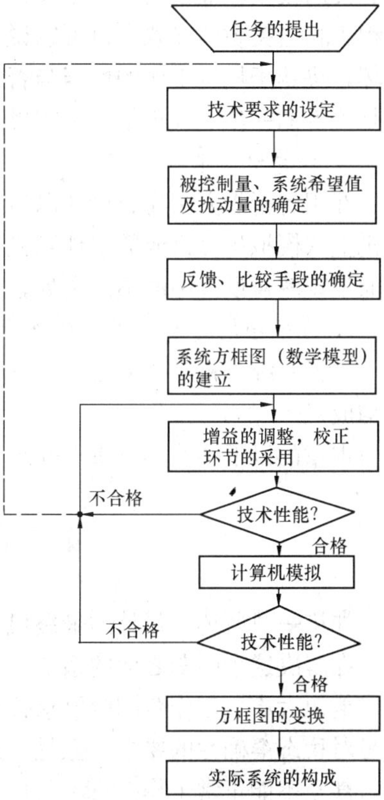

图 7-1　控制系统设计的大致过程

2. 被控制量、系统希望值及扰动量的确定

确定这些量的主要依据是赖以构成控制系统的目的性。例如，对于由同步发电机作为被控对象的自动励磁（调整电压）控制系统，应以同步发电机的端电压作为被控制量，以同步发电机的电流（主要是无功电流）作为扰动量。但是，对于由同一台发电机作为被控对象的自动调速（调整转速）系统，就要以发电机的转速作为被控制量，以发电机送出的有功功率作为扰动量。这里的被控制量，就是系统的输出变量；而扰动量就是系统的扰动输入变量。

系统希望值就是被控制量的希望值。对于调节（定值控制）系统，希望值是常数或缓慢变化值；对于程序控制系统，希望值基本上是按确定规律变化的量；对于随动系统，希望值是无法预知其变化规律的量，但是根据具体问题的不同，希望值的大致变化范围总是可以给定的。系统希望值的变化规律确定之后，系统参考输入信号的变化规律也就被确定了。

3. 反馈、比较手段的确定

为了从被控制量得到反馈信息，首先需要解决对被控制量的测量手段问题。所用手段应该满足测量精度高和时间滞后小的要求。此外，反馈信号在量纲上应该与参考输入信号的量纲一致。这也是在设计误差检测器时需要考虑的问题。误差检测器的输出（即作用误差信号）是控制器的输入。因此，采用什么类型物理器件作为控制器，就决定了误差检测器的型式，也决定了反馈信号与参考输入信号的量纲。

4. 系统方框图的建立

建立系统方框图，亦即建立系统数学模型。由于方框图的形象性比纯数学公式好，所以设计工程师们更乐于采用。首先要建立被控对象数学模型，然后按已有经验假定一种控制规律（作为第一步可以假定为比例型控制规律），从而绘制整个系统的方框图。

5. 增益的调整，校正环节的采用

通过对系统性能分析、检验所设计的系统是否能满足设定的各项性能指标。当不满足时，应首先考虑调整系统的开环增益。当调整增益无法同时满足各项指标要求时，则考虑加装必要的校正环节（关于校正及校正环节，详见下一节）。如何加装校正环节，是整个设计过程中相当关键的步骤，也可以说，在系统大体结构和有关物理部件确定之后，系统性能的好坏，决定于校正工作的恰当与否。不仅如此，校正工作对于实际投入运行前的调试工作，也是关键的一步。校正是一个需要反复进行的过程。

6. 计算机模拟

在用解析的方法完成设计以后，控制工程师一般还要将性能已校正合格的系统，排到计算机上（模拟计算机或数字计算机），对系统在各种信号和扰动作用下的响应进行模拟测试，从而发现解析设计中的不足之处，并进行必要的修正。反复进行测试，直至满意为止。

7. 方框图的变换与实际系统的构成

进行系统分析时所采用的方框图，还要作某些等效变换，以便使其更便于实际物理系统的构成。

本章的以下各节，将重点介绍基于 Bode 图的校正方法。

第二节 校正的任务与类型

如第一节所述，设计的最终结果是要构成能满足所提出的全部技术要求的自动控制系统。在解决这个问题之前的系统，是根据被控对象的动力学特性、必需的控制量值、检测手段、能源大小、工作范围等要求拟制的。这样的原始系统，通过调整开环增益，一般都可以满足对稳态准确性的要求。但是，这样一来往往会使系统的稳定性、稳定裕量及暂态性能变坏，甚至不能正常工作。

为了改善以稳定裕量为主的暂态性能，在可能的情况下，应力争从调整现有环节参数（比例系数或时间常数）上想办法。如果在现有系统范围内不易解决这个问题时，则可以考虑改变系统的结构，例如加入必要的附加环节。为改善系统性能而增加的环节，称为校正环节。确定校正环节的型式及参数，以使系统的性能向需要的方向变化的过程，称为校正。

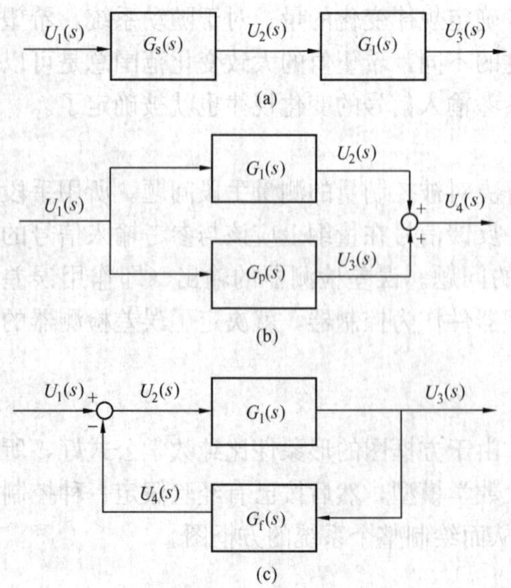

图 7 - 2 校正环节加入系统的方法
（a）串联加入；（b）并联加入；（c）局部反馈加入

校正是一个比较广义的术语，它既包括改善系统以稳定裕量为主的暂态性能，也包括改善系统以准确度为主的稳态性能。此外，有时对专门用以改善系统稳定性或提高稳定裕量的措施，称为镇定（或稳定）。为此目的而加入的环节，称为镇定环节（或稳定环节）。

可用各种方法把校正环节加到控制系统中去。图 7 - 2 示出了三种主要的加入方法，其中图（a）属于串联加入的情形。$G_1(s)$ 代表原系统中的环节，$G_s(s)$ 是串联校正环节。图（b）属于并联加入的情形，$G_p(s)$ 代表并联校正环节。图（c）属于局部反馈加入的情形，$G_f(s)$ 代表局部反馈校正环节。有的资料中把图（b）、（c）统称为并联加入，但本书采用分开的称呼。

在实际工程中，究竟采用哪种方法为好，是采用串联校正、并联校正，还是局部反馈校正？这要由具体实现是否方便而定。特别是一个线性控制系统，虽然采用不同的校正方法，但都可以得到完全相同的效果，获得完全相同的传递函数。换句话说，上述三种不同的校正环节之间可以进行等效代换。例如，把串联校正环节，用等效的并联或局部反馈环节代换，仍可保持代换前后对线性系统的作用不变。

当使图 7-2 中的三种校正线路的总传递函数相等时，就保证了相互代换的等效性，即使下列关系成立

$$G_s(s)G_1(s)=G_1(s)+G_p(s)=\frac{G_1(s)}{1+G_1(s)G_f(s)} \tag{7-1}$$

由此可得由一种校正方法变换成另一种校正方法的六个关系式

$$G_s(s)=\frac{1}{1+G_1(s)G_f(s)} \tag{7-2a}$$

$$G_f(s)=\frac{1-G_s(s)}{G_1(s)G_s(s)} \tag{7-2b}$$

$$G_s(s)=\frac{G_1(s)+G_p(s)}{G_1(s)} \tag{7-2c}$$

$$G_p(s)=G_1(s)[G_s(s)-1] \tag{7-2d}$$

$$G_f(s)=\frac{G_p(s)}{G_1^2(s)+G_1(s)G_p(s)} \tag{7-2e}$$

$$G_p(s)=\frac{G_1^2(s)G_f(s)}{1+G_1(s)G_f(s)} \tag{7-2f}$$

三种校正方法，在数学上是等效的，但是在具体技术实现上却各有特色。其中串联校正，对于在 Bode 图上分析校正环节对系统性能的影响最为方便。因为在主开环通路中串联接入校正环节，在 Bode 图上相当于将该环节的特性曲线叠加在原系统的开环特性曲线之上。

当原控制器的控制作用是比例型的时候，利用并联校正方法实现比例积分（PI，比例 P 加积分 I）、比例微分（PD，比例 P 加微分 D）或比例积分微分（PID，比例 P 加积分 I 加微分 D）控制最为方便。

当需要改变被控对象中某些参数（如时间常数等）时，利用局部反馈校正有时可以取得令人满意的效果。采用局部反馈校正后，还可以对被局部反馈环路所包围的非线性环节的特性，产生较重要的影响。而这种影响的趋势，往往对改善性能是有效的。

关于三种校正作用的详细讨论，将在以后各环节中进行。

第三节　并联校正与 PID 控制作用

并联校正环节通常用来引入积分 I、微分 D 控制作用。

一、引入积分控制作用

假定原控制器规律是比例型的，为了引入积分控制作用，只需在原控制通路中并联接入积分环节，这样就构成一个典型的比例加积分（PI）型控制器，如图 7-3 所示。

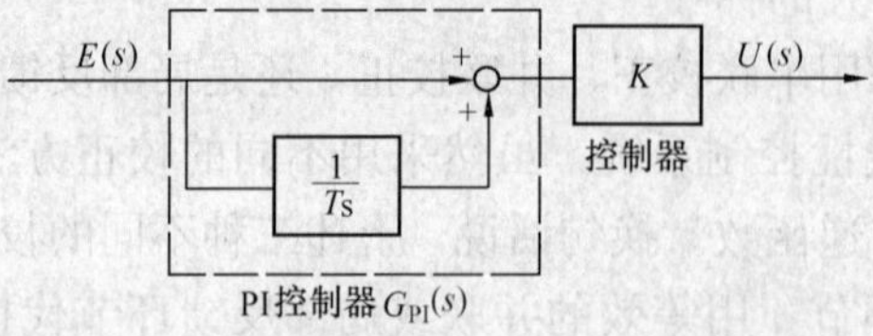

图 7-3 引入积分环节以构成 PI 控制器

原控制器的传递函数为 K，现在其输入通路中并入一个时间常数为 T 的积分环节。这部分环节称为 PI 控制器。

在控制器由运算放大器构成的情况下，引入积分作用十分方便。比如可以直接在原控制器输入通路中并联一个由运算放大器构成的积分器。图 7-4 是这种电路的例子。图中的 I 通路由两级放大器构成。前一级是积分器，其传递函数为

$$G_{i1}(s)=-\frac{1}{Ts},T=RC \tag{7-3a}$$

I 通路中后一级是一个反号器，其传递函数

$$G_{i2}(s)=-\frac{R_1}{R_1}=-1 \tag{7-3b}$$

因此，整个 I 通路的传递函数应为

$$G_i(s)=G_{i1}(s)G_{i2}(s)=\frac{1}{Ts},T=RC \tag{7-4}$$

此外，图 7-4 中的 P 通路的传递函数为 1。P 和 I 通路都接至图中后一级放大器，在工程中一般称为综合放大器。后者在电路中把两通路的信号相加，同时把相加后的结果进行放大。放大后的系数为

$$-K=\frac{R_3}{-R_2} \tag{7-5}$$

因此，图 7-4 电路的总传递函数为

$$\frac{U'(s)}{U_e(s)}=-K\left(1+\frac{1}{Ts}\right) \tag{7-6}$$

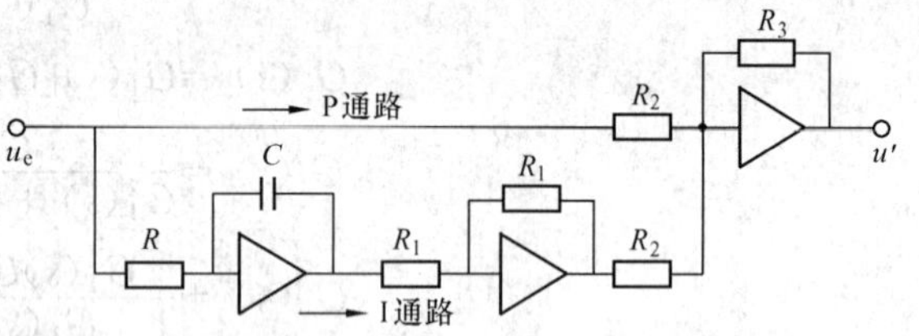

图 7-4 引入积分器的电路示例

显然，图 7-4 是一个具有比例加积分控制作用的电路。在实际电路中，如果在图中的综合放大器之后再串联一级反号器，还可以进一步得到

$$\frac{U_s(s)}{U_e(s)}=K\left(1+\frac{1}{Ts}\right) \tag{7-7}$$

这个传递函数和图 7-3 中的传递函数相等。事实上，对图 7-3 我们有

$$G(s)\triangleq\frac{U(s)}{E(s)}=K\left(1+\frac{1}{Ts}\right) \tag{7-8}$$

即式（7-8）与式（7-7）相等。

现在单独考虑图 7-3 或图 7-4 中的 PI 控制器，后者的传递函数表为 G_{PI}（s），则

$$G_{PI}(s)=1+\frac{1}{Ts}=\frac{1+Ts}{Ts} \tag{7-9}$$

式中 T——积分时间常数。

式（7-9）表明，PI 控制器的传递函数包含有积分因子。这就使整个系统的开环通路中包含有积分因子。从第四章对稳态性能的分析可知，其作用是提高系统按稳态误差划分的型号。如果原系统是有差系统，则加入 PI 控制器，系统就变成 1 型的无差系统。

与式（7-9）相应的 Bode 图示于图 7-5（a）中；它对整个系统性能的影响，示于图

7-5（b）中。图（a）、（b）表明，PI 控制器大体上仅对频率 $\omega<1/T$ 时系统的幅频特性和相频特性有影响。因此，如果适当选择积分时间常数 T，可以做到仅对系统特性的低频段有影响。图中的时间常数 T 的选择，就属于这种情况。

图（b）中的原系统是一个开环增益等于 K 的有差系统，加入 PI 控制器后，幅频渐近线的低频段由斜率为 0 变成了斜率等于 -20dB/dec，从而使 $\omega\rightarrow0$ 时校正后的幅值 $\mathrm{Lm}G_o'\rightarrow0$。这与系统由有差变无差的论断是一致的。在相频特性中，由于加入 PI 控制器，使低频段的相位滞后变大了，但由它所引起的附加滞后量，最大不超过 90°。一般地说，相位上引起的滞后是不希望的，但是在图 7-5 所示的这种情况下，它对于系统的稳定性和稳定裕量几乎不产生任何明显的影响。因为，对系统稳定裕量以及暂态性能起决定作用的是频率特性的中频段（剪切频率 ω_c 前后），而图中的中频段并未发生任何明显变化。

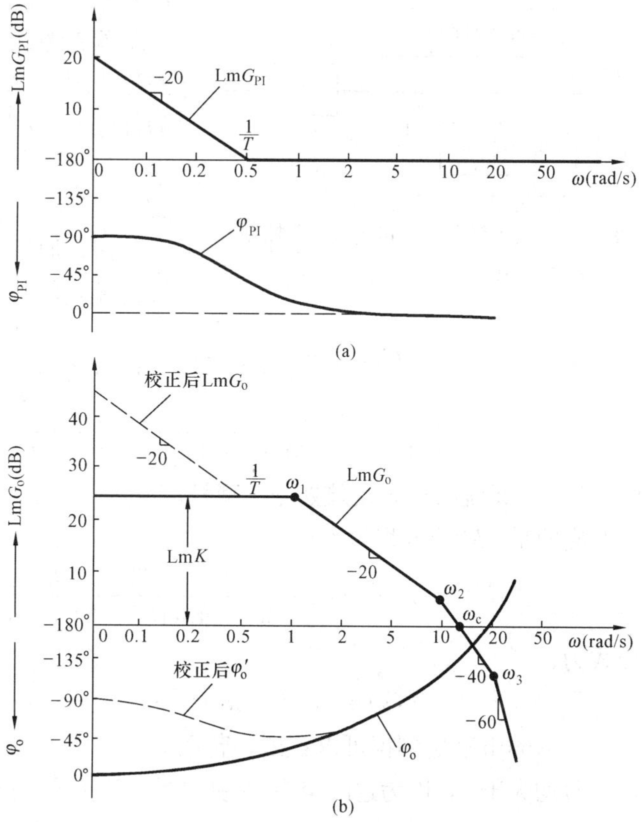

图 7-5 PI 控制器的 Bode 图及其作用

（a）Bode 图；（b）对系统特性的影响

综上所述，引入积分环节构成 PI 控制器［式（7-9）］，可以改善系统的稳态性能。这里的关键是要恰当地选择积分时间常数 T。所谓恰当，应该指的是 T 的数值既能满足对稳态准确性所提出的一些要求，又不明显地恶化稳定裕量和暂态性能。

对于具体的调节系统，在缺乏对速度误差系数 K_v 的明确要求的情况下，PI 控制器中的积分时间常数 T 可以按不明显恶化相位裕量的原则确定，为此目的可取

$$T\approx\frac{10}{\omega_c}\quad[\mathrm{s}]\tag{7-10}$$

式中 ω_c——剪切频率，rad/s。

参考图 7-5（a）及图 5-13（b），当式（7-10）成立时，因加入 PI 控制器而使相位裕量减少的角度，不会超过 6°。如果取 $T=5/\omega_c$ 时，由图 5-13（b）还可以看出，相位裕量将因此减少 11.3°。

二、引入微分控制作用

在比例通路中引入微分环节，可以构成一个比例加微分（PD）型控制器。在图 7-6（a）、（b）中分别示出了由理想微分环节和实际微分环节构成的两种 PD 控制器。整个控制

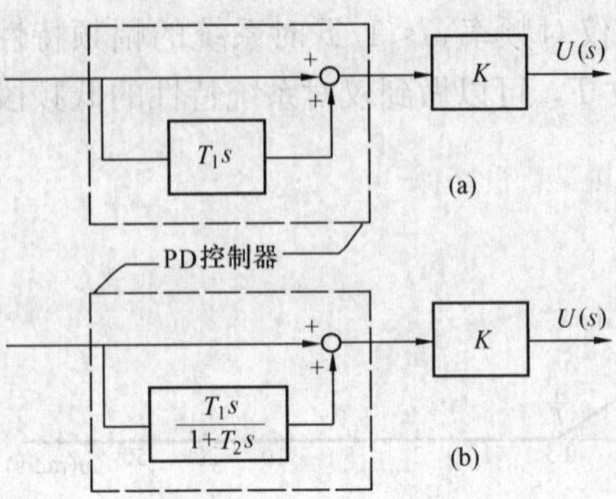

图 7-6 引入微分环节以构成 PD 控制器

(a) 理想微分环节；(b) 实际微分环节

器虽然应该包括比例 K 的部分在内，但为了分析上的方便，将只把图中的虚框部分称为 PD 控制器。这样就可以分别考虑 PD 控制器和比例环节 K 对系统性能的影响。

首先考虑由理想微分环节构成的 PD 控制器，并称为理想 PD 控制器［即图 7-6（a）中虚框内的部分］。设它的传递函数表为 $G_{PD}(s)$，则

$$G_{PD}(s)=1+T_1s \tag{7-11}$$

式中 T_1——微分时间常数。

假定原系统是开环 Liapunov 稳定的，并且开环传递函数中不包含零点，即

$$\begin{aligned}G_o(s)&=\frac{K}{s^N(T_{N+1}s+1)\cdots(T_ns+1)}\\&=\frac{K}{a_0s^n+a_1s^{n-1}+\cdots+a_{n-N+1}s^{N+1}+s^N}\end{aligned} \tag{7-12}$$

式中 N——系统按稳态误差划分的型号。

对应的系统特征方程为

$$1+G_o(s)=1+\frac{K}{a_0s^n+a_1s^{n-1}+\cdots+a_{n-N+1}s^{N+1}+s^N}=0 \tag{7-13}$$

特征式为

$$\Delta(s)=a_0s^n+a_1s^{n-1}+\cdots+a_{n-N+1}s^{N+1}+s^N+K \tag{7-13a}$$

根据 Routh 稳定判据可以看出，若系统是 2 型及以上的：$N\geqslant 2$，则无法保证特征式中全部系数均大于 0，因为这时至少 s^1 项的系数等于零。这表明闭环系统是不稳定的。

当系统开环通路中串入 PD 控制器后，开环传递函数变为

$$G'_o(s)=G_{PD}(s)G_o(s)=\frac{K(1+T_1s)}{a_0s^n+\cdots+a_{n-N+1}s^{N+1}+s^N} \tag{7-14}$$

因此特征式变为

$$\Delta'(s)=a_0s_n+\cdots+a_{n-N+1}s^{N+1}+s^N+KT_1s+K \tag{7-15}$$

如果系统是 2 型的（$N=2$），那么式（7-15）表明，校正后特征式的全部系数均大于 0。这就至少满足了闭环系统稳定的必要条件（当然，不一定满足充分条件）。

根据上面的分析，在系统开环通路中并联引入微分环节构成 PD 控制器，可以改善系统的稳定性。而当原闭环系统虽然稳定，但稳定裕量不足时，可以增加稳定裕量，改善暂态性能。这就是采用 PD 控制器的主要目的。

在实际系统中，偶尔也采用具有理想微分特性的物理器件（例如测速发电机的输出电压对角位移就接近于理想的导数关系）。但当由电路元件构成理想微分环节时，它对高频噪声将起不希望的放大作用，甚至会使该环节的有效输出被放大了的噪声所掩盖，以致无法正常工作。从防止噪声污染的考虑出发，人们几乎只采用由实际微分环节构成的 PD 控制器，如图 7-6（b）所示。简称图 7-6（b）中的虚框部分为实际 PD 控制器。设后者的传递函数表为

$$G'_{PD}(s) = 1 + \frac{T_1 s}{1 + T_2 s} = \frac{1 + (T_1 + T_2)s}{1 + T_2 s} \tag{7-16}$$

式中　T_1、T_2——分别为微分时间常数及滞后时间常数；

$T_1 + T_2$——超前时间常数。

具有实际 PD 控制器传递函数的电路，可以由运算放大器构成，也可以单由无源的 R、L 等电路元件构成。有关电路，将在第五节里介绍。

理想 PD 控制器的 Bode 图和实际控制器的 Bode 图，分别示于图 7-7（a）、（b）中。这些 PD 控制器在某一段频率范围内，具有超前的相位。在采用理想微分环节的情况下，提供的最大超前角可达 90°；而在采用实际微分环节的情况下，提供的最大超前角 φ'_{max} 与幅频特性转角频率之比

$$\beta \triangleq \frac{T_1 + T_2}{T_2} \tag{7-17}$$

有关，并且不难导出

$$\varphi'_{max} = \sin^{-1}\frac{\beta - 1}{\beta + 1} \tag{7-18a}$$

对应的频率是两转角频率的几何中心，即

$$\omega_{max} = \frac{1}{T_2\sqrt{\beta}} \tag{7-18b}$$

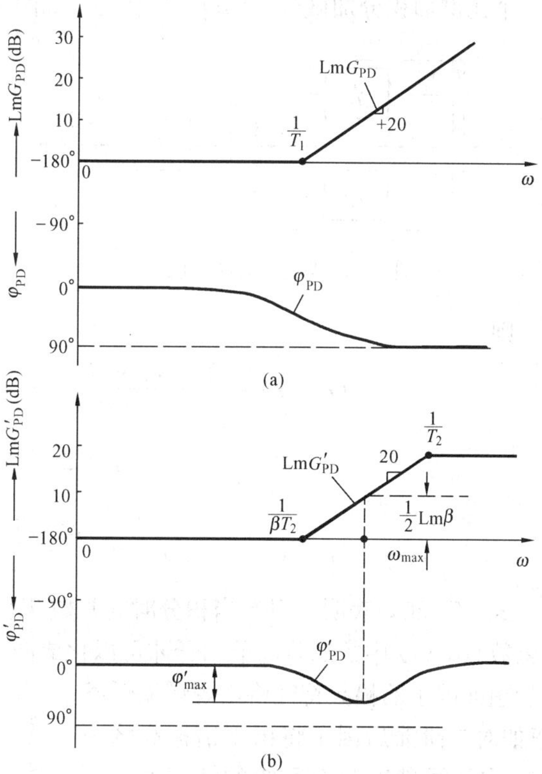

图 7-7　PD 控制器的 Bode 图

（a）采用理想微分环节；（b）采用实际微分环节

φ'_{max} 对 β 的关系示于表 7-2 中。根据此表可以看出：β 越大，φ_{max} 趋于变大，但始终小于 90°。在实际中，常数 β 很少选得大于 15。

表 7-2　　$G_1(s)$ 对 β 的关系

β	1	2	4	8	10	15	20	30
φ'_{max}（°）	0	19.5	36.9	51.1	55.0	61.0	64.8	69.3

PD 控制器的幅频特性与相频特性之间，在整个频率 ω 轴上，存在一一对应关系。与超前的相频特性相对应，幅频特性渐近线在两个转角频率 $1/(\beta T_2)$ 和 $1/T_2$ 之间的线段上具有 +20dB/dec 的斜率值。

为了发挥相位超前的特点，对理想 PD 控制器必须正确选择微分时间常数 T_1；而对实际 PD 控制器，则必须正确选择微分时间常数 T_1 和滞后时间常数 T_2。选择这些时间常数的总原则是：增加相位裕量到所需要的角度值，但不应因此过多地增加带宽（增大剪切频率 ω_c）。

加装任何一种 PD 控制器，在增加相位裕量的同时，都必然要引起带宽的增加。较大的带宽，虽然会改善时域响应的快速性指标（如上升时间 t_r 等），但却使较高频率的噪声得以

通过，设计不当时就会严重恶化系统的工作。

关于 PD 控制器中各时间常数具体选择的计算方法，将在本章的稍后部分介绍。

三、引入积分加微分控制作用

在比例通路中并联引入积分环节和微分环节（理想微分环节或实际微分环节），可以构成一个比例加积分加微分（PID）控制器，如图 7-8 所示。为了分析上的方便，将图中的虚框部分称为理想 PID 控制器。后者的传递函数为

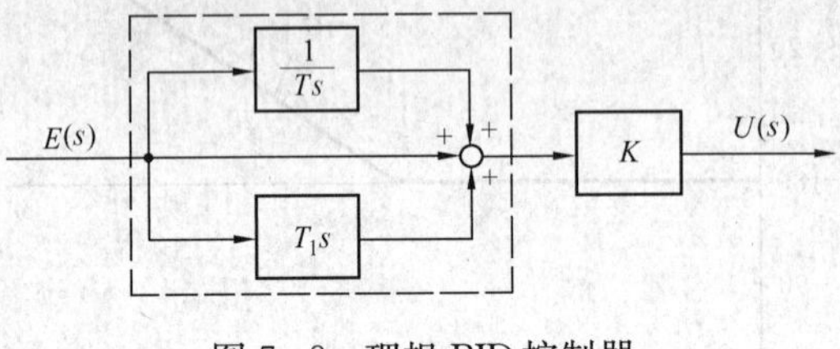

图 7-8　理想 PID 控制器

$$G_{\mathrm{PID}}(s)=1+\frac{1}{Ts}+T_1 s \quad (7-19)$$

式中　T——积分时间常数，s；

T_1——微分时间常数，s。

对此式稍加变换，改写成因子形式，则

$$G_{\mathrm{PID}}(s)=\frac{1+Ts+TT_1s^2}{Ts}=\frac{(1+\alpha_1 Ts)(1+\alpha_2 Ts)}{Ts} \quad (7-20)$$

$$\alpha_1=\frac{1+\sqrt{1-4T_1/T}}{2} \quad (7-20a)$$

$$\alpha_2=\frac{1-\sqrt{1-4T_1/T}}{2} \quad (7-20b)$$

式（7-20）表明，只有当积分时间常数 T 大于 4 倍微分时间常数 T_1（$T\geqslant 4T_1$）时，传递函数 $G_{\mathrm{PID}}(s)$ 中的二阶超前因子才可以化成两个一阶超前因子的形式。特别当 $T<2T_1$ 时，二阶超前因子的幅频特性将出现谐振低谷（正如对二阶滞后因子将出现谐振高峰一样），从而可能对整个系统的性能产生不利的影响。因此，当采用如式（7-19）所示的控制规律时，一般应选择 T 远大于 T_1，至少应保证 $T>4T_1$。

假定这个条件成立，这时 α_1、α_2 都是实数，且有

$$1>\alpha_1>\frac{1}{2}>\alpha_2>0, T>4T_1 \quad (7-21)$$

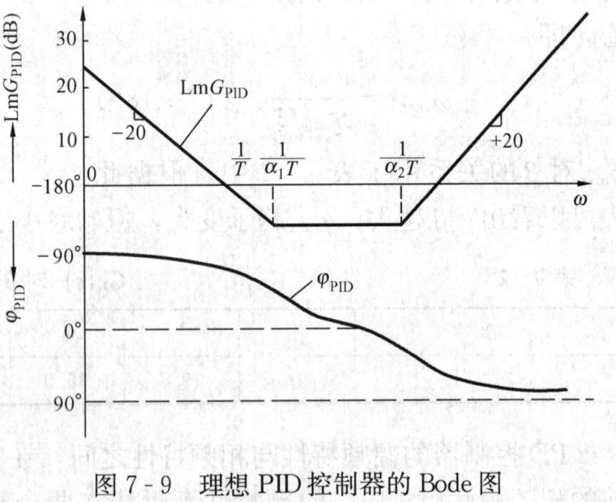

图 7-9　理想 PID 控制器的 Bode 图

与式（7-20）、式（7-21）相对应的 Bode 图示于图 7-9 中，该图表明，PID 控制作用相当于一个 PI 控制作用和一个 PD 控制作用相叠加。式（7-20）中各因子之间的相乘关系也表明了这一点。

PI 控制作用可以改善系统的稳态性能（增加系统按稳态误差划分的型号），PD 控制作用可以改善系统的暂态性能（增加稳定裕量）。那么 PID 控制作用就可以做到同时改善系统的稳态性能与暂态性能。当然，为了取得上述效果，必须正确选择积分与微分时间常数 T 和 T_1。

在实际使用中，为了得到 PID 规律，人们一般采用如图 7-10 所示的实际 PID 控制器。

它的传递函数为

$$G'_{PID}(s)=\frac{(1+Ts)[1+(T_1+T_2)s]}{Ts(1+T_2s)} \tag{7-22}$$

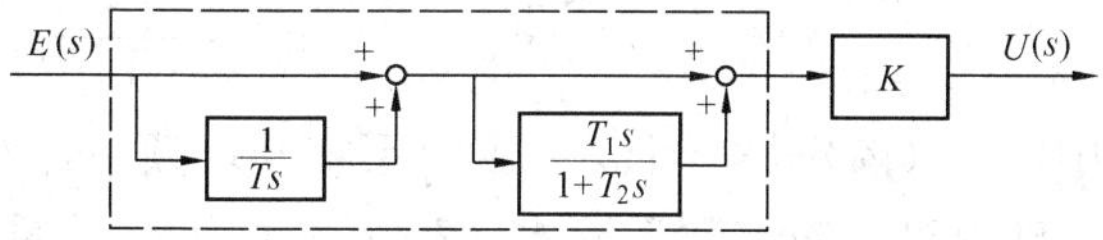

图 7-10　常用的实际 PID 控制器

与式（7-22）相对应的 Bode 图示于 7-11 中。该图的低频部分与单独的 PI 控制器的特性一致，该图的中频及高频部分与单独的实际 PD 控制器的特性一致。

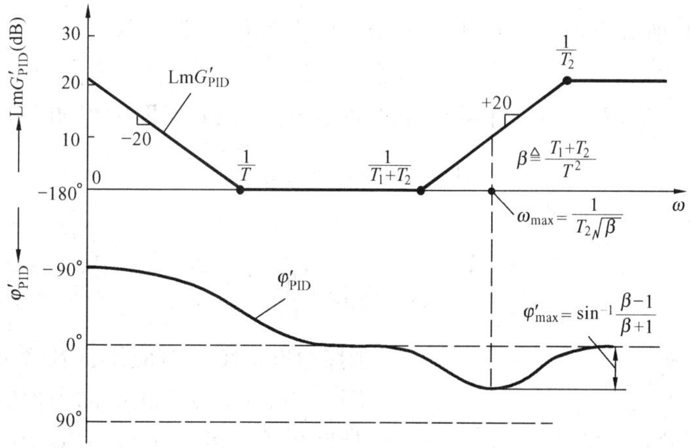

图 7-11　实际 PID 控制器的 Bode 图

第四节　稳 态 误 差 禁 区

为了使系统稳态响应跟踪参考输入的误差不超过允许值，同时也为了使系统在特定扰动作用下的误差（误差检测器输出端的作用误差）不超过允许值，必须对开环系统对数幅频特性的低频段提出一定的要求。

在考察控制系统的稳态性能时，实际输入信号波形往往是未知的或不确切知道的。这时从输入波形的实际条件出发，如果不宜于采用典型的输入信号（如阶跃、斜坡、抛物线或正弦信号）的话，那么就应给定输入信号变化规律中的一些极限条件。通常可以给出下列三种极限条件之一；

（1）给定实际输入信号的最大值 $\overline{R}$ 和最大频率 $\overline{\omega}$；

（2）给定它的最大值 $\overline{R}$ 和最大速度 $\overline{v}$；

（3）给定它的最大速度 $\overline{v}$ 和最大加速度 $\overline{a}$。

与上述任一极限条件相应，利用下面的方法，可以在 Bode 图上求出一个区域——称为稳态误差禁区。只要系统的开环对数频率特性不进入该禁区内，则该系统的稳态误差就不超过某一预先给定的最大允许值。

现假定已知实际输入信号的最大幅值 $\overline{R}$ 和最高频率 $\overline{\omega}$。在这种输入作用下，要求系统稳态误差最大不超过某一允许值 $\overline{E}$。对于线性反馈控制系统，在给定的极限条件下，稳态误差可表为

$$E = \frac{\overline{R}}{|1 + G_o(j\overline{\omega})|} \tag{7-23}$$

式中 $G_o(j\overline{\omega})$——当 $\omega = \overline{\omega}$ 时系统开环频率特性。

注意到，对实际系统式（7-23）中下列关系成立

$$|G_o(j\overline{\omega})| \gg 1 \tag{7-24}$$

因此，式（7-23）可近似表为

$$E \approx \frac{\overline{R}}{G(\overline{\omega})}, G_o(\overline{\omega}) \triangleq |G_o(j\overline{\omega})| \tag{7-25}$$

由式（7-25）所确定的误差应不大于给定的允许值，即

$$E \leqslant \overline{E} \tag{7-26}$$

根据式（7-25）及式（7-26），在系统开环频率特性的 Bode 图中得如下关系

$$\mathrm{Lm}G_o(\overline{\omega}) \geqslant \mathrm{Lm}\frac{\overline{R}}{\overline{E}} \tag{7-27}$$

令

$$\overline{A} \triangleq \mathrm{Lm}\frac{\overline{R}}{\overline{E}} \tag{7-28}$$

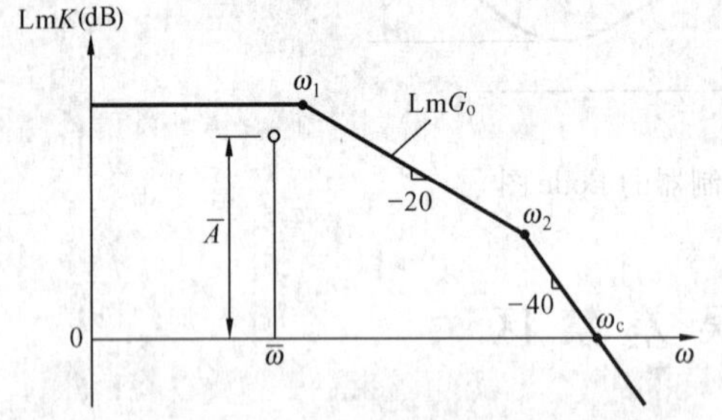

图 7-12　对数幅频特性应位于检查点以上

则在 Bode 图上对应于 $\overline{\omega}$ 及 $\overline{A}$ 可以定出一点（如图 7-12 所示），此点称为检查点，它将是稳态禁区边界上的一个特殊点。由式（7-27）及式（7-28）可得

$$\mathrm{Lm}G_o(\overline{\omega}) \geqslant \overline{A} \tag{7-29}$$

这里，$\mathrm{Lm}G_o(\overline{\omega})$ 代表系统开环对数幅频特性上与 $\overline{\omega}$ 对应的一点。式（7-29）表明，为保证稳态性能符合要求，此点应位于检查点 $\overline{A}$ 的上方。

现考察检查点 $\overline{A}$ 两侧禁区边界线的形状。注意到任何实际输入信号的频率 ω 均不超过 $\overline{\omega}$：$\omega \leqslant \overline{\omega}$；故知禁区的右侧边界将终止于检查点 $\overline{A}$ 处，如图 7-13 所示。此外，注意到任何实际输入信号的幅值 R 均不超过 $\overline{R}$：$R \leqslant \overline{R}$；根据式（7-28）可知禁区（位于检查点 $\overline{A}$ 左侧）高度应等于 $\overline{A}$。

综合上述，当给定 $\overline{R}, \overline{\omega}$ 及 $\overline{E}$ 时，稳态误差禁区是如图 7-13 所示的矩形区。只要系统开环对数幅频特性（精确特性或其渐近特性）不进入禁区内，稳态性能即可符合要求。

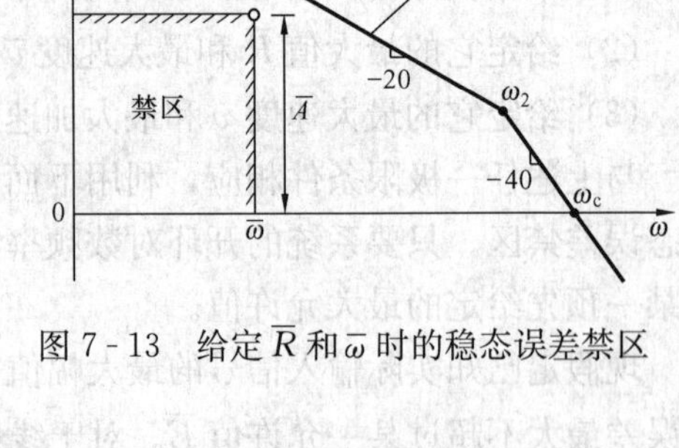

图 7-13　给定 $\overline{R}$ 和 $\overline{\omega}$ 时的稳态误差禁区

在第四章第五节分析稳态误差时，曾定义过三个误差系数：位置误差系数 K_p［式（4-51a）］，速度误差系数 K_v［式（4-57a）］及加速度误差系数 K_a［式（4-59a）］。可以想象误差系数应和稳态误差禁区存在某种联系。

为了建立这种联系，在式（7-28）中令

$$\overline{K}_p \triangleq \frac{\overline{R}}{\overline{E}} \tag{7-30}$$

则有

$$\overline{A} = \mathrm{Lm}\frac{\overline{R}}{\overline{E}} = \mathrm{Lm}\overline{K}_p \tag{7-31}$$

这里的 $\overline{K}_p$ 基于下述理由称为位置误差系数的最大允许值。根据位置误差系数的定义［式（4-51a)］，在图 7-13 中有

$$\mathrm{Lm}K_p = \mathrm{Lm}G_o(\omega)|_{\omega\to 0} = \mathrm{Lm}K \tag{7-32}$$

式中　$\mathrm{Lm}G_o(\omega)|_{\omega\to 0}$——幅频渐近线在低频段当 $\omega\to 0$ 时的高度；

K——$G_o(j\omega)$ 中的比例因子，无量纲。

为了使图中的幅频渐近线位于禁区以上，显然应该满足

$$K_p \geqslant \overline{K}_p \tag{7-33}$$

也就是说，对于有差系统，它的位置误差系数 K_p 应不小于最大允许值 $\overline{K}_p$。另外，当给定某系统的位置误差系统最大允许值 $\overline{K}_p$ 时，按式（7-31）也可以直接得到检查左侧禁区边界的高度 $\overline{A}$。

为了建立其余误差系数 K_v 及 K_a 与稳态误差禁区的联系，仿照 $\overline{K}_p$，再定义两个量

$$\overline{K}_v = \frac{\bar{v}}{\overline{E}} \tag{7-34}$$

$$\overline{K}_a = \frac{\bar{a}}{\overline{E}} \tag{7-35}$$

这里的 $\overline{K}_v$，$\overline{K}_a$ 分别称为速度误差系数的最大允许值和加速度误差系数的最大允许值。

现在就图 7-14（a)、(b）所示两个无差系统的例子，考察稳态误差禁区边界与 $\overline{K}_v$、$\overline{K}_a$ 的关系，其中图（a)、(b）分属于 1 型和 2 型无差系统。

在图 7-14（a）中，根据速度误差系数 K_v 的定义［式（4-57)］有

$$\begin{aligned}\mathrm{Lm}K_v &= \mathrm{Lm}[\omega G_o(\omega)]_{\omega\to 0}\\ &= [\mathrm{Lm}\omega + \mathrm{Lm}G_o(\omega)]_{\omega\to 0}\\ &= \mathrm{Lm}K_1\end{aligned} \tag{7-36}$$

式中　K_1——1 型无差系统开环频率特性中的比例系数。

这里的低频段幅频渐近线［由式 $\mathrm{Lm}G_o(\omega)|_{\omega\to 0}$ 确定，且其斜率为 -20dB/dec］延长后交于横轴，设交点上所对应的频率值表为 ω_o。由于交点上的幅值为 0，因此式（7-36）变为

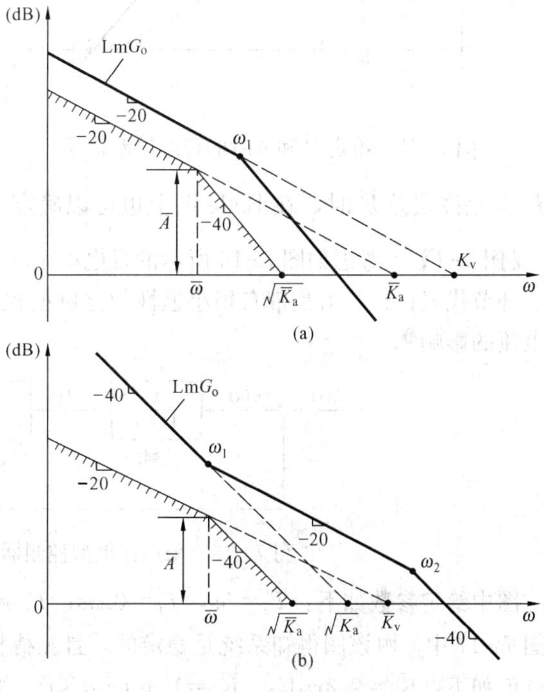

图 7-14　无差系统 Bode 图及稳态误差禁区

（a）1 型系统；（b）2 型系统

$$\mathrm{Lm}K_v = \mathrm{Lm}\omega_o \tag{7-37}$$

亦即

$$K_v = \omega_o \tag{7-38}$$

这就是说，Bode 图上幅频渐近线的延长与横轴相交点上的频率 ω_o，等于 1 型系统的速度误差系统 K_v。其量纲应为 rad/s。

类似地，在图 7-14（b）根据加速度误差系数 K_a 的定义［式（4-59a)］，有

$$\mathrm{Lm}K_a = \mathrm{Lm}[\omega^2 G_o(\omega)]_{\omega\to 0} = [\mathrm{Lm}(\omega^2) + \mathrm{Lm}G_o(\omega)]_{\omega\to 0} = \mathrm{Lm}K_2 \tag{7-39}$$

式中　K_2——2 型无差系统开环频率特性中的比例系数。

将低频段幅频渐近线［由式 $\mathrm{Lm}G_o(\omega)|_{\omega\to 0}$ 确定，且其斜率为 −40dB/dec］延长后交于横轴，可知交点上所对应的频率 ω_o' 对加速度误差系数 K_a 间的关系为

$$(\omega_o')^2 = K_a \tag{7-40a}$$

亦即

$$\omega_o' = \sqrt{K_a} \tag{7-40b}$$

可见 K_a 的量纲为（rad/s)^2。

在图 7-14（a)、(b）中，当给定了实际输入信号的最大速度 $\bar{v}$ 和最大加速度 $\bar{a}$ 及最大允许误差 $\bar{E}$ 条件下，可以在 Bode 图横轴上分别确定出 $\bar{\omega}_o = \bar{K}_v$ 及 $\bar{\omega}_o' = \sqrt{\bar{K}_0}$。同时知道当给定速度、加速度时，幅频特性的斜率分别等于 −20dB/dec 及 −40dB/dec；据此可以求出稳态误差禁区，如图 7-14（a)、(b）中阴影区所示。两边界线交点所对应的高度表为 $\bar{A}$，频率表为 $\bar{\omega}$。此交点称为检查点。

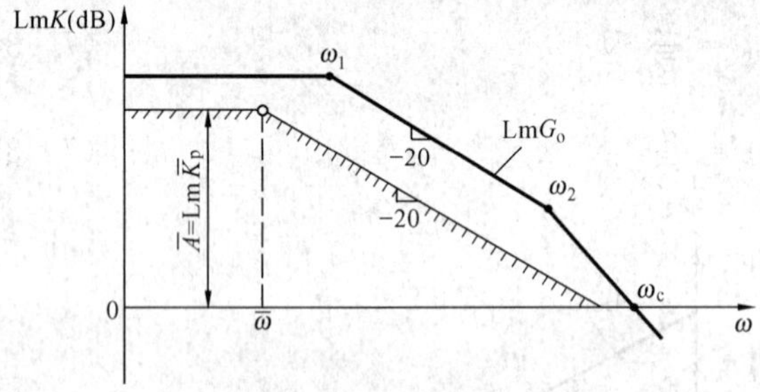

图 7-15　给定 $\bar{R}$ 和 $\bar{v}$ 时的稳态误差禁区

只要系统开环幅频特性不进入给定的稳定误差禁区，系统的稳态性能即可满足要求。

此外，类似的分析表明：当给定实际输入信号的最大幅值 $\bar{R}$、最大速度 $\bar{v}$ 及最大允许误差 $\bar{E}$ 时，在 Bode 图上也可以确定一个相应的稳态误差禁区，如图 7-15 所示。

【例 7-1】　考虑如图 7-16 所示的发电机励磁控制系统。图中的发电机、励磁机分别用一阶滞后环节代表；控制器是带有很小惯性的比例型控制器。在发电机时间常数 T_d' 中已经考虑了负载电流的影响❶。

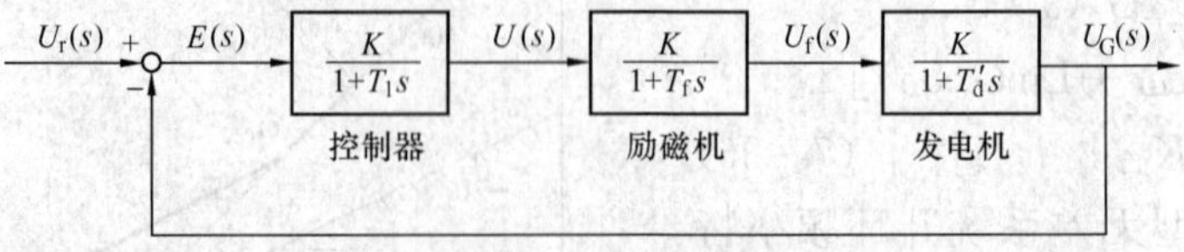

图 7-16　采用比例型控制器的发电机励磁控制系统

图中给定参数如下：T_d'=5s，T_f'=0.5s；T_1'=0.05s；K=20。与上述系统对应的 Bode 图示于图 7-17 中。由该图得知系统是稳定的，且测得相位裕量 γ=40°。现给定两个稳态误差系数的允许值如下：$\bar{K}_v$=2.8rad/s；$\bar{K}_a$=1.4（rad/s)^2。要求设计一个 PI 控制器，串入系统开环通路

❶　如第三章所述，发电机空载的时间常数表为 T_{d0}'，通常 T_{d0}' 要比 T_d' 大些：$T_{d0}' > T_d'$。

中，从而使幅频渐近线位于稳态误差禁区以上。

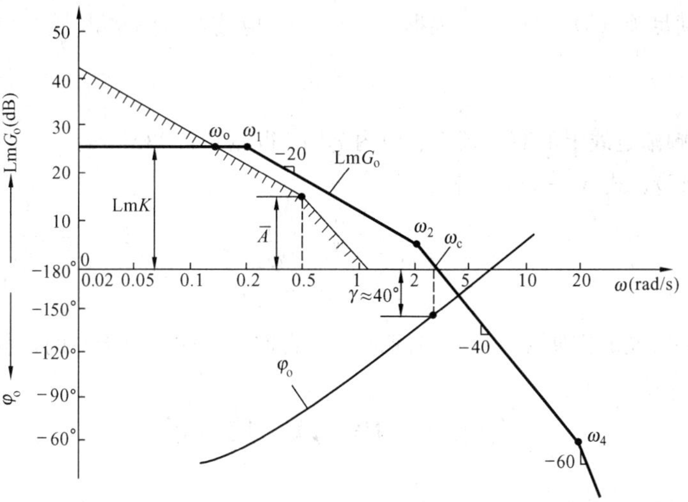

图 7-17　Bode 图与稳态误差禁区

解　根据给定的 $\overline{K}_v$ 和 $\overline{K}_a$ 画出误差禁区，如图 7-17 所示。不难求得检查点处的频率与高度分别为

$$\bar{\omega} = \frac{\bar{\alpha}}{\bar{v}} = \frac{\overline{K}_a}{\overline{K}_v} \tag{7-41}$$

$$\overline{A} = \mathrm{Lm}\frac{\overline{R}}{\overline{E}} = \mathrm{Lm}\left(\frac{\overline{K}_v^2}{\overline{K}_a}\right) \tag{7-42}$$

将 $\overline{K}_v$ 和 $\overline{K}_a$ 的值代入上式，则得

$$\bar{\omega} = 0.5\mathrm{rad/s};\overline{A} = 15\mathrm{dB} \tag{7-43}$$

现在假定所设计的 PI 控制器具有传递函数

$$G_{PI}(s) = 1 + \frac{1}{Ts} = \frac{1+Ts}{Ts} \tag{7-44}$$

设计时的首要任务是确定合适的积分时间常数 T。这里的 T 必须同时满足如下两个条件：

（1）保证校正后幅频特性不进入禁区；

（2）不减少剪切点 ω_c 处的相位裕量。

为了满足项（1）的要求，需要求出原幅频渐近线与禁区边界交点处的频率，设表为 ω_o。根据图 7-17，可以列出由 $\overline{K}_v$ 确定的误差禁区边界线方程

$$A = \overline{A} - 20\lg\frac{\omega}{\bar{\omega}} \tag{7-45}$$

令

$$A = \mathrm{Lm}K = \mathrm{Lm}20 = 26(\mathrm{dB})$$

$$\overline{A} = 15\mathrm{dB}$$

$$\bar{\omega} = 0.5\mathrm{rad/s}$$

且

$$\omega = \omega_o$$

代入之，则可求得

$$\omega_o = 0.14\mathrm{rad/s} \tag{7-46}$$

为保证校正后系统幅频渐近线位于禁区以上，应选择 PI 控制器时间常数

$$T \leqslant \frac{1}{\omega_o} = 7.1(\mathrm{s}) \tag{7-47}$$

此外，为了满足项（2）的要求，根据式（7-10）应选择时间常数

$$T \geqslant \frac{10}{\omega_c} \tag{7-48}$$

这里的 ω_c 是原幅频渐近线上的剪切频率。由图 7-17 得 $\omega_c = 3.03\mathrm{rad/s}$。

综合式（7-47）、式（7-48），得

$$\frac{10}{\omega_c} \leqslant T \leqslant \frac{1}{\omega_o} \tag{7-49}$$

亦即

$$3.03\mathrm{s} \leqslant T \leqslant 7.1\mathrm{s} \tag{7-50}$$

在具体选择时，从实现的方便性考虑，时间常数 T 宜取小一些。对于本例，可取 $T=5\mathrm{s}$。

第五节 串 联 校 正

在反馈控制系统的主环通路（主要指前馈通路，但也可指主反馈通路）中串联接入校正环节，以获得所需要的系统性能，即为串联校正。

在第三节已经通过引入并联校正环节，讨论了 PI、PD、PID 等控制作用。利用串联校正环节，当然也可以实现这些控制作用。

在串联校正环节中，具有 PI 作用的环节称为滞后环节，因为这种环节的 Bode 图中的对数相频特性具有滞后的相位特性。对具有 PD 作用的环节，称为超前环节，它具有超前的相位特性。对具有 PID 作用的环节，称为滞后—超前环节，它在 Bode 图的低频段具有滞后的相位，而在中频段则具有超前的相位。

采用滞后、超前、滞后—超前环节进行的校正，分别称为滞后、超前和滞后—超前校正（有的资料也称为积分、微分和积分—微分校正）。

根据误差信号的形式，串联校正环节可由不同属性的物理器件构成，如电气的、机械的、机电的、气动的或液压的等等。其中最常用最简单的是由 R、C 和 L 元件构成的电气环节。它们又可按是否包含电动势源（发电机、放大器）而分为无源电气环节和有源电气环节。

目前教科书或手册中已列有大量的这类环节，需用时可以查阅。这一节重点介绍滞后、超前和滞后—超前环节的典型传递函数和相应的校正方法。

一、超前校正

第三节所述的实际 PD 控制器，具有超前的相位，它的传递函数式（7-16）也可以表为

$$G_s(s) = \frac{1+\beta T_2 s}{1+T_2 s}, \beta > 1 \tag{7-51}$$

这也就是典型的超前环节传递函数。

用 R、C 元件可以构成一个最简单的无源超前网络，如图 7-18（a）所示。

当不计输出端的负载效应时，该环节的传递函数为

$$G'_s(s) \triangleq \frac{U_o(s)}{U_i(s)} = K_s \frac{1+\beta T_2 s}{1+T_2 s} \tag{7-52}$$

式中

$$\beta = \frac{R_1 + R_2}{R_2} > 1 \tag{7-52a}$$

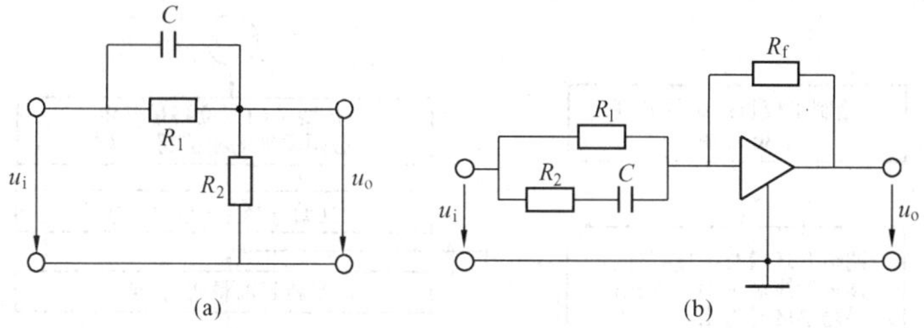

图 7-18　超前网络

(a) 无源超前网络；(b) 有源超前网络

$$T_2 = \frac{R_1 R_2 C}{(R_1 + R_2)} \tag{7-52b}$$

$$K_s = 1/\beta < 1 \tag{7-52c}$$

当计及输出端的负载时，若所接负载为纯电阻，并表为 R_L，则只需把上式中的 R_2 用 $\frac{R_2 R_L}{R_2 + R_L}$ 代换即可。

比较式（7-15）与式（7-52），可以看出两者之间只相差一个比例因子 $K_s<1$。而比例因子在 Bode 图中不改变相频特性，只使幅频特性沿 dB 轴上下平移。为了消除两者在比例因子上的差异，可以采取以下两种办法中的任何一种：

(1) 再在图 7-18 (a) 超前网络中串联一个增益为 $\frac{1}{K_s}=\beta$ 的放大器；

(2) 将原控制器的增益增加到 β 倍。

另外一种常用的有源超前网络示于图 7-18 (b) 中。它由运算放大器配以 R、C 元件构成。实际上，它也是一个很好的实际 PD 控制器。不难推导出它的传递函数为

$$G'_s(s) = -K_s \frac{1 + \beta T_2 s}{1 + T_2 s} \tag{7-53}$$

式中

$$K_s = \frac{R_s}{R_1} \tag{7-53a}$$

$$\beta = \frac{R_1 + R_2}{R_2} > 1 \tag{7-53b}$$

$$T_2 = R_2 C \tag{7-53c}$$

这里的负号代表反相器，再串联一个只起比例作用的反相放大器，就可以消除负号。选择电阻 $R_f=R_1$，又可以使它与式（7-51）完全一致。

由式（7-51）确定的超前环节的 Bode 图示于图 7-7 (b) 中。其中最大超前角 φ'_{max} 与 β 值的关系示于表 7-2 中。

在串联校正计算中，式（7-18a）和式（7-18b）是用来选择超前环节参数 T_2 与 β 的两个重要关系式。具体的超前校正计算可按图 7-19 所列步骤进行。

在这个图中需要对ⓐ以下的第二步和第五步作些说明。

第二步：关于任给一裕量 θ——在未校正的剪切频率 ω_c 点上确定了必须添加的相位超前量 φ 之后，还要再增加少许（例如 5°）裕量 θ。这是因为，进行超前校正会使校正后的剪切点（表为 ω'_c）后移，从而减小相位裕量。为了抵消这一减小，要在 φ 之上预先添加少许裕量 θ。

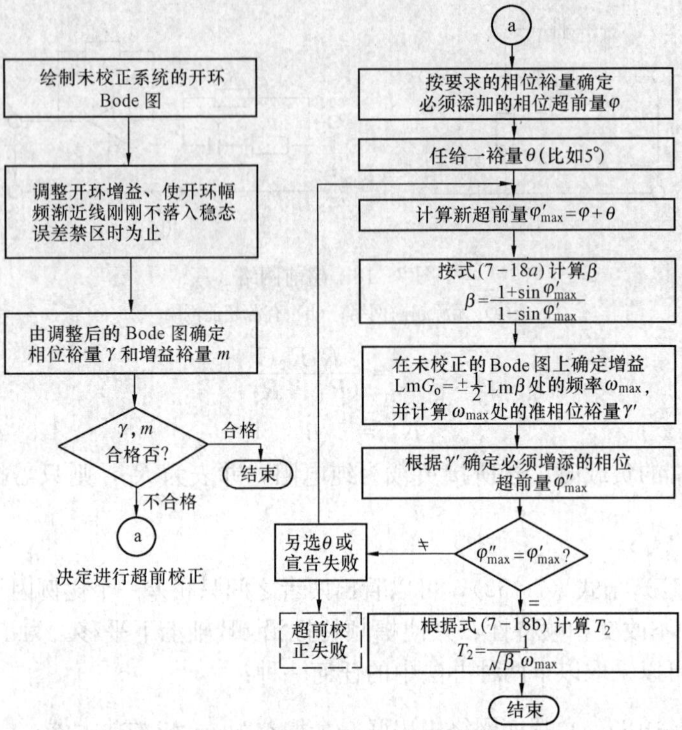

图 7-19 超前校正的大致计算步骤

第五步：关于 ω_{max} 及对应点处的准相位裕量 γ' 的确定——这里的 ω_{max} 是待选超前环节的Bode图上与最大相位超前量 φ'_{max} 相对应的频率 ω_{max}［见图7-7(b)］。根据式(7-18b)，ω_{max} 位于待选超前环节的幅频渐近线上两转角频率 $\frac{1}{\beta T_2}$ 和 $\frac{1}{T_2}$ 的几何中点上，此点上的高度为 $\frac{1}{2}\mathrm{Lm}G_o$。我们希望使待选超前环节所提供的最大相位超前量 φ'_{max} 全部都能增加到校正后Bode图的剪切点 ω'_c 上。显然，此点应位于未校正的幅频渐近线增益 $\mathrm{Lm}G_o=-\frac{1}{2}\mathrm{Lm}\beta$ 处。

现举一例，以说明超前校正方法的具体应用。

【例7-2】 考虑［例7-1］中的励磁控制系统。未校正前，系统参数不变，仍为 $K=20$，$T_f=0.5s$，$T'_d=5s$，$T_1=0.05s$（如图7-15）。

现给定一个新的稳态误差禁区（如图7-20所示），要求采用超前校正，校正后的相位裕量应等于50°。

解 为了使系统不落入所给定的稳态误差禁区，根据图7-20，需要将开环增益由 $K=20$ 调整到 $K=40$ 处。调整前后的Bode图也画在图7-20上。这时相频特性不变，只是幅频渐近线向上平移。平移后剪切点频率 $\omega_c=4.3\mathrm{rad/s}$，对应的相位裕量 $\gamma=20°$（此即调整后、校正前的相位裕量）。

题意要求达到的相位裕量为 $\bar{\gamma}=50°$，因此必须添加的相位超前量

$$\varphi=\bar{\gamma}-\gamma=50-20=30(°)$$

为了补偿校正后剪切点后移所带来的相位损失，预想一个裕量 $\theta=5°$，计算新超前量

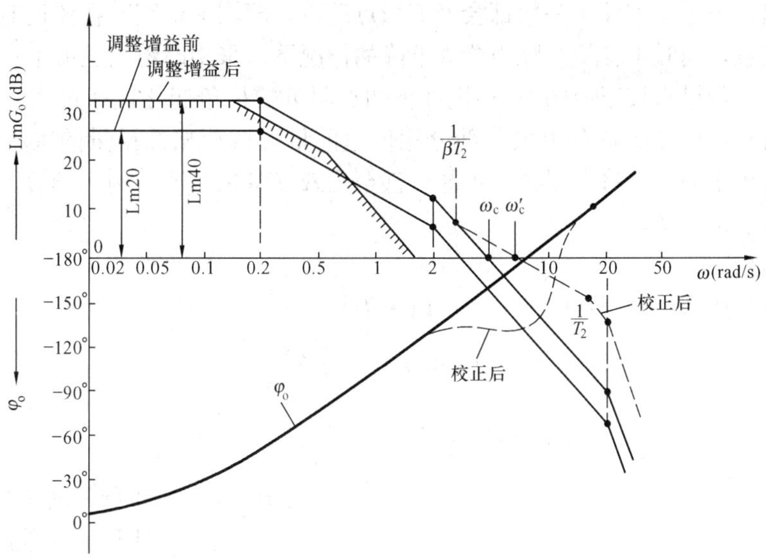

图 7-20　超前校正前后的 Bode 图

$$\varphi'_{max} = \varphi + \theta = 30 + 5 = 35(°)$$

按式（7-18a）计算

$$\beta = \frac{1+\sin\varphi'_{max}}{1-\sin\varphi'_{max}} = \frac{1+0.574}{1-0.574} = 3.69$$

在未校正的 Bode 图上，确定

$$LmG_o = \frac{1}{2}Lm\beta = -5.67(dB)$$

处频率 $\omega_{max}=6rad/s$。与 ω_{max} 对应的点处的准相位裕量 $\gamma'=8°$。

根据 $\gamma'=8°$，必须添加的相位超前量应为

$$\varphi''_{max} = \bar{\gamma} - \gamma' = 50 - 8 = 42(°)$$

由于 $\varphi''_{max} > \varphi'_{max}$，说明预想的裕量 θ 不足。现另选 $\theta=15°$ 重新计算新超前量

$$\varphi'_{max} = 30 + 15 = 45(°)$$

重复上述步骤

$$\beta = 5.83$$

$$LmG_o = -\frac{1}{2}Lm\beta = -7.65(dB)$$

$$\omega_{max} = 6.67rad/s$$

$$\gamma' = 6°$$

$$\varphi''_{max} = 50 - 6 = 44(°) \approx \varphi'_{max} = 45°$$

因此，选 $\beta=5.83$，$\omega_{max}=6.67s$。

根据式（7-18b）计算 T

$$T_s = \frac{1}{\sqrt{\beta}\omega_{max}} = \frac{1}{\sqrt{5.83}\times 6.67} = 0.062(s)$$

此即超前校正环节第二转角频率处所对应的时间常数。第一转角频率处所对应的时间常数为

$$BT_2 = 5.83 \times 0.062 = 0.36(s)$$

校正后的开环系统 Bode 图在图 7-20 中用虚线示出。

需要指出，采用超前校正一般都会使剪切点后移，即增加带宽。在校正前系统的快速响应性能已经满意，同时不希望抗噪声能力下降的情况下，采用超前校正就不一定是最好的校正方案。另外，如果未校正前的 Bode 图在剪切点附近的相角变化速率过大，那么由于校正后剪切点的后移，可能要花费很大一部分相位超前量去抵消相位裕量的减小。在这种情况下，采用超前校正的效果将变得很不理想，甚至失效（参见后述［例 7-3］）。于是，必须考虑采用其他的校正方案。

二、滞后校正

滞后环节的典型传递函数有两种，可以表为

$$G_{PI}(s)=\frac{1+Ts}{Ts} \tag{7-54}$$

$$G_s(s)=K_s\frac{1+\alpha T_1 s}{1+T_1 s},\alpha<1 \tag{7-55}$$

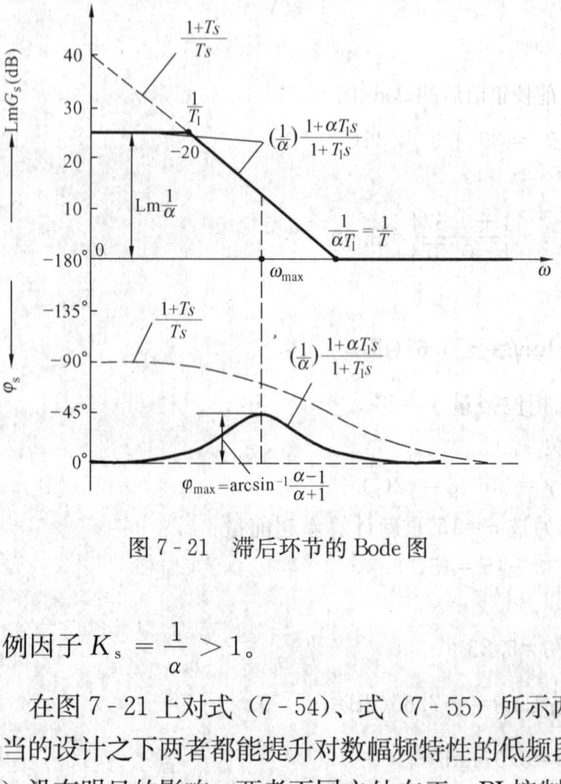

图 7-21　滞后环节的 Bode 图

式中　T——积分时间常数；

T_1——滞后时间常数；

αT_1——超前时间常数，但 $\alpha T_1<T_1$；

K_s——比例因子，一般 $K_s=1/\alpha$。

这里的式（7-54）也就是第三节介绍过的 PI 控制器的传递函数。式（7-55）是起着与式（7-54）相类似作用的滞后环节的传递函数。为了进行对比，在图 7-21 中示出了与上述两种传递函数相对应的 Bode 图。其中虚线所示代表 PI 调节器［式（7-54）］的 Bode 图；实线所示代表式（7-55）的 Bode 图。

在采用滞后校正时，为了分析上的方便，我们将一律认为式（7-55）中的比例因子 $K_s=\dfrac{1}{\alpha}>1$。

在图 7-21 上对式（7-54）、式（7-55）所示两种滞后环节进行对比之后，可以得出：在适当的设计之下两者都能提升对数幅频特性的低频段，同时使滞后的相位对中频段（剪切点附近）没有明显的影响。两者不同之处在于：PI 控制器可以把未校正的原系统由有差系统变为无差系统，但是却要以更大的相位滞后量作代价；而由式（7-55）所代表的滞后环节则不改变原来系统按稳态误差划分的型号（原为有差系统仍为有差系统），只是把低频段的幅度（即位置误差系数）加以提高。提高的程度越小，在相位滞后上所作出的牺牲也越小。

两者在相位滞后程度上的差异是很重要的。它表明，如果 PI 控制器［式（7-54）］的转角频率$\dfrac{1}{T}$必须设计得远离剪切频率［例如式（7-10）］的话，那么式（7-55）所示滞后环节的第二转角频率$\dfrac{1}{\alpha T_1}$，就可以设计得离剪切频率不太远。在某些情况下，这正是为改善低频特性所需要的。

为了方便，以下对式（7-54）所代表的滞后环节将仍按第三节的称呼，称为 PI 控制器；而对式（7-55）所代表的滞后环节，则称为滞后环节。

在图 7-22 中图（a）示出了由运算放大器构成的 PI 控制器的例子；图（b）是由运算放大器构成的滞后网络的例子；图（c）是由 R、C 元件构成的滞后网络，但为了具有所需的增益 $\frac{1}{\alpha}$，还需串接一个比例型放大器。

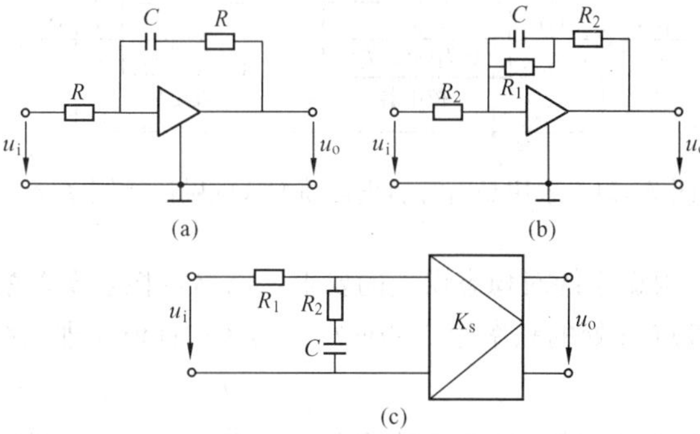

图 7-22　PI 控制器与滞后网络

（a）PI 控制器；（b）、（c）滞后网络

图 7-22（a）中所示 PI 控制器的传递函数

$$G_{PI}(s)=\frac{U_o(s)}{U_i(s)}=-\frac{1+Ts}{Ts} \tag{7-56}$$

$$T=RC \tag{7-56a}$$

图（b）中所示滞后网络的传递函数

$$G_s(s)\triangleq\frac{U_o(s)}{U_i(s)}=-K_s\frac{1+\alpha T_1 s}{1+T_1 s} \tag{7-57}$$

$$T_1=R_1C \tag{7-57a}$$

$$\alpha=\frac{R_2}{R_1+R_2}<1 \tag{7-57b}$$

$$K_s=\frac{R_1+R_2}{R_2}=\frac{1}{\alpha}>1 \tag{7-57c}$$

图（c）所示滞后网络的传递函数

$$G_s(s)\triangleq\frac{U_o(s)}{U_i(s)}=K_s\frac{1+\alpha T_1 s}{1+T_1 s} \tag{7-58}$$

$$T_1=(R_1+R_2)C \tag{7-58a}$$

$$\alpha=\frac{R_2}{R_1+R_2}<1 \tag{7-58b}$$

$$K_s=\frac{1}{\alpha}>1 \tag{7-58c}$$

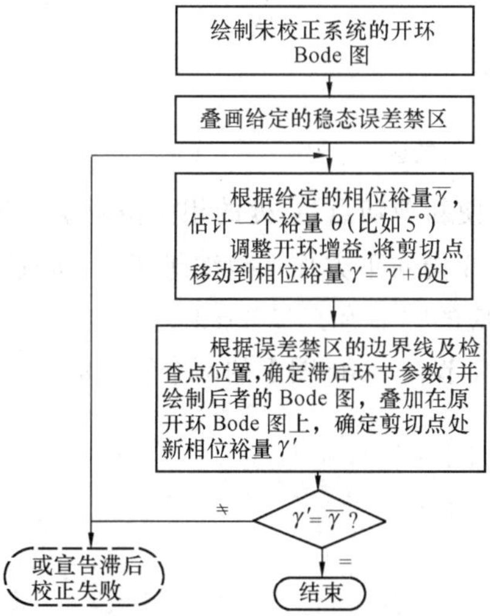

图 7-23　滞后校正的大致计算步骤

在图 7-22（a）、（b）中，只要再加一级反相器就可以消除负号。

采用 PI 控制器或滞后环节进行校正时，主要是要发挥其对数幅频特性低频段上翘的特点，同时注意抑制相位上的滞后对中频段相位裕量的影响。校正计算的基本思想是先将剪切点移到希望的频率上；然后再用滞后校正使低频特性符合要求。具体计算步骤可按图 7-23 进行。

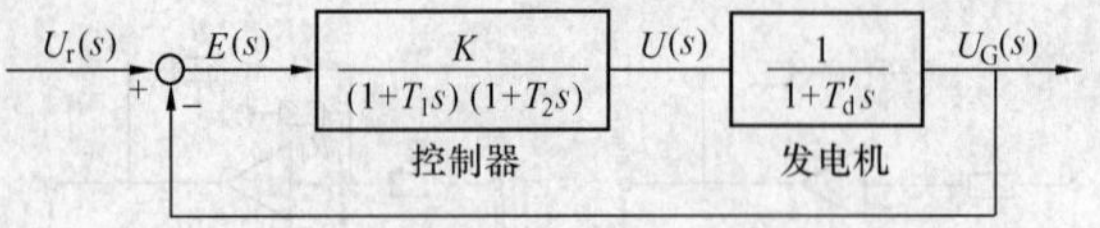

图 7-24 采用晶闸管静止自励方式的励磁控制系统

现举一例说明其应用。

【例 7-3】 某水轮发电机采用晶闸管静止自励方式（参见第三章），对应的自动励磁控制系统示于图 7-24 中。图中参数如下：$T'_d=5s$；$T_1=T_2=0.05s$；$K=50$。

根据系统对稳态误差的要求，已给定稳态误差禁区，即图 7-25 中画阴影的矩形区域。其中检查点 $\overline{A}$ 处的频率为 0.2rad/s。禁区的幅值（即系统位置误差系数的允许值 $\overline{K}_p$ 的分贝数）为

$$\mathrm{Lm}\overline{K}_p=\mathrm{Lm}100=40(\mathrm{dB})$$

对速度和加速度误差系数的允许值 $\overline{K}_v$ 和 $\overline{K}_a$ 没有特殊要求。现在要求进行适当的串联校正，使校正后的 Bode 图不落入禁区，同时又保证提供具有 $\overline{\gamma}=50°$ 的相位裕量。

解 首先绘制校正前的 Bode 图，如图 7-25 实线所示。调整开环增益前的剪切频率 $\omega_c=10\mathrm{rad/s}$；对应的相位裕量 $\gamma=35°<\overline{\gamma}=50°$；并且其稳态性能也不满足要求。

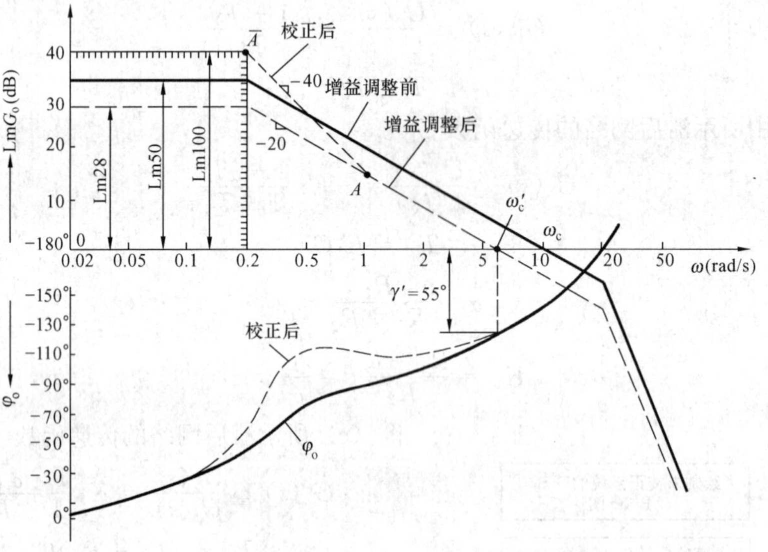

图 7-25 ［例 7-3］的 Bode 图与禁区

估计一个裕量：$\theta=5°$，调整开环增益至 $K=28$，从而使新剪切点 ω'_c 处的相位裕量 $\gamma'=\overline{\gamma}+\theta=55°$。调整后的幅频渐近线不落入禁区。我们从检查点 $\overline{A}$ 向右下方作一斜率等于 −40dB/dec 的线段，它与调整后的幅频渐近线交于点 A。该点 A 所对应的频率等于 1.02rad/s。

当采用滞后环节时，与点 $\overline{A}$、A 所对应的频率即为该环节在 Bode 图上的两个转角频率，亦即在式（7-55）中

$$T_1=\frac{1}{0.2}=5(\mathrm{s})$$

$$\alpha=\frac{0.2}{1.02}\approx 0.20$$

校正后的相频特性如图中虚线所示。根据校正后的相频特性，在剪切点的相位裕量基本不变，仍为 $\overline{\gamma}'=55°$，略大于允许的 $\overline{\gamma}=50°$。可以认为校正是合适的，不必再修改重算。

这样，我们得到所需的滞后环节传递函数如下

$$G_s(s)=\left(\frac{1}{\alpha}\right)\frac{1+\alpha T_1 s}{1+T_1 s}=\frac{5(1+s)}{(1+5s)}$$

对于这个例题，也可以采用 PI 控制器进行校正。其时间常数可取

$$T=1\text{s}$$

这种情况下的相位裕量约为 $\gamma'=48°$，基本符合要求。采用 PI 控制器时的传递函数为

$$G_{PI}(s)=\frac{1+Ts}{Ts}=\frac{1+s}{s}$$

这种情况两种校正对于本例都是可行的。

必须指出，对于本例，不能采用超前校正。因为未校正的幅频渐近线以－20dB/dec 的斜率通过剪切点，如果采用超前校正，就会过度增加带宽（剪切点过度后移）。而且即使这样，也不一定能使相位裕量增加。

在这些情况下，为了满足所提稳态准确度和稳定裕量的要求，既可以采用超前校正，也可以采用滞后校正。对于一个具体工程，到底采用哪一种校正为好，还要根据其他指标，例如快速响应性和抗噪声能力等，经过综合考虑后确定。

采用滞后校正，总会使系统带宽变小，从而使系统抗噪声能力有所提高，但快速响应性却要受到一定影响。而采用超前校正的结果，在这两方面的影响却正好相反。

三、滞后—超前校正

常用的滞后—超前环节的传递函数如下

$$G_s(s)=K_s\frac{(1+\alpha T_1)(1+\beta T_2 s)}{(1+T_1 s)(1+T_2 s)}$$

$$\alpha<1,\beta>1 \qquad (7-59)$$

$$K_s=1/\alpha \qquad (7-59a)$$

显然，这是由一个滞后环节一个超前环节串联构成的合成环节。

图 7-26 是由有源及无源电气网络构成的滞后—超前环节示例。

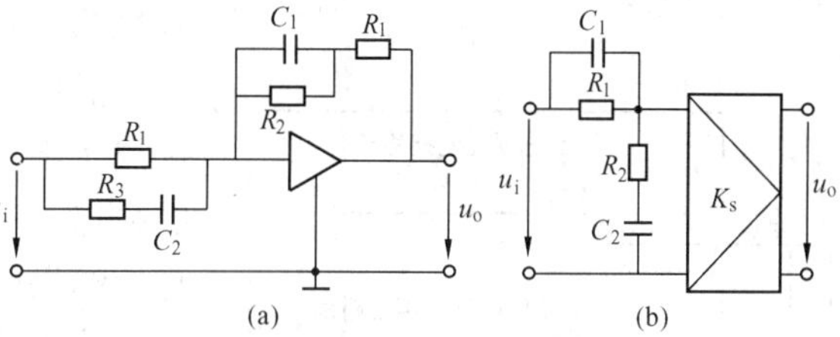

图 7-26 滞后 — 超前网络

图 7-26（a）所示网络的传递函数为

$$G_s(s)\triangleq\frac{U_o(s)}{U_i(s)}=-\left(\frac{1}{\alpha}\right)\frac{(1+\alpha T_1 s)(1+\beta T_2 s)}{(1+T_1 s)(1+T_2 s)} \qquad (7-60)$$

式中

$$T_1=R_2C_1 \qquad (7-60a)$$

$$T_2=R_3C_2 \qquad (7-60b)$$

$$\alpha=\frac{R_1}{R_1+R_2} \qquad (7-60c)$$

$$\beta=\frac{R_1+R_3}{R_3} \qquad (7-60d)$$

图 7-26（b）所示网络传递函数为

$$G_s(s)\triangleq\frac{U_o(s)}{U_i(s)}=K_s\frac{(1+T_3 s)(1+T_4 s)}{(1+T_1 s)(1+T_2 s)} \qquad (7-61)$$

式中

$$T_3=R_1C_1 \qquad (7-61a)$$

$$T_4=R_2C_2 \qquad (7-61b)$$

$$T_1、T_2 = \frac{T_3+\beta T_4}{-2}\left[1\pm\sqrt{1-\frac{4T_3T_4}{(T_3+\beta T_4)^2}}\right] \tag{7-61c}$$

$$\beta = \frac{R_1+R_2}{R_2} \tag{7-61d}$$

$$K_s = T_1/T_3 \tag{7-61e}$$

$$T_1 > T_3 > T_4 > T_2 \tag{7-61f}$$

由式（7-59）所确定的滞后—超前环节的 Bode 图，示于图 7-27。将此图与图 7-11 进行对比，不难看出：滞后—超前环节的特性与实际 PID 控制器特性相近。

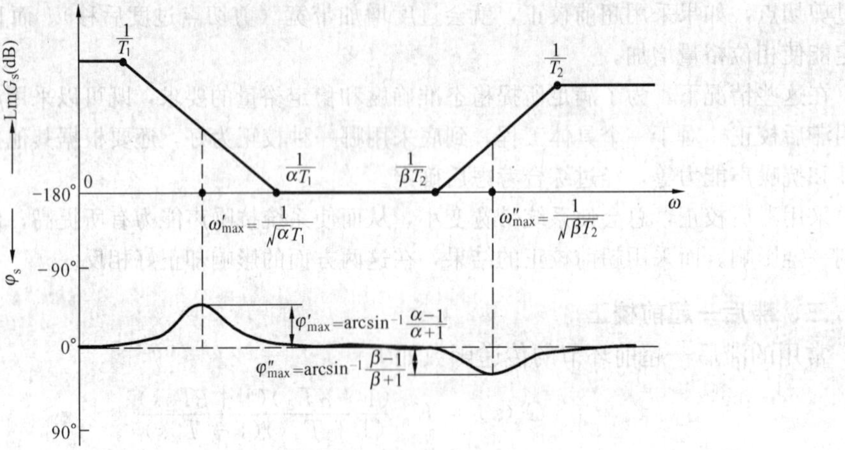

图 7-27 滞后—超前环节的 Bode 图

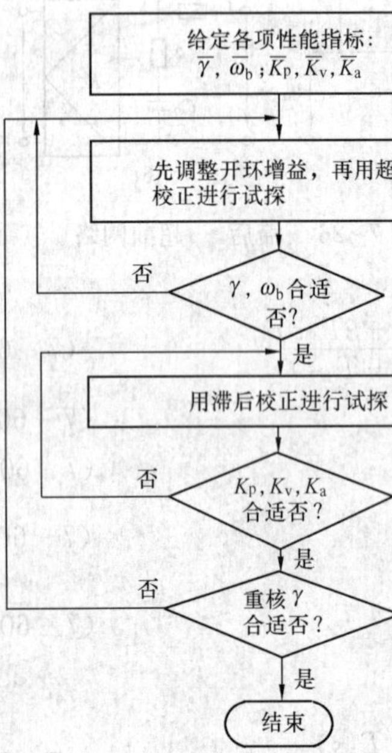

图 7-28 滞后—超前校正的大致计算步骤

滞后—超前校正具有滞后校正和超前校正两者的优点。更正确些说，既具有两者的优点，也具有两者的缺点。这种校正一般都用在单一方式校正不能获得理想结果的场合。

采用滞后—超前校正时，作为第一步，通常应先采用单一的超前校正进行试探。并根据对稳定裕量 $\overline{\gamma}$ 与带宽 ω_b 的要求，确定开环增益和超前环节参数。然后作为第二步，再通过滞后校正，使系统稳态误差系数的允许值 $\overline{K}_p$、$\overline{K}_v$ 或 $\overline{K}_a$ 得到满足。校正的大致计算步骤如图 7-28 所示。在具体设计时，有关校正计算可能要经过一、二次反复才能完成。

现举一例说明此法的应用。

【例 7-4】 继续考虑图 7-16 所示的励磁控制系统。系统参数与［例 7-1］所用相同，即 $T_1=0.05\text{s}$；$T_f=0.5\text{s}$；$T'_d=5\text{s}$；$K=20$。

现在要求进行适当的校正，以满足下列指标：$\overline{\gamma}=60°$；$\overline{K}_p=100$；$\overline{K}_v=2\text{rad/s}$；$\overline{K}_a=0.3\ (\text{rad/s})^2$。带宽 ω_b 应基本维持不变（即剪节点 ω_c 基本不变）。

解 根据给定的稳态误差系数 $\overline{K}_p$、$\overline{K}_v$、$\overline{K}_a$，绘制误差禁区，如图 7-29，在同一图上，根据系统参数，绘制未校正前的 Bode 图，如实线所示。

如图 7-29，求出剪切频率 $\omega_c=3.3\text{rad/s}$。对应的相位裕量 $\gamma=40°$。

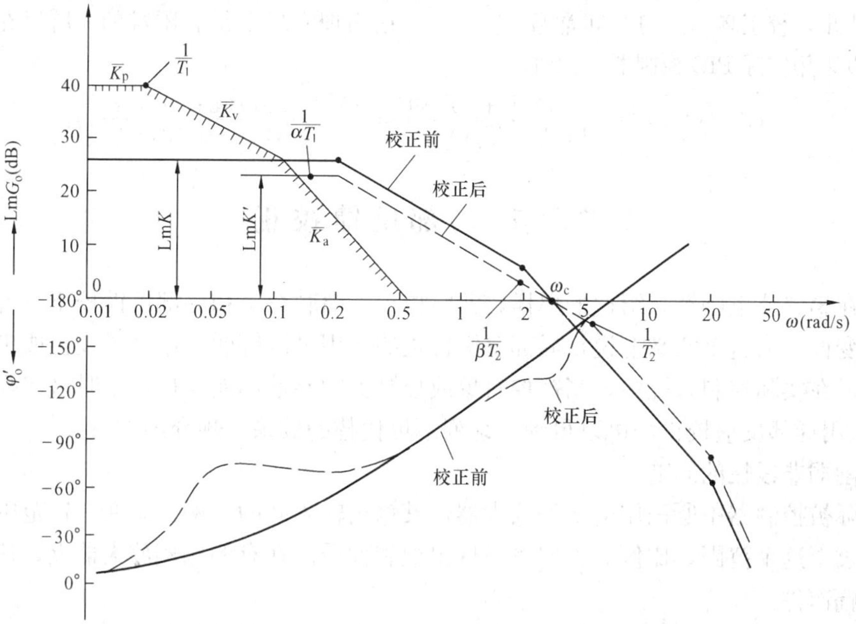

图 7-29 ［例 7-4］的禁区及 Bode 图

题意要求维持带宽基本不变。为此可以初步确定校正后的剪切点仍在 $\omega_c=3.3\text{rad/s}$ 处。原系统在 ω_c 上的相位裕量 γ 不足，为了增加 γ，又要不改变剪切点，只有采用超前校正，同时配合以适当降低开环增益 K，才可能满足要求。

估计一个裕量 $\theta=5°$，用以补偿由于将来采用滞后校正给剪切点所造成的相位损失。根据要求的 $\overline{\gamma}$ 及现有的 γ，得到在 ω_c 处必须添加的相位超前量 $\varphi'_{max}=\overline{\gamma}-\gamma+\theta=25°$。

由式（7-18a）求得 $\beta=2.5$。

超前环节的最大超前量 $\varphi'_{max}=25°$，应位于 $\omega_c=3.3\text{rad/s}$ 处，$\omega_{max}=3.3\text{rad/s}$。

由式（7-18b）求得 $T_2=0.19\text{s}$。T_2 与滞后环节的第二转角频率相对应。第一转角频率上的时间常数为 $\beta T_2=0.48\text{s}$。

根据已知的 ω_c，$1/T_2$，$1/(\beta T_2)$ 等参数，不难画出超前校正后的 Bode 图，如图 7-29 中虚线所示。从该图得到对应的新开环增益（将原 $K=20$ 调低后）$K'=15$。

现在考虑滞后校正。为了使低频段特性不落入禁区以内，将禁区 $\overline{K}_v$ 线延长交 $\text{Lm}K'$ 线于一点，该点上的时间常数即为 αT_1。而禁区的 $\overline{K}_p$ 与 $\overline{K}_v$ 线的交点上的时间常数为 T_1。由图得 $T_1=50\text{s}$，$\alpha T_1=7.5\text{s}$，$\alpha=0.15$。

增加滞后校正后，相位上的变化如图 7-29 中的虚线所示。相位的滞后对剪切点 ω_c 处相位裕量的影响不超过 5°，表明在超前校正时所预先估计的裕量 $\theta=5°$ 对本例是合适的。因此，整个校正过程已经结束。所得的校正环节传递函数如下

$$G_s(s)=\left(\frac{1}{\alpha}\right)\frac{(1+\alpha T_1 s)(1+\beta T_2 s)}{(1+T_1 s)(1+T_2 s)}=\frac{6.67(1+7.5s)(1+0.48s)}{(1+50s)(1+0.19s)}$$

对应的开环增益（调整后）

$$K'=15$$

整个系统的开环增益

$$K_{\Sigma}=K'\left(\frac{1}{\alpha}\right)=100$$

必须指出，校正环节中的时间常数 $T_1=50s$，在物理实现上是有困难的。所以在这种情况下，也可以采用实际 PID 控制器，此时

$$G'_{PID}(s)=\frac{(1+Ts)(1+\beta T_2 s)}{Ts(1+T_2 s)}=\frac{(1+7.5s)(1+0.48s)}{7.5s(1+0.19s)}$$

第六节 局部反馈校正

正如在第二节里已经介绍过的那样，并联校正、串联校正和局部反馈校正三者之间可以进行等效变换。从这个意义上说，局部反馈校正的作用可以等效地用并联校正或串联校正代替。但是，在实际控制系统中，当被控对象或控制器的参数不能保持恒定时（实际情况大多如此），采用局部反馈校正，可以得到一系列不可代替的效果。现介绍如下。

一、削弱非线性的影响

在实际被控制器中所采用的比例放大器，其输出输入间的比例关系在一定范围内是成立的，而超过了这个范围，比例放大器将呈现出饱和性质。在有的比例放大器上，还可能人为地加装限幅部件。

图 7-22（a）所示系统中的控制器就是由具有限幅作用的比例放大器构成的。在线性工作范围内，设该环节的比例关系为

$$G_1(s)\triangleq\frac{U(s)}{E(s)}=K_1 \tag{7-62}$$

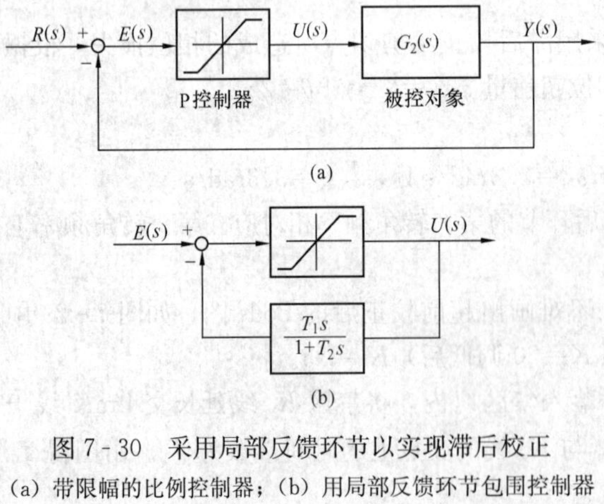

图 7-30 采用局部反馈环节以实现滞后校正

（a）带限幅的比例控制器；（b）用局部反馈环节包围控制器

当误差信号 $e(t)$ 的变化超出线性范围时，式（7-62）将不再成立。但为分析上的方便，也可以等效地认为式（7-62）中的 K_1 将变小。

现在假定要求进行滞后校正。不难证明，这里采用如图 7-30（b）所示的实际的微分环节 $\frac{T_1 s}{1+T_2 s}$，以负反馈的形式包围比例控制器，就等效于一个滞后校正。

从误差信号 $E(s)$ 到控制信号 $U(s)$ 的传递函数为

$$G'_1(s)\triangleq\frac{U(s)}{E(s)}=K_1\frac{1+T_2 s}{1+(K_1T_1+T_2)s} \tag{7-63}$$

式中 K_1——饱和后将变小的比例因子；

T_1——实际微分环节的微分时间常数；

T_2——实际微分环节的滞后时间常数。

为了考察 K_1 变小后对整个系统性能的影响，假定校正后系统的 Bode 图如图 7-31 所示。图中的实线部分代表 K_1 变小前的 Bode 图。在幅频渐近线上的第一转角频率 $\omega_1=\dfrac{1}{T_1'}$，第二转角频率 $\omega_2=\dfrac{1}{T_2}$。这里的 $T_1'=K_1T_1+T_2$，也等于被控对象的一阶滞后时间常数。从 ω_1 到 ω_2 之间线段的斜率等于 -40dB/dec，而从 ω_2 到 ω_3 之间线段的斜率等于 -20dB/dec。本图形状与图 7-25 所示校正后的 Bode 图类似。剪切点为 ω_c，对应的相位裕量约为 $\gamma=55°$。

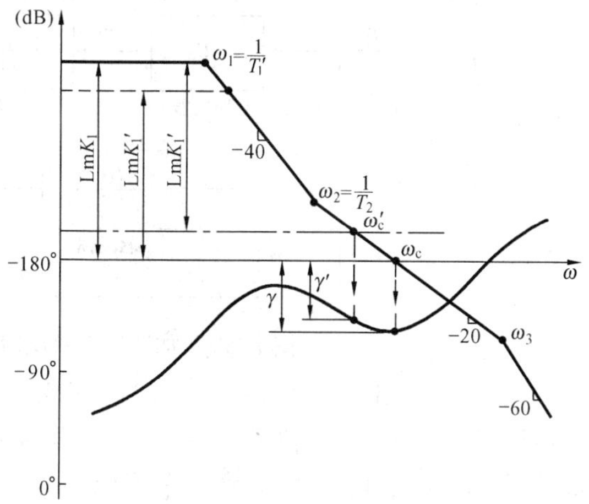

图 7-31　K_1 变小前后 Bode 图

从 K_1 改变为 $K_1'(K_1'<K_1)$ 后，幅频渐近线低频段的高度由 LmK_1 降至 LmK_1'。这时由式（7-63）所确定的第一转角频率 $\omega_1'=\dfrac{1}{K_1'T_1+T_2}$ 也相应地变大了，而第二转角频率 $\omega_2=1/T_2$ 则不变。在这种情况下，可以近似地认为新的第一转角频率 ω_1' 以下的幅频渐近线基本不改变，或改变不大。这就是说，K_1 的变化只改变系统的稳态性能，不改变暂态性能（相位裕量不变，带宽不变）。

但是，如果在比例放大器未饱和前将上述局部反馈校正改用等效串联滞后校正，那么，在 K_1 因放大器饱和而变小后，而同时 T_1' 和 T_2 均保持不变，其结果相当于把整个幅频渐近线沿纵轴向下平移至高度等于 LmK_1' 处（在图 2-31 上，这也相当于原幅频渐近线不动，只把横轴向上移至如点划线所示的位置）。对应的剪切点变为 ω_c'，相位裕量变为 $\gamma'<\gamma$。这就是说，串联滞后校正因 K_1 饱和，不仅是稳定性能变坏，也使暂态性能变坏。

上面针对包围比例控制器的局部反馈校正所进行的分析，也可以推广应用于包围被控对象或其一部分的场合。局部反馈校正可以削弱被控制对象时间常数随运行方式的变化给整个系统性能所带来的不良影响。

在实际工程中，从被控对象的输出端实现的局部微分反馈，又称为软反馈。与此相对应，从被控对象的输出端实现的局部比例反馈，又称为硬反馈。

下面举一个利用软反馈以改变系统性能的例子。

【例 7-5】　考虑如图 7-32 所示的励磁控制系统。图中忽略了用于抑制高频噪声的一些小时间常数的滞后因子的作用，即假定控制器是理想的比例环节。在一般情况下，同步发电机的时间常数 T_d' 和励磁机的时间常数 T_f，都随发电机运行工况而变化。作为近似估计，可以认为 T_f 基本不变，且 $T_f=1$s。而 T_d' 则有较大的变化：当发电机空载时，$T_{d0}'=5$s；当发电机满载时，$T_d'=1$s。此外，$K=10$。

（1）在不加任何校正的条件下，试确定发电机空载及满载情况下的相位裕量 γ 及 γ'。

（2）给定的稳态误差的禁区如图 7-33 所示，要求采用适当的校正措施，使在尽量不加大原有带宽的条件下，提高相位裕量至少不小于 $\bar{\gamma}=50°$；同时满足稳态误差禁区的要求。

解　（1）不加校正，按给定的系统参数，绘制发电机空载及满载工况下的 Bode 图，如图

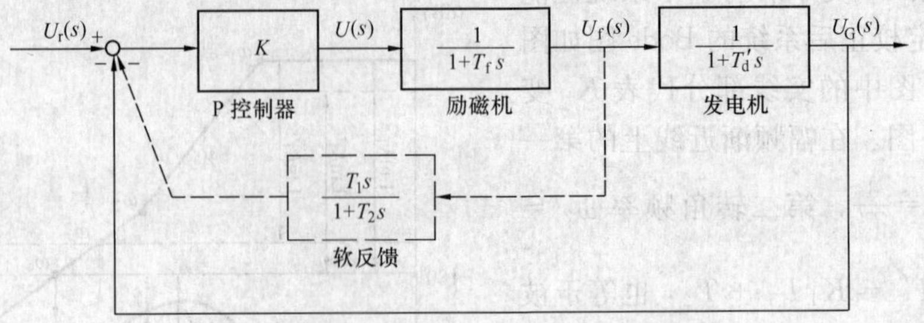

图 7-32　加装局部软反馈的发电机励磁控制系统

7-33 (a) 所示。其中实线代表空载工况；虚线代表满载工况。

由该图得：空载时相位裕量 $\gamma=40°$；满载时相位裕量 $\gamma'=30°$。这表明对于本例，同步发电机满载后，由于发电机时间常数 T_d' 的降低，引起了稳定储备的降低。

(2) 为了同时满足相位裕量、带宽及稳态误差禁区的要求，又要考虑时间常数 T_d' 变化的影响，采用串联校正有一定困难（请读者试验一下看）。现在决定采用局部反馈校正：

用一个实际微分环节 $\frac{T_1 s}{1+T_2 s}$ 以负反馈的形式将控制器与励磁机包围起来，如图 7-32 中虚线部分所示。

在实际工程中，对励磁机的输入电压 u_f 实现软反馈，在物理实现上是很方便的。

这样构成的局部反馈环节的等效传递函数可以表为

$$G_1(s) \triangleq \frac{U_f(s)}{E(s)} = \frac{\dfrac{K'}{1+T_f s}}{1+\dfrac{K'T_1 s}{(1+T_f s)(1+T_2 s)}} \tag{7-64}$$

稍加变换后得

$$G_1(s) = \frac{K'(1+T_2 s)}{1+(T_f+T_2+K'T_1)s+T_f T_2 s^2} = \frac{K'(1+T_2 s)}{(1+T_1' s)(1+T_2' s)} \tag{7-65}$$

式中　K'——调整后比例控制器的比例因子；

T_1', T_2'——按式 (7-65a) 和式 (7-65b) 确定的等效时间常数。

$$T_1' + T_2' = T_f + T_2 + K'T_1 \tag{7-65a}$$

$$T_1' + T_2' = T_f T_2 \tag{7-65b}$$

全系统的开环传递函数为

$$G_o(s) = \frac{K'(1+T_2 s)}{(1+T_1' s)(1+T_2' s)(1+T_d' s)} \tag{7-66}$$

利用试探法 [图 7-33 (b)]，首先假定校正后幅频渐近线低频段高度等于禁区高度，于是 $K' = \overline{K}_p = 50$。此外，还假定校正后第一转角点即等于禁区检查点 $\overline{A}$，于是第一转角频率 $\omega_1' = 0.2$rad/s。由式 (7-66)，令 $T_1' = 1/\omega_1' = 5$s。先考虑空载工况，则 $T_d'=5$s。这样，从点 $\overline{A}$ 引向右下方的线段的斜率应等于 −40dB/dec，一直延伸后到第二转角点为止。第二转角点频率 ω_2' 应由式 (7-66) 中的 T_2 确定：$\omega_2'=1/T_2$。ω_2' 以后的线段斜率将变为 −20dB/dec。到第三转角频率 $\omega_3'=1/T_2'$ 以后又变为 −40dB/dec。

通过试探，初步确定第二转角频率 $\omega_2'=1/T_2=1.2$rad/s，得剪切频率 $\omega_c''=1.5$rad/s；相位裕量 $\gamma''=65°$，按题意要求尚有一定裕量：$\theta=\gamma''-\overline{\gamma}=15°$。

将已求得的 T_1'、T_2 及已给的 T_1 代入式 (7-65) 可得：$T_2'=0.166$s；$T_1=0.0675$s。

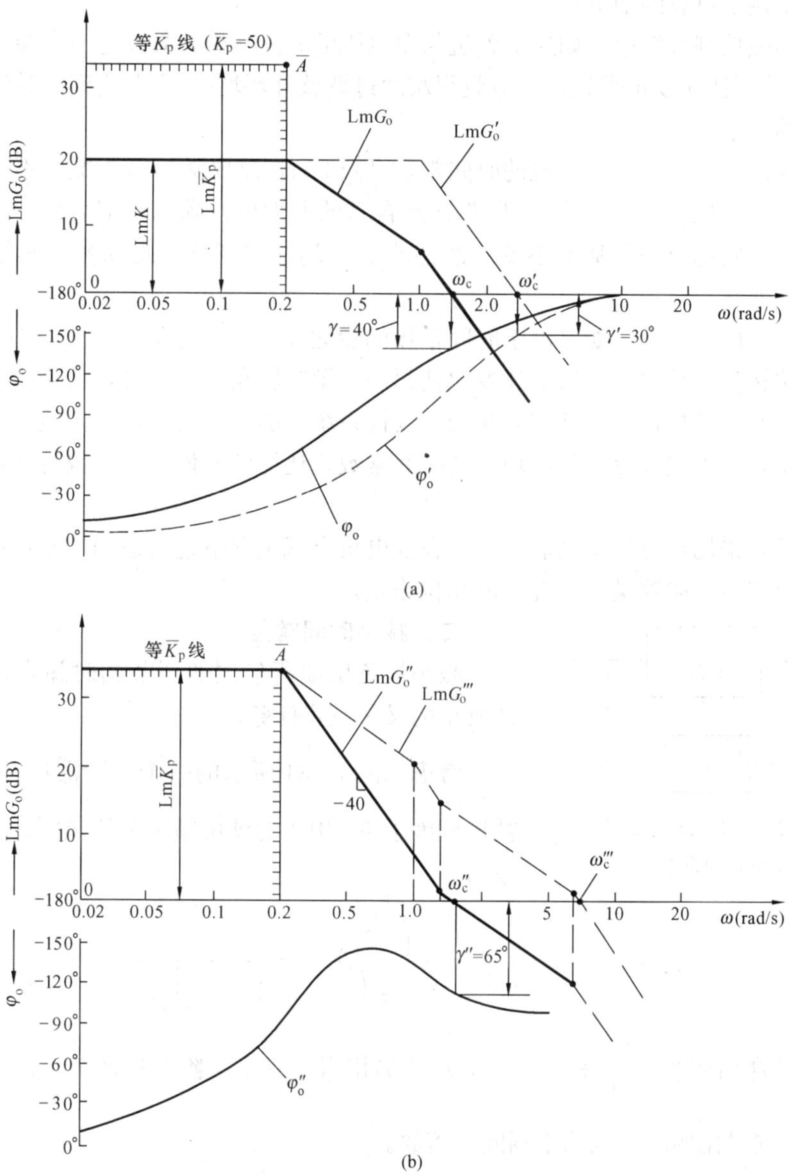

图 7-33　［例 7-5］的误差禁区及 Bode 图

（a）不加校正；（b）采用软反馈校正

这样，第三转角频率 $\omega_3'=1/T_2'=6\text{rad/s}$。由于式（7-66）中的滞后因子 $(1+T_2's)^{-1}$ 的作用，在剪切点 ω_c'' 处所产生的相位滞后约为 15°，正好与 $\theta=15°$ 相等。因此可以认为，对于发电机空载工况，上述校正是合适的。

软反馈环节传递函数为

$$\frac{T_1 s}{1+T_2 s}=\frac{0.067s}{1+0.83s}$$

现在再来考虑同步发电机满载工况下系统性能的变化。由于假定满载时 T_d' 变小（变为 1s），根据图 7-33（b）中虚线所示的幅频渐近线，不难看出：这时带宽增加 $\omega_c''\to\omega_c'''$，同时，相位亦略有增加，而稳态误差系数则不变。

通过这个例子可看到如下几点：

(1) 在励磁控制系统中，如果励磁机与发电机的时间常数比较接近（例如相差不超过5倍)，如果不采用任何校正措施，一般就很难通过调整开环增益 K 来达到同时满足稳态和暂态性能指标的要求。

(2) 实际同步发电机和励磁机的时间常数 T'_d 和 T_f，总要随运行工况的不同而变化。变化的趋势是：发电机空载时，T'_d 和 T_f 都达到自己的最大值；满载时都会减小。如果两者减小的倍率相同，则相位裕量基本不变。遗憾的是，T'_d 往往变化得更快些，其结果将使满载时的相位裕量恶化。

总之，在一般情况下，如果由于时间常数的变化使第一转角频率与第二转角频率靠近，则会恶化相位裕量；反之，如果上述变化使第一、第二转角频率离开，则会改善相位裕量。

(3) 局部软反馈校正，按其实质相当于线性系统中的串联滞后校正，但前者还具有后者所不具备的特点：不仅改变被包围环节的时间常数，还能削弱该时间常数的变化对系统造成的影响。

对于本例，采用局部软反馈后，只要在发电机空载工况下进行适当的校正计算与调试工作，那么就可以不必验算满载工况下的相位裕量。

二、减小时间常数

减小被负反馈所包围的环节的时间常数，是局部反馈校正的又一重要任务。

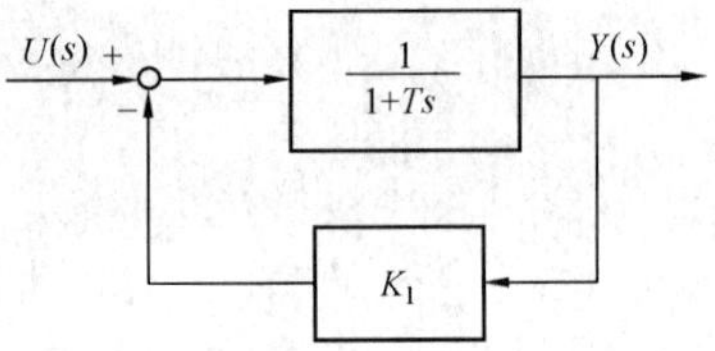

图 7-34 用局部硬反馈减小时间常数

考虑如图 7-34 所示的一个一阶滞后环节 $\frac{1}{1+Ts}$。它被比例因子 K_1 构成的硬反馈环节所包围。其等效传递函数为

$$G_1(s) \triangleq \frac{Y(s)}{U(s)} = \frac{\dfrac{1}{1+Ts}}{1+\dfrac{K_1}{1+Ts}} = \frac{\dfrac{1}{1+K_1}}{1+\dfrac{T}{1+K_1}s} \tag{7-67}$$

与原来的一阶滞后环节 $\frac{1}{1+Ts}$ 相比，等效环节仍相当于一个一阶滞后环节，但时间常数减小到 $\frac{1}{1+K_1}$ 倍，同时比例因子也减小到同一倍数。

在实际工程中，例如带励磁机的励磁控制系统（图 7-35）中，当励磁机时间常数 T_f 小于发电机时间常数 T'_d 的倍数不大时，作为改善措施之一，就可以用一个局部硬反馈将励磁机包围起来，以降低它的时间常数。

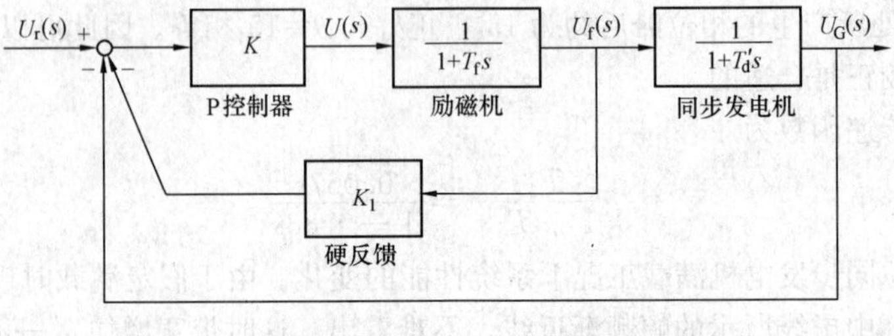

图 7-35 用局部硬反馈减小励磁机的时间常数

注意，当采用如图 7-35 所示的硬反馈时，为了使等效的开环增益不变，应将比例控制器的 K 预先增大到 $(1+K_1)$ 倍。

三、正反馈

为了提高局部环路的增益，有时可以采用正反馈。

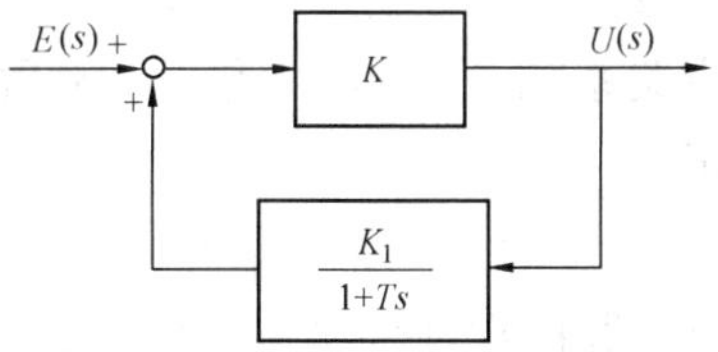

图 7-36　控制系统中的误差校正器

所谓误差校正器（如图 7-36 所示），就是正反馈的一种应用。它的等效传递函数为

$$G_1(s) \triangleq \frac{U(s)}{E(s)} = \frac{K}{1-\dfrac{KK_1}{1+Ts}} = \frac{K(1+Ts)}{1-KK_1+Ts} \tag{7-68}$$

在式（7-68）中，如果调整参数 $KK_1=1$，则误差校正器就转化为一个 PI 控制器。这里没有采用积分环节，因此使线路简化了。但是由于在物理实现上很难做到精确地满足 $KK_1=1$ 的关系，从而使制造也变得复杂了。出于上述考虑，在误差校正器中不是精确地实现 $KK_1=1$，而是实现 $KK_1<1$。在后一条件下，误差校正器相当于一个滞后环节，即

$$G_1(s) = K_1' \frac{1+Ts}{1+T's}, T' > T \tag{7-69}$$

式中

$$K_1' = \frac{K}{1-KK_1}, KK_1 < 1 \tag{7-69a}$$

$$T' = \frac{T}{1-KK_1} \tag{7-69b}$$

当实际系统中要求时间常数 T' 较大，因而不易制造时，可以采用这里介绍的方法，等效地得到大的 T'。

本　章　小　结

（1）为了完成给定的任务，寻找一个符合任务要求且在物理上可实现的自动控制系统，称为自动控制系统的设计。系统的设计过程，就其整体说，基本上属于根据已有经验进行多次试探的过程。

为了改善已设计系统的稳态及暂态性能，对系统参数或结构进行调整、改变的过程，称为校正。为了进行校正而增加到系统中的环节称为校正环节。

把校正环节增加到系统中去，大体上有三种方法：①串联加入；②并联加入；③局部反馈加入。对于线性系统来说，三种方法之间可以进行等效代换。但是在实际工程中，从物理实现上是否方便、对系统中非线性的影响是否不容忽视等方面考虑，三种方法就可能各有不同的长处及短处。它们的大致对比如表 7-3 所示。

表 7-3　三种校正方法的主要特点

校正方法	主　要　特　点
串联校正	在 Bode 图上便于分析它对系统性能的影响
并联校正	便于引入积分（I）、微分（D）或积分加微分（ID）的作用
局部反馈校正	便于削弱非线性影响，或改变被控制对象的时间常数，并能提高对参数变化时的不敏感性

(2) 并联校正中的PID控制作用，类似于串联校正中的滞后—超前校正作用。它们的对应关系如下：PI控制——滞后校正；PD控制——超前校正；PID控制——滞后—超前校正。

(3) 滞后校正（或PI控制，下面不再强调）主要用于改善系统的稳态性能。在这种情况下，就能把开环增益从保证稳态性能的任务中解放出来，从而使它能按暂态性能的要求进行调整。从这个意义上说，滞后校正也能在改善暂态性能方面起作用。

采用滞后校正时，要利用滞后环节的对数幅频特性在低频段的上翘部分，同时要注意抑制其相位滞后对中频段的影响。与超前校正相比，采用滞后校正时一般会使带宽变小，从而提高了抗噪声能力，但对快速响应性能不利。

采用PI控制器，可以把有差系统改变为无差系统，而一般的滞后环节则不能改变原系统按稳态误差划分的型号。这是前者相对于后者的优点，但前者的相位滞后也最大。

在要求较大滞后时间常数且物理上不便实现或有特殊要求（如考虑饱和等）的场合，滞后环节可以改由误差校正器（见第六节之三）来担任。

(4) 超前校正是利用超前环节的相位超前来改善剪切点附近的相位裕量。采用这种校正时，一般会使剪切点后移，从而增加带宽。其结果是，提高了响应的快速性，但却降低了抗噪声能力。

不是所有的系统都可以采用超前校正。例如，剪切点附近相位降低的速率较大时（例如，以−60dB/dec或更大的斜率通过剪切点），一般就不适用。此外，在幅频渐近线以−20dB/dec斜率通过剪切点的情况下，超前校正会使校正后带宽过大而无法适用。还有，如果要求必须添加的相位量过大（超过30°～40°），也会增加困难。

(5) 滞后—超前校正一般用在采用单纯滞后校正或单纯超前校正无效的情况下。这种校正可以较好地同时兼顾稳态和暂态性能指标的要求。但其缺点是采用的环节较多。

(6) 局部反馈校正有串联校正和并联校正所无法代替的优点，如表7-3所示。本章只介绍了这种校正作用的某些主要适用方面。

习　题

T7-1　现有一台新生产的大型汽轮发电机组，配有与发电机同轴旋转的中频交流励磁机，有关的电气接线示于图T7-1中。

(1) 根据上述电气接线图绘制自动励磁控制系统的方框示意图；

(2) 参照图7-1，针对这个系统列出你认为合适的设计流程图，并对其中各项作简要的说明。

T7-2　已知控制系统的开环传递函数

$$G(s)=\frac{8}{(1+s)\left(1+\frac{1}{3}s\right)^2}$$

设计一串联校正环节，使其相位裕量$\gamma\geqslant45^\circ$，剪切频率ω_c保持不变。

T7-3　已知控制系统的开环传递函数

$$G(s)=\frac{1}{s(1+0.25)^2}$$

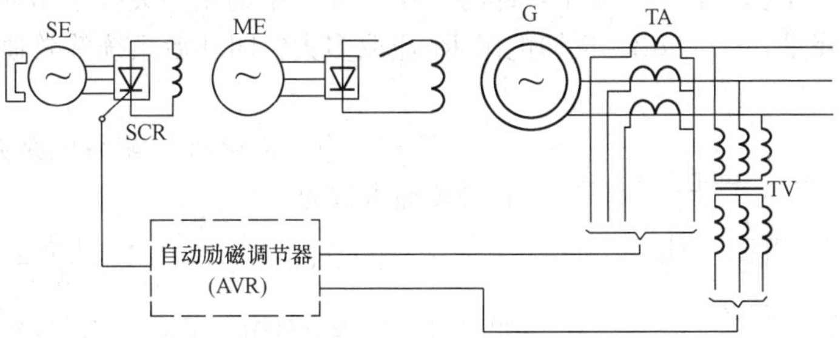

图 T7-1　某汽轮发电机组自动励磁控制系统电气接线图

G—发电机；ME—同轴主励磁机；SE—同轴副励磁机（永磁式）；

TV—机端电压互感器；TA—电流互感器

设计一串联滞后校正环节，使校正后的系统幅值裕量 $\overline{m}\geqslant 6\text{dB}$，相位裕量 $\overline{\gamma}\geqslant 45°$，剪切频率 $\overline{\omega}_c$ 不大于 1.0rad/s，速度误差系数 $\overline{K}_v>5\text{rad/s}$。

T7-4　一最小相位系统的幅频渐近特性如图 T7-4 所示，写出它的开环传递函数。若在前向通路中串入一积分环节 1/s作为校正环节，再在同一张图上绘制校正后的幅频渐近特性，试问校正后闭环系统的暂态性能与稳态性能有何变化？

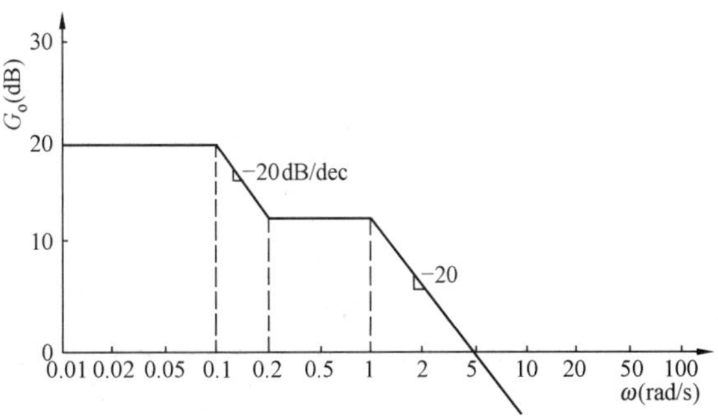

图 T7-4　校正前系统的幅频渐近特性

T7-5　已知单位负反馈系统的开环传递函数为

$$G(s)=\frac{K}{s(s+1)(0.5s+1)}$$

要求采取串联滞后校正，校正后对斜坡输入的稳态误差 $\overline{e}(\infty)=0.2$，相位裕量 $\overline{\gamma}\geqslant 40°$，幅值裕量 $\overline{m}\geqslant 10\text{dB}$。

T7-6　已知一控制系统校正前的传递函数为

$$G(s)=\frac{K}{s(0.05s+1)(0.01s+1)}$$

要求采取滞后—超前校正，校正后希望 $\overline{K}_v\geqslant 200\text{rad/s}$，$\overline{\gamma}=45°$，$\overline{\omega}_c=22\text{rad/s}$。

T7-7　已知一控制系统校正前的开环传递函数

$$G(s)=\frac{K}{s(s+1)(s+2)}$$

要求采取滞后—超前校正，使校正后系统对单位斜坡信号输入的稳态误差 $\overline{e}(\infty)=0.1$，且 $\overline{\gamma}=50°$。

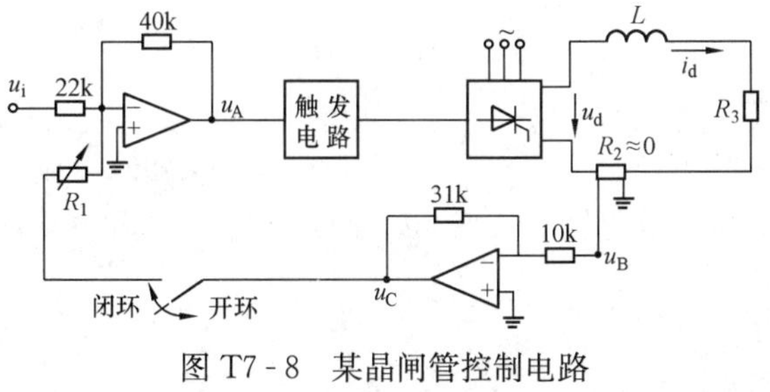

图 T7-8　某晶闸管控制电路

T7-8　某控制系统如图 T7-8 所示。图中的晶闸管桥式整流电路，经线性化后可简化为线性比例环节，放大倍数为 $K_1=\dfrac{\Delta u_d}{\Delta u_A}$。原系统开环时测得 $\Delta u_A=0.36\text{V}$，$\Delta u_B=0.38\text{V}$，$\Delta i_d=0.5\text{A}$，系统开环传递函数 $G_o(s)=\dfrac{\Delta I_d(s)}{\Delta U_i(s)}$ 的惯性时间常数 $T=1\text{s}$。

试利用图示的正反馈环节进行校正，即将该反馈环节中的小开关投于闭环位置。要求校正后系统稳定且幅值裕量 $\overline{m} \geq 0.9$dB，反馈电阻 R_1 应取多大？闭环后系统等效惯性时间常数增加多少？

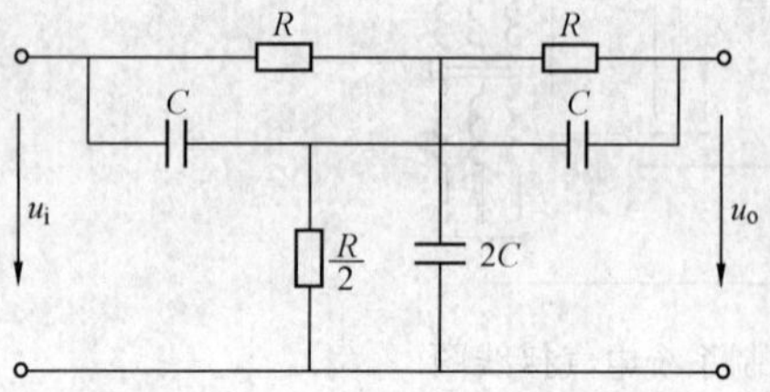

图 T7-9　无源双 T 阻容电路

T7-9　有一无源双 T 阻容电路如图 T7-9 所示。它的传递函数为

$$G(s)=\frac{1+s^2(RC)^2}{1+4s(sC)+s^2(RC)^2}$$

如果电路中 $R=820\Omega$，$C=2\mu$F，试绘制该电路的对数幅频特性与相频特性曲线，据此判断：

(1) 该电路是否可以用作控制系统的串联校正？是否可以用它改善系统的稳定性？

(2) 该电路是否可以用作滤波器？若可以，它是什么类型的滤波器？

第八章　根　轨　迹　法

关键词：根轨迹法，根轨迹图，根轨迹方程，试验点，幅角条件，幅值条件，开环增益，有限零点，无限零点，根轨迹的渐近线，渐近线的形心，渐近线的倾角，射角，入射角，出射角，会合点，分离点，参数根轨迹，条件稳定系统，超前校正，滞后校正。

内容提要：根轨迹法是 W. R. Evans 于 1948 年提出的一种求闭环系统特征根分布的简便图解法。这种方法具有直观和物理概念清晰的特点，由根轨迹即可了解系统的基本性能，可避免复杂的求解工作，所以在线性控制工程实践中得到广泛应用。在某些情况下根轨迹法可以比频率响应法具有更简捷和直观的优势。

本章重点介绍根轨迹法的基本概念，根轨迹图的绘制以及基于根轨迹图对控制系统进行分析和校正的方法。

第一节　控制系统根轨迹的基本概念

一、根轨迹的基本概念

在讨论根轨迹法之前先来介绍根轨迹的基本概念。该问题可以用第四章中的单位反馈的典型二阶系统来引出。

【例 8-1】　如［例 4-1］中取 $a=8$，则闭环传递函数为

$$G_c(s)=\frac{Y(s)}{R(s)}=\frac{b}{s^2+8s+b} \tag{8-1}$$

其中 b 为可调参数，从 0 到 $+\infty$ 变化。试求该系统特征根的轨迹变化。

解　系统开环传递函数为

$$G_o(s)=\frac{b}{s(s+8)} \tag{8-2}$$

特征方程式为

$$\Delta(s)=1+G_o(s)=s^2+8s+b=0 \tag{8-3}$$

系统的特征根为

$$s_{1,2}=-4\pm\sqrt{16-b} \tag{8-3a}$$

当式（8-3a）中可调参数 b 从 0 到 $+\infty$ 变化时，可画出特征根在 s 平面上运动的轨迹，如图 8-1 中粗实线所示。

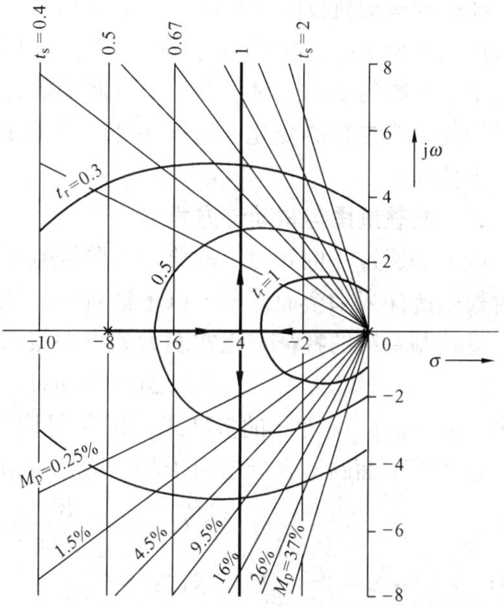

图 8-1　［例 8-1］的根轨迹与暂态性能指标

当 $b=0$ 时，$s_{1,2}=0$，-8（实根）；

当 $b=16$ 时，$s_{1,2}=-4$，-4（重根）；

当 $b>16$ 时，$s_{1,2}=-4\pm j\sqrt{b-16}$（共轭复根）。

不难看出，在 $0\leqslant b\leqslant 16$ 的范围内，两个特征根的根轨迹是从 s 平面负实轴上的［0，0］和［−8，0］为起点沿负实轴作面对面的相向运动，并会合于［−4，0］重根处。当 $b>16$ 时，特征根 $s_{1,2}$ 的实部保持为常数：$\mathrm{Re}(s_{1,2})=-4$；而其虚部 $\mathrm{Im}(s_{1,2})=\pm j\sqrt{b-16}$（当 $b>16$ 时），则随 b 的增大沿虚轴的正、负方向，向相反方向运动，并趋向无穷远。这时特征根的运动轨迹是从实轴上［−4，0］点开始的一条平行于虚轴的直线，如图 8-1 中带相应箭头的粗实线所示。

由第四章对典型二阶系统的性能分析可知，控制系统的暂态性能指标是由特征根性质所确定的。描述暂态性能的三个重要时域指标：上升时间 t_r，调整时间 t_s 和过调量 M_p 是与特征根在 s 平面上的位置分布有直接的关系。位置分布与上述三个重要时域指标的关系已集中地表示在第四章图 4-16 中。同样，在图 8-1 中，为了表示出二阶系统的根轨迹与系统暂态性能之间的关系，在同一张图上还叠画有代表 M_p，t_s 和 t_r 不同值时的希望区域。在图上清楚地表明了可调参数 b 变化时，过调量 M_p、调整时间 t_s 和上升时间 t_r 是如何变化的。反过来说也是一样，当固定一组 M_p、t_s 和 t_r 之后，即可根据希望根的区域来确定可调参数 b 的合适数值。例如，如果给定指标：$M_p\leqslant 16\%$，$t_s\leqslant 2s$，$t_r\leqslant 0.5s$，那么不难确定出相应的 b：$25\leqslant b\leqslant 64$。

根据上述分析可知，根轨迹是闭环控制系统中的某一可调参数（例如 b）由 0 到 $+\infty$ 变化时，闭环系统的各个特征根（即闭环极点）在 s 平面上的运动所形成的轨迹。

在上例中的特征方程式 $\Delta(s)=s^2+as+b=0$ 可有两个可调参数 a、b。图 8-1 是在设 $a=8$ 的情况下画出的。也可以固定参数 b，而将参数 a 作为可调参数，同样可以画出与之对应的根轨迹。显然，以 a 作为可调参数来绘制特征根的根轨迹，虽然绘制方法是一样的，但它们特征根的运动轨迹图是与图 8-1 不同的，即随可调参数 a 变化的运动轨迹不同，意味着它对控制系统暂态性能指标的影响也不同。从这个例子还可以看出，根轨迹法只能处理特征方程中单参数的变化。对于有多个可调参数的情形，可以把问题转化为单参数来处理，即一次只处理一个参数的变化。这样一来，即使只有两个可调参数，也需要绘制许多张根轨迹图，十分麻烦。

二、根轨迹图与根轨迹方程

以上是通过［例 8-1］的典型二阶控制系统来了解根轨迹的基本概念及其实用意义。为了对根轨迹深入和全面理解，以下针对一般性的反馈控制系统来讨论。

设控制系统的特征方程式表为如下一般形式

$$\Delta(s)=q(s)+K'p(s)=0 \tag{8-4}$$

式中，$q(s)$、$p(s)$ 是 s 的多项式；K'是可调参数。

现考虑下面的不含延迟因子的反馈控制系统开环传递函数

$$G_o(s)=\frac{K'(s-z_1)\cdots(s-z_m)}{(s-p_1)\cdots(s-p_n)} \tag{8-5}$$

式中 z_1，…，z_m——开环零点；

p_1，…，p_n——开环极点；

K'——开环增益。

在讨论系统稳态误差分析［见式（4-50）］时，可把开环传递函数表示为时间常数因子的形式

$$G_o(s)=\frac{K(1+T_as)\cdots(1+T_ms)}{s^N(1+T_{N+1}s)\cdots(1+T_ns)} \tag{8-6}$$

式中 $n>m$，而 N 表示 N 型系统。为了使式（8 - 5）与式（8 - 6）中所表示的型相同，只需确定两种描述方式下开环增益 K 与 K' 之间的关系即可。可先对式（8 - 6）等号的两边同乘以 s^N，然后取 $s\to 0$ 时的极限，则

$$\lim_{s\to 0}s^NG_o(s)=\lim_{s\to 0}\frac{K(1+T_as)\cdots(1+T_ms)}{(1+T_{N+1}s)\cdots(1+T_ns)}=K$$

对式（8 - 5）等号的两边也进行同样的运算，则

$$\lim_{s\to 0}s^NG_o(s)=\lim_{s\to 0}\frac{K'(s-z_1)\cdots(s-z_m)}{(s-p_{N+1})\cdots(s-p_n)}=\frac{(-1)^{n-m-N}K'\prod_{i=1}^{m}z_i}{\prod_{j=N+1}^{n}p_j}$$

亦即

$$K=K'\frac{(-1)^{n-m-N}\prod_{i=1}^{m}z_i}{\prod_{j=N+1}^{n}p_j} \tag{8-7a}$$

如果只考虑最小相位系统，则又有

$$K=K'\frac{\left|\prod_{i=1}^{m}z_i\right|}{\prod_{j=N+1}^{n}p_j} \tag{8-7b}$$

现在考虑由式（8 - 5）所确定的系统的特征方程

$$1+G_o(s)=1+\frac{K'(s-z_1)\cdots(s-z_m)}{(s-p_1)\cdots(s-p_n)}=0 \tag{8-8}$$

亦即

$$\Delta(s)=(s-p_1)\cdots(s-p_n)+K'(s-z_1)\cdots(s-z_m)=0 \tag{8-8a}$$

显然，式（8 - 8a）与式（8 - 4）是等同的形式。如果将开环增益 K' 设置为可调参数来绘制根轨迹图，将会是既方便又实用的。因在这种形式下，可以直接利用已知的开环零、极点，归纳出具有通用性强的作图规则，而毋须用可调参数的变化逐点去描绘；可以用归纳形成的绘制规则来迅速地确定根轨迹的大致走向，使其在实际控制系统的设计与校正中发挥重要的作用。

基于上述，为了更方便地引出根轨迹作图规则，我们约定：如无特殊说明，一律以式（8 - 8）或式（8 - 8a）所描述的系统特征方程，作为绘制根轨迹图的依据。换言之，这里所说的根轨迹图，是特指在开环零、极点都给定的情况下，当开环增益 K' 从 0 到 $+\infty$ 变化时，闭环反馈控制系统的特征根在 s 平面上变化的轨迹图形。在这种根轨迹图上，清楚地表明了每一个开环零、极点对特征根，即闭环极点的影响。为此，把描述闭环特征根变化的特征方程式（8 - 8），式（8 - 8a）也称为根轨迹方程。

在得到根轨迹图之后，就可分析开环增益的变化对系统暂态性能的影响，按期望的暂态性能确定系统的开环增益；在系统性能需要校正时，则可以通过调整开环零点和极点，使特征根调整到期望位置上。

为了进行区分，对于不以开环增益 K' 作为可调参数，而任意选择一个其他可调参数，绘制出的根轨迹图，称为参数根轨迹图，或广义的根轨迹图。需要指出，根据系统中任一可

调实参数（例如 c）的变化来绘制根轨迹图时，首先必须将系统特征方程和可调参数 c 的关系表示成 $\Delta(s)=q(s)+cp(s)=0$ 的形式，亦即使其在外观上与式（8-4）相同。

第二节　根轨迹图的幅角条件与幅值条件

在上一节中已提到可通过归纳方式形成绘制根轨迹通用规则，迅速地确定根轨迹的大致走向，使其在实际控制系统的设计与校正中发挥重要的作用。绘制根轨迹图的基本方法有解析法、计算机工具包、试探法。由于解析法计算工作量大，目前都是由计算机工具包替代，如现广泛应用的软件包《MATLAB》[1]，即可绘制控制系统的根轨迹。所谓试探法，就是在 s 平面上任取一点 s，称为试验点，然后考察该点是否属于根轨迹上的点。依此办法，逐点试探下去，从而绘制出全部根轨迹。试探法主要适用于系统设计的初期，做初期探索之用。实际上使用试探法时也仅算少量的点，而不做盲目地试探。选取试验点的基本依据是下面即将介绍的特征方程的幅角条件和幅值条件。

如上一节所述，描述闭环特征根变化的特征方程式（8-8）又称为根轨迹方程，将方程 $1+G_o(s)=0$ 稍加变化，得

$$G_o(s)=-1 \tag{8-9}$$

因为 $G_o(s)$ 是复频率 s 的函数，可以通过幅值与幅角来表示。其中幅角的计算方法，按照通常的惯例，以正实轴方向为 0°，逆时针计算角度为正。这样，式（8-8）中的 −1 也可以表示为

$$-1=1e^{j(2k+1)\pi}, k=0,\pm 1,\cdots \tag{8-10}$$

由于式（8-9）等号两边的幅值与幅角应分别相等，所以式（8-9）又可分别表示为：

幅角条件

$$\angle G_o(s)=(2k+1)\pi, k=0,\pm 1,\cdots \tag{8-11a}$$

和幅值条件

$$|G_o(s)|=1 \tag{8-11b}$$

式（8-11a）和式（8-11b）分别称为根轨迹的幅角条件和幅值条件。对由有理函数式（8-4）表示的开环传递函数，幅角条件与幅值条件又可进一步表示为：

幅角条件

$$\angle G_o(s)=\angle K'+\sum_{i=1}^{m}\angle(s-z_i)-\sum_{j=1}^{n}\angle(s-p_j)=(2k+1)\pi \tag{8-12a}$$

和幅值条件

$$|G_o(s)|=\frac{|K'|\prod_{i=1}^{m}|s-z_i|}{\prod_{j=1}^{n}|s-p_j|}=1 \tag{8-12b}$$

如果只考虑开环增益 K' 变化于 $0<K'<+\infty$ 的范围内，则上述两条件又可改写为：

---

[1] 《MATLAB》是 MATrix LABorafory 的缩写，是计算机应用中一种基于矩阵的数学和工程计算软件。它有一套自定义的程序命令和矩阵函数，可供分析和设计控制系统时使用，有兴趣的读者可参阅有关资料，如［美］Katsuhiko Ogata，现代控制工程．第三版．电子工业出版社，2000 年 5 月出版。

幅角条件

$$\sum_{i=1}^{n}\angle(s-z_i)-\sum_{j=1}^{n}\angle(s-p_j)=(2k+1)\pi, k=0, \pm1, \cdots \qquad (8-13a)$$

和幅值条件

$$\frac{\prod_{i=1}^{m}|s-z_i|}{\prod_{j=1}^{n}|s-p_j|}=\frac{1}{K'} \qquad (8-13b)$$

式（8-13a）和式（8-13b）就是绘制根轨迹图的基本依据。在 s 平面上的任何一个试验点 s，如果同时满足式（8-13a）和式（8-13b），则它必定是根轨迹上的点。

对上述两条件式（8-13a）和式（8-13b）进行考察可以看出：作为根轨迹图形整体来说，由于增益 K' 可在 $0\rightarrow+\infty$ 的范围内任意变化，即 K' 可取任何正值，幅值条件式(8-13b)自然得到满足；因此，试验点 s 只要满足幅角条件就够了。换言之，幅角条件式（8-13a）是根轨迹的充分条件。而当根轨迹已知时，给定增益 K'，则可由幅值条件来具体确定根轨迹上与 K' 相对应的点。也就是说，幅值条件只在确定根轨迹上指定点的增益 K' 时使用。现举例说明这两个条件。

【例 8-2】　设有一反馈控制系统的开环传递函数为

$$G_o(s)=\frac{K'(s+4)}{s(s+2)(s+6.6)}$$

在 s 平面上取一试验点 $s_1=-1.5+j2.5$，试检验它是否为根轨迹上的点；如果是，则确定与它相对应的 K' 值是多少。

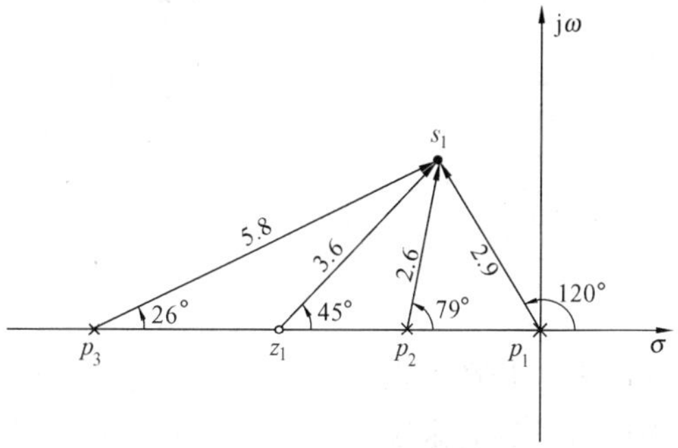

图 8-2　[例 8-2] 中开环零点、极点及试验点位置

解　对于本例，开环极点为：$p_1=0$；$p_2=-2$；$p_3=-6.6$；开环零点为：$z_1=-4$。在图8-2上已经把这些零点、极点标注出来[1]，同时也把试验点 s_1 标注出来。

我们利用幅角条件式（8-13a）来检验 s_1 是否是根轨迹上的点，即

$$\angle(s_1-z_1)-\angle(s_1-p_1)-\angle(s_1-p_2)-\angle(s_1-p_3)=45^\circ-120^\circ-79^\circ-26^\circ=-180^\circ$$

因此可知 s_1 确实是根轨迹上的点。

为了求得与 s_1 相对应的 K'，可利用幅值条件式（8-13b）

$$\frac{|s_1-z_1|}{|s_1-p_1|\times|s_1-p_2|\times|s_1-p_3|}=\frac{1}{K'}$$

亦即

$$\frac{3.6}{2.9\times2.6\times5.8}=\frac{1}{K'}$$

所以

$$K'=12.15$$

[1] 为了区分，零点用“○”表示，极点用“×”表示。

第三节　绘制根轨迹图的基本规则

W. R. Evans 总结出了绘制根轨迹的通用规则。运用这些规则，可以方便而迅速地绘制根轨迹。现对基本规则的阐述如下：

一、根轨迹的起点和终点性质

规则 1　根轨迹起始于开环极点而终止于开环零点。

根轨迹的起点定义为：$K'=0$ 时，特征根在 s 平面上的位置，即为开环极点。

由式（8-8a）知，当 $K'=0$ 时，系统特征方程为

$$\Delta(s)=(s-p_1)\cdots(s-p_n)+0(s-z_1)\cdots(s-z_m)=(s-p_1)\cdots(s-p_n)=0$$

即为

$$s_{j(K'=0)}=p_1,p_2,\cdots,p_n \tag{8-14}$$

由此可知，开环极点 p_1，…，p_n 是根轨迹的起点。

根轨迹的终点定义为：$K'\to\infty$时，特征根在 s 平面上的位置，即为开环零点。

由式（8-13b）知，当 $K'\to\infty$时，即为

$$\frac{\prod_{i=1}^{m}|s-z_i|}{\prod_{j=1}^{n}|s-p_j|}=\lim_{K'\to\infty}\frac{1}{K'}=0 \tag{8-15}$$

$$\prod_{i=0}^{m}|s-z_i|=0$$

得

$$s_{i(K'=+\infty)}=z_1,z_2,\cdots,z_m \tag{8-16}$$

由此可知，开环零点 z_1，z_2，…，z_m 是根轨迹的终点。如 z_1，z_2，…，z_m 为有限值，称它们为根轨迹的有限零点。因一般 $n>m$，所以必然有 $n-m$ 个无限远的零点。

二、根轨迹分支数的确定

规则 2　根轨迹的分支数等于闭环特征方程的阶数，即为闭环极点数。

由规则 1 知，每一个开环极点就是对应根轨迹的起点。增益 K' 从 $0\to+\infty$ 变化时，每个特征根都将沿着对应的分支运动。如根轨迹方程式（8-8）是 n 阶的，系统的根轨迹就共有 n 条分支，亦表示系统有 n 个开环极点。

设式（8-5）的开环传递函数有 n 个开环极点，m 个开环零点。在通常情况下，式（8-5）是一个不可约的真有理函数，即 $n>m$。其中的 n 即为特征方程的阶数。这样，根据规则 1 就会发现：根轨迹的分支数 n 应与其起点数相符，但却多于有限终点数 m。这个现象表明，除了根轨迹中的一部分（m 个）分支终止于有限零点外，还有（$n-m$）个分支终止于无限远处。我们将称这些无限远终点为无限远零点。

不难证明，在 $n>m$ 的情况下，（$n-m$）个无限零点 $z_{m+1}=\infty$，…，$z_n=\infty$，在 $s\to\infty$时也满足式（8-15）。

【例 8-3A】　对开环传递函数为

$$G_o(s)=\frac{K'(s+2)}{s(s+4)(s^2+2s+2)} \tag{8-17}$$

的反馈控制系统，试确定根轨迹中各个分支的起点与终点。

解　这是一个四阶系统，根轨迹应包含四个分支。它们的起点由开环极点确定，即

$$p_1=0, p_2=4, p_{3,4}=-1\pm j \quad (8-18a)$$

它们的有限终点由开环零点确定，即

$$z_1=-2 \quad (8-18b)$$

其余的三个终点是无限远点。

四个分支的起点与终点位置示于图 8-3（a）中。

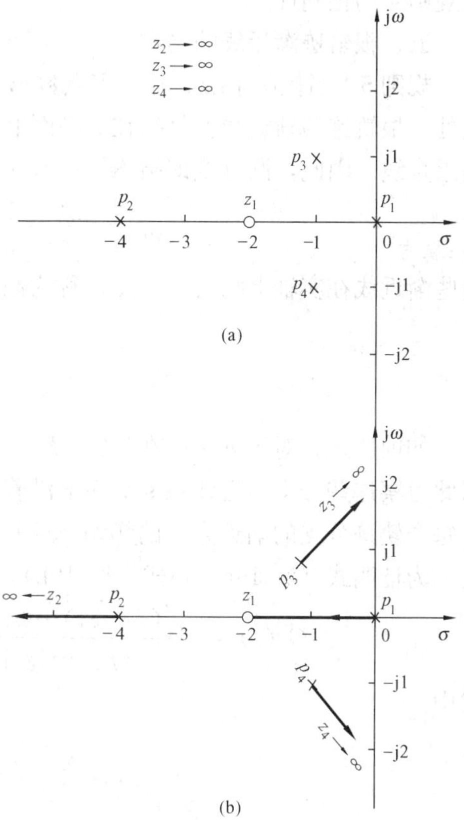

图 8-3　［例 8-3A］中根轨迹四个分支和相应的起点、终点

（a）根轨迹的起点、终点；（b）四个分支

三、根轨迹的对称性质

规则 3　根轨迹是连续的，且根轨迹图对称于 s 平面的实轴。

用代数定理可证明式（8-8a）中参数 K' 连续变化，特征根也是连续变化的。因为任何有理多项式的根，不是实数（在实轴上）就是共轭复数（对称于实轴），所以系统的根轨迹对称于 s 平面的实轴。

四、实轴上根轨迹的确定

规则 4　在 s 平面上，如果某一段实轴右方的实数开环零点、开环极点个数之和为奇数，则这段实轴是根轨迹的一部分。

先用此规则来确定［例 8-3A］在实轴上的根轨迹，再证明规则的正确性。在图 8-3（b）中，判断实轴上 p_1 和 z_1 之间的线段。因它的右方只有一个极点 p_1，按规则 4 此线段是根轨迹的一部分。再考虑实轴上的极点 p_2 左方的半开线段。它的右方（位于实轴上）的零点、极点个数之和为 3，故知该半开线段也是根轨迹的一部分。

应用试探法幅角条件可以很容易证明这一规则。设在 s 平面实轴上 p_1 和 z_1 之间的线段上取一试验点 s，检验它是否满足幅角条件式（8-13a）。在图 8-4 中已把试验点 s 和各有限开环零点、极点之间的幅角表示出来。由该图可以看出：①试验点 s 与每一对共轭极点（或零点）所构成的幅角之和等于 $2k\pi$，$(k=0, \pm1, \cdots)$；②试验点 s 与所有位于其左的实数零点、极点所构成的幅角均分别等于 0；③试验点 s 与所有位于其右的实数零点、极点所构成的幅角均分别等于 $(2k+1)\pi$，$(k=0, \pm1, \cdots)$。根据对这三种情况中幅角的分析，可以看

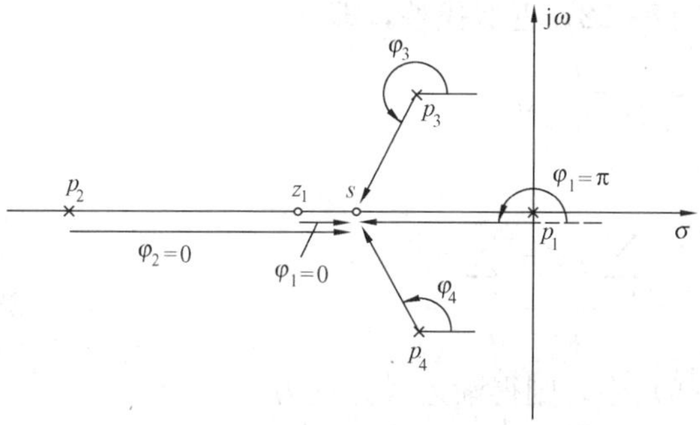

图 8-4　由试验点幅角条件检验［例 8-3A］在实轴上的根轨迹

出规则 4 的正确性。

五、根轨迹渐近线的确定

规则 5 当控制系统的开环零点数 m 小于开环极点数 n，有 $n-m$ 条根轨迹趋向于无限远处。根轨迹的渐近线就是指在 s 平面上具有无限远终点的那些分支在无限远处各自趋向的渐近直线。因此，渐近线即指 $K'\to\infty$，$s\to\infty$时的根轨迹。这些渐近线的倾角为

$$\varphi_a = \frac{(2k+1)\pi}{n-m}, k = 0, \pm 1, \pm 2, \cdots \tag{8-19a}$$

这些渐近线在实轴上均交于一点，称为渐近线的形心。形心在实轴上的坐标为

$$\sigma_a = \frac{\sum_{j=1}^{n} p_j - \sum_{i=1}^{m} z_i}{n-m} \tag{8-19b}$$

如前所述，对于 $n>m$ 的系统，$K'\to\infty$时必有（$n-m$）条根轨迹分支终止于无限远处。因此考察这些分支渐近线在 s 平面上沿着何种走向趋于无限远是关键问题。规则所给出的就是每个轨迹分支的渐近直线的倾角 φ_a 和在实轴上的交点（σ_a，0）（即形心）。

为证明式（8-19a）和式（8-19b），由式（8-5）所表示的开环传递函数

$$G_o(s) = \frac{K'(s-z_1)\cdots(s-z_m)}{(s-p_1)\cdots(s-p_n)} = K'\frac{s^m + b_1 s^{m-1} + \cdots + b_m}{s^n + a_1 s^{n-1} + \cdots + a_n} \tag{8-20}$$

式中

$$b_1 = -\sum_{i=1}^{m} z_i \tag{8-20a}$$

$$a_1 = -\sum_{j=1}^{n} p_j \tag{8-20b}$$

在式（8-20）中用分子去除分母，可得

$$G_o(s) = \frac{K'}{s^{n-m} + (a_1 - b_1)s^{n-m-1} + \cdots} \tag{8-21}$$

此外，根据牛顿二项式定理，有

$$(s-\sigma_a)^{n-m} = s^{n-m} - \sigma_a(n-m)s^{n-m-1} + \cdots \tag{8-22}$$

为考察 $s\to\infty$时根轨迹的渐近特征，对式（8-21）中的分母，可以忽略掉 s 的所有低于$(n-m-1)$次的项，而只考虑其前二项❶。另外，令式（8-22）前二项与式（8-21）分母中的前二项相等，于是式（8-21）分母可用式（8-22）近似代替，即

$$G_o(s)\Big|_{s\to\infty} \approx \frac{K'}{(s-\sigma_a)^{n-m}} \tag{8-23}$$

式中

$$\sigma_a = -\frac{a_1 - b_1}{n-m} = \frac{\sum_{j=1}^{n} p_j - \sum_{i=1}^{m} z_i}{n-m} \tag{8-23a}$$

将式（8-23）右端代入特征方程式（8-9）中，则得渐近线方程为

---

❶ 根据所考虑问题的不同，对式（8-20）中的分母，当 $s\to\infty$时，也可以忽略掉除首项 s^{n-m}而外的其他各项。但这后一种近似处理，将得不到根轨迹的渐近线，为了得到渐近线，需要保留前二项。

$$\frac{K'}{(s-\sigma_a)^{n-m}}=-1, s\rightarrow\infty$$

亦即

$$(s-\sigma_a)^{n-m}=-K' \tag{8-24}$$

这里的常数$-K'$，可以改写为指数形式：

$$-K'=K'e^{j(2k+1)\pi}, k=0, \pm 1, \pm 2, \cdots$$

因此式（8-24）又可改写为

$$(s-\sigma_a)^{n-m}=K'e^{j(2k+1)\pi}$$

或者

$$(s-\sigma_a)=(K')^{1/(n-m)}e^{j(2k+1)\pi/(n-m)}$$

由此得到

$$s=\sigma_a+\gamma e^{j\varphi_a} \tag{8-25}$$

其中

$$\gamma \triangleq (K')^{1/(n-m)} \tag{8-25a}$$

$$\varphi_a \triangleq \frac{(2k+1)\pi}{n-m}, k=0,1,2,\cdots \tag{8-25b}$$

式中 σ_a——由式（8-23a）确定。

这个方程代表一些直线，称为根轨迹的渐近线。当$K'\rightarrow\infty$时，根轨迹的有关分支将无限趋近于这些直线。直线的起点（对应于$K'\rightarrow 0$，即$\gamma=0$时），位于σ_a，它的倾角等于φ_a。而σ_a和φ_a，又分别由式（8-23a）和式（8-25b）确定，从而证明了规则5。

【例 8-3B】 仍然以［例8-3A］所给的系统［式(8-17)］，用规则5求它的根轨迹渐近线。

解 对此系统，$n-m=4-1=3$，即应有三条根轨迹渐近线。它们的倾角

$$\varphi_a=\frac{(2k+1)n}{n-m}=\pm\frac{1}{3}\pi, \pi \tag{8-26a}$$

渐近线的形心

$$\sigma_a=\frac{\sum_{j=1}^{n}p_j-\sum_{i=1}^{m}z_i}{n-m}=\frac{(0-1\times 2-4)+2}{3}=-\frac{4}{3} \tag{8-26b}$$

对应的图形示于图8-5中。

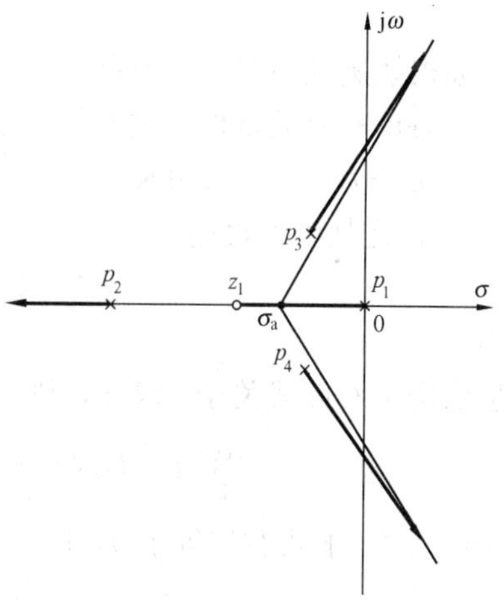

图8-5 ［例8-3B］中的渐近线

六、根轨迹射角的确定

规则6 当$G_o(s)$中的极点或零点为复数时，根轨迹将以一定角度从复数极点出发，从该极点出发的角度称为出射角；根轨迹以一定角度到达复数零点的角度称为入射角。出射角和入射角统称为根轨迹的射角。

根轨迹的射角可以用幅角条件式（8-13a）求得。仍以［例8-3A］的系统，为求出从极点$p_3=-1+j$出发的出射角，先设在离开开环极点p_3的根轨迹上取一试验点s_3，它离p_3点极微小的距离，如图8-6所示。它可看成是根轨迹在p_3点的近似切线。显然，除了p_3点以外的所有零点、极点到s_3点的向量都可以用这些零点、极点到p_3点的向量来近似，而

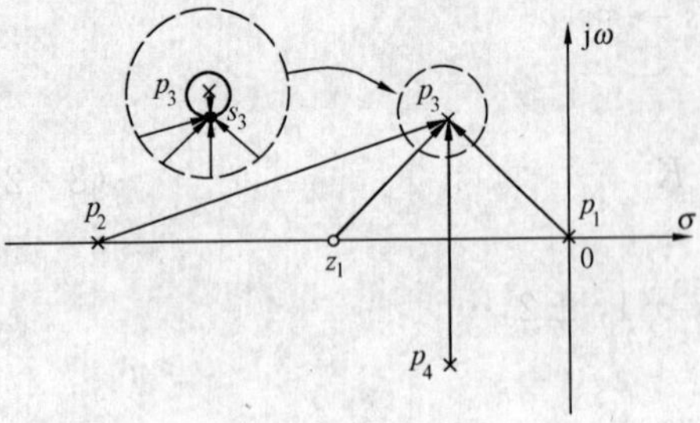

图 8-6 根轨迹射角的确定

$p_3 \to s_3$ 向量的幅角就是所要求的出射角 φ_{33}。根据幅角条件式（8-13a)，有

$$\angle(s_3 - z_1) - [\angle(s_3 - p_1) + \angle(s_3 - p_2) + \angle(s_3 - p_3) + \angle(s_3 - p_4)] = (2k+1)$$

当试验点 $s_3 \to p_3$ 时，可求得出射角为

$$\begin{aligned}\varphi_{33} &= \lim_{s_3 \to p_3} \angle(s_3 - p_3) \\ &= \pi + \angle(p_3 - z_1) - [\angle(p_3 - p_1) + \angle(p_3 - p_2) + \angle(p_3 - p_4)]\end{aligned}$$

以上出射角的求取，可用于一般情况。设 p_k 为复数极点，φ_{kk} 代表出射角，则为

$$\varphi_{kk} = -(2k+1)\pi + \sum_{i=1}^{m} \angle(p_k - z_i) - \sum_{j=1, j \neq k}^{n} \angle(p_k - p_j) \qquad (8-27a)$$

同理，根轨迹趋于开环零点 z_k 的入射角 φ_{kk} 为

$$\varphi_{kk} = (2k+1)\pi - \sum_{i=1, i \neq k}^{m} \angle(z_k - z_i) + \sum_{j=1}^{n} (z_k - p_j) \qquad (8-27b)$$

七、多条根轨迹在 s 平面上交点的确定

规则 7 在 s 平面上，同属于两个或两个以上根轨迹分支的点称为交点，是下列方程的根

$$\frac{d}{ds}[G_o(s)] = 0 \qquad (8-28)$$

如根轨迹之间在实轴上存在交点，表示特征方程式有实数重根；如在 s 平面中存在复数交点，表示有复数重根。重根的重数则由该交点同属于几条分支所确定。根据根轨迹在交点的走向又分为会合点或分离点。

设 s_1 是某些根轨迹交点，则在 $s=s_1$ 上特征方程可以表示为因子形式

$$1 + G_o(s) = (s - s_1)^k F(s) = 0$$

式中

$$k \geqslant 2$$

根据命题可对此式关于 s 求导，则

$$\frac{d}{ds}[1 + G_o(s)] = (s - s_1)^k \dot{F}(s) + k(s - s_1)^{k-1} F(s)$$

当 $s=s_1$ 时，上式右端等于 0，所以

$$\frac{d}{ds}[1 + G_o(s)] \big|_{s=s_1} = 0$$

即

$$\frac{d}{ds} G_o(s) \big|_{s=s_1} = 0$$

这样就证明了式（8-28）的正确性。

必须指出，式（8-28）是根轨迹交点的必要条件，但不是充分条件。也就是说，交点 $s=s_1$ 一定满足式（8-28)，但满足式（8-28）的根并不一定都是交点。

【例 8-4】 考虑一个反馈控制系统，其开环传递函数为

$$G_o(s) = \frac{K'}{s(s+1)(s+2)}$$

试确定根轨迹的交点，并绘出根轨迹的大致走向。

解 按照已介绍的规则顺序进行。

规则 1 根轨迹始于开环极点

$$p_1 = 0, p_2 = -1, p_3 = -2$$

由于不存在有限零点，全部根轨迹都将终止于无限远点。

规则 2 本例特征方程的阶数等于 3，所以根轨迹有三个分支。每个分支分别始于 0，−1，−2 点；而止于无限远点。

规则 3 根轨迹对称于实轴。

规则 4 在实轴上 0～−1 和 −∞～−2 之间是根轨迹上的线段。

规则 5 三条渐近线的倾角为

$$\varphi_a = \frac{(2k+1)\pi}{n-m} = \pm\frac{\pi}{3}, \pi$$

渐近线的形心为

$$\sigma_a = \frac{\sum_{j=1}^{n} p_j - \sum_{i=1}^{m} z_i}{n-m} = \frac{(0-1-2)}{3} = -1$$

规则 6 因为 $G_o(s)$ 中不存在共轭复数零点或极点，所以谈不上射角的确定。

规则 7 为了求得根轨迹的交点，计算下列导数

$$\frac{d}{ds}[G_o(s)] = \frac{d}{ds}\left[\frac{K'}{s(s+1)(s+2)}\right] = 0$$

得 $$3s^2 + 6s + 2 = 0$$

解之得 $s_1 = -0.423, s_2 = -1.577$

在这两个根 s_1、s_2 中，s_1 位于根轨迹的实轴线段 0～−1 之上，而 s_2 则不在根轨迹的线段上，因此仅 s_1 是根轨迹的交点。

根据上述各规则所确定的根轨迹的大致形状如图 8-7 所示。

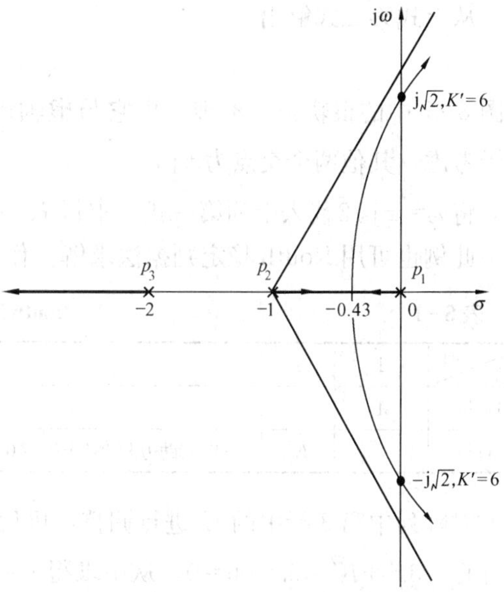

图 8-7 ［例 8-4］的根轨迹

八、根轨迹与虚轴交点的确定

规则 8 根轨迹与虚轴相交是表示控制系统闭环特征方程的开环增益 K' 等于某值时，闭环极点在 s 平面的虚轴上，即有共轭纯虚根。可对系统特征方程运用 Routh 稳定判据或直接求解确定根轨迹与虚轴的交点。

1. 用特征方程直接求解法

如果根轨迹与虚轴相交，则指在某增益 K' 时，存在一对共轭纯虚根 $s=\pm j\omega$，即

$$1 + G_o(j\omega) = 0$$

此式是复数方程，可分解成实部与虚部两个方程求解

$$\mathrm{Re}[1 + G_o(j\omega)] = 0 \quad (8-29a)$$

$$\mathrm{Im}[1 + G_o(j\omega)] = 0 \quad (8-29b)$$

从上式中可以直接解出 ω 和与 ω 相对应的 K'。

2. 利用 Routh 稳定判据的求解法

在用此法时，先应把特征方程表示为 s 的多项式，然后作 Routh 阵列。该特征方程存在零实部根的必要条件是：阵列中某一行（表示为第 k 行）元素全为零。据此，可通过调整 K' 使第 k 行的元素全为零，此时求得 K'。再解第 $k-1$ 行的辅助方程，就可求出根轨迹与虚轴相交的角频率 ω 值。

对［例 8-4］用上述第一种方法求与虚轴交点。系统的特征方程为

$$1+\frac{K'}{s(s+1)(s+2)}=\frac{s(s+1)(s+2)+K'}{s(s+1)(s+2)}=0$$

亦即

$$s^3+3s^2+2s+K'=0$$

令 $s=j\omega$ 代入，得方程组如下

$$\mathrm{Re}[(j\omega)^3+3(j\omega)^2+2(j\omega)+K']=-3\omega^2+K'=0$$

$$\mathrm{Im}[(j\omega)^3+3(j\omega)^2+2(j\omega)+K']=-\omega^2+2\omega=0$$

从上式第二式解出

$$\omega=0,\pm\sqrt{2}$$

从图 8-7 中的根轨迹，不难看出它与虚轴确实有三个交点。其中原点是根轨迹的起始点，不予考虑，其他两个交点为 $\pm j\sqrt{2}$。

将 $\omega=\pm j\sqrt{2}$ 代入上列第一式，求得 $K'=6$。

此例也可用 Routh 稳定判据法求解。作 Routh 阵列如表 8-1 所示。

表 8-1　　Routh 阵　列　表

行＼列	1	2		行＼列	1	2	
1(s^3)	1	2		3(s^1)	$2-K'/3$	0	←调整 K' 可使此行全为 0
2(s^2)	3	K'	→作辅助方程 $3s^2+K'=0$	4(s^0)	K'	0	

对阵列中第 3 行中的 K' 进行调整，可使该行全为 0。由此得 $K'=6$。然后对第 2 行作辅助方程：$3s^2+K'=3s^2+6=0$，从中求得 $s=\pm j\sqrt{2}$，即为根轨迹与虚轴的交点。

显然，两种方法所得结果是一致的。从比两种方法可以看出，对于高阶系统采用 Routh 阵列法比直接法要简便些。

上面介绍了八条绘制根轨迹的一般规则。除此而外，还可以总结出一些其他规则。但上述八条规则对于绘出根轨迹的大致形状来说，已经够用了。在绘制出根轨迹的大致形状的基础上，当需要比较准确地确定某些局部图形时，再根据幅角条件（配合以幅值条件）逐点绘出。

为了熟练运用上述八个规则，这里再举一例。

【例 8-5】 已知反馈控制系统的开环传递函数为

$$G_o(s)=\frac{K'}{s(s+4)(s^2+4s+20)}$$

试绘制其根轨迹图形。

解 按介绍的规则逐条讨论如下：

规则 1 本例中开环极点如下

$$p_1=0,p_2=-4,p_{3,4}=-2\pm j4$$

这四个开环极点即为根轨迹的起点。由于不存在有限开环零点，所以全部根轨迹均终止于无限远处。

规则 2 本例中根轨迹共有四个分支。

规则 3 根轨迹对称于实轴。

规则 4 在实轴上的线段［−4，0］是根轨迹。

规则 5 有四条根轨迹渐近线。它们的倾角为

$$\varphi_a = \pm 45°, \pm 225°$$

渐近线的形心在实轴上的坐标为

$$\sigma_a = \frac{0-4-2\times 2}{4} = -2$$

规则 6 共轭开环极点 p_3、p_4 具有出射角如下

$$\varphi_{33} = \pi - \angle(P_3-P_1) - \angle(P_3-P_2) - \angle(P_3-P_4)$$
$$= 180° - 116° - 64° - 90° = -90°$$

$$\varphi_{44} = \pi - \angle(P_4-P_1) - \angle(P_4-P_2) - \angle(P_4-P_3)$$
$$= 180° + 116° + 64° + 90° = 90°$$

规则 7 利用式（8-27）

$$\frac{\mathrm{d}}{\mathrm{d}s}\left[\frac{K'}{s(s+4)(s^2+4s+20)}\right] = 0$$

得
$$4s^3 + 24s^2 + 72s + 80 = 0$$

解得
$$s_1 = -2; s_{2,3} = -2 \pm \mathrm{j}\sqrt{6}$$

规则 8 采用 Routh 稳定判据法求根轨迹与虚轴的交点。为此列出特征方程如下

$$\Delta(s) = s^4 + 8s^3 + 36s^2 + 80s + K' = 0$$

对应的 Routh 阵列如表 8-2 所示。

表 8-2 **Routh 阵 列 表**

行 \ 列	1	2	3
1(s^4)	1	36	K'
2(s^3)	(8) 1	(80) 10	(各列除以 8 后为分母值)
3(s^2)	26	K'	→作辅助方程 $3s^2+K'=0$
4(s^1)	$(260-K')/26$	0	←调整 K' 可使此行全为 0
5(s^0)	K'		

对阵列第 4 行中的 K' 进行调整，可使该行全为 0，由此得 $K'=260$。然后对第 3 行作辅助方程：$26s^2+K'=26s^2+260=0$，从中求得 $s_{4,5}=\pm\mathrm{j}\sqrt{10}$，即为与虚轴的交点。

对应的根轨迹示于图 8-8 中。

有时，对于根轨迹图形上的某个指定点希望计算出与该点相对应的增益 K' 的值。在这种情况下，利用幅值条件式（8-12b）即可求出

$$K' = \frac{\prod_{i=1}^{n}|s-p_i|}{\prod_{j=1}^{m}|s-z_j|} \tag{8-29}$$

就［例 8-5］，可有

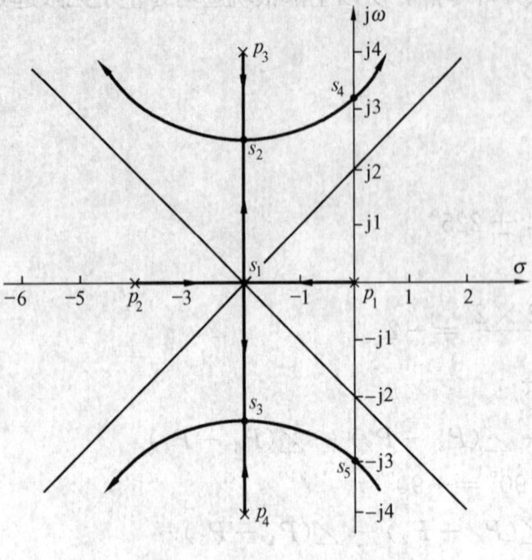

图 8-8 [例 8-5] 的根轨迹

$$K' = |s-p_1| \times |s-p_2| \times |s-p_3| \times |s-p_4|$$

作为例子，在图 8-8 中求出与如下几个特殊点 $s_1 \sim s_4$ 相对应的 K'。

s_1 点：$K'=2\times2\times4\times4=64$；

s_2、s_3 点：$K'=3.165\times3.165\times1.55\times6.45=100$；

s_4、s_5 点：$K'=260$（由 Routh 阵列表得出）。

九、参数根轨迹图的绘制

在前述中，推导根轨迹图的幅角条件、幅值条件和引出绘图的基本规则，都是以式（8-8）或式（8-8a）所描述的系统特征方程作为依据，并且给定开环零点、极点和将开环增益 K' 作为可调参数的情况下来完成的。不过在第一节讲述根轨迹的基本概念时，已指出在实际控制系统工程中为了达到所期望的系统性能指标，往往要涉及多个参数的相互匹配和协调，前已指出，这属于参数根轨迹图的问题。所以下面再举例说明一下参数根轨迹图的绘制。如果选择系统的其他参数作为可调参数时，可以引入等效传递函数的概念，把系统的特征方程转为另一种形式，如将式（8-8）

$$1+\frac{K'(s-z_1)\cdots(s-z_m)}{(s-p_1)\cdots(s-p_n)}=0$$

改写为

$$1+\frac{K'p(s)}{q(s)}=0 \tag{8-30}$$

选可调参数 a 代替 K' 的位置，则有

$$1+\frac{ap(s)}{q(s)}=0 \tag{8-31}$$

这样，对前面所讲述的幅角条件、幅值条件和绘制根轨迹的基本规则依然有效。下面举例来说明。

【例 8-6】 已知反馈控制系统的开环传递函数为

$$G_o(s)=\frac{K_a}{s(s+2)+aK_as}$$

试绘制以 a 为可调变量的闭环系统参数根轨迹图。

解 给出闭环系统的特征方程为

$$1+\frac{K_a}{s(s+2)+aK_as}=0$$

或

$$s(s+2)aK_as+K_a=0$$

将上式转为式（8-31）的形式

$$1+\frac{aK_as}{s(s+2)+K_a}=0$$

如给定不同 $K_a=1$，2，4 值，可以绘制不同 K_a 值下可调变量 a 的参数根轨迹如图 8-9 所示。

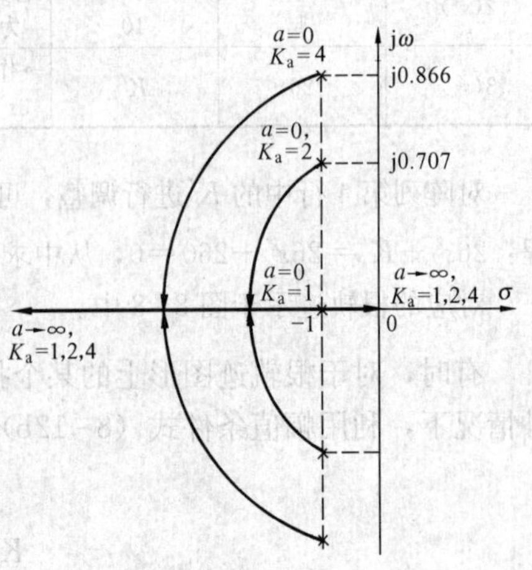

图 8-9 [例 8-6] 的参数根轨迹图

$K_a=1$ 时，开环极点 $s_{1,2}=-1$，-1，开环零点 $z_1=0$（原点），一个无限远零点，等效开环增益 a。

$K_a=2$ 时，开环极点 $s_{1,2}=-1\pm j0.707$，开环零点 $z_1=0$（原点），一个无限远零点，等效开环增益 $2a$。

$K_a=4$ 时，开环极点 $s_{1,2}=-1\pm j0.866$，开环零点 $z_1=0$（原点），一个无限远零点，等效开环增益 $4a$。

第四节　控制系统根轨迹的性能分析

绘制根轨迹的目的是很清晰的，就是要获得满意的系统性能。由前面绘制根轨迹图时所了解到的开环增益变化能改变控制系统的性能。这样的效果也只限于简单系统可从图直观获得。而实际控制系统并非如此，因为控制系统一般是高阶系统。当然，在设计任何控制系统的结构时，最初都是以尽可能简单的结构来进行试探，以达到所期望的目标。根据实际物理系统，先按基本要求来构造一个数学模型，如经性能分析后不能达到预期的目标时，则按具体不足性能的方向来校正。从根轨迹图形来讲是设法改变根轨迹的运动路线。为此，必须能对一些基本校正环节的根轨迹图的性能有所了解，才能掌握如何去影响现有的根轨迹图，从而改正其不足。

一、高阶系统性能分析的工程近似法

前面几章已讨论过，一个高阶系统的性能（含暂态性能和稳态性能）要由闭环零点、极点共同确定。如果考虑反馈控制系统的闭环传递函数

$$G_c(s)\triangleq\frac{Y(s)}{R(s)}=\frac{b_0(s-z_1)\cdots(s-z_m)}{(s-p_1)\cdots(s-p_n)},n>m \qquad (8-32)$$

式中　$Y(s)$，$R(s)$ ——分别为系统的输出及输入的拉氏变换；

z_1，…，z_m——系统的闭环零点；

p_1，…，p_n——系统的闭环极点，即系统的特征根（假定系统是完全表征的）；

b_0——实常数。

一般高阶系统当全部闭环零点、极点和实常数 b_0 都给定时，系统的暂态、稳态性能就可被唯一地确定了；并且系统特征根（闭环极点）在 s 平面上的位置，确定了系统的稳定性和稳定裕量。

但是，如果按第四章曾分析过的在具有一对主导极点的高阶系统，也能得出工程上有用的近似结论。对于这种系统的情况必须是：假设参数变化范围内是全部稳定的；全部闭环极点都位于不含虚轴的左半开 s 平面上；其中除了有一对主导极点离虚轴最近外，并且在其附近又不存在零点；其他极点要么都是远离虚轴的，要么虽然个别极点离虚轴较近，但在其附近必存在零点。唯有这样的高阶系统的暂态响应，才可用上述闭环主导极点的位置来近似地加以确定。所以，只要实际工程中的控制系统能逼近此类情况，就为高阶控制系统的性能分析给予简化处理带来有利条件，即可用闭环主导极点的位置，再借助分析典型二阶系统时的若干结论，来大致确定出系统特征根的期望区域，如图 8-1 所示性能那样，根轨迹法在描述系统性能上更具有直观性。

二、超前环节对根轨迹的影响

根据频率响应法进行超前校正时，主要利用超前环节所具有的超前相位，以增加剪切频率上的相位裕量。当根据根轨迹法进行超前校正时，将主要利用超前环节的零点，把根轨迹向虚轴的更左方推移，以改善暂态性能中的某些时域指标（如 M_p，t_s 和 t_r 等)。

在反馈控制系统的前馈通路中串入一个超前环节

$$G_s(s)=\frac{s+\alpha}{s+\beta},\beta>\alpha>0 \tag{8-33}$$

相当于在开环传递函数 $G_o(s)$ 中增加了一对开环零点、极点，设表示为

$$z_o=-\alpha,p_o=-\beta \tag{8-33a}$$

它们在 s 平面上的位置如图 8-10 所示。注意，如式（8-33）所示，超前环节的特征是：分母中的常数项 β 要大于分子中的常数项 α，且 $\beta>\alpha>0$。以后我们还会看到，如果将式（8-33）中的分母分子相互调换位置，则将构造一个滞后环节。

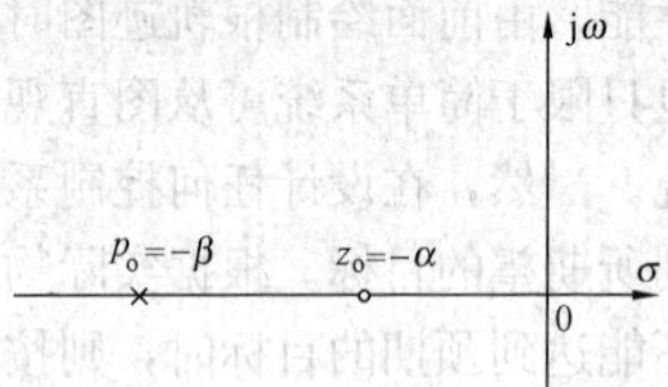

图 8-10 超前环节的零点、极点在 s 平面上的位置

为了说明超前环节的零点、极点对根轨迹图形的影响，首先考虑渐近线形心在校正前后的变化。对于未进行校正的反馈控制系统，其开环极点数 n 一般都大于开环零点数 m。因此，在这种系统的根轨迹中存在着渐近线和渐近线的形心。根据式（8-18b），系统校正前的形心为

$$\sigma_a=\frac{\sum_{j=1}^{n}p_j-\sum_{i=1}^{m}z_i}{n-m}$$

校正后形心变为

$$\sigma_a'=\frac{\sum_{j=1}^{n}p_j-\sum_{i=1}^{m}z_i+p_0-z_0}{n-m}=\sigma_a-\frac{\beta-\alpha}{n-m} \tag{8-34}$$

此时表明，采用超前校正后，根轨迹渐近线的形心将沿实轴向左移动一个距离$(\beta-\alpha)/(n-m)$。

为进一步了解根轨迹向左推动后的效果，我们考虑［例 8-4］中的系统（图 8-7)。该系统校正前的开环传递函数为

$$G_o(s)=\frac{K'}{s(s+1)(s+2)}$$

增加超前环节式（8-33）后的开环传递函数变为

$$G_o'(s)=\frac{K'(s+\alpha)}{s(s+1)(s+2)(s+\beta)}$$

为了分析的方便，设将超前环节极点固定，取为 $p_o=-\beta=-4$；只改变超前环节的零点$z_o=-\alpha_o$。

在图 8-11 中画出了该系统在进行超前校正前后根轨迹图的变化情况。图（b）中的零点 z_o 配置在开环极点 p_1 与 p_2 之间；图（c）中的零点 z_o 配置在 p_3 附近；图（d）中的零点 z_o 配置在 p_o 附近。在（b）～（d）三种情况下，渐近线形心都程度不等地向左偏移了。对

于本例，在极点 p_o 固定的前提下，图（b）中的形心偏移最大，而图（d）中的形心，则几乎不产生明显的变化。

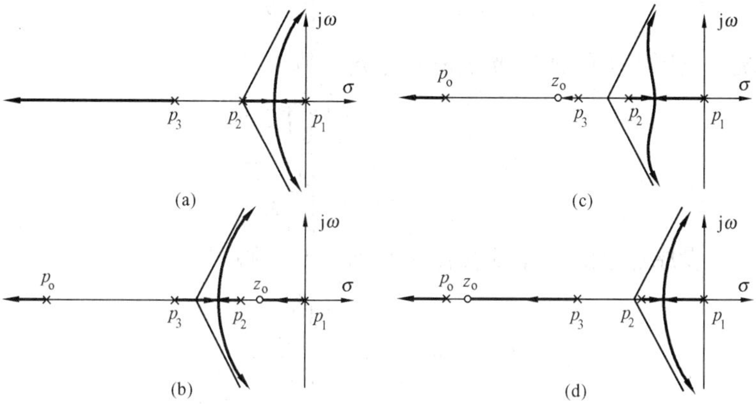

图 8-11 超前校正前后根轨迹图变化示例

（a）未校正；（b）～（d）各种不同的校正

其次，考虑闭环主导极点的变化。对于图（b），在最靠近虚轴的负实轴上，由于增加了零点 z_o，将形成根轨迹的一个独立分支。系统的暂态响应将受其中一个根的支配。由于这个根离虚轴很近（比原系统未校正前的共轭复数离虚轴还要近），所以这样校正后系统的暂态响应速度变慢了。

对于图（c），由于增加的零点 z_o 叠加在极点 p_3 之上，或者位于其左右靠得很近之处，从而使 z_o 与 p_3 构成偶极子。而偶极子中的零点、极点对根轨迹的影响，是互相抵消的。在这种情况下，形心的向左偏移引起了离虚轴最近的两个根轨迹分支（离开实轴以后的部分）的向左偏移。此外，由于离上述分支较近的极点 p_3 被抵消掉，结果使上述分支上的一对共轭复数极点，被看成为高阶系统的主导极点。与图（a）对照，这对主导极点也向左偏移了，从而使系统的暂态性能也有了改善。

至于图（d），由于校正环节的两个零点、极点 z_o，p_o，自行构成一对偶极子，所以这种校正等于虚设，没有什么实际意义。

综上所述，对于与本例相类似的反馈控制系统，采用将超前环节的零点和根轨迹图上的某一个开环极点相对消或构成偶极子的方法，可以得到较满意的效果，并且也使基于根轨迹法的校正计算过程大为简化。这种分析，虽然是针对一个特例进行的，但是许多实际控制系统，具有与本例相类似的开环零点、极点配置，例如前几章介绍过的励磁控制系统，就具有类似的开环零点、极点配置。所以，这里对超前校正所进行的分析，具有一定的普遍性。

三、滞后环节对根轨迹的影响

滞后环节主要用来改善稳态性能。利用根轨迹图也可以分析滞后环节的作用。

为了评价系统的稳态误差，我们考虑以前定义过的三个稳态误差系数：K_p、K_v 和 K_a。

此外，系统按稳态误差划分的型 N，可以在 s 平面上根据坐标原点上是否存在开环极点以及极点数 n 来确定。上列三个系数 K_p，K_v 或 K_a，也可以根据 s 平面上的开环零点、极点的坐标确定。具体地说，对于最小相位系统有［参见式（8-6b）］：

对 0 型系统

$$K_{\mathrm{p}} = K = K' \frac{\left|\prod_{i=1}^{m} z_i\right|}{\left|\prod_{j=1}^{n} p_j\right|} \tag{8-35a}$$

对 1 型系统，设原点上的开环极点表示为 p_1，则

$$K_{\mathrm{v}} = K = K' \frac{\left|\prod_{i=1}^{m} z_i\right|}{\left|\prod_{j=2}^{n} p_j\right|} \tag{8-35b}$$

对 2 型系统，设原点上的开环极点表示为 p_1，p_2，则

$$K_{\mathrm{a}} = K = K' \frac{\left|\prod_{i=1}^{m} z_i\right|}{\left|\prod_{j=3}^{n} p_j\right|} \tag{8-35c}$$

对于单位反馈控制系统，在前馈通路中串入积分环节、PI 控制器或滞后环节，可以改善稳态性能。从根轨迹图上看，串入积分环节 $1/s$，相当于在 s 平面坐标原点上增加了一个极点。串入 PI 控制器

$$G_{\mathrm{PI}}(s) = \frac{1+Ts}{Ts} = \frac{s+1/T}{s} \tag{8-36}$$

相当于在原点及负实轴的 $-1/T$ 处增加一个极点和一个零点。串入滞后环节

$$G_{\mathrm{s}}(s) = \frac{s+\beta}{s+\alpha}, \beta > \alpha > 0 \tag{8-37}$$

相当于在负实轴上增加一个零点（靠左）和一个极点（靠右）。相对应的图形示于图 8-12 中。

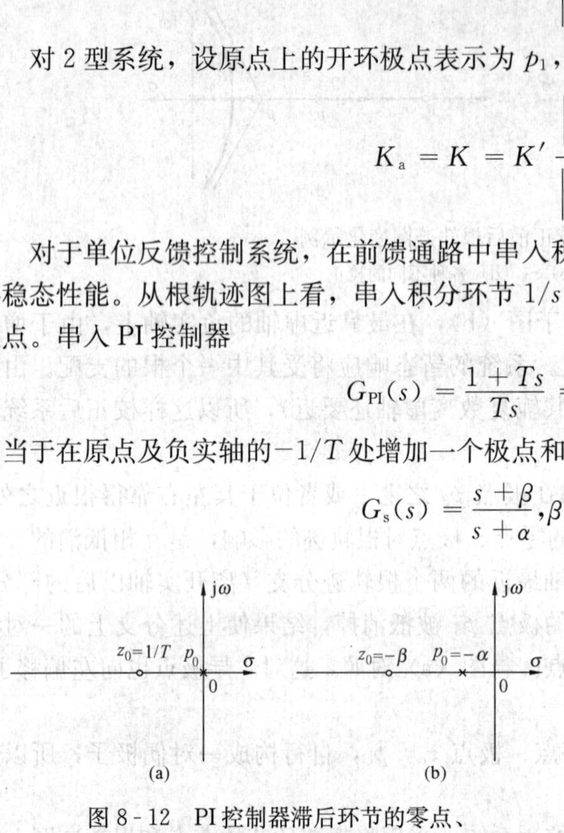

图 8-12 PI 控制器滞后环节的零点、极点在 s 平面上的位置

(a) PI 控制器；(b) 滞后环节

在 s 平面坐标原点上增加开环极点，就增加了系统按稳态误差划分的型 N。当系统中加进滞后环节 $G_{\mathrm{s}}(s)$ 后，也使系统的位置误差系数 K_{p}、速度误差系数 K_{v} 及加速度误差系数 K_{a} 都增大到

$$G_{\mathrm{s}}(0) = \left.\frac{s+\beta}{s+\alpha}\right|_{s=0} = \frac{\beta}{\alpha} > 1 \tag{8-38}$$

倍。显然，这些措施减少了稳态误差，改善了稳态性能。

一般地说，滞后校正在改善稳态性能的同时，或多或少也会降低暂态性能。因为在图 8-12所示的零点、极点配置之下，根轨迹渐近线的形心将变成

$$\sigma_{\mathrm{a}}' = \sigma_{\mathrm{a}} + \frac{\beta-\alpha}{n-m} \tag{8-39}$$

式中 σ_{a}——未校正时的形心。

亦即校正后的 σ_{a} 将沿实轴向右移动一个距离 $(\beta-\alpha)/(n-m)$，结果使根轨迹向右偏移，从

而可能引起暂态性能恶化。

但是，通过适当地选取参数 β、α，使两者的差 $\beta-\alpha$ 很小，但比值 β/α 却很大，则可以作到发扬滞后环节的有利因素而抑制其不利影响。把 $G_s(s)$ 的极点 p_o 和零点 z_o 都配置在靠近原点的地方，就能达到这个目的。例如，对于［例 8 - 4］中的系统，如果令 $\beta=0.1$，$\alpha=0.01$，则形心向右偏移的距离：$(\beta-\alpha)/(n-m)=0.03$，仅为原系统形心 $\sigma_a=-1$ 的 3%，因而影响是很小的。但同时比值 $\beta/\alpha=10$，可使系统的速度误差系数 K_v（原系统是 1 型的）提高到 10 倍。

［例 8 - 4］中的系统，采用上述滞后校正前后的根轨迹示于图 8 - 13 中。

对于有差系统，采用 PI 控制器后对根轨迹的影响也可以进行类似的分析，不再重述。

无论是采用滞后环节，还是 PI 控制器，都要在 s 平面的原点附近增加一对偶极子。这对偶极子对原系统根轨迹中如下部分的影响不大：这个部分离偶极子较远，且闭环主导极点位于其中，因此系统的暂态性能基本不变。但是由于这种偶极子的存在，系统的稳态性能却得到较明显的改善。

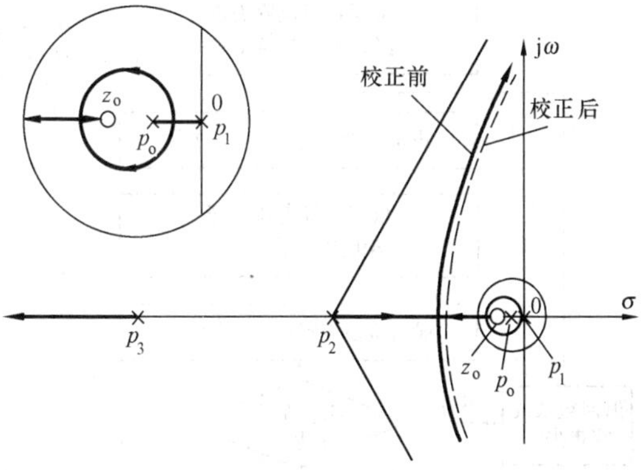

图 8 - 13　［例 8 - 4］中的系统采用滞后校正前后的根轨迹图

如果把超前环节与滞后环节结合起来使用，那么还可以同时改善暂态和稳态性能。

最后还应指出，上面基于根轨迹法的分析和以前基于频率响应法的分析，是从不同角度进行的同一目的的工作。两者相辅相成，互为补充。有兴趣的读者不妨对两种方法进行一下对比，并找出它们之间的内在联系。

第五节　基于根轨迹法的校正

基于根轨迹法的校正，与频率响应法一样都属于试探法。当性能指标以时域量值 M_p、t_s 和 t_r 给出时，采用根轨迹法进行校正工作是有成效的。

作为校正工作的第一步，都应该检查：是否可以在不增加任何校正环节的情况下，通过调整开环增益 K'，使系统的闭环主导极点置于根轨迹图的希望位置上，同时又能使稳态性能符合要求。只有当进行了上述检查，并证明调整 K' 无法同时满足暂态和稳态性能时，才考虑采用校正环节。

一、超前校正

基于根轨迹法的超前校正，可按图 8 - 14 所示超前校正的大致流程进行。现对其中部分步骤作一简要说明。

1. 根据希望位置确定必须添加的角度 φ

如图 8 - 15 所示，当希望的主导根（设表示为 s_1、s_2）设置在原系统根轨迹之外时，幅角条件（8 - 13a）将不能满足。在这种情况下，式（8 - 13a）的左边的角度之和将不等于右边的角度 $(2k+1)\pi$，它们的差值即为必须由校正环节添加的角度 φ，即

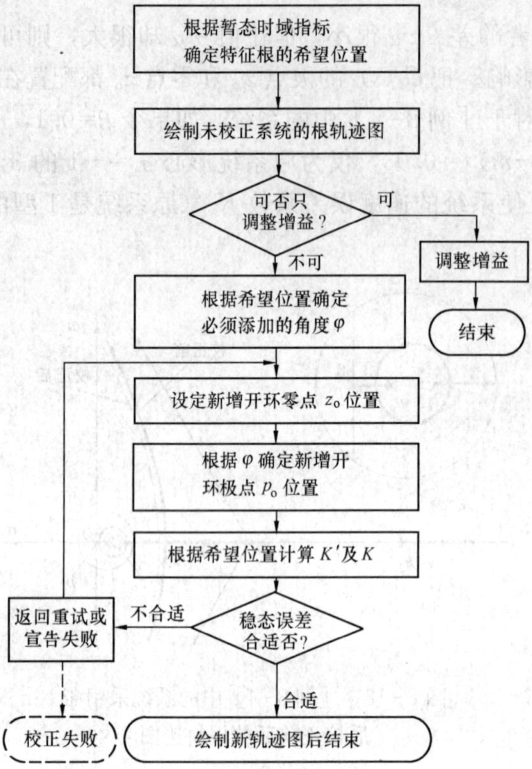

图 8-14　超前校正的大致流程

$$\varphi \triangleq \angle(s_0 - z_o) - \angle(s_1 - p_o)$$

$$= (2k+1)\pi - \sum_{i=1}^{m} \angle(s_1 - z_i) + \sum_{j=1}^{n} \angle(s_1 - p_j) \qquad (8-40)$$

2. 设定新增开环零点 z_o 的位置

作为第一次试探，可以设定 z_o 与原系统中某一个开环极点（例如图 8-15 中的 p_2）相重合，以构成零点、极点相互抵消的偶极子。

如果后来的稳态误差检验表明第一次试探不合适时，作为第二次试探，可在原设定点附近再设定新的 z_o。以后的各次试探（如果需要的话），也仿此进行。

在一般情况下，这种试探很快便可得到满意结果，否则可能证明只增加超前校正环节，无法同时满足暂态和稳态性能指标所定的要求。

3. 根据已得 φ，确定新增开环极点 p_o 的位置

在 s 平面上，根据已给定的 φ、s_1 和 z_o，很易确定 p_o 的位置（图 8-15）。

4. 根据希望位置，计算 K' 和 K

增加 z_o、p_o 之后，期望根 s_1（s_2）应位于校正后根轨迹之上。因此，利用幅值条件式 (8-13b)，可以计算新的开环增益（考虑新增的 z_o，p_o）

$$K' = \frac{\prod_{j=0}^{n} |s_1 - p_j|}{\prod_{i=0}^{m} |s_1 - z_i|} \qquad (8-41)$$

由此根据式（8-7b），又可计算出以时间常数因子形式表现的开环传递函数式（8-7a）中的增益 K

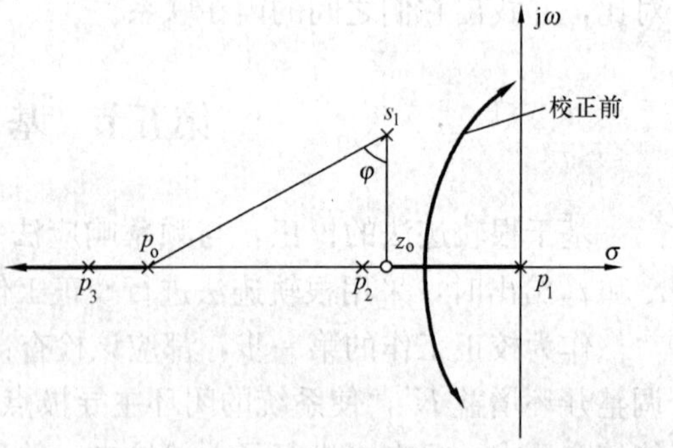

图 8-15　希望根 s_1 位置及应添加的角度 φ

$$K = K' \frac{\left|\prod_{i=0}^{m} z_i\right|}{\left|p_o \prod_{j=N+1}^{n} p_j\right|} \qquad (8-42)$$

式中　N——系统按稳态误差划分的型，假定 p_1，…，$p_N = 0$。

根据式（8-35a，b，c），对 0 型系统，$K = K_p$；对 1 型系统，$K = K_v$；对 2 型系统，

$K=K_a$。

求得稳态误差系数之后，就可以按给定的允许误差系数 $\overline{K}_p$，$\overline{K}_v$ 或 $\overline{K}_a$ 进行稳态性能的检验。

【例 8-7】　考虑如图 8-16 所示的自动励磁控制系统。其中有关参数如下：$T'_d=5s$；$T_f=0.5s$；$T_1=0.1s$。给定暂态指标为 $M_p\leqslant 26\%$，$t_s\leqslant 4s$，$t_r\leqslant 0.5s$；稳态指标为 $K_v\geqslant 2s$。试对此系统进行校正，以满足上述要求。

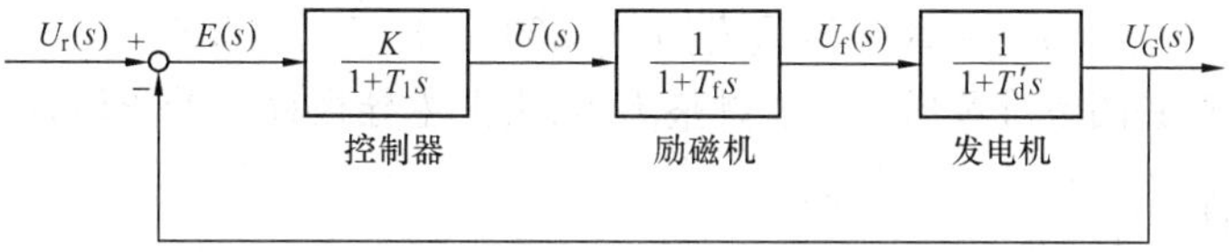

图 8-16　自动励磁控制系统

解　由于给定了时域指标，我们采用根轨迹法进行校正。为了满足暂态指标，设取希望根的位置如图 8-17（a）中 $s_1(s_2)$ 所示。其中 s_1、$s_2=1.5\pm j3$。

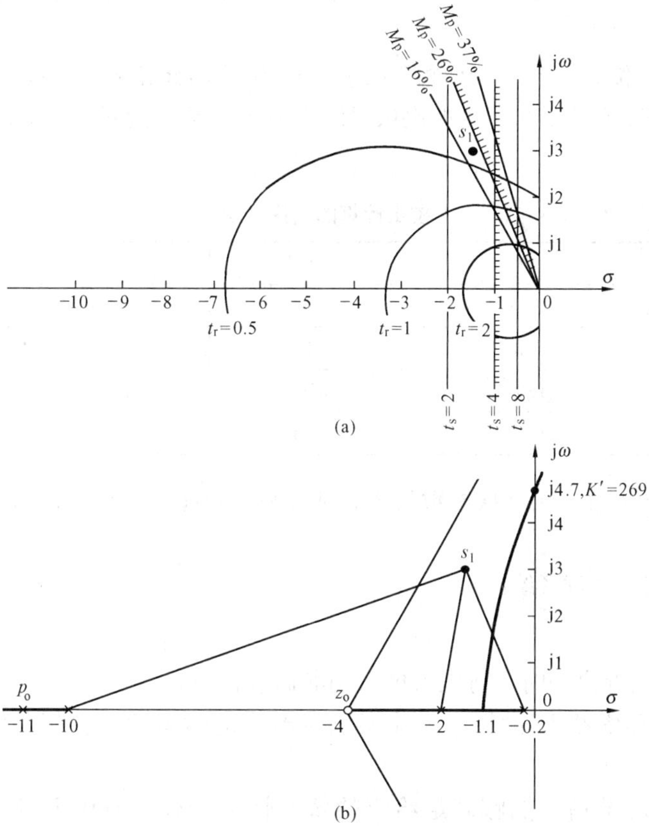

图 8-17　［例 8-7］的根轨迹图及希望根位置

（a）根据暂态指标设定希望根位置；（b）根轨迹图

该系统的开环传递函数为

$$G_o(s)=\frac{K}{(1+T_1 s)(1+T_f s)(1+T'_d s)}=\frac{K'}{(s+\omega_1)(s+\omega_f)(s+\omega'_d)}$$

式中 $K' = K/(T_1 T_f T_d')$

$\omega_1 = 1/T_1 = 10\text{rad/s}$

$\omega_f = 1/T_f = 2\text{rad/s}$

$\omega_d' = 1/T_d' = 0.2\text{rad/s}$

利用规则 1～规则 5、规则 7、规则 8，绘制该系统的根轨迹，如图 8-17（b）所示。其中，根轨迹交点（实轴上的分离点）为－1.065；根轨迹与虚轴的交点为 j4.7，对应的增益 $K'=269$，亦即

$$K = K'(T_1 T_f T_d') = 269 \times 0.25 = 67.3$$

根据绘制的根轨迹图不难看出：通过调整 K' 无法把主导根移至希望位置 s_1 上去。因此决定加入超前环节 $G_s(s) = \frac{s-z_o}{s-p_o}$，进行试探。

根据图 8-17（b），测量得到必须添加的角度［式（8-40）］为 7 亦即

$$\varphi = 33°$$

作为第一次试探，设取新增开环零点 $z_o=-2$。为使 $\varphi=33°$，新增开环极点应为 $p_o=-4.3$，按式（8-41）计算 $K'=130.3$，按式（8-42）计算 $K=15.15$。此值不满足 $K_p \geqslant 25$ 的要求，故应进行第二次试探。

第二次试探时，取 $z_o=-4$。与此相应的 p_o、K' 及 K 的计算结果，如表 8-3 所示。表中还列出了第一次和第三、四次结果。第四次试探结果表明，当 z_o 超过－6.3 时，超前环节无法提供所需角度。

表 8-3 校正计算的试探过程

试探次数	1	2	3	4
设定的新增开环零点 z_o	−2	−4	−5	−6.3
求得的 p_o	−4.3	−11	−24	−∞
K'	130.3	254	510.7	
K	15.15	25.4	26.1	

根据表 8-3，认为第二次试探参数较为合适，故可取定：$z_o=-4$，$p_o=-11$，$K'=254$，$K=K_p=25.4$。

校正后的根轨迹，请读者绘出。

二、滞后校正

出现下述两种情况之一时，可以考虑采用滞后校正：

（1）通过对开环增益 K' 的调整，能够满足给定的暂态性能指标，但不满足稳态性能指标；

（2）加入超前环节后，能够满足给定的暂态性能指标，但仍不能同时满足稳态性能指标。

根据稳态性能指标的要求和系统的具体情况进行滞后校正时，可以采用 PI 控制器或滞后环节。

采用滞后校正时所依据的总的原则是：新增的极点 p_o 与零点 z_o，既能满足稳态性能指标的要求，又不会引起根轨迹中主导根所在部分的过大变形。

现举一例说明滞后校正过程。

【例 8-1】 考虑图 8-16 所示的自动励磁控制系统。系统参数与［例 8-7］相同，重新给定如下一组指标：$M_p \leqslant 26\%$（不变），$t_s \leqslant 5s$；$t_r \leqslant 2s$，$K_p \geqslant 100$。试对此系统进行适当的校正。

解 根据给定的 M_p、t_s 和 t_r，绘出对应的禁区边界，如图 8-18 所示。

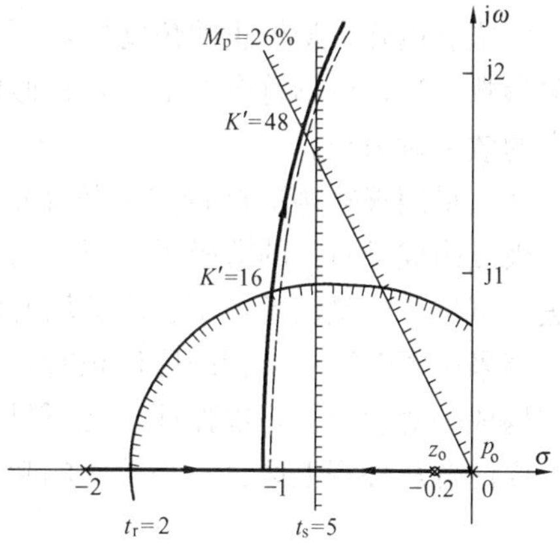

图 8-18 ［例 8-8］的滞后校正计算

图中的粗体线是原系统的根轨迹图。由图可以看出，在根轨迹上，当 K' 处于 $16 \leqslant K' \leqslant 48$ 的范围内时，系统的暂态性能符合指标要求。

在这种情况下，如不加任何校正环节，则系统的位置误差系数 $K_p = K$ 将处于 $4 \leqslant K_p \leqslant 12$ 的范围内，显然不满足要求。因此，决定采用滞后校正。根据指标要求，结合原系统的具体条件，初选 PI 控制器 $G_{PI}(s) = \frac{s - z_o}{s}$ 以进行试探。

设取 PI 控制器的零点 $-z_o = 0.2$ 与 $\omega'_d = 0.2$ 重合。这样，z_o 与 ω'_d 形成互相对消的偶极子。校正后开环传递函数变为

$$G'_o(s) = \frac{K'}{s(s+\omega_1)(s+\omega_f)} = \frac{K'}{s(s+10)(s+2)}$$

校正后根轨迹渐近线形心基本不变。校正后的根轨迹如图中虚线所示，也基本未变。

由于采用了 PI 控制器，系统由 0 型变为 1 型，稳态性能指标肯定符合要求。因而校正计算完成。

本 章 小 结

（1）根轨迹法是根据反馈控制系统的开环零点、极点和开环增益，确定闭环极点的图示方法。根轨迹法的基本思路是，满足开环传递函数 $G_o(s)$ 等于 -1 的所有 s 值，都是根轨迹上的点。由此引出了根轨迹图的幅角条件和幅值条件。其中幅角条件是根轨迹的充分条件，而幅值条件则用以确定根轨迹上的给定点与开环增益 K' 之间的对应关系。

（2）参数根轨迹是指可以根据系统中任一可调实参数的变化，来确定相应的根轨迹图，只要系统特征方程和可调参数 c 的关系能够表示成：$\Delta(s) = q(s) + cp(s) = 0$ 的形式即可。

（3）利用 Evans 归纳出来的一套作图规则，可以方便而迅速地绘制出根轨迹的大致形状。这对控制系统性能的初探是极其重要的，它能提供如何改进所需性能的有用信息。同样，也可借助计算机软件（例如 MATLAB）来绘制准确的根轨迹图。

（4）当根据根轨迹图对反馈控制系统性能进行分析时，需要建立性能指标与特征根位置之间的对应关系。对于一般的高阶系统，这是很困难的，但对实际工程中广泛应用的某些特殊类型的系统，却是可以办到的。特别是，对于能够分出闭环主导极点的高阶系统，已经建立了暂态时域指标 M_p，t_s，t_r 和闭环主导极点位置之间的对应关系。这个关系是利用根轨迹法对系统进行分析与综合的主要依据。

(5) 根轨迹法在时域中分析与综合反馈控制系统，是频率响应法的重要补充。当给定时域指标时，根轨迹法比频率响应法更有效；当给定开环或闭环频域指标时，则频率响应法要比根轨迹法更好。从校正的角度看，两种方法都属于试探法：假定一种校正环节，然后确定有关参数；当特性不符合要求时，再假定另一种校正环节；如此反复进行试探，直到取得较满意的效果时为止。

(6) 采用根轨迹法进行超前校正时，使新增开环零点与原系统中不希望的开环（稳定的）极点构成可对消的偶极子，以作为试探法的第一步是有效的；然后再根据性能的变化趋势进行试探。但是注意，不能用新增开环零点去对消不稳定的开环极点。

当采用根轨迹法进行滞后校正时，应将新增开环零点、极点配置在坐标原点附近，并使它们构成一对偶极子，以保证既能不显著影响系统的暂态性能，又能改善稳态性能。

要注意从外观上区分串联接入的超前环节和滞后环节的分子分母项的不同。

习 题

T8-1 给定单位负反馈控制系统的开环传递函数如下，试绘制它们的根轨迹图：

(1) $G_o(s)=\dfrac{K'(s+5)}{s(s+3)}$；

(2) $G_o(s)=\dfrac{K'(s+5)}{s^2+4s+20}$；

(3) $G_o(s)=\dfrac{K'}{(s+1)(s+2+\mathrm{j})(s+2-\mathrm{j})}$；

(4) $G_o(s)=\dfrac{K'}{s(s+1)(s+2)(s+5)}$；

(5) $G_o(s)=\dfrac{K'(s+1)}{s(s-1)(s^2+4s+16)}$。

T8-2 已知系统的开环传递函数

$$G_o(s)=\frac{2.6}{s(1+0.1s)(1+Ts)}$$

求当时间常数 T 从 0 变化到 $+\infty$ 时的根轨迹。

T8-3 系统开环零点、极点的分布如图 T8-3 (a) ～ (l) 所示，试绘制出它们的根轨迹的大致走向。

T8-4 某单位负反馈控制系统的开环传递函数为

$$G_o(s)=\frac{K'}{s(s+10)}$$

问它是否满足下列暂态指标要求：$M_p\leqslant16\%$，$t_r\leqslant0.2\text{s}$，$t_s\leqslant0.5\text{s}$；如不满足上述指标，则拟采用串联校正环节

$$G_s(s)=\frac{s+10}{s+20}$$

进行校正。为满足上述指标，求 K' 的范围。

T8-5 已知系统的开环传递函数的零点、极点：z_1-6，$p_1=-12$，$p_{2,3}=-3\pm\mathrm{j}5$。若在开环传递函数前向通路中加入两个重零点：$z_{2,3}=-2$，试画出校正前、后的根轨迹图，并比较它们的稳定性和稳态位置误差系数 K_p。

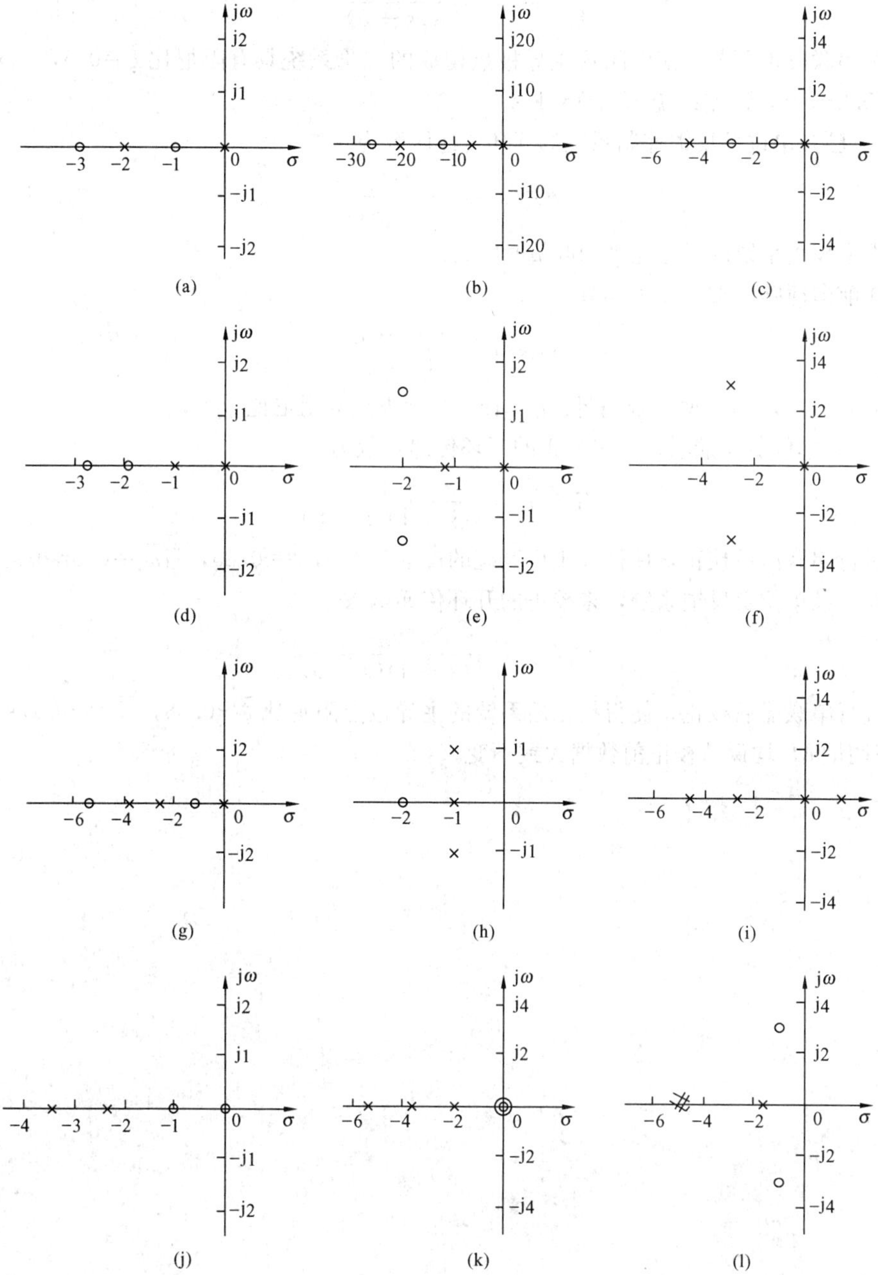

图 T8-3 系统开环零点、极点的分布

T8-6 一单位负反馈系统，开环传递函数为

$$G_o(s)=\frac{1}{s(s+1)(s+4)}$$

试确定校正环节传递函数 $G_s(s)$，使校正后响应的过调量 $M_p \leqslant 20\%$，从其稳态值的 10%上升到 90%所需的上升时间 $t_r \leqslant 1s$。

T8-7 设有一单位负反馈控制系统的前向传递函数为

$$G_1(s) = \frac{110}{s(s+5)}$$

试设计一个串联校正环节，使由闭环主导极点构成的二阶系统具有阻尼比 $\bar{\zeta}=0.5$，无阻尼振荡频率$\overline{\omega_n}=10.2\text{rad/s}$，误差系统 $K_v \geqslant 18.1/\text{s}$。

T8-8 已知单位负反馈控制系统的开环传递函数为

$$G_o(s) = \frac{25}{s(s+4)}$$

(1) 求未校正系统的阻尼比 ζ 和调整时间 t_s；

(2) 在前向通路中加入校正环节

$$G_s(s) = \frac{K(s+\alpha)}{(s+\beta)}$$

确定适当的 α、β、K 值，使系统满足：$t_s \leqslant 1\text{s}$，主导极点的阻尼比 $\xi \geqslant 0.5$。

T8-9 某单位负反馈系统，未校正的开环传递函数为

$$G_o(s) = \frac{4.17}{s(s+1)(s+5)}$$

要求对其进行串联滞后校正，使得校正后系统的$\overline{K_v} \geqslant 7.1/\text{s}$，$\bar{\xi}=0.45$，且$\overline{\omega_n}=0.8\text{rad/s}$。

T8-10 某单位负反馈系统，未校正的开环传递函数

$$G_o(s) = \frac{23}{s(s+4)(s+5)}$$

要求对其进行串联滞后校正，使得校正后系统的主导极点阻尼比 $\bar{\xi} \approx 0.68$，$\overline{K_v}=30.1/\text{s}$，调整时间 T_s 与超调量 M_p 均保持校正前数据大致不变。

第九章　离散控制系统

关键词：连续系统，离散系统，模拟信号，离散信号，数字信号，采样，采样信号，采样器，采样控制系统，采样周期，采样定理，量化，保持，保持器，零阶保持器，高阶保持器，冲激序列，数字控制系统，富氏变换对，频谱，复频谱，幅值频谱，差分方程，状态转移矩阵，Z 变换，Z 反变换，平移定理，一步超前定理，多步超前定理，延迟定理，复平移定理，初值定理，终值定理，卷积定理，脉冲传递函数，Z 传递函数，s 平面，z 平面，稳态误差，位置误差系数，速度误差系数，加速度误差系数。

内容提要：离散控制系统理论，大多可以从连续控制系统的有关理论移植和引伸出来。本章首先介绍如何对连续系统进行采样，以得到离散信号和数字信号；接着介绍作为时域法的差分方程和离散的状态空间方程。在介绍了对分析线性离散系统十分有效的 Z 变换法之后，给出了用 Z 变换求解离散控制系统的方法。最后介绍离散控制系统的稳定性分析、稳态误差分析和动态响应分析。

第一节　离散控制系统的基本概念

前述各章所讨论的控制系统，都属于连续时间的动态系统（简称连续系统），本章将讨论离散时间的动态系统（简称离散系统）。从工程角度，它又称为采样数据系统。这种系统的信号仅在离散时刻 0，T，$2T$，$3T$，…（T 称为采样周期）上定义。如果连续系统中的信号表示为 $f(t)$，$g(t)$，…，那么离散系统中的信号则可表示为 $f(kT)$，$g(kT)$，…（$k=0,1,2,\cdots$）。从整个时间轴上看，信号 $f(kT)$ 将以一串离散数列的形式出现，即 $f(0)$，$f(T)$，$f(2T)$，…，$f(kT)$，…，称为离散信号，如图 9-1 所示。

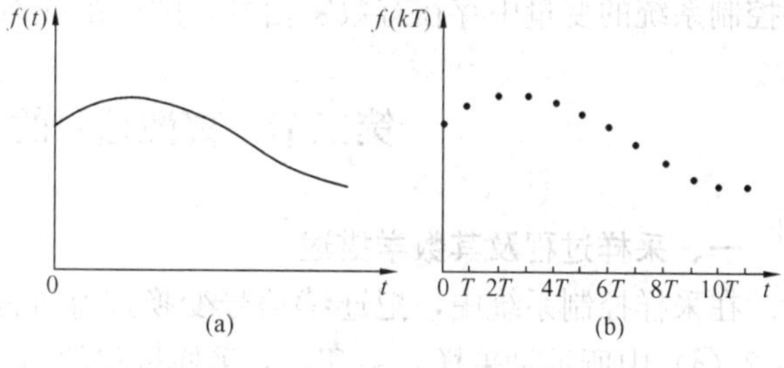

图 9-1　连续信号及离散信号
（a）连续信号；（b）离散信号

实际工程中存在的绝大多数物理过程或物理量，都是在时间上和在幅值上连续的量。对这些连续量的数学描述，称为模拟信号。将模拟信号按一定时间间隔循环进行取值，从而得到按时间顺序排列的一串离散信号的过程称为采样。经过采样而得到的离散信号，虽然在时间上是离散的，但在幅值上仍然是连续的（即它可以取数轴上含无理数在内的任何数）。如果进一步通过模－数（A/D）转换器，把幅值上连续的离散信号变换成二进制数码的形式，这个过程就称为整量化（简称量化）。时间上离散化、幅值上整量化的信号，称为数字信号。关于数字信号的形成，在下一节还将深入叙述。显然，数字信号是离散信号的一种特殊形式，它能由数字计算机直接接收和进行运算处理。可见，对采用数字计算机作为控制器的系统，用离散系统的理论来研究是合适的，因为数字计算机只能处理离散时间的数码形式的信息。从下节开始进行的关于离散信号的讨论，几乎都适用于数字信号，故不再特别指出。

随着计算机技术的广泛应用，基于计算机的控制系统能实现复杂的控制规律，在控制性能上得到很大的提高。离散控制系统从其组成结构又可分为：采样控制系统［见图 9-2(a)］和数字控制系统［见图 9-2(b)］两类。

图 9-2(a) 是一个典型的采样控制系统。其中被控对象属于连续子系统，控制信号 $u(t)$ 与输出 $y(t)$ 都是模拟信号。测量元件与一般连续系统中所用相同。控制器是脉冲形式的，其输入量 $e^*(t)$ 与输出量 $u^*(t)$ 均为脉冲信号。采样开关 T 对误差信号 $e(t)$ 进行采样；保持器则把控制脉冲信号 $u^*(t)$ 转换成相应的模拟控制信号 $u(t)$。在图 9-2(b) 中，原图 9-2(a) 中采样开关T用 A/D（模/数）转换器进行整量化，使其变为数字信号，且把脉冲控制器替换成数字计算机，就构成了一个数字控制系统。图中 A/D、D/A 转换器作为计算机的输入输出接口设备。计算机用作数字控制器。因此，该系统具有运算能力强、控制规律的可塑性高等特点，所以具有很大的应用潜力。

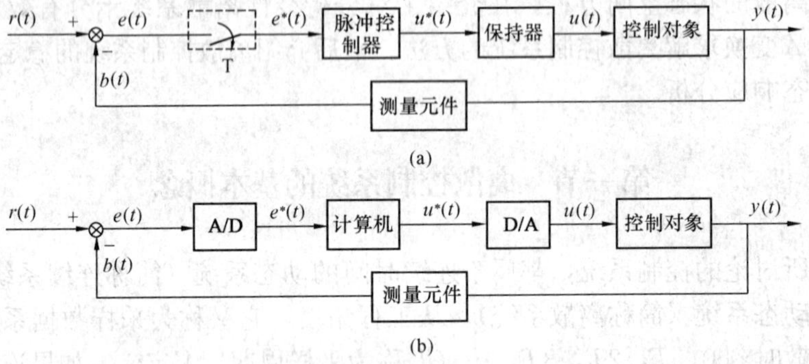

图 9-2　离散控制系统

(a) 采样控制系统；(b) 数字控制系统

如果在一个控制系统的变量中存在有离散时间信号，则该系统就称为离散控制系统；如果控制系统的变量中存在有数字信号，则该系统称为数字控制系统。

第二节　离散信号的形成及其复现

一、采样过程及其数学描述

在采样控制系统中，把连续信号变换成脉冲序列或离散信号的器件称为采样器，如图 9-2(a) 中所示是采样开关 T，对采样过程的描述，如图 9-3 所示。采样器可以比作为一个受外力作用、以一定周期[❶]重复开闭动作的采样开关。采样开关的输出，称为采样信号。

在实际工程中，为保证不损失信息，采样周期 T 不能选择得过大；但也不能过小，以免增加实现上的困难。后面将提到的采样定理，会给出确定 T 的原则。在每一个采样周期 T 中，实际采样开关触点闭合的持续时间应尽量地短，以测取每周期开始瞬间的量值。

如图 9-3(a) 所示，从输入模拟信号 $f(t)$，经过采样，获得采样信号 $f^*(t)$（此后将

❶ 为了简便，将只考虑等周期的情况。

一律采用上角符号 * 代表采样信号）。为便于数学上的描述和处理，这一采样过程可以用图 9-3（b）的示意图代表。

在图 9-3（b）中，采样开关的周期性动作相当于产生一串等强度（图中以线段高度代表强度）的单位冲激信号序列

$$\delta_T(t) \triangleq \sum_{k=0}^{\infty} \delta(t-kT) \tag{9-1}$$

而输入模拟信号 $f(t)$ 则相当于对 $\delta_T(t)$ 的强度进行幅值调制。幅值调制过程在数学上表现为两者相乘。因此，调制后所得的采样信号可表示为

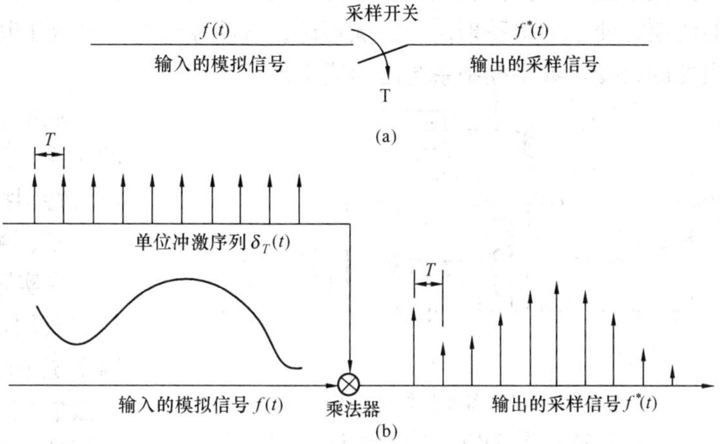

图 9-3 采样开关与采样过程

（a）采样开关示意图；（b）采样过程

$$f^*(t) = f(t)\delta_T(t) = \sum_{k=0}^{\infty} f(t)\delta(t-kT) \tag{9-2}$$

与式（9-2）对应的波形如图 9-3（b）所示。这里 $f^*(t)$ 中每一采样时刻的冲激函数 $f(t)\delta(t-kT)$ 的强度 $f(t)$，即为该时刻（$t=kT$）的函数离散值 $f(kT)$。于是式（9-2）又可表示为

$$f^*(t) = f(kT)\delta_T(t) = \sum_{k=0}^{\infty} f(kT)\delta(t-kT) \tag{9-3}$$

此式把采样信号 $f^*(t)$ 和离散信号 $f(kT)$ 联系了起来。显然，采样信号 $f^*(t)$ 并不完全等同于离散信号 $f(kT)$。以后我们会看到，它们具有相同的 Z 变换，此外，$f^*(t)$ 还可以有拉氏变换，但对 $f(kT)$ 却不能定义拉氏变换。尽管如此，为简便起见，有时在称呼上并不完全严格区分它们。

式（9-2）及式（9-3）代表的是理想采样情况，即在每一采样周期 T 中，采样开关触点闭合的持续时间 τ 相对于 T 小到可以忽略不计 $\tau \to 0$。理想采样是实际采样的极限情况，严格的理想采样是不存的。但是由于式（9-2）、式（9-3）在数学上处理的方便，以后如无特殊说明，在提到采样或采样开关时，均指理想采样或理想采样开关。

二、数字信号的形成

在图 9-2（b）所示数字控制系统的变量中具有数字信号，前已指出，它也是离散信号的一种特殊形式。经采样开关所得到的离散信号在时间上是离散的，但在幅值上仍然是连续的，即幅值可取数轴上含无理数在内的任何数；但经过模/数（A/D）转换器后的信号，则再把幅值上连续的离散信号变换成二进制数码的形式，由数码实现的数值是整量化单位的整数倍，即整量化。因此，模/数（A/D）转换器是这样一种器件：它兼有采样、量化、编码的功能；它输入的是模拟信号，输出的是数字信号。A/D 转换器的位数越多，整量化误差越小，分辨率就越高。此外，A/D 转换器转换的速度越快，采样周期越短，逼近模拟信号

的真实程度就越高。

由于数字信号能被数字计算机直接接收和进行运算处理，便于构成数字式的控制器实现数字控制系统。该类控制系统鉴于计算机的高可塑性的性能，使控制系统摆脱完全受硬件限制的约束，便于将多种理论（最优理论、智能原理等）融合于其中，使控制系统的性能得到实质性的改变，数字控制系统已形成主流。

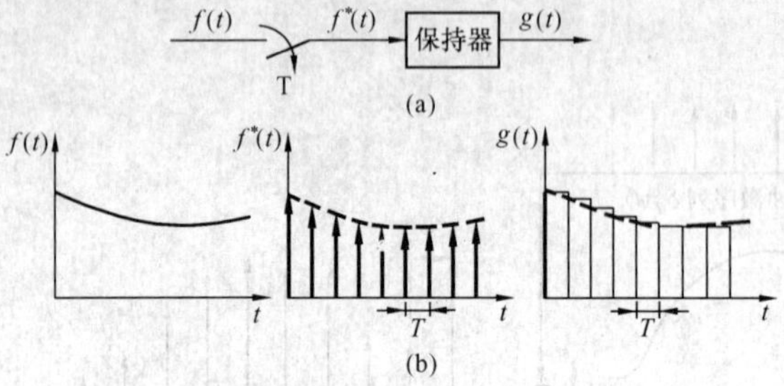

图 9-4 采样器及保持器前后的波形

(a) 保持器与采样开关串联；(b) 各点信号波形

从本节开始进行的关于离散信号的讨论，几乎都适用于数字信号，故不再特别指出。

三、离散信号的复现

在实际工程中的离散控制系统由于涉及国民经济的各个工业领域，控制系统中的控制对象也是包罗万象的，一般它们所接受的控制变量都是连续模拟信号的形式，为此不可避免地要将离散信号再变换为连续性的模拟信号，把这个变换称为离散信号的复现。根据离散信号的形式，复现可用不同原理的器件完成。

1. 保持器

保持器是将采样信号 $f^*(t)$ 变换为模拟信号 $f(t)$ 的器件。从数学上说，它的任务是解决在各采样点之间的插值问题。

考察图 9-4 (a) 示例的连接方式。其中保持器直接与采样开关串联。模拟信号 $f(t)$、采样信号 $f^*(t)$ 及保持器输出信号 $g(t)$，这三者的波形示于图 9-4 (b) 中。波形 $g(t)$ 代表着一种最简单的保持器的性质，即从前一个脉冲输入起到下一个脉冲输入止一直保持为恒定输出值，且输出幅值与前输入的脉冲强度相等（或成某一固定比例）。这种保持器称为零阶保持器。

对比模拟输入信号 $f(t)$ 与保持器输出信号 $g(t)$，可看到 $g(t)$ 并没有准确地复现 $f(t)$。随着采样周期 T 的缩短，可以得到任意的准确度。从理论上讲，对于给定的输入 $f(t)$，只存在唯一的一个冲激序列 $f^*(t)$；而对于给定的 $f^*(t)$，却存在无限多个 $g(t)$。这取决于采用何种保持器。除了上述零阶保持器外，还有高阶保持器或其他保持器，有兴趣的读者可参阅有关书籍。本章只重点介绍零阶保持器，因为这种保持器应用最广。

为了推导保持器的特征，可以把它设想成一个波形形成器。对零阶保持器，其特征可用幅值为 1，宽度为 T 的方波脉冲加以描述，如图 9-5 (a) 所示。在时域中，将环节的这个特征称为冲激响应函数（见第二章第六节之二），设表为 $g_h(t)$，则

$$g_h(t)=\begin{cases}1, 0<t\leqslant T\\0, t=\text{其他}\end{cases} \tag{9-4}$$

根据冲激响应函数的定义，当一个单位冲激信号 $\delta(t-kT)$ 作用于环节时，环节的时域响应即为 $g_h(t-kT)$。同样，当一个强度为 $f(kT)$ 的冲激信号作用于环节时，环节的时域响应为 $f(kT)g_h(t-kT)$。由此可以理解，为什么以前要把采样信号化成一串冲激信号。

对式 (9-4) 进行拉氏变换，即得保持器的传递函数。为了变换方便，不妨将式(9-4)分解成两个单位阶跃函数之差

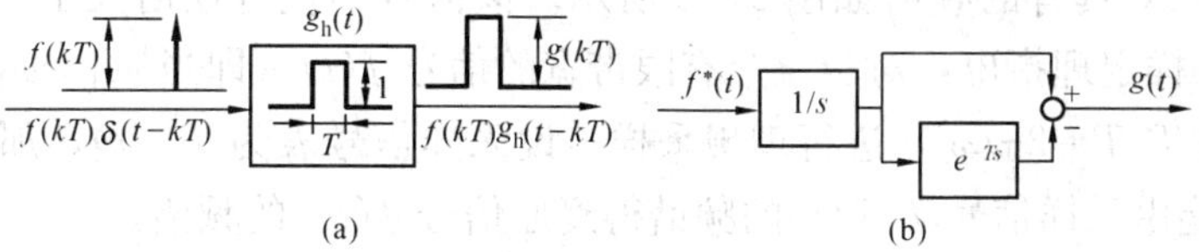

图 9-5 零阶保持器

(a) 示意图；(b) 传递函数方框图

$$g_h(t) = 1(t) - 1(t - T) \tag{9-5}$$

经拉氏变换后，得

$$G_h(s) \triangleq [g_h(t)] = \frac{1}{s}(1 - e^{-Ts}) \tag{9-6}$$

与此式对应的传递函数方框图示于图 9-5（b）中。

2. 数/模（D/A）转换器

数/模（D/A）转换器的作用，是将数字信号转换成模拟信号。它的转换过程可看作是解码和保持过程的结合。解码是根据 D/A 转换器所采用的编码规则，将数字信号离散点上的码值折算成对应变量的数值，使形成幅值上连续的离散时间序列信号，也就相当于采样信号。解码后，再以保持器的复现就形成模拟信号。在数字控制系统中寄存器、D/A 转换器都属于零阶保持器。

四、采样定理

对连续信号 $f(t)$ 的性质往往是用富氏变换（Fourier 变换），将信号看成是由一些正弦信号叠加而成，这些正弦信号的幅值和频率的关系就是信号 $f(t)$ 的频谱。现在要讨论的问题就是在经过采样过程，再通过保持器的复现后输出的模拟信号的失真程度，即再现原连续信号的能力。这也是采样定理的关键所在，在采样过程中应如何确定采样周期 T 是个十分重要的问题。Shannon 采样定理给出了采样信号复现原模拟信号所必需的最低采样频率。

下面先讨论某个非周期函数 $f(t)$ 的富氏变换

$$f(t) = \int_{-\infty}^{\infty} F(j\omega) e^{j\omega t} d\omega \tag{9-7a}$$

$$F(j\omega) = \frac{1}{2\pi}\int_{-\infty}^{\infty} f(t) e^{-j\omega t} dt \tag{9-7b}$$

式中 ω——角频率，rad/s；

$F(j\omega)$——与角频率 ω 相对应的幅值，在一般情况下它是复数值。

式（9-7a）和式（9-7b）称为富氏变换对，通常表示为

$$f(t) \leftrightarrow F(j\omega) \tag{9-8a}$$

这个关系表明：当给定 $f(t)$ 时，可以确定 $F(j\omega)$。反之，对应于所有的 ω，当 $F(j\omega)$ 给定时，$f(t)$ 也可以被确定。这样，就有两种描述函数的方法：一种是时域描述，即把它表示成某种时间的函数 $f(t)$；一种是频域描述，即通过 $F(j\omega)$ 对 ω 的分布来表示。$F(j\omega)$ 对 ω 的分布称为 $f(t)$ 的复频谱。令 $F(\omega)$ 代表 $F(j\omega)$ 的模，即 $F(\omega) \triangleq |F(j\omega)|$。$F(\omega)$ 对 ω 的分布称为幅值频谱。工程中在大多数情况下，允许只考虑幅值频谱 $F(\omega)$，并且简称其为频谱。

假设信号 $f(t)$ 具有的频谱如图 9-6 所示。该信号不包含任何大于 $-\omega_1$ 的频率成分。这时 Shannon 采样定理指出：对于一个有限带宽的信号 $f(t)$（即当$|\omega|>\omega_1$ 时，$F(\omega)=0$），如果以均匀周期 $T(T=2\pi/\omega_s)$ 进行理想采样，设采样信号表为 $f^*(t)$，那么只要采样频率 $\omega_s \geqslant 2\omega_1$，就可能由采样信号 $f^*(t)$ 的频谱得到原信号 $f(t)$ 的频谱。

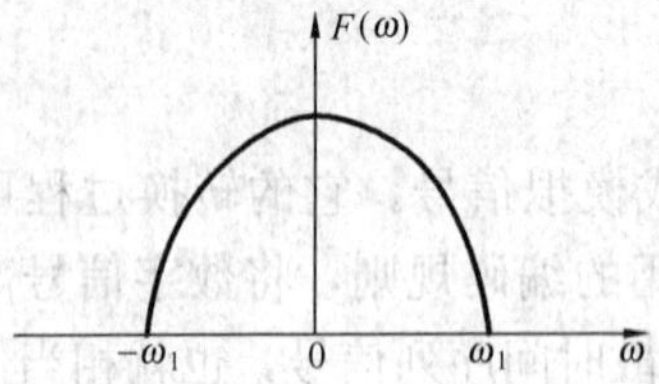

图 9-6 信号 $f(t)$ 的频谱

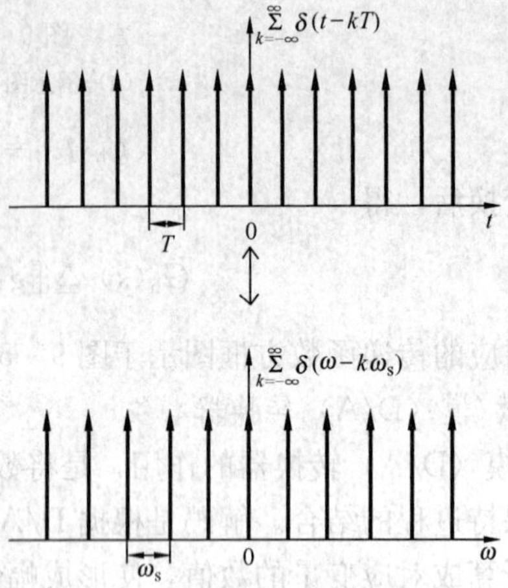

图 9-7 冲激序列的富氏变换对

这里简单地加以论证。参照式（9-2），$f(t)$ 经等周期 T 的理想采样后的输出可表示为

$$f^*(t) = f(t)\sum_{k=-\infty}^{\infty}\delta(t-kT) \text{ [1]} \tag{9-8b}$$

式中信号 $f(t)$ 的富氏变换对如式（9-8a）所示，而冲激序列的富氏变换对则为

$$\sum_{k=-\infty}^{\infty}\delta(t-kT)\leftrightarrow \frac{2\pi}{T}\sum_{K=-\infty}^{\infty}\delta(\omega-k\omega_s) \tag{9-9}$$

这表明：冲激序列的频谱也是一个间隔为 $\omega_s(\omega_s=2\pi/T)$ 的冲激序列，如图 9-7 所示。

利用熟知的频率卷积定理，可以得出式（9-9）右端的富氏变换对如下

$$f(t)\sum_{k=-\infty}^{\infty}\delta(t-kT)\leftrightarrow F(\omega)\frac{2\pi}{T}\sum_{k=-\infty}^{\infty}\delta(\omega-k\omega_s) \tag{9-10}$$

注意到，对包含有冲激函数的卷积，下列关系成立

$$F(\omega)\delta(\omega-k\omega_s) = F(\omega-k\omega_s) \tag{9-11}$$

因此，式（9-10）的右边

$$\begin{aligned} F(\omega)\frac{2\pi}{T}\sum_{k=-\infty}^{\infty}\delta(\omega-k\omega_s) &= \frac{2\pi}{T}\sum_{k=-\infty}^{\infty}[F(\omega)\delta(\omega-k\omega_s)] \\ &= \frac{2\pi}{T}\sum_{k=-\infty}^{\infty}F(\omega-k\omega_s) \end{aligned} \tag{9-12}$$

亦即有下列变换对

$$f^*(t)\leftrightarrow F^*(\omega) = \frac{2\pi}{T}\sum_{k=-\infty}^{\infty}F(\omega-k\omega_s) \tag{9-13}$$

根据式（9-8）和式（9-13）这两组变换对，可以用图形把信号 $f(t)$ 在采样前后频谱

[1] 为了进行富氏变换，k 的取值范围应是 $-\infty\rightarrow+\infty$ 的所有整数。

的变化表示出来，如图 9 - 8 所示。

图中假定恰巧 $\omega_s=2\omega_1$。对比图 9 - 8（a）和（b）的频谱，不难看出：对一个有限带宽信号的频谱 $F(\omega)$，经采样后所得的频谱 $\sum_{k=-\infty}^{\infty}F(\omega-k\omega_s)$（略写比例系数 $2\pi/T$），相当于将一串与 $F(\omega)$ 形状相同的频谱沿 ω 轴进行叠加，即每隔 ω_s 叠加上一个相同的 $F(\omega)$。

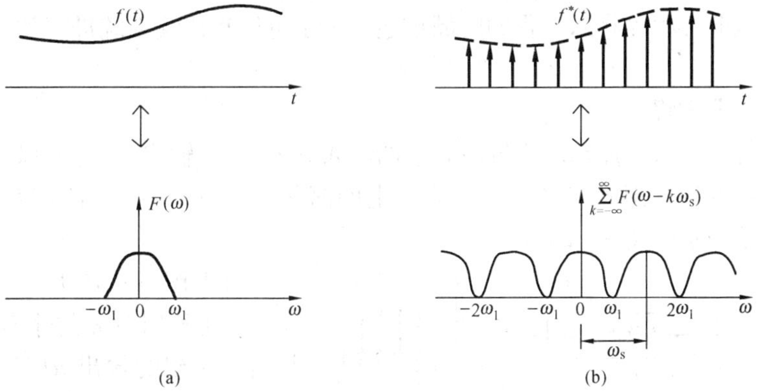

图 9 - 8　信号 $f(t)$ 采样前后频谱的变化

（a）原信号及频谱；（b）采样信号及频谱

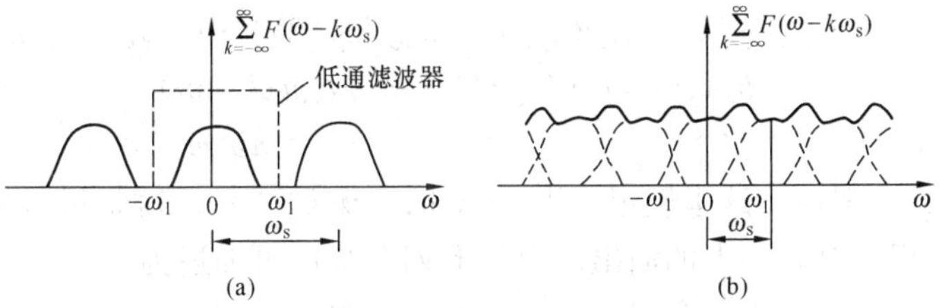

图 9 - 9　对应于不同采样频率下的频谱

（a）$\omega_s>2\omega_1$；（b）$\omega_s<2\omega_1$

对应于采样频率 $\omega_s>2\omega_1$ 和 $\omega_s<2\omega_1$ 的频谱示于图 9 - 9。从图 9 - 9（b）中可清楚地看出，如果 $\omega_s<2\omega_1$，就会产生频谱的混叠现象，使波形失真。反之，如果 $\omega_s>2\omega_1$，则不存在混叠现象。这样，当 $\omega_s>2\omega_1$ 时，为了不失真地获得原信号 $f(t)$ 的全部频谱，只需设计一个低通滤波器，把高于 ω_1 的高频信号滤掉就可以了。

这样就证明了 Shannon 采样定理。它给出了无失真采样所必需的最小频率 $\omega_N>2\omega_1$。ω_N 通常称为 Nyquist 频率。

如果采样是以 Nyquist 频率 ω_N 进行的，则低通滤波器必须具有鲜明的锐截止特性，例如像图 9 - 9（a）中虚线方框那样的理想滤波特性。从工程实践角度看，这是无法办到的。由于这个原因，通常把实际采样频率 ω_s 选得远大于 Nyquist 频率 ω_N，这样才能以较宽的间隔把原信号的全部频谱从相邻的循环中分离出来。

应用采样定理时还存在着一个具体困难问题，即通常的模拟信号都不是有限带宽的，因此定理中要求信号带宽有限，这个条件就很难满足。在这种情况下，可以略去对系统影响不大的高频分量，使之变成有限带宽信号，然后再采样。显然，这时采样定理对于选取采样周期仍然具有指导意义。

第三节 离散控制系统的时域描述

为了对离散控制系统的性能进行研究，首先要建立它的数学模型。与线性定常的连续动态系统的情形类似，在本章中只限于考虑线性定常的离散动态系统。它的数学模型也分时域描述和频域描述两大类。对于前者，有线性差分方程和状态方程；对于后者，有脉冲传递函数。本节介绍差分方程和状态方程的时域描述。由于可以和连续系统进行类比，所以有些推导将予以略去。

一、线性差分方程

当采用差分方程来描述动态系统时，它的输入 $u(kT)$ 和输出 $y(kT)$ ($k=0, 1, 2, \cdots$) 都应以一串离散数列的形式出现。为了表示上的简便，将自变量 kT 改用 $k(k=0,1,2,\cdots)$ 代替。对应的系统示于图 9-10 中。

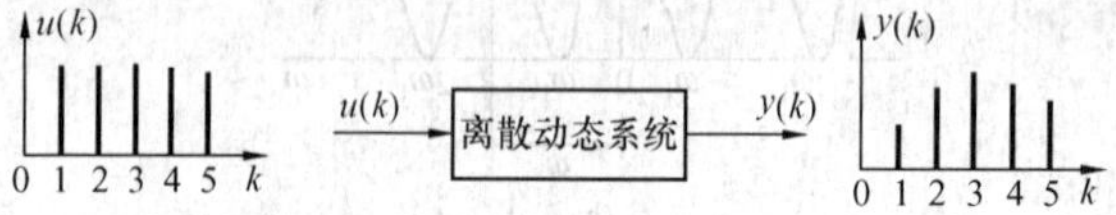

图 9-10 离散动态系统

对于图 9-10 所示系统，很显然，在某一采样时刻 k 的输出 $y(k)$，可能既与同一时刻的输出 $u(k)$ 有关，又与过去时刻的输入 $u(k-1)$，$u(k-2)$，…有关，而且还与过去时刻的输出 $y(k-1)$，$y(k-2)$，…有关。这种关系可以描述如下

$$\begin{aligned} &y(k)+a_1y(k-1)+a_2y(k-2)+\cdots+a_ny(k-n)\\ &=b_0u(k)+b_1u(k-1)+\cdots+b_mu(k-m) \end{aligned} \tag{9-14}$$

$$n\geqslant m$$

不失一般性，这里假定：当 $k<0$ 时，$y(k)=0$。就是说，可以只考虑正时间区间的离散点 $0, T, 2T, \cdots$ 上的输出。因此上列系统也可描述为

$$\begin{aligned} &y(k+n)+a_1y(k+n-1)+a_2y(k+n-2)+\cdots+a_ny(k)\\ &=b_0u(k+m)+b_1u(k+m-1)+\cdots+b_mu(k) \end{aligned} \tag{9-15}$$

$$n\geqslant m, k=0,1,2,\cdots$$

式 (9-15) [或式 (9-14)] 即称为离散系统的差分方程。它是 n 阶的。由于式中只含有关于 y 的一次方项，所以它是线性的；又由于 y 的各系数都是常数，所以它还是定常的。

将式 (9-15) 表示为和式，则有

$$y(k+n)=-\sum_{i=1}^{n}a_iy(k+n-i)+\sum_{j=0}^{m}b_ju(k+m-j)$$

$$n\geqslant m, k=0,1,2,\cdots \tag{9-16a}$$

为了得到式 (9-16a) 的一串数列形式的解 $y(k)(k=0,1,2,\cdots)$，除了必须给定一串输入 $u(k)$ ($k=0, 1, 2, \cdots$) 而外，还必须给定一组 (n 个) 初始条件，即

$$y(0)=y_0, y(1)=y_1, \cdots, y(n-1)=y_{n-1} \tag{9-16b}$$

这样，根据式 (9-16a) 和式 (9-16b)，利用逐步递推的方法不难直接求解。如果用数字计算机按上式编制程序求解，则更为方便。在计算机上计算微分方程的数值解，通常就是将微分方程离散化，使其转换成相应的差分方程来进行处理。

作为例子，这里考虑一个一阶微分方程

$$\dot{y}=\alpha y+\beta u \tag{9-17}$$

的离散化。注意到$\frac{dy}{dt} \approx \frac{\Delta y}{\Delta t}$的关系，如果取$\Delta t = T$，则式（9－17）左端可以表为

$$\frac{y(k+1)-y(k)}{T} \approx \alpha y(k) + \beta u(k)$$

稍加整理，则得

$$y(k+1) \approx (1+\alpha T)y(k) + \beta T u(k) \tag{9-18}$$

这样，就得到了一个一阶差分方程。由上式可知，差分是与连续函数的微分对应的。当用差分方程来逼近微分方程时，它的准确度取决于采样周期T的大小。一般来说，只要T远小于原系统的时间常数，就可得到满意的准确度。

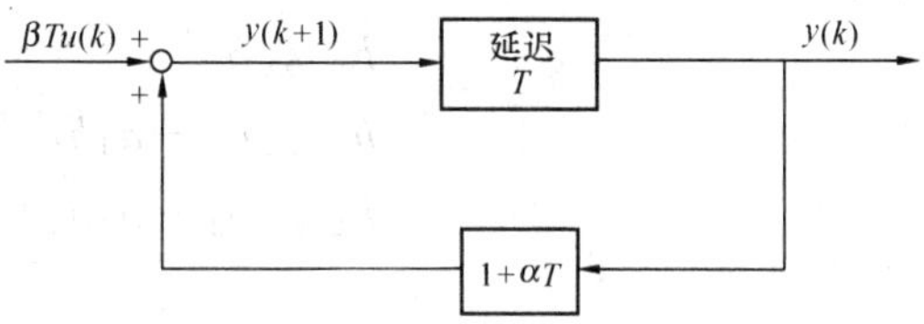

图 9－11 一阶微分方程离散化的方框图

与上述离散方程相对应的方框图示于图 9－11 中。与在模拟微分方程时使用积分环节一样，当模拟差分方程时要使用延迟环节，延迟时间为T。

如果一个系统能够存贮输入数据，并且在T秒后又能把这个数据释放出来，那么就可利用这个系统来获得时间延迟，构成延迟环节。有存贮器、寄存器的系统就能做到这一点，所以利用数字计算机能方便地实现时间的延迟。

【例 9－1】 考虑一个二阶离散系统

$$y(k+2) - 3y(k+1) + 2y(k) = 2u(k+1) + u(k)$$

给定的输入及初始条件为

$$u(k) = 0, k < 0$$
$$u(k) = 1, k \geqslant 0$$
$$y(k) = 0, k \leqslant 0$$

求系统的响应$y(k)(k = 0,1,2,\cdots)$。

解 将原方程改写为

$$y(k+2) = 3y(k+1) - 2y(k) + 2u(k+1) + u(k)$$

令$k=-2$，则得$y(0)=0$，与给定的初始条件一致。（请读者考虑：不一致为什么不行？）同样，令$k=-1$，可得$y(1)=2$。这样，如果以$k=0$作为时间起点，我们可以列出新的初始条件如下

$$y(0) = 0, y(1) = 2$$

于是，对$k=0$，1，2，…，由所给方程得

$$y(2) = 3y(1) - 2y(0) + 2u(1) + u(0) = 9$$
$$y(3) = 3y(2) - 2y(1) + 2u(2) + u(1) = 26$$
$$y(4) = 63, y(5) = 140, y(6) = 297, y(7) = 614$$
$$y(8) = 1251, \cdots$$
$$y(k) \to \infty, \text{当 } k \to \infty$$

二、离散控制系统的状态方程

与连续系统的状态空间法一样，对离散系统也可采用状态空间法描述。假定离散系统可以用n阶差分方程式（9－15）来描述。此外，不妨假定$m=n$（$m<n$时，也可得到类似的结果）。这时取如下形式的状态变量

$$\left.\begin{aligned}x_1(k) &\triangleq y(k)-h_0u(k)\\x_2(k) &\triangleq x_1(k+1)-h_1u(k)\\x_3(k) &\triangleq x_2(k+1)-h_2u(k)\\&\vdots\\x_n(k) &\triangleq x_{n-1}(k+1)-h_{n-1}u(k)\end{aligned}\right\}\tag{9-19}$$

式中

$$\left.\begin{aligned}h_0 &\triangleq b_0\\h_1 &\triangleq b_1-a_1h_0\\h_2 &\triangleq b_2-a_1h_1-a_2h_0\\&\vdots\\h_n &\triangleq b_n-a_1h_{n-1}\cdots-a_{n-1}h_1-a_nh_0\end{aligned}\right\}\tag{9-19a}$$

代入式 (9 - 15) 中，则可将其改写为状态方程和输出方程

$$\begin{bmatrix}x_1(k+1)\\x_2(k+1)\\\vdots\\x_{n-1}(k+1)\\x_n(k+1)\end{bmatrix}=\begin{bmatrix}0&1&\cdots&0&0\\0&0&\cdots&0&0\\\vdots&\vdots&&\vdots&\vdots\\0&0&\cdots&0&1\\-a_n&-a_{n-1}&\cdots&-a_2&-a_1\end{bmatrix}\begin{bmatrix}x_1(k)\\x_2(k)\\\vdots\\x_{n-1}(k)\\x_n(k)\end{bmatrix}+\begin{bmatrix}h_1\\h_2\\\vdots\\h_{n-1}\\h_n\end{bmatrix}u(k)\tag{9-20a}$$

$$y(k)=[1\ 0\cdots0]\begin{bmatrix}x_1(k)\\x_2(k)\\\vdots\\x_n(k)\end{bmatrix}+h_0u(k)\tag{9-20b}$$

或者写成矢量形式

$$\boldsymbol{x}(k+1)=\boldsymbol{Gx}(k)+\boldsymbol{h}u(k)\tag{9-21a}$$

$$y(k)=\boldsymbol{cx}(k)+du(k)\tag{9-21b}$$

式中

$$\boldsymbol{x}(k)\triangleq\begin{bmatrix}x_1(k)\\x_2(k)\\\vdots\\x_{n-1}(k)\\x_n(k)\end{bmatrix};\boldsymbol{G}\triangleq\begin{bmatrix}0&1&\cdots&0&0\\0&0&\cdots&0&0\\\vdots&\vdots&&\vdots&\vdots\\0&0&\cdots&0&1\\-a_n&-a_{n-1}&\cdots&-a_2&-a_1\end{bmatrix};\boldsymbol{h}\triangleq\begin{bmatrix}h_1\\h_2\\\vdots\\h_{n-1}\\h_n\end{bmatrix};$$

$$\boldsymbol{c}\triangleq[1\ 0\cdots0];d\triangleq h_0=b_0\tag{9-21c}$$

初始条件,即初始状态 $x_1(0),x_2(0),\cdots,x_n(0)$ 可由下式确定

$$\left.\begin{aligned}x_1(0)&=y(0)-h_0u(0)\\x_2(0)&=y(1)-h_0u(1)-h_1u(0)\\x_3(0)&=y(2)-h_0u(2)-h_1u(1)-h_2u(0)\\&\vdots\\x_n(0)&=y(n-1)-h_0u(n-1)-h_1u(n-2)-\cdots-h_{n-2}u(1)-h_{n-1}u(0)\end{aligned}\right\}\tag{9-21d}$$

在一般情况下，设系统的输入是 r 维矢量 $\boldsymbol{u}(k)\triangleq[u_1(k),\ u_2(k),\ \cdots,\ u_r(k)]^T$，输出是 m 维矢量 $\boldsymbol{y}(k)\triangleq[y_1(k),\ y_2(k),\ \cdots,\ y_m(k)]^T$，则该离散系统的状态空间描述为

$$\boldsymbol{x}(k+1)=\boldsymbol{Gx}(k)+\boldsymbol{Hu}(k) \tag{9-22a}$$

$$\boldsymbol{y}(k)=\boldsymbol{Cx}(k)+\boldsymbol{Du}(k) \tag{9-22b}$$

初始状态为

$$\boldsymbol{x}(0)=\boldsymbol{x}_0 \tag{9-22c}$$

与式（9-22）对应的方框图示于图 9-12。

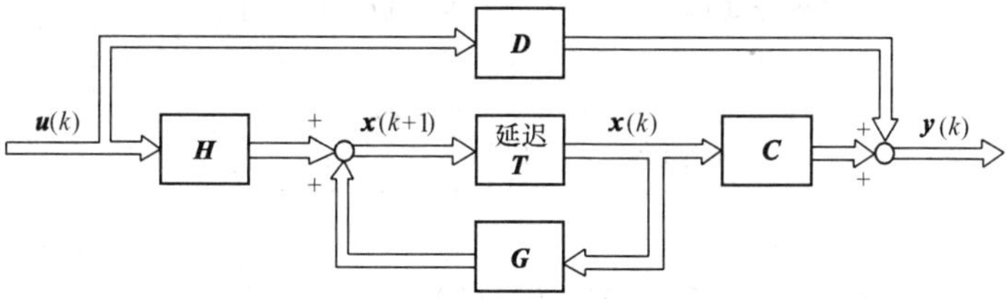

图 9-12 离散系统的方框图

对状态方程式（9-22a），可以利用迭代法直接求解

$$\boldsymbol{x}(1)=\boldsymbol{Gx}(0)+\boldsymbol{Hu}(0)$$

$$\boldsymbol{x}(2)=\boldsymbol{Gx}(1)+\boldsymbol{Hu}(1)=\boldsymbol{G}^2\boldsymbol{x}(0)+\boldsymbol{Ghu}(0)+\boldsymbol{Hu}(1)$$

$$\boldsymbol{x}(3)=\boldsymbol{Gx}(2)+\boldsymbol{Hu}(2)=\boldsymbol{G}^3\boldsymbol{x}(0)+\boldsymbol{G}^2\boldsymbol{Hu}(0)+\boldsymbol{GHu}(1)+\boldsymbol{Hu}(2)$$

重复这个步骤，可得

$$\boldsymbol{x}(k)=\underbrace{\boldsymbol{G}^k\ \ \boldsymbol{x}(0)}_{\text{零输入响应}}+\underbrace{\sum_{j=0}^{k-1}\boldsymbol{G}^{k-j-1}\boldsymbol{Hu}(j)}_{\text{零状态响应}},k=1,2,3,\cdots \tag{9-23}$$

显然，状态的全响应 $\boldsymbol{x}(k)$ 是由零输入响应和零状态响应两部分之和所构成的。

在上式中，令

$$\boldsymbol{\Phi}(k)\triangleq\boldsymbol{G}^k \tag{9-24}$$

则不难看出，$\boldsymbol{\Phi}(k)$ 是离散系统的状态转移矩阵。

利用状态转移矩阵的定义式（9-24），状态的全响应又可表为

$$\boldsymbol{x}(k)=\boldsymbol{\Phi}(k)\boldsymbol{x}(0)+\sum_{j=0}^{k-1}\boldsymbol{\Phi}(k-j-1)\boldsymbol{Hu}(j) \tag{9-25a}$$

$$=\boldsymbol{\Phi}(k)\boldsymbol{x}(0)+\sum_{j=0}^{k-1}\boldsymbol{\Phi}(j)\boldsymbol{Hu}(k-j-1) \tag{9-25b}$$

将式（9-25）代入输出方程式（9-22b），则系统全响应

$$\boldsymbol{y}(k)=\boldsymbol{C\Phi}(k)\boldsymbol{x}(0)+\boldsymbol{C}\sum_{j=0}^{k-1}\boldsymbol{\Phi}(k-j-1)\boldsymbol{Hu}(j)+\boldsymbol{Du}(k) \tag{9-26a}$$

$$=\boldsymbol{C\Phi}(k)\boldsymbol{x}(0)+\boldsymbol{C}\sum_{j=0}^{k-1}\boldsymbol{\Phi}(j)\boldsymbol{Hu}(k-j-1)+\boldsymbol{Du}(k) \tag{9-26b}$$

【例 9-2】 利用状态空间法求解［例 9-1］。

解 首先将［例 9-1］所给差分方程改写成状态空间形式。对于本例

$$b_0=0,b_1=2,b_2=1$$

$$a_1 = -3, a_2 = 2$$

因此

$$h_0 = b_0 = 0$$

$$h_1 = b_1 - a_1 h_0 = 2$$

$$h_2 = b_2 - a_1 h_1 - a_2 h_0 = 7$$

于是得状态方程

$$\begin{bmatrix} x_1(k+1) \\ x_2(k+1) \end{bmatrix} = \begin{bmatrix} 0 & 1 \\ -2 & 3 \end{bmatrix} \begin{bmatrix} x_1(k) \\ x_2(k) \end{bmatrix} + \begin{bmatrix} 2 \\ 7 \end{bmatrix} u(k)$$

输出方程

$$y(k) = [1\ 0] \begin{bmatrix} x_1(k) \\ x_2(k) \end{bmatrix}$$

初始状态

$$\begin{bmatrix} x_1(0) \\ x_2(0) \end{bmatrix} = \begin{bmatrix} y(0) - h_0 u(0) \\ y(1) - h_0 u(1) - h_1 u(0) \end{bmatrix} = \begin{bmatrix} 0 \\ 0 \end{bmatrix}$$

这里

$$\boldsymbol{G} = \begin{bmatrix} 0 & 1 \\ -2 & 3 \end{bmatrix}, \boldsymbol{h} = \begin{bmatrix} 2 \\ 7 \end{bmatrix}, \boldsymbol{c} = [1\ 0]$$

其次，根据状态转移矩阵定义式（9 - 24）得

$$\boldsymbol{\Phi}(k) = \begin{bmatrix} 0 & 1 \\ -2 & 3 \end{bmatrix}^k$$

令 $k \geqslant 1$，代入式（9 - 26）中，则系统的全响应

$$\boldsymbol{y}(1) = \boldsymbol{c\Phi}(1)\boldsymbol{x}(0) + \boldsymbol{c}\sum_{j=0}^{k-1}\boldsymbol{\Phi}(j)\boldsymbol{hu}(k-j-1)$$

$$= [1\ 0]\begin{bmatrix} 0 & 1 \\ -2 & 3 \end{bmatrix}\begin{bmatrix} 0 \\ 0 \end{bmatrix} + [1\ 0]\begin{bmatrix} 1 & 0 \\ 0 & 1 \end{bmatrix}\begin{bmatrix} 2 \\ 7 \end{bmatrix} \times 1 = 2$$

$$y(2) = [1\ 0]\begin{bmatrix} 0 & 1 \\ -2 & 3 \end{bmatrix}^2\begin{bmatrix} 0 \\ 0 \end{bmatrix} + [1\ 0]\left\{\begin{bmatrix} 1 & 0 \\ 0 & 1 \end{bmatrix}\begin{bmatrix} 2 \\ 7 \end{bmatrix} + \begin{bmatrix} 0 & 1 \\ -2 & 3 \end{bmatrix}\begin{bmatrix} 2 \\ 7 \end{bmatrix}\right\} = 9$$

$$y(3) = 0 + [1\ 0]\left\{\begin{bmatrix} 1 & 0 \\ 0 & 1 \end{bmatrix}\begin{bmatrix} 2 \\ 7 \end{bmatrix} + \begin{bmatrix} 0 & 1 \\ -2 & 3 \end{bmatrix}\begin{bmatrix} 2 \\ 7 \end{bmatrix} + \begin{bmatrix} 0 & 1 \\ -2 & 3 \end{bmatrix}^2\begin{bmatrix} 2 \\ 7 \end{bmatrix}\right\} = 26$$

所得结果与［例 9 - 1］一致。

对于由连续时间的状态空间法描述的动态系统

$$\dot{\boldsymbol{x}} = \boldsymbol{Ax} + \boldsymbol{Bu}, \boldsymbol{x}(0) = \boldsymbol{x}_0 \tag{9 - 27a}$$

$$\boldsymbol{y} = \boldsymbol{Cx} + \boldsymbol{Du} \tag{9 - 27b}$$

也可以采用离散化的方法，将其化成离散的状态空间描述。有许多方法能进行这种离散化。这里只介绍比较简单的一种。

在式（9 - 27a）中用差商代替导数，有

$$\dot{\boldsymbol{x}} \approx \frac{\Delta \boldsymbol{x}}{\Delta t} = \frac{\boldsymbol{x}(k+1) - \boldsymbol{x}(k)}{T} \tag{9 - 28}$$

于是，可将式（9 - 27a）离散化为

$$\frac{\boldsymbol{x}(k+1) - \boldsymbol{x}(k)}{T} = \boldsymbol{Ax}(k) + \boldsymbol{Bu}(k)$$

亦即

$$x(k+1)=(I+TA)x(k)+TBu(k) \tag{9-28a}$$

输出方程离散化后变为

$$y(k)=Cx(k)+Du(k) \tag{9-28b}$$

这样得到的离散方程，在同样的采样周期 T 之下，其准确度不如用其他离散化方法所得的高。关于具有更高准确度的方法，可参见有关资料。

第四节　Z 变换与反变换

Z 变换在离散系统中的作用，与拉氏变换在连续系统中的作用非常相似。拉氏变换能把描述线性连续系统的微分方程变换成代数方程，而 Z 变换则能把描述线性离散系统的差分方程变换成以 z 为变量的代数方程。

需要指出，在考虑函数 $f(t)$，$f^*(t)$ 或 $f(kT)$ 的 Z 变换时，一律假定：当 $t<0$ 时，$f(t)=0$，$f^*(t)=0$，或当 $k<0$ 时，$f(kT)=0$。

一、Z 变换定义

为了引入 Z 变换的定义，先对式（9 - 3）所给出的采样信号 $f^*(t)$ 进行拉氏变换，得

$$F^*(s)\triangleq\mathscr{L}[f^*(t)]=\mathscr{L}\Big[\sum_{k=0}^{\infty}f(kT)\delta(t-kT)\Big]=\sum_{k=0}^{\infty}f(kT)e^{-kTs} \tag{9-29}$$

上式 $F^*(s)$ 也称为离散拉氏变换式。因为式中的复频率 s 只出现在指数因子中，为简化表示及运算，引入符号

$$z\triangleq e^{Ts} \tag{9-30}$$

则式（9 - 29）中等号最右边的表达式可以改写为

$$\sum_{k=0}^{\infty}f(kT)e^{-kTs}=\sum_{k=0}^{\infty}f(kT)z^{-k} \tag{9-31}$$

由此可以定义

$$F(z)\triangleq\mathscr{Z}[f^*(t)]\triangleq\sum_{k=0}^{\infty}f(kT)z^{-k} \tag{9-32a}$$

这里，以 z 为自变量的函数 $F(z)$ 即称为采样信号 $f^*(t)$ 的 Z 变换。在符号 $\mathscr{Z}[\cdot]$ 中的函数称为 Z 变换的原函数。

在 Z 变换的定义式 $\sum\limits_{k=0}^{\infty}f(kT)z^{-k}$ 中，只考虑信号在各采样时刻上的值 $f(0)$，$f(T)$，$f(2T)$，…，$f(kT)$，…。根据这个理由，也可以定义离散信号 $f(kT)$（$k=0$，1，2，…）的 Z 变换如下

$$F(z)\triangleq\mathscr{Z}[f(kT)]\triangleq\sum_{k=0}^{\infty}f(kT)z^{-k} \tag{9-32b}$$

还可以定义模拟信号 $f(t)$ 的 Z 变换如下

$$F(z)\triangleq\mathscr{Z}[f(t)]\triangleq\sum_{k=0}^{\infty}f(kT)z^{-k} \tag{9-32c}$$

将式（9 - 32a）、式（9 - 32b）、式（9 - 32c）综合到一块，则

$$F(z)=\mathscr{Z}[f^*(t)]=\mathscr{Z}[f(t)]=\sum_{k=0}^{\infty}f(kT)z^{-k} \tag{9-33}$$

这样可看到:三个原函数 $f(t)$,$f^*(t)$ 和 $f(kT)$ 的Z变换是同一的。其中 $f(t)$ 和 $f^*(t)$ 的Z变换,都可以借助于拉氏变换来定义,就像式(9-29)那样。但是,对于离散数列 $f(0)$,$f(T)$,$f(2T)$,…,$f(kT)$,…,由于无法在通常意义下进行积分 $\int_0^{\infty}$ 运算(但能进行求和 $\sum_{k=0}^{\infty}$ 运算),所以应直接根据式(9-32b)来定义它的Z变换。

与拉氏变换一样,也存在着 $F(z)$ 的Z反变换,用 $\mathscr{Z}^{-1}[F(z)]$ 表示。有关Z反变换将在后面详细讨论。这里必须指出,$F(z)$ 的Z反变换的结果是 $f^*(t)$ 或 $f(kT)$,而不是 $f(t)$,即

$$\mathscr{Z}^{-1}[F(z)]=f^*(t),\text{或}=f(kT),\text{但}\neq f(t) \tag{9-34}$$

上一节已经提过,对于给定的 $f(t)$,存在唯一的 $f^*(t)$;但对给定的 $f^*(t)$,却存在无限多个 $f(t)$。同样道理,只有 $f^*(t)$ 才是 $F(z)$ 的Z反变换的唯一结果(冲激序列形式的)。

二、Z变换的方法

为便于计算和分析,在拉氏变换中将一些常用函数作出对应的变换表,以便查阅。在Z变换中同样也经推导作出相应的变换表。这里以模拟信号 $f(t)$ 的Z变换式(9-32c)为例

$$\mathscr{Z}[f(t)]=\sum_{k=0}^{\infty}f(kT)z^{-k}=f(0)+f(T)z^{-1}+\cdots+f(kT)z^{-k}+\cdots \tag{9-35}$$

可知Z变换通常是由 z^{-1} 的幂组成的无穷级数,它不便于运算和列表。下面介绍三种常用的变换方法。

1. 级数求和法

举例说明之。

【例9-3】 求单位阶跃函数1(t)的Z变换。

解 $$\mathscr{Z}[1(t)]=\sum_{k=0}^{\infty}1(kT)z^{-k}=1+z^{-1}+z^{-2}+\cdots=\frac{z}{z-1},\ |z^{-1}|<1 \tag{9-36}$$

【例9-4】 求单位冲激序列 $\delta_T(t)=\sum_{k=0}^{\infty}\delta(t-kT)$ 的Z变换。

解 先考虑单个冲激函数的拉氏变换,即

$$\mathscr{L}[\delta(t)]=1$$

$$\mathscr{L}[\delta(t-kT)]=e^{-kTs}$$

因此

$$\mathscr{Z}[\delta(t)]=1 \tag{9-37}$$

$$\mathscr{Z}[\delta(t-kT)]=z^{-k} \tag{9-38}$$

对于冲激序列则有

$$\begin{aligned}\mathscr{Z}[\delta_T(t)]&=1+z^{-1}+z^{-2}+\cdots\\&=\frac{z}{z-1}=\mathscr{Z}[1(t)],\ |z^{-1}|<1\end{aligned} \tag{9-39}$$

这个结果不是偶然的,事实上由前已知,1(t)的采样信号即为单位冲激序列。

【例9-5】 求指数函数 e^{at} 的Z变换。

解

$$\mathscr{Z}[e^{at}]=\sum_{k=0}^{\infty}e^{akT}z^{-k}=1+e^{aT}z^{-1}+e^{2aT}z^{-2}+\cdots$$

$$=\frac{1}{1-e^{aT}z^{-1}}=\frac{z}{z-e^{aT}},\ |e^{aT}z^{-1}|<1 \tag{9-40}$$

注意，指数函数 e^{at} 的 Z 变换，对许多其他函数，如正弦函数、阶跃函数等，都有重要意义。例如，当 $\alpha=0$ 时，该指数函数变成单位阶跃函数 $1(t)=e^{0T}$。这时由式（9-40）的结果也可以推出式（9-36）。至于正弦（或余弦）函数的 Z 变换，试看下例。

【例 9-6】 求正弦函数和余弦函数的 Z 变换。

解 令指数函数 e^{aT} 中的 $\alpha=j\omega$，根据式（9-40）得

$$\begin{aligned}\mathscr{Z}[e^{j\omega t}]&=\frac{z}{z-e^{j\omega T}}=\frac{z}{z-(\cos\omega T+j\sin\omega T)}\\&=\frac{z}{(z-\cos\omega T)-j\sin\omega T}=\frac{z(z-\cos\omega T)+jz\sin\omega T}{z^2-2z\cos\omega T+1}\end{aligned} \tag{9-41}$$

又

$$e^{j\omega t}=\cos\omega t+j\sin\omega t \tag{9-42}$$

因此对上式的最左端有

$$\mathscr{Z}[e^{j\omega t}]=\mathscr{Z}[\cos\omega t+j\sin\omega t]=\mathscr{Z}[\cos\omega t]+j\mathscr{Z}[\sin\omega t] \tag{9-43}$$

式（9-41）与式（9-43）的实部与虚部应分别相等，故得

$$\mathscr{Z}[\cos\omega t]=\frac{z(z-\cos\omega T)}{z^2-2z\cos\omega T+1} \tag{9-44a}$$

$$\mathscr{Z}[\sin\omega t]=\frac{z\sin\omega T}{z^2-2z\cos\omega T+1} \tag{9-44b}$$

【例 9-7】 求斜坡函数 $t\times1(t)$ 的 Z 变换。

解

$$\begin{aligned}\mathscr{Z}[t\times1(t)]&=\sum_{k=0}^{\infty}(kT)z^{-k}\\&=Tz^{-1}+2Tz^{-2}+3Tz^{-3}+\cdots\\&=\frac{Tz^{-1}}{(1-z^{-1})^2}=\frac{Tz}{(z-1)^2}\end{aligned} \tag{9-45}$$

在表 9-1 中列出了常用函数的 Z 变换表，以备查用。

表 9-1 **Z 变换表**

序号	原函数 $f(t)$	拉氏变换 $F(s)$	Z 变换 $F(z)$
1	$\delta(t)$	1	1
2	$\delta(t-kT)$	e^{-kTs}	z^{-k}
3	$1(t)$	$\frac{1}{s}$	$\frac{z}{z-1}$
4	t	$\frac{1}{s^2}$	$\frac{Tz}{(z-1)^2}$
5	$\frac{1}{2!}t^2$	$\frac{1}{s^3}$	$\frac{T^2z(z+1)}{2!(z-1)^3}$
6	$\frac{1}{k!}t^k$	$\frac{1}{s^{k+1}}$	$\frac{T^kzR_k(z)}{k!(z-1)^{k+1}}$ ①
7	$e^{\alpha t}$	$\frac{1}{s-\alpha}$	$\frac{z}{z-e^{\alpha T}}$
8	$te^{\alpha t}$	$\frac{1}{(s-\alpha)^2}$	$\frac{Tze^{\alpha T}}{(z-e^{\alpha T})^2}$

续表

序号	原函数 $f(t)$	拉氏变换 $F(s)$	Z 变换 $F(z)$
9	$1-e^{\alpha t}$	$\frac{-\alpha}{s(s-\alpha)}$	$\frac{z(1-e^{\alpha T})}{(z-1)(z-e^{\alpha T})}$
10	$e^{\alpha t}-e^{\beta t}$	$\frac{\alpha-\beta}{(s-\alpha)(s-\beta)}$	$\frac{z(e^{\alpha T}-e^{\beta T})}{(z-e^{\alpha T})(z-e^{\beta T})}$
11	$\sin\omega t$	$\frac{\omega}{s^2+\omega^2}$	$\frac{z\sin\omega T}{z^2-2z\cos\omega T+1}$
12	$\cos\omega t$	$\frac{s^2}{s^2+\omega^2}$	$\frac{z(z-\cos\omega T)}{z^2-2z\cos\omega t+1}$
13	$e^{\alpha t}\sin\omega t$	$\frac{\omega}{(s-\alpha)^2+\omega^2}$	$\frac{ze^{\alpha T}\sin\omega T}{z^2-2ze^{\alpha T}\cos\omega t+e^{2\alpha T}}$
14	$e^{\alpha t}\cos\omega t$	$\frac{s-\alpha}{(s-\alpha)^2+\omega^2}$	$\frac{z^2-ze^{\alpha T}\cos\omega T}{z^2-2ze^{\alpha T}\cos\omega t+e^{2\alpha T}}$
15	$a^k\cos k\pi$		$\frac{z}{z+a}$
16	a^k		$\frac{z}{z-a}$

①式中的 $R_k(z)$ 按下式计算

$$R_k(z)=k!\begin{vmatrix} 1 & 1-z & 0 & \cdots & 0 \\ \frac{1}{2!} & 1 & 1-z & \cdots & 0 \\ \frac{1}{3!} & \frac{1}{2!} & 1 & \cdots & 0 \\ \vdots & \vdots & \vdots & \vdots & \vdots \\ \frac{1}{k!} & \frac{1}{(k-1)!} & \frac{1}{(k-2)!} & \cdots & 1 \end{vmatrix}$$

2. 部分分式法

当给定某连续函数 $f(t)$ 的拉氏变换 $F(s)$ 时，欲求其Z变换，可以利用表 9-1 进行换算。特别是表中序号为 7 的那一行是非常有用的。因为许多有理函数 $F(s)$ 利用部分分式都可以化成如下的和式

$$F(s)=\sum_{i=1}^{n}\frac{c_i}{s-p_i} \tag{9-46}$$

而其中的每一项 $\frac{c_i}{s-p_i}$ 都可以套用表 9-1 序号 7 的结果。这时式（9-46）的原函数 $f(t)$ 的Z变换可以表为

$$F(z)=\sum_{i=1}^{n}\frac{c_i z}{z-e^{p_i T}} \tag{9-47}$$

兹举例说明。

【例 9-8】 已给原函数 $f(t)$ 的拉氏变换

$$F(s)=\frac{1}{s(s+1)}$$

求其Z变换。

解 把 $F(s)$ 展成部分分式

$$F(s)=\frac{1}{s}-\frac{1}{s+1}$$

查表9-1得

$$F(z)=\frac{z}{z-1}-\frac{z}{z-e^{-T}}=\frac{z(1-e^{-T})}{(z-1)(z-e^{-T})}$$

3. 留数法

当给定某原函数 $f(t)$ 有理函数形式的拉氏变换 $F(s)$，并且已知其全部极点 p_i（$i=1,2,\cdots,n$）时，利用对 $F(s)$ 在极点上求留数的类似办法，可以较方便地得到Z变换（这里略去推证），即

$$F(z)=\sum_{i=1}^{n}\text{Res}\left[F(s)\frac{z}{z-e^{sT}}\right]_{p_i} \tag{9-48}$$

式中　Res $[\cdot]_{p_i}$——函数 $[\cdot]$ 在 $F(s)$ 的极点 p_i 处的留数。

当 $F(s)$ 具有非重极点 p_i 时

$$\text{Res}\left[F(s)\frac{z}{z-e^{sT}}\right]_{p_i}=\lim_{s\to p_i}\left[F(s)\frac{z}{z-e^{sT}}(s-p_i)\right] \tag{9-49a}$$

当 $F(s)$ 在 p_i 处具有 r 重极点时

$$\text{Res}\left[F(s)\frac{z}{z-e^{sT}}\right]_{p_i}=\frac{1}{(r-1)!}\lim_{s\to p_i}\frac{d^{r-1}}{ds^{r-1}}\left[F(s)\frac{z}{z-e^{sT}}(s-p_i)^r\right] \tag{9-49b}$$

【例9-9】　某系统的拉氏变换如下

$$F(s)=\frac{s(2s+3)}{(s+1)^2(s+2)}$$

求其Z变换。

解　$F(s)$ 的极点为 $p_i=-1$（双重极点）；$p_3=-2$。

因此，根据式（9-49b）在极点 p_1 处的留数

$$\text{Res}[\cdot]_{p_1}=\frac{1}{(2-1)!}\lim_{s\to-1}\frac{d}{ds}\left[\frac{s(2s+3)}{(s+1)^2(s+2)z-e^{sT}}(s+1)^2\right]$$

$$=-\frac{z}{z-e^{-T}}+\frac{z(z-e^{-T}-Te^{-T})}{(z-e^{-T})^2}$$

根据式（9-49a）

$$\text{Res}[\cdot]_{p_3}=\lim_{s\to-2}\left[\frac{s(2s+3)}{(s+1)^2(s+2)z-e^{sT}}(s+2)\right]=\frac{2z}{z-e^{-2T}}$$

于是

$$F(z)=\text{Res}[\cdot]_{p_1}+\text{Res}[\cdot]_{p_3}=\frac{2z}{z-e^{-2T}}-\frac{Tze^{-T}}{(z-e^{-T})^2}$$

三、Z变换的性质

和拉氏变换一样，Z变换也有一些类似的性质，兹简述如下。

1. 线性性质

如本书第二章所述，线性性质即叠加原理，包含着可加性和齐次性二部分涵义

令 $\mathscr{Z}[f_1(t)]\triangleq F_1(z)$，$\mathscr{Z}[f_2(t)]\triangleq F_2(z)$，则有：

（1）可加性

$$\mathscr{Z}[f_1(t)+f_2(t)]=F_1(z)+F_2(z) \tag{9-50a}$$

（2）齐次性

$$\mathscr{Z}[\alpha f_1(t)]=\alpha F_1(z),\alpha=\text{const} \tag{9-50b}$$

这个性质在以前推导Z变换过程中［例如式（9-43）］已经未加说明地使用过了。

2. 平移定理

令 $\mathscr{Z}[f(t)]\triangleq F(z)$，则

$$\mathscr{Z}[f(t+T)] = z[F(z)-f(0)] \tag{9-51}$$

证明 根据定义（9-32c），有

$$\mathscr{Z}[f(t+T)] = \sum_{k=0}^{\infty} f[(k+1)T]z^{-k} = z\sum_{k=0}^{\infty} f[(k+1)T]z^{-(k+1)} \tag{9-52}$$

令 $n\triangleq k+1$，则 $k=n-1$，代入式（9-52）中

$$\begin{aligned}\mathscr{Z}[f(t+T)] &= z\sum_{n=1}^{\infty} f(nT)z^{-n} \\ &= z\Big[\sum_{n=0}^{\infty} f(nT)z^{-n} - f(0)\Big] = z[F(z)-f(0)]\end{aligned} \tag{9-53}$$

由此得证。

这个定理又称为一步超前定理，它在解差分方程时经常会遇到。由此定理还可得出两个推论。

推论1 （多步超前定理）令 $\mathscr{Z}[f(t)]\triangleq F(z)$，且 m 为正整数，则

$$\mathscr{Z}[f(t+mT)] = z^m\Big[F(z) - \sum_{n=0}^{m-1} f(nT)z^{-n}\Big] \tag{9-54}$$

特别是，如果 $f(0)=f(T)=\cdots=f[(m-1)T]=0$，则式（9-54）可简化为

$$\mathscr{Z}[f(t+mT)]=z^m F(z) \tag{9-54a}$$

于推导过程中反复利用一步超前定理，此推论1即可得证。请读者自行推证。

推论2 （延迟定理）令 $\mathscr{Z}[f(t)\triangleq F(z)]$，且 m 为正整数，则

$$\mathscr{Z}[f(t-mT)]=z^{-m}F(z) \tag{9-55}$$

证明 根据定义（9-32c），有

$$\mathscr{Z}[f(t-mT)] = \sum_{k=0}^{\infty} f[(k-m)T]z^{-k} = z^{-m}\sum_{k=0}^{\infty} f[(k-m)T]z^{-(k-m)} \tag{9-56}$$

令 $n\triangleq k-m$，则 $k=n+m$，代入式（9-56）中

$$\mathscr{Z}[f(t-mT)] = z^{-m}\sum_{n=-m}^{\infty} f(nT)z^{-n} \tag{9-57}$$

注意到，当 $n<0$ 时，$f(nT)=0$，因此，对式（9-57）右边的和式稍加变化，则得

$$\sum_{n=-m}^{\infty} f(nT) = \sum_{n=-m}^{-1} f(nT) + \sum_{n=0}^{\infty} f(nT) = \sum_{n=0}^{\infty} f(nT) \tag{9-58}$$

将此式代入式（9-57）中即可得证。

【例9-10】 某采样信号 $f^*(t)$ 满足下列方程

$$f^*(t+2T)+3f^*(t+T)+2f^*(t)=0 \tag{9-59}$$

且已知 $f(0)=0, f(T)=1$，求 $f^*(t)$ 的表达式。

顺便指出，这种形式的方程即相当于一个差分方程。通过这个例子，我们能了解到如何利用Z变换来解差分方程。

解 对上式进行Z变换，并应用平移定理，则

$$z^2\left[F(z)-\sum_{n=0}^{1}f(nT)z^{-n}\right]+3z[F(z)-f(0)]+2F(z)=0$$

即

$$z^2F(z)-z+3zF(z)+2F(z)=0$$

$$F(z)=\frac{z}{z^2+3z+2}=\frac{z}{(z+2)(z+1)}=\frac{z}{z+1}-\frac{z}{z+2} \tag{9 - 60}$$

查阅 Z 变换表 9 - 1 可知，上式最右边的两个部分分式与序号 15（或 16）的形式相同。设 $\alpha=-1$，则根据序号 16，与$\frac{z}{z+1}$对应的原函数［表为 $f_1^*(t)$］为

$$f_1^*(t)=\sum_{k=0}^{\infty}(-1)^k\delta(t-kT) \tag{9 - 61a}$$

同样地，设 $\alpha=-2$，由序号 16 得与$\frac{z}{z+2}$相应的原函数［表为 $f_2^*(t)$］为

$$f_2^*(t)=\sum_{k=0}^{\infty}(-2)^k\delta(t-kT) \tag{9 - 61b}$$

这样，由式（9 - 60）可知，与 $F(z)$ 对应的 $f^*(t)$ 为

$$f^*(t)=f_1^*(t)-f_2^*(t)=\sum_{k=0}^{\infty}[(-1)^k-(-2)^k]\delta(t-kT)$$

3. 复平移定理

令 $\mathscr{Z}[f(t)]\triangleq F(z)$，则

$$\mathscr{Z}[e^{\pm\alpha t}f(t)]=F(e^{\pm\alpha T}z) \tag{9 - 62}$$

证明 令 $z_1\triangleq e^{\pm\alpha T}z$，式（9 - 62）可表为

$$\mathscr{Z}[e^{\pm\alpha t}f(t)]=\sum_{k=0}^{\infty}e^{\pm\alpha kT}f(kT)z^{-k}=\sum_{k=0}^{\infty}f(kT)(e^{\pm\alpha T}z)^{-k} \tag{9 - 63}$$

$$=\sum_{k=0}^{\infty}f(kT)z_1^{-k}=F(z_1)=F(e^{\pm\alpha T}z) \tag{9 - 64}$$

于是得证。

我们把这个定理称为复平移定理，因为函数 $f(t)$ 与因子 $e^{\pm\alpha T}$之积的拉氏变换

$$\mathscr{L}[e^{\pm\alpha t}f(t)]=\int_0^{\infty}e^{\pm\alpha t}f(t)e^{-st}dt=\int_0^{\infty}f(t)e^{-(s\mp\alpha)t}dt=F(s\mp\alpha) \tag{9 - 65}$$

相当于在原函数 $f(t)$ 的拉氏变换 $F(s)$ 中把复频率 s 代换成 $s\mp\alpha$，也可以说，在 $F(s)$ 中把 s 平移了 $\mp\alpha$。

4. 初值定理

令 $\mathscr{Z}[f(t)]\triangleq F(z)$，则

$$f(0)=\lim_{z\to\infty}F(z) \tag{9 - 66}$$

证明 注意到

$$F(z)=\sum_{k=0}^{\infty}f(kT)z^{-k}=f(0)+f(T)z^{-1}+f(2T)z^{-2}+\cdots+f(kT)z^{-k}+\cdots \tag{9 - 67}$$

只要令 $z\to\infty$，就可得到初值定理式（9 - 66）。

另外，由式（9 - 67）还可看出，如果初值为零，则有

$$f(T)|_{f(0)=0}=\lim_{z\to\infty}zF(z) \tag{9-68}$$

5. 终值定理

令 $\mathscr{Z}[f(t)]\triangleq F(z)$，如果 $f(kT)$ $(k=0, 1, 2, \cdots)$ 均为有限值，则

$$f(\infty)=\lim_{k\to\infty}f(kT)=\lim_{z\to 1}(z-1)F(z) \tag{9-69}$$

证明 根据平移定理及Z变换的定义，有

$$\mathscr{Z}[f(t+T)]=z[F(z)-f(0)]=\sum_{k=0}^{\infty}f[(k+1)T]z^{-k} \tag{9-70}$$

又

$$\mathscr{Z}[f(t)]=\sum_{k=0}^{\infty}f(kT)z^{-k} \tag{9-71}$$

两式相减，即式 (9-70) 减式 (9-71)，则

$$(z-1)F(z)-zf(0)=\sum_{k=0}^{\infty}\{f[(k+1)T]-f(kT)\}z^{-k}$$

当 $z\to 1$ 时，对上式两边取极限，其右边

$$\lim_{z\to 1}\sum_{k=0}^{\infty}[f(k+1)T-f(kT)]z^{-k}=f(\infty)-f(0) \tag{9-72a}$$

左边

$$\lim_{z\to 1}[(z-1)F(z)-zf(0)]=\lim_{z\to 1}(z-1)F(z)-f(0) \tag{9-72b}$$

比较式 (9-72a) 和式 (9-72b) 的右边部分，即得式 (9-69) 的终值定理。

6. 卷积定理

令 $\mathscr{Z}[f_1(t)]\triangleq F_1(z)$，$\mathscr{Z}[f_2(t)]\triangleq F_2(z)$，则

$$\mathscr{Z}\left\{\sum_{k=0}^{n}f_1(kT)f_2[(n-k)T]\right\}=F_1(z)F_2(z) \tag{9-73a}$$

或

$$\mathscr{Z}\left\{\sum_{k=0}^{n}f_2(kT)f_1[(n-k)T]\right\}=F_1(z)F_2(z) \tag{9-73b}$$

证明 根据定义，有

$$F_1(z)=\sum_{k=0}^{\infty}f_1(kT)z^{-k} \tag{9-74a}$$

$$F_2(z)=\sum_{k=0}^{\infty}f_2(kT)z^{-k} \tag{9-74b}$$

对式 (9-74a) 两边乘以 $F_2(z)$，则

$$F_1(z)F_2(z)=\sum_{k=0}^{\infty}f_1(kT)z^{-k}F_2(z) \tag{9-75}$$

又由延迟定理式 (9-55) 及Z变换定义知

$$\begin{aligned}\mathscr{Z}[f_2(t-kT)]&=z^{-k}F_2(z)\\&=\sum_{n=0}^{\infty}f_2[(n-k)T]z^{-n}=\begin{cases}0,0<k\\ \sum\limits_{n=k}^{\infty}f_2[(n-k)T]z^{-n},n\geqslant k\end{cases}\end{aligned}$$

将此结果代入式 (9-75) 中，得

$$F_1(z)F_2(z) = \sum_{k=0}^{\infty}\sum_{n=0}^{\infty} f_1(kT)f_2[(n-k)T]z^{-n}$$

$$= \sum_{n=0}^{\infty}\left\{\sum_{k=0}^{\infty} f_1(kT)f_2[(n-k)T]\right\}z^{-n} \qquad (9\text{-}76)$$

$$= z\left\{\sum_{k=0}^{\infty} f_1(kT)f_2[(n-k)T]\right\}$$

于是得证。用类似方法，也可以证明式（9-73b）。

【例 9-11】 已知 $F(z) = \dfrac{z}{(z-e^{\alpha T})(z-e^{\beta T})}$，求原函数（离散函数）$f(kT)$。

解 令 $F(z) = F_1(z)F_2(z)$，其中

$$F_1(z) \triangleq \frac{z}{z-e^{\alpha T}} ; F_2(z) \triangleq \frac{1}{z-e^{\beta T}}$$

查表 9-1，由序号 7 得 $F_1(z)$ 的原函数（经离散后）为

$$f_1(kT) = e^{\alpha kT} , \quad k = 0, 1, 2, \cdots$$

又，$f_2(z)$ 可表为

$$f_2(z) = z^{-1}\frac{z}{z-e^{\beta T}}$$

利用延迟定理式（9-55），可得其原函数为

$$f_2(kT) = \begin{cases} 0, k < 0 \\ e^{\beta(k-1)^T}, k = 1, 2, \cdots \end{cases}$$

再由卷积定理，得 $F(z) = F_1(z)F_2(z)$ 的原函数为

$$f(nT) = \sum_{k=1}^{n} f_2(kT)f_1[(n-k)T] = \sum_{k=1}^{n} e^{\beta(k-1)T}e^{\alpha(n-k)T}$$

$$= e^{(\alpha n-\beta)T}\sum_{k=1}^{n} e^{(\beta-\alpha)kT} = e^{(\alpha n-\beta)T}\frac{e^{(\beta-\alpha)T}[e^{(\beta-\alpha)nT}-1]}{e^{(\beta-\alpha)T}-1}$$

$$= \frac{e^{\beta nT}-e^{\alpha nT}}{e^{\beta T}-e^{\alpha T}}$$

四、Z 反变换

Z 反变换就是根据给定的 $F(z)$ 求原函数 $f(kT)$（离散数列）或 $f^*(t)$（冲激序列）。下面介绍三种常用的 Z 反变换法。

1. 部分分式法

与拉氏变换 $F(s)$ 一样，对 Z 变换 $F(z)$ 也可以利用部分分式法展开，以便于通过查表求得原函数。考查表 9-1 中的各个 Z 变换函数 $F(z)$ 便可看出，除序号 1 外，其余各项的 $F(z)$ 的分子中均含有因子 z。因此，为便于查表，可先对 $F(z)$ 除以 z，将 $\dfrac{F(z)}{z}$ 展开成 $\sum_i \dfrac{C_i}{z-p_i}$ 的形式；然后再乘以 z，化成 $\sum_i \dfrac{C_i z}{z-p_i}$ 的形式。

【例 9-12】 已知 Z 变换函数为

$$F(z) = \frac{z(1-e^{\alpha T})}{(z-1)(z-e^{\alpha T})}$$

求Z反变换 $f^*(t)$ 及 $f(kT)$。

解
$$\frac{F(z)}{z}=\frac{1-e^{aT}}{(z-1)(z-e^{aT})}=\frac{1}{z-1}-\frac{1}{z-e^{aT}}$$

$$F(z)=\frac{z}{z-1}-\frac{z}{z-e^{aT}}$$

查表 9-1 得

$$\mathscr{Z}^{-1}[F(z)]=f^*(t)=\sum_{k=0}^{\infty}(1-e^{akT})\delta(t-kT)$$
$$=(1-e^{aT})\delta(t-T)+(1-e^{2aT})\delta(t-2T)+\cdots\cdots$$
$$+(1-e^{akT})\delta(t-kT)+\cdots\cdots$$
$$\mathscr{Z}^{-1}[F(z)]=f(kT)=1-e^{akT},k=0,1,2,\cdots$$

2. 幂级数法

一般情况下，Z变换 $F(z)$ 常可表示成关于 z 的有理函数形式，即

$$F(z)=\frac{b_0z^m+b_1z^{m-1}+\cdots+b_m}{z^n+a_1z^{n-1}+\cdots+a_n},n\geqslant m \tag{9-77}$$

这时可用长除法来求出关于 z^{-1} 的幂级数的形式

$$F(z)=c_0+c_1z^{-1}+c_2z^{-2}+\cdots+c_kz^{-k}+\cdots \tag{9-78}$$

此式与Z变换的定义式（9-32b）相对应，可知其中 z^{-k} 的各项系数 c_0，c_1，c_2，…，c_k，…就是原函数的数列 $f(0)=c_0$，$f(T)=c_1$，$f(2T)=c_2$，…，$f(kT)=c_k$，…。

【例 9-13】 对［例 9-12］用幂级数法求它的Z反变换。

解
$$F(z)=\frac{z(1-e^{aT})}{(z-1)(z-e^{aT})}=\frac{z(1-e^{aT})}{z^2-(1+e^{aT})z+e^{aT}}$$

用分母去除分子，得

$$F(z)=(1-e^{aT})z^{-1}+(1-e^{2aT})z^{-2}+\cdots+(1-e^{akT})z^{-k}+\cdots$$

因此离散序列

$$f(kT)=1-e^{akT},\ k=0,\ 1,\ 2,\ \cdots$$

如表示为采样信号形式，则有

$$f^*(t)=\sum_{k=0}^{\infty}(1-e^{akT})\delta(t-kT)$$

所得结果与［例 9-12］相同。

3. 留数法

令 $\mathscr{Z}[f(kT)]\triangleq F(z)$，则根据复变函数中的留数理论可以证明（略去证明）

$$f(kT)=\sum_{i=1}^{n}\mathrm{Res}[F(z)z^{k-1}]_{p_i} \tag{9-79}$$

式中 $\mathrm{Res}\,[\cdot]_{p_i}$——代表函数［·］在 $F(z)$ 的极点 p_i 处的留数。

当 $F(z)$ 具有非重极点 p_i 时

$$\mathrm{Res}[F(z)z^{k-1}]=\lim_{z\to p_i}[(z-p_i)F(z)z^{k-1}] \tag{9-80a}$$

当 $F(s)$ 具有 r 重极点 p_i 时

$$\text{Res}[F(z)z^{k-1}]=\frac{1}{(r-1)!}\lim_{z\to p_i}\frac{\mathrm{d}^{r-1}}{\mathrm{d}z^{r-1}}[(z-p_i)^r F(z)z^{k-1}] \tag{9-80b}$$

【例 9-14】 用留数法解［例 9-12］。

解 $F(z)$ 有 $p_1=1$、$p_2=\mathrm{e}^{aT}$两个极点，则

$$f(kT)=\lim_{z\to 1}\left[(z-1)\frac{z(1-\mathrm{e}^{aT})}{(z-1)(z-\mathrm{e}^{aT})}z^{k-1}\right]+\lim_{z\to \mathrm{e}^{aT}}\left[(z-\mathrm{e}^{aT})\frac{z(1-\mathrm{e}^{aT})}{(z-1)(z-\mathrm{e}^{aT})}z^{k-1}\right]$$
$$=1-\mathrm{e}^{akT}$$

$$f^*(t)=\sum_{k=0}^{\infty}(1-\mathrm{e}^{akT})\delta(t-kT)$$

第五节 用 Z 变换求解离散系统

一、用 Z 变换解差分方程

差分方程既可以利用计算机求数值解，也可利用 Z 变换法或其他方法求出解析解。需要指出，数值解法也适用于非线性差分方程，但 Z 变换法则只适用于线性差分方程。

首先考虑 n 阶差分方程［见式（9-15）］

$$y(k+n)+a_1y(k+n-1)+\cdots+a_{n-1}y(k+1)+a_ny(k)$$
$$=b_0u(k+m)+b_1u(k+m-1)+\cdots+b_mu(k)$$
$$n\geqslant m，k=0，1，2，\cdots$$

的 Z 变换解法。在进行 Z 变换时，关键是利用平移定理。

在式（9-15）中，定义

$$Y(z)\triangleq\mathscr{Z}[y(k)] \tag{9-81a}$$

则 $y(k+1)$ 的 Z 变换，由平移定理式（9-51）可得

$$\mathscr{Z}[y(k+1)]=zY(z)-zy(0)$$

同样，$y(k+2)$，…，$y(k+n)$ 的 Z 变换为

$$\mathscr{Z}[y(k+2)]=z^2Y(z)-z^2y(0)-zy(1)$$
$$\vdots$$
$$\mathscr{Z}[y(k+n)]=z^nY(z)-z^ny(0)-z^{n-1}y(1)-\cdots-zy(n-1)$$

类似地，定义

$$U(z)\triangleq\mathscr{Z}[u(k)] \tag{9-81b}$$
$$\mathscr{Z}[u(k+1)]=z(U)z-zu(0)$$
$$\vdots$$

则 $$\mathscr{Z}[u(k+m)]=z^mU(z)-z^mu(0)-z^{m-1}u(1)-\cdots-zu(m-1)$$

代入式（9-15）中，得

$$\begin{aligned}&(z^n+a_1z^{n-1}+\cdots a_{n-1}z+a_n)Y(z)-(z^n+a_1z^{n-1}+\cdots a_{n-1}z)y(0)\\&-(z^{n-1}+a_1z^{n-2}+\cdots+a_{n-2}z)y(1)-\cdots-zy(n-1)\\=&(b_0z^m+b_1z^{m-1}+\cdots b_{m-1}z+b_m)U(z)\\&-(b_0z^m+b_1z^{m-1}+\cdots+b_{m-1}z)u(0)\\&-(b_0z^{m-1}+b_1z^{m-2}+\cdots b_{m-2}z)u(1)-\cdots-b_0zu(m-1)\end{aligned} \tag{9-82}$$

这样，就把一个差分方程转化成以 z 为自变量的代数方程，初始数据 $y(0)$，…，$u(0)$，…等，也自动地包含在代数表达式中了。

【例 9 - 15】 某离散控制系统可由下列差分方程描述

$$y(k+2)-3y(k+1)+2y(k)=u(k)$$

给定

$$y(k)=0,\ 当\ k\leqslant 0$$

$$u(0)=1$$

$$u(k)=0,\ 当\ k<0,\ k>0$$

求该系统的响应 $y(k)$，$k=0$，1，2，…。

解 将 $k=-1$ 代入题给方程中，得 $y(1)=0$，对题给方程取 Z 变换，并注意到初始条件 $y(0)=y(1)=0$，得到

$$(z^2-3z+2)Y(z)=U(z)$$

其中输入 $u(k)$ 的 Z 变换，根据定义（9 - 32c），应为

$$U(z)=\mathscr{Z}[u(k)]=\sum_{k=0}^{\infty}u(k)z^{-k}=1$$

因此，

$$Y(z)=\frac{1}{z^2-3z+2}=\frac{-1}{z-1}+\frac{1}{z-2}$$

由于利用上式查表不便，对它稍作变换。根据平移定理式（9 - 51）及初始条件，有

$$\mathscr{Z}[y(k+1)]=z[Y(z)-y(0)]=zY(z)=-\frac{z}{z-1}+\frac{z}{z-2}$$

由表 9 - 1 的序号 16，得原函数

$$y(k+1)=-1^k+2^k,\ k=0,\ 1,\ 2,\ 3,\ \cdots$$

或者

$$y(k)=\begin{cases}0, & k=0\\ -1^{k-1}+2^{k-1}, & k=1,\ 2,\ 3,\ \cdots\end{cases}$$

二、用 Z 变换解状态方程

考虑下列状态空间描述

$$\boldsymbol{x}(k+1)=\boldsymbol{G}\boldsymbol{x}(k)+\boldsymbol{H}\boldsymbol{u}(k) \tag{9 - 83a}$$

$$\boldsymbol{y}(k)=\boldsymbol{C}\boldsymbol{x}(k) \tag{9 - 83b}$$

的 Z 变换，注意到 Z 变换及平移定理也适用于矢量 $\boldsymbol{x}(k+1)$，因此我们有

$$z\boldsymbol{X}(z)-z\boldsymbol{x}(0)=\boldsymbol{G}\boldsymbol{X}(z)+\boldsymbol{H}\boldsymbol{u}(z) \tag{9 - 84a}$$

$$\boldsymbol{Y}(z)=\boldsymbol{C}\boldsymbol{X}(z) \tag{9 - 84b}$$

由式（9 - 84a）得到状态矢量的 Z 变换为

$$\boldsymbol{X}(z)=\underbrace{z(z\boldsymbol{I}-\boldsymbol{G})^{-1}\boldsymbol{x}(0)}_{零输入部分}+\underbrace{(z\boldsymbol{I}-\boldsymbol{G})^{-1}\boldsymbol{H}\boldsymbol{U}(z)}_{零状态部分} \tag{9 - 85}$$

再取 Z 反变换，可得

$$\boldsymbol{x}(t)=\mathscr{Z}^{-1}[z(z\boldsymbol{I}-\boldsymbol{G})^{-1}]\boldsymbol{x}(0)+\mathscr{Z}^{-1}[(z\boldsymbol{I}-\boldsymbol{G})^{-1}\boldsymbol{H}\boldsymbol{U}(z)] \tag{9 - 86}$$

将此式与式（9 - 25）相互对照，可知

$$\mathscr{Z}^{-1}[z(z\boldsymbol{I}-\boldsymbol{G})^{-1}]=\boldsymbol{\Phi}(k)=\boldsymbol{G}^k \tag{9 - 87}$$

$$\mathscr{Z}^{-1}[(z\boldsymbol{I}-\boldsymbol{G})^{-1}\boldsymbol{H}\boldsymbol{U}(z)]=\sum_{j=0}^{k-1}\boldsymbol{\Phi}(k-j-1)\boldsymbol{H}\boldsymbol{u}(j) \tag{9-88a}$$

$$=\sum_{j=0}^{k-1}\boldsymbol{\Phi}(j)\boldsymbol{H}\boldsymbol{u}(k-j-1) \tag{9-88b}$$

【例 9-16】 用 Z 变换法求解离散控制系统

$$\boldsymbol{x}(k+1)=\boldsymbol{G}\boldsymbol{x}(k)+\boldsymbol{h}u(k)$$

的状态转移矩阵 $\boldsymbol{\Phi}(k)$，并求 $\boldsymbol{x}(k)$ （$k=0, 1, 2, \cdots$）。

式中

$$\boldsymbol{G}\begin{bmatrix}0 & 1\\ -2 & 3\end{bmatrix};\boldsymbol{h}=\begin{bmatrix}1\\ 1\end{bmatrix}$$

初始状态及输入为

$$\boldsymbol{x}(0)=\begin{bmatrix}x_1(0)\\ x_2(0)\end{bmatrix}=\begin{bmatrix}1\\ -1\end{bmatrix};u(k)=1,k\geqslant 0$$

解 状态转移矩阵 $\boldsymbol{\Phi}(k)=\boldsymbol{G}^k=\mathscr{Z}^{-1}[z(z\boldsymbol{I}-\boldsymbol{G})^{-1}]$。我们首先计算

$$(z\boldsymbol{I}-\boldsymbol{G})^{-1}=\begin{bmatrix}z & -1\\ 2 & z-3\end{bmatrix}^{-1}=\frac{\mathrm{adj}(z\boldsymbol{I}-\boldsymbol{G})}{\det(z\boldsymbol{I}-\boldsymbol{G})}=\frac{1}{z^2-3z+2}\begin{bmatrix}z-3 & 1\\ -2 & z\end{bmatrix}$$

$$=\begin{bmatrix}\dfrac{-1}{z-2}+\dfrac{2}{z-1} & \dfrac{1}{z-2}+\dfrac{-1}{z-1}\\ \dfrac{-2}{z-2}+\dfrac{2}{z-1} & \dfrac{2}{z-2}+\dfrac{-1}{z-1}\end{bmatrix}$$

因此，$\boldsymbol{\Phi}(k)$ 可求得如下

$$\boldsymbol{\Phi}(k)=\boldsymbol{G}^k=\mathscr{Z}^{-1}[z(z\boldsymbol{I}-\boldsymbol{G})^{-1}]=\mathscr{Z}^{-1}\begin{bmatrix}\dfrac{-z}{z-2}+\dfrac{2z}{z-1} & \dfrac{z}{z-2}+\dfrac{-z}{z-1}\\ \dfrac{-2z}{z-2}+\dfrac{2z}{z-1} & \dfrac{2z}{z-2}+\dfrac{-z}{z-1}\end{bmatrix}$$

$$=\begin{bmatrix}-2^k+2 & 2^k-1\\ -2^{k+1}+2 & 2^{k+1}-1\end{bmatrix}$$

下面计算 $x(k)$。$Cx(k)$ 的 Z 变换为

$$\mathscr{Z}[\boldsymbol{x}(t)]=\boldsymbol{X}(z)=z(z\boldsymbol{I}-\boldsymbol{G})^{-1}\boldsymbol{x}(0)+(z\boldsymbol{I}-\boldsymbol{G})^{-1}\boldsymbol{h}U(z)$$

$$=(z\boldsymbol{I}-\boldsymbol{G})^{-1}[z\boldsymbol{x}(0)+\boldsymbol{h}U(z)]$$

注意到，对于 $u(k)=1$ （$k=0, 1, 2, \cdots$），有

$$U(z)=\frac{z}{z-1}$$

于是上式中

$$[z\boldsymbol{x}(0)+\boldsymbol{h}U(z)]=\begin{bmatrix}z\\ -z\end{bmatrix}+\begin{bmatrix}1\\ 1\end{bmatrix}\frac{z}{z-1}=\frac{z}{z-1}\begin{bmatrix}z\\ -z+2\end{bmatrix}$$

故

$$\mathscr{Z}[\boldsymbol{x}(t)]=(z\boldsymbol{I}-\boldsymbol{G})^{-1}[z\boldsymbol{x}(0)+\boldsymbol{h}U(z)]$$

$$=\frac{z}{(z-2)(z-1)^2}\begin{bmatrix}z^2-4z+2\\ -z^2\end{bmatrix}$$

$$=\begin{bmatrix}\dfrac{-2z}{z-2}+\dfrac{z}{(z-1)^2}+\dfrac{3z}{z-1}\\ \dfrac{-4z}{z-2}+\dfrac{z}{(z-1)^2}+\dfrac{3z}{z-1}\end{bmatrix}$$

最后得

$$\boldsymbol{x}(k)=\mathscr{Z}^{-1}[\boldsymbol{X}(z)]=\begin{bmatrix}-2^{k+1}+\dfrac{t}{T}+3\\ -2^{k+2}+\dfrac{t}{T}+3\end{bmatrix}$$

第六节 脉冲传递函数

脉冲传递函数，又称为 z 传递函数。它是连续系统的频域描述在离散系统中的推广。

一、脉冲传递函数定义

考虑由 n 阶差分方程［见式（9-15)］

$$y(k+n)+a_1y(k+n-1)+\cdots+a_{n-1}y(k+1)+a_ny(k)$$
$$=b_0u(k+m)+b_1u(b+m-1)+\cdots+b_mu(k)$$
$$n\geqslant m,\ k=0,\ 1,\ 2,\ \cdots$$

上式是描述的单输入单输出系统，对其进行 Z 变换的结果如式（9-82）所示。如果系统的全部初始数据均为零（即零初始状态）

$$y(0)=y(1)=\cdots=y(m-1)=0 \tag{9-89a}$$

$$u(0)=u(1)=\cdots=u(m-1)=0 \tag{9-89b}$$

那么该系统的 Z 变换式就变成如下简单形式

$$(z^n+a_1z^{n-1}+\cdots+a_{n-1}z+a_n)Y(z)$$
$$=(b_0z^{m-1}+\cdots+b_{m-1}z+b_m)U(z) \tag{9-90}$$

在零状态下，离散系统响应的 Z 变换对输入的 Z 变换之比

$$G(z)\triangleq\left.\frac{Y(z)}{U(z)}\right|_{\text{零状态}} \tag{9-91}$$

称为离散系统的脉冲传递函数（或 z 传递函数）。

同样地，对于多输入多输出的离散系统，设系统输入矢量 $\boldsymbol{u}(t)$（r 维）的 Z 变换为 $\boldsymbol{U}(z)$，系统对输入的零状态响应矢量 $\boldsymbol{y}(t)$（m 维）的 Z 变换为 $\boldsymbol{Y}(z)$。一个 $m\times r$ 阶的矩阵 $\boldsymbol{G}(z)$，如果使

$$\left.\boldsymbol{Y}(z)\right|_{\text{零状态}}=\boldsymbol{G}(z)\boldsymbol{U}(z) \tag{9-92}$$

则称为离散系统的脉冲传递函数矩阵（或 z 传递函数矩阵）。

对于由状态空间法描述的离散系统［$\boldsymbol{G}$，$\boldsymbol{H}$，$\boldsymbol{C}$，$\boldsymbol{O}$］［式（9-83)］，可以推出其脉冲传递函数矩阵为

$$\boldsymbol{G}(z)=\boldsymbol{C}(z\boldsymbol{I}-\boldsymbol{G})^{-1}\boldsymbol{H}=\frac{\boldsymbol{C}\mathrm{adj}(z\boldsymbol{I}-\boldsymbol{G})\boldsymbol{H}}{\det(z\boldsymbol{I}-\boldsymbol{G})} \tag{9-93}$$

应该注意到，对大多数实际采样控制系统，其输出往往是连续信号，如图9-13所示。为了能够利用脉冲传递函数来描述这样的系统，我们假想在其输出端通路中串入一个采样开

关，即用图9-13中的虚线代替被它跨接的实线。此虚拟采样开关与实际采样开关同步动作，且具有相同的采样周期 T。此外，参考输入 $R(s)$ 也假想成同样的采样信号。在这种假定之下，上述采样系统就可以用离散系统理论（包括用脉冲传递函数）来研究。必须指出，研究结果的准确度与采样周期 T 的取值大小有关，后者相对于原系统的时间常数来说越小，则准确度越高。

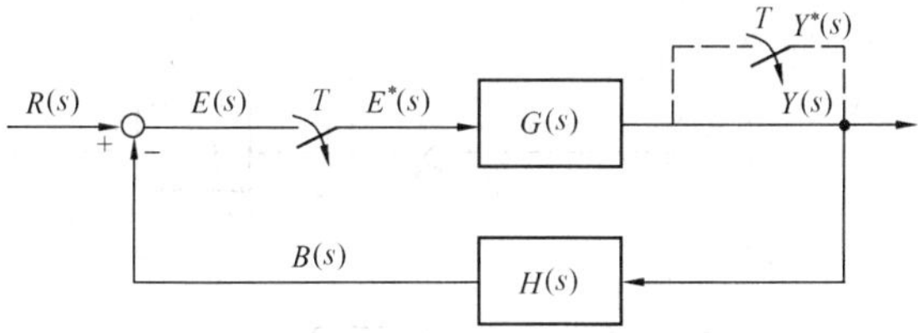

图 9-13 闭环采样控制系统示例

二、系统脉冲传递函数的求法

由于脉冲传递函数的定义类比于连续系统的传递函数，因此，对连续系统传递函数的已有求法，也都适用于脉冲传递函数。下面重点讨论，在已知采样系统各个环节连续传递函数的情况下，如何求得系统的脉冲传递函数。

在采样系统中，环节之间以及环节与采样开关之间的几种典型连接方式，示于图 9-14 中。为了推导系统的脉冲传递函数，在系统的输出端上假想加入一个虚拟采样开关。此外，与以前的约定一样，假定所有采样开关都是理想的，且同一系统中的各个采样开关都能同步工作。

设图 9-14（a）所示系统的脉冲传递函数表示为 $G(z)$，则

$$G(z)=\frac{Y(z)}{R(z)} \tag{9-94}$$

根据已知的 $G(s)$，通过第四节的 Z 变换或直接查表，即可求得 $G(z)$。

图 9-14（b）、(c）都是由两个环节 $G(s)$、$H(s)$ 串联构成的系统。但图（b）属于完全离散化结构，图（c）属于不完全离散化结构。对图（b），不难求得系统脉冲传递函数 $G_\Sigma(z)$为

$$G_\Sigma(z)\triangleq\frac{Y(z)}{R(z)}=G(z)H(z) \tag{9-95}$$

式中 $G(z)$ ——由 $G(s)$ 经查表求得的脉冲传递函数；

$H(z)$ ——由 $H(s)$ 经查表求得的脉冲传递函数。

显然可以看出，$G_\Sigma(z)$ 并不等于为 $G_\Sigma(s)=G(s)H(s)$ 经查表求得的函数。

对图 9-14（c）则有

$$G_\Sigma(z)=GH(z)\neq G(z)H(z) \tag{9-96}$$

式中 $GH(z)$ ——代表由 $G(s)H(s)$ 经查表求得的脉冲传递函数。

【例 9-17】 设

$$G(s)=\frac{1}{s+2},H(s)=\frac{1}{s}$$

求图 9-14（b）和（c）所示系统结构的脉冲传递函数 $G_\Sigma(z)$。

解 查表 9-1 得与 $G(s)$、$H(s)$ 对应的脉冲传递函数为

$$G(z)=\frac{z}{z-e^{-2T}},\quad H(z)=\frac{z}{z-1}$$

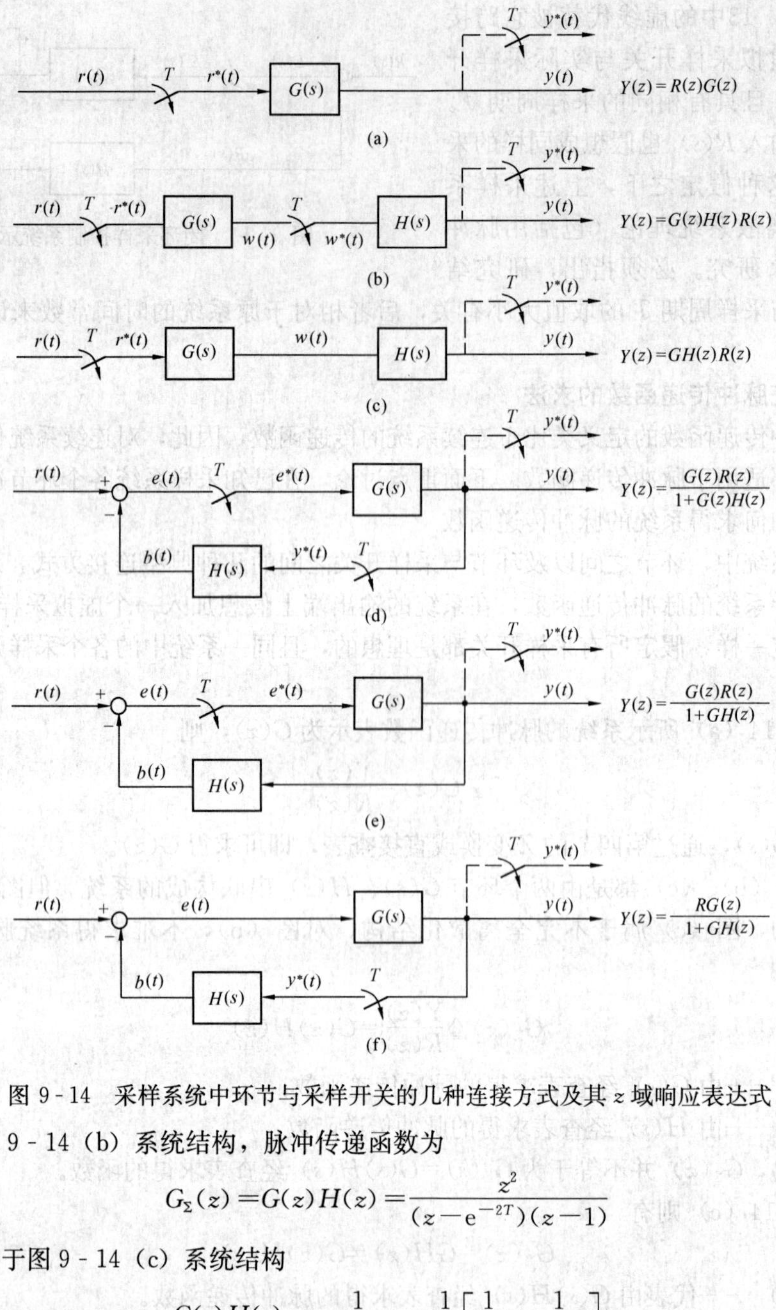

图 9-14　采样系统中环节与采样开关的几种连接方式及其 z 域响应表达式

因此，对于图 9-14（b）系统结构，脉冲传递函数为

$$G_{\Sigma}(z)=G(z)H(z)=\frac{z^2}{(z-\mathrm{e}^{-2T})(z-1)}$$

另外，对于图 9-14（c）系统结构

$$G(s)H(s)=\frac{1}{s(s+2)}=\frac{1}{2}\left[\frac{1}{s}-\frac{1}{s+2}\right]$$

经查表又得图 9-14（c）的脉冲传递函数为

$$G_{\Sigma}(z)=GH(z)=\frac{1}{2}\left[\frac{z}{z-1}-\frac{z}{z-\mathrm{e}^{-2T}}\right]=\frac{z(1-\mathrm{e}^{-2T})}{2(z-1)(z-\mathrm{e}^{-2T})}$$

由此可见

$$G(z)H(z)\neq GH(z)$$

下面考虑图 9-14（d）、（e）和（f）。它们都是负反馈采样控制系统。但其中只有图 9-14（d）属于完全离散化结构。对图 9-14（d），不难求得闭环脉冲传递函数为

$$G_c(z) \triangleq \frac{Y(z)}{R(z)} = \frac{G(z)}{1+G(z)H(z)} \tag{9-97}$$

显然，如果设 $G_c(s) \triangleq \dfrac{G(s)}{1+G(s)H(s)}$，那么，$G_c(z)$ 也不等于由 $G_c(s)$ 经查表所得的结果。

对于图 9 - 14（e），注意到下列关系成立

$$E(z) = R(z) - GH(z)E(z)$$

式中　$GH(z)$ ——由 $G(s)H(s)$ 经查表所得函数。

上式又可表为

$$E(z) = \frac{1}{1+GH(z)}R(z) \tag{9-98}$$

而系统响应为

$$Y(z) = G(z)E(z) = \frac{G(z)}{1+GH(z)}R(z)$$

因此

$$G_c(z) \triangleq \frac{Y(z)}{R(z)} = \frac{G(z)}{1+GH(z)} \tag{9-99}$$

用同样的方法，对于图 9 - 14（f）可以推出

$$Y(z) = \frac{RG(z)}{1+GH(z)} \tag{9-100}$$

式中　$RG(z)$ ——由 $R(s)G(s)$ 经查表所得函数，且

$$RG(z) \neq R(z)G(z) \tag{9-101}$$

上式表明，不可能从 $RG(z)$ 中把 $R(z)$ 分离出来。因此也就不能够像图 9 - 14（d）或（e）那样列出从 $r(t)$ 到 $y(t)$ 之间的脉冲传递函数。对于这种只在反馈回路中含有一个采样开关的系统，分析和综合起来困难要多一些。

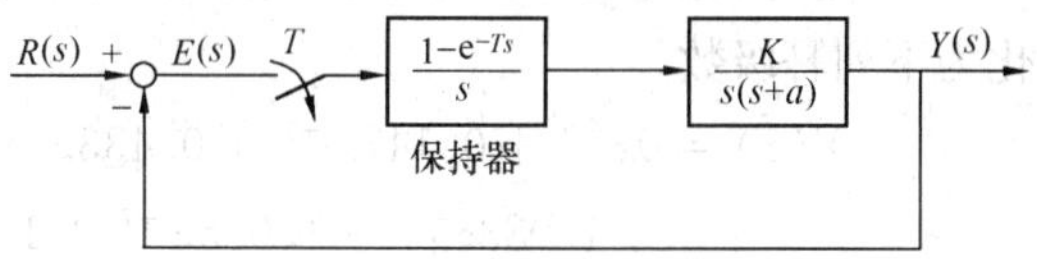

图 9 - 15　［例 9 - 18］中的采样系统

【例 9 - 18】　求图9 - 15所示采样控制系统在单位阶跃信号 $r(t)=1(t)$ 作用下的响应 $y(t)$。图中 $K=10$，$T=0.2$，$a=5$。

解　在图 9 - 15 中系统响应的 Z 变换为

$$Y(z) = \frac{GH(z)}{1+GH(z)}R(z) \tag{9-102}$$

由图知

$$G(s)H(s) = \frac{K(1-e^{-Ts})}{s^2(s+a)}$$

稍加变换，得

$$\begin{aligned} G(s)H(s) &= K(1-e^{-Ts})\frac{1}{s^2(s+a)} = K(1-e^{-Ts})\left(\frac{1/a}{s^2} - \frac{1/a^2}{s} + \frac{1/a^2}{s+a}\right) \\ &= \frac{K}{a}\left(\frac{1}{s^2} - \frac{1}{s^2}e^{-Ts}\right) + \frac{K}{a^2}\left(\frac{1}{s}e^{-Ts} - \frac{1}{s}\right) + \frac{K}{a^2}\left(\frac{1}{s+a} - \frac{1}{s+a}e^{-Ts}\right) \end{aligned} \tag{9-103}$$

注意到

$$\mathscr{L}^{-1}\left[\frac{1}{s^2}\right] = t \times 1(t);\ \mathscr{L}^{-1}\left[\frac{1}{s^2}e^{-Ts}\right] = (t-T)\times 1(t-T)$$

$$\mathscr{L}^{-1}\left[\frac{1}{s}\right] = 1(t);\ \mathscr{L}^{-1}\left[\frac{1}{s}e^{-Ts}\right] = 1(t-T)$$

$$\mathscr{L}^{-1}\left[\frac{1}{s+a}\right]=\mathrm{e}^{-at}\times 1(t);\mathscr{L}^{-1}\left[\frac{1}{s+a}\mathrm{e}^{-Ts}\right]=\mathrm{e}^{-a(t-T)}\times 1(t-T)$$

由式（9－103）直接求Z变换，同时利用延迟定理式（9－55），得

$$GH(z)=\frac{K}{a}\left[\frac{Tz}{(z-1)^2}-\frac{T}{(z-1)^2}\right]+\frac{K}{a^2}\left[\frac{1}{z-1}-\frac{z}{z-1}\right]+\frac{K}{a^2}\left[\frac{z}{z-\mathrm{e}^{-aT}}-\frac{1}{z-\mathrm{e}^{-aT}}\right]$$

$$=\frac{K}{a^2}\frac{[aT-(1-\mathrm{e}^{-aT})]z+[(1-\mathrm{e}^{-aT})-aT\mathrm{e}^{-aT}]}{(z-1)(z-\mathrm{e}^{-aT})} \tag{9-104}$$

将给定的K、T、a的值代入，变成

$$GH(z)=\frac{0.4[\mathrm{e}^{-1}z+(1-2\mathrm{e}^{-1})]}{(z-1)(z-\mathrm{e}^{-1})} \tag{9-105}$$

将式（9－105）代入式（9－102），并注意到

$$R(z)=\mathscr{Z}\left(\frac{1}{s}\right)=\frac{z}{z-1} \tag{9-106}$$

得

$$Y(z)=\frac{\dfrac{0.4[\mathrm{e}^{-1}z+(1-2\mathrm{e}^{-1})]}{(z-1)(z-\mathrm{e}^{-1})}}{1+\dfrac{0.4[\mathrm{e}^{-1}z+(1-2\mathrm{e}^{-1})]}{(z-1)(z-\mathrm{e}^{-1})}}\times\frac{z}{z-1}$$

$$=\frac{10}{25}\times\frac{\mathrm{e}^{-1}z+(1-2\mathrm{e}^{-1})}{z^2-(1+0.6\mathrm{e}^{-1})z+(0.4+0.2\mathrm{e}^{-1})}\times\frac{z}{z-1} \tag{9-107}$$

为了由$Y(z)$求得时域响应$y^*(t)$［为了方便，我们求$y(k)$，$k=0$，1，2，…］，要对式（9－107）进行反变换。由于该式较繁，采用幂级数法进行Z反变换较好。这时式（9－107）可以化为下列幂级数

$$Y(z)=0z^{-0}+0.147z^{-1}+0.433z^{-2}+0.711z^{-3}+0.917z^{-4}+1.036z^{-5}$$
$$+1.083z^{-6}+1.085z^{-7}+1.065z^{-8}+\cdots$$

因此

$$y(0)=0$$
$$y(1)=0.147$$
$$y(2)=0.433$$
$$\vdots$$

第七节　线性离散控制系统的性能分析

一、离散控制系统的稳定性分析

1.z平面上的稳定性分析

用于连续系统稳定性分析的所有方法，经过数学映射后几乎都可以适用于离散系统。作为例子，本节从s平面与z平面的对应映射关系，引出z平面上的稳定性判据。

（1）z平面与s平面的映射关系：

首先，考虑一个单环负反馈采样控制系统，如图9－16所示。

系统脉冲响应的Z变换为

$$Y(z)=\frac{G(z)}{1+GH(z)}R(z) \tag{9-108}$$

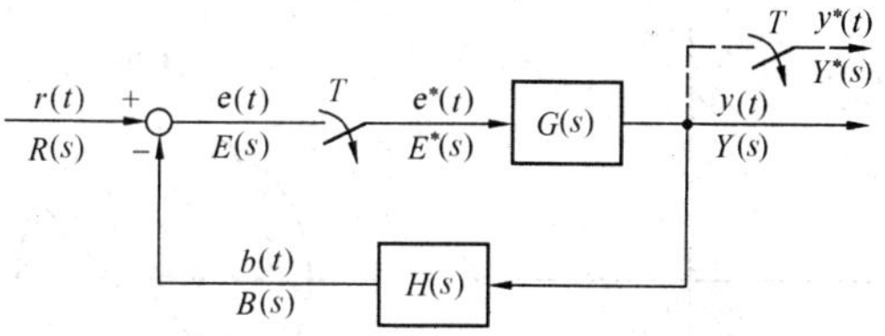

图 9-16　单环负反馈采样控制系统

式中　$GH(z)$ ——由 $G(s)H(s)$ 经查表等变换法所得到的一个脉冲传递函数。

可以推知，由上式中分母所构成的方程

$$1+GH(z)=0 \qquad (9-109)$$

是离散系统的特征方程，它与连续系统的特征方程的形式是相类似的。

事实上，不难列出采样信号 $y^*(t)$ 的拉氏变换如下

$$Y^*(s)=\frac{G^*(s)}{1+G^*H(s)}R^*(s) \qquad (9-110)$$

式中　$G^*(s)$、$G^*H(s)$ ——是用 $z=e^{Ts}$ 分别代入 $G(z)$、$GH(z)$ 后所得的函数，即

$$G^*(s)=[G(z)]_{z=e^{Ts}} \neq G(s) \qquad (9-111a)$$

$$G^*H(s)=[GH(z)]_{z=e^{Ts}} \neq G(s)H(s) \qquad (9-111b)$$

已知，在 s 域中特征方程

$$1+G^*H(s)=0 \qquad (9-112)$$

是采样控制系统的特征方程［假定式（9-110）中不存在闭环零点、极点对消现象］。该方程的根 $s=r_1$，r_2，…，r_n 在 s 平面上的分布，决定了系统的稳定性。同样可以说，在 z 域中，方程 $1+GH(z)=0$ 也是属于该采样系统的特征方程。该方程的根 $z=r_{z1}$，r_{z2}，…，r_{zn} 在 z 平面上的分布，也能决定系统的稳定性。

当采用以 s 为自变量的特征方程式（9-112）时，由于其中的 s 都以指数 e^{Ts} 的形式出现，方程式（9-112）是关于 s 的超越方程，不便于分析。当采用以 z 为自变量的特征方程式（9-109）时，得到的是关于 z 的代数方程，因而分析较方便。

但是，为了用 z 来判定采样控制系统的稳定性，必须知道对于 s 平面的左半边，在 z 平面上所对应的部分是什么。

从 z 与 s 的关联关系式 $z=e^{Ts}$ 出发，建立 z 平面与 s 平面的对应关系。为此，将 $s=\sigma+j\omega$ 代入上式，则

$$z=e^{\sigma T}e^{j\omega T} \qquad (9-113)$$

注意到，在 s 平面的虚轴上 $\sigma=0$，因此

$$z\Big|_{\sigma=0}=e^{j\omega T}$$

它的模及相角为

$$|z|=e^{\sigma T}=e^0=1, \angle z=\omega T \qquad (9-114)$$

此式表明，s 平面上的虚轴映射到 z 平面上就是一个以原点为中心的单位圆，当角频率 ω 从 $-\infty$ 向 $+\infty$ 增加时，式（9-114）中的角度 ωT 每增加 2π，z 就逆时针绕行单位圆一周。换句话说，s 平面上的动点沿虚轴变化于 $-j\infty \to 0 \to +j\infty$ 时，映射到 z 平面上的轨迹将沿单位圆转无限多圈。这种映射示于图 9-17 中。

进一步考查 s 平面左半部的点映射到 z 平面单位圆的内域还是外域。可假设式(9-114)中的 $\sigma<0$，则 z 平面上对应点的模为

$$|z|=e^{\sigma T}=\frac{1}{e^{|\sigma T|}}<1 \qquad (9-115)$$

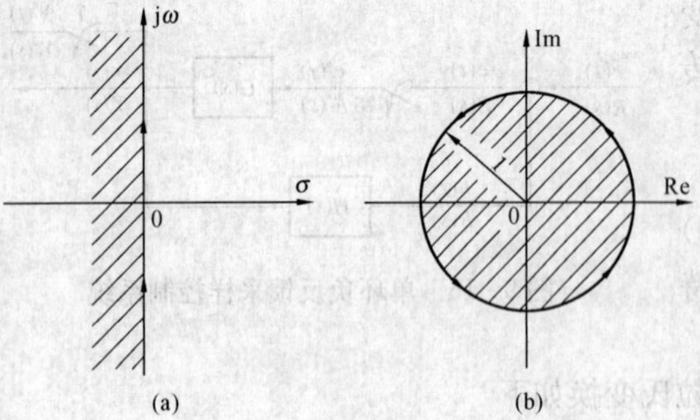

图 9-17　s 平面向 z 平面的映射
(a) s 平面；(b) 映射后的 z 平面

由此可知，z 平面单位圆的内域与 s 平面的左半部分对应。亦即，s 平面的左半部分映射到 z 平面单位圆的内域。

(2) z 平面上稳定性的充要条件：

结合上述，对于图 9-16 所示的采样控制系统，当且仅当特征方程 $1+GH(z)=0$ 的所有根——特征根 r_{z1}，r_{z2}，…，r_{zn} 都位于 z 平面单位圆（不含圆周）的内域时，系统才是渐近稳定的（简称稳定）。

把这个判据推广用于一般的线性离散系统，可以表述为：对于一个以不可约的有理函数形式的脉冲传递函数

$$G(z)=\frac{b_0z^m+b_1z^{m-1}+\cdots+b_m}{z^n+a_1z^{n-1}+\cdots+a_n},n\geqslant m \tag{9-116}$$

描述的线性离散系统，当且仅当 $G(z)$ 的全部极点 r_{z1}，r_{z2}，…，r_{zn} 都位于 z 平面单位圆（不含圆周）的内域时，系统才是稳定的。这是稳定的充要条件，用关系式表述则有

$$|r_{zi}|<1,i=1,2,3,\cdots,n \tag{9-117}$$

式中，r_{zi}（$i=1$，2，…，n）为 $G(z)$ 的极点，即系统的特征根。

【例 9-19】　判定如图 9-18 所示采样控制系统的稳定性。图中 T 为采样周期，$T>0$。

解　系统开环传递函数为

$$G(s)H(s)=\frac{1-e^{-Ts}}{s(s+1)}=(1-e^{-Ts})\left(\frac{1}{s}-\frac{1}{s+1}\right)$$

对应的开环脉冲传递函数为

$$GH(z)=(1-z^{-1})\left(\frac{z}{z-1}-\frac{z}{z-e^{-T}}\right)=1-\frac{z-1}{z-e^{-T}}$$

因此特征方程

$$1+GH(z)=1+1-\frac{z-1}{z-e^{-T}}=0$$

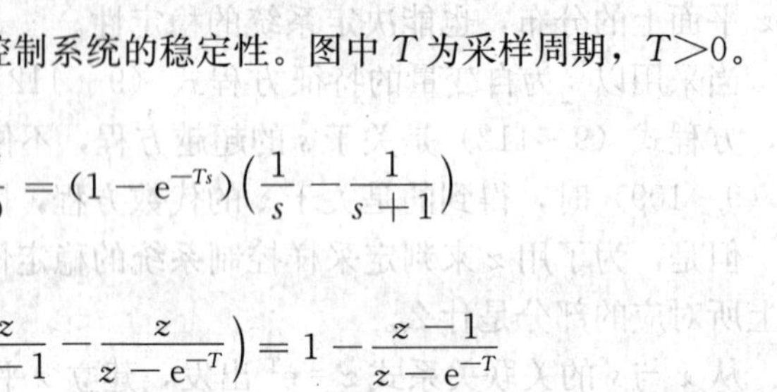

图 9-18　［例 9-19］中的采样控制系统

稍加整理后，有

$$\frac{1}{z-e^{-T}}[z-(2e^{-T}-1)]=0$$

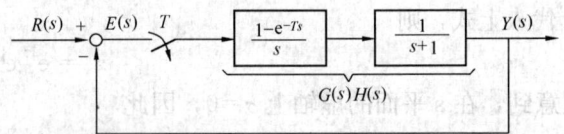

它有一根，设表为 r_{z1}，则

$$r_{z1}=2e^{-T}-1$$

当 $T>0$ 时，该根必存在于实数区间（−1，1）的内域，即

$$-1<r_{z1}<1$$

亦即它位于 z 平面的单位圆内域。系统是稳定的，而不管 T 的值如何。

2. 离散系统稳定性的代数判据

在第六章曾介绍过判定代数方程的所有根是否落入 s 平面左半部分的代数判据。也有的学者提出了判定代数方程的所有根是否落入 z 平面单位圆内域的代数判据，例如 Schur-Cohn 判据等。然而，Schur-Cohn 判据的推导稍繁，这里不再介绍，有兴趣的读者可参阅有

关文献。下面介绍变量变换法，可以直接应用第六章介绍过的代数判据。

由于在z平面中的稳定性是判别特征根是否在单位圆内，因此在s平面的判据就无法直接应用。需要寻找一种新的变换，使z平面上单位圆内的值映射到新的平面的虚轴之左侧，这样就可用代数判据了。

（1）z平面向w平面的映射关系：

这里考虑离散系统的特征方程

$$z^n + a_1 z^{n-1} + a_2 z^{n-2} + \cdots + a_{n-1} z + a_n = 0 \tag{9-118}$$

作变量变换

$$z \triangleq \frac{w+1}{w-1} \tag{9-119}$$

即以z为自变量换成以w为自变量。可以证明，这样就把z平面上的单位圆的内域映射为w平面的左半部分，如图9-19所示。

$z \to w$是一种代数变换。为了证明图9-19的映射关系，令

$$z \triangleq r e^{j\varphi}, w \triangleq \alpha + j\beta \tag{9-120}$$

代入式（9-119）中等号两边，稍加整理可得

$$r^2 = \frac{(1+\alpha)^2 + \beta^2}{(1-\alpha)^2 + \beta^2} \tag{9-121}$$

由此

$$\left.\begin{aligned} &当\ \alpha > 0,\ r > 1 \\ &当\ \alpha = 0,\ r = 1 \\ &当\ \alpha < 0,\ r < 1 \end{aligned}\right\} \tag{9-122}$$

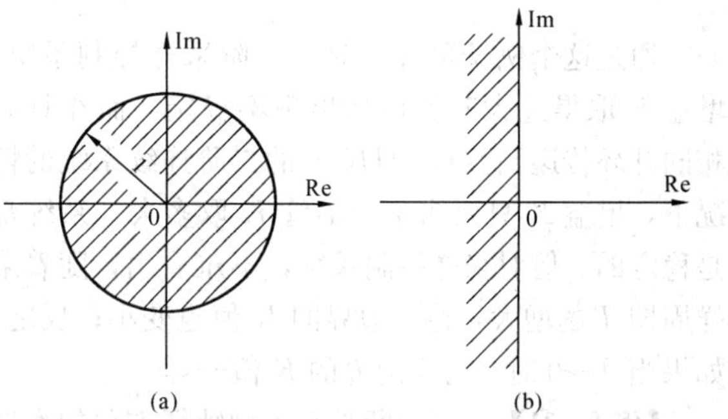

图9-19 z平面向w平面的映射

（a）z平面；（b）映射后的w平面

亦即，w平面的左半部分与z平面的单位圆内域相对应。

（2）离散系统在w平面的稳定性代数判据（Routh判据）：

即离散系统特征方程映射在w平面上的代数方程的系数应都是同号。可通过下例来说明其可行性。

【例9-20】 考虑图9-15中的采样控制系统。图中，$T=0.2$，$a=5$。为了保证系统稳定，要求确定增益K的取值范围。

解 这是一个二阶系统。由式（9-104）可得特征方程（代入$T=0.2$，$a=5$后）

$$1 + GH(z) = 1 + \frac{K\{[1-(1-e^{-1})]z - [(1-e^{-1}) - e^{-1}]\}}{25(z-1)(z-e^{-1})} \tag{9-123}$$

令$z=\dfrac{w+1}{w-1}$代入上式，稍加整理后得

$$\begin{aligned} &1 + GH\left(\frac{w+1}{w-1}\right) \\ &= \frac{(50+50e^{-1}-3Ke^{-1}+K)w^2 + 2[25(1-e^{-1}) + K(2e^{-1}-1)]w + K(1-e^{-1})}{50w[(1+e^{-1})w + (1-e^{-1})]} \\ &= 0 \end{aligned}$$

亦即

$$(50+50e^{-1}-3Ke^{1}+K)w^2 + 2[25(1-e^{-1}) + K(2e^{-1}-1)]\omega + K(1-e^{-1}) = 0 \tag{9-124}$$

显然，如要使系统稳定，上式的各系数必须都是同号。

因注意到：$K>0$，且 $1-e^{-1}>0$。因此，式（9-124）中的常数项

$$K(1-e^{-1})>0$$

这就要求其余两项系数全为正：w^2 项的系数

$$50(1+e^{-1})-K(3e^{-1}-1)>0$$

亦即

$$K<\frac{50(1+e^{-1})}{3e^{-1}-1}=659.93$$

w 项的系数

$$25(1-e^{-1})+K(2e^{-1}-1)>0$$

亦即

$$K<\frac{25(1-e^{-1})}{1-2e^{-1}}=59.8$$

综合上列，得出系统稳定的充要条件为

$$0<K<59.8 \tag{9-125}$$

通过这个例子可知，对于二阶采样控制系统，增益 K 取得过大时就可能出现不稳定。而在具有相同开环传递函数 $G(s)H(s)$ 的二阶连续系统的情况下，增益 K 只要为正，不管 K 取多大，系统都是稳定的。但对采样控制系统，不难看出，随着采样周期 T 的增大，稳定边界的 K 值也变小；反之，如果当 $T\to 0$ 时，稳定边界的 K 值 $\to\infty$。

表 9-2 离散系统的 Routh 阵列

行号 \ 列号	1	2
1 (w^3)	1	2
2 (w^2)	2	40
3 (w^1)	−18	0
4 (w^0)	40	0

【例 9-21】 试判断具有下列特征方程的离散系统的稳定性

$$45z^3-117z^2+119z-39=0 \tag{9-126}$$

解 进行 w 变换

$$45\left(\frac{w+1}{w-1}\right)^2-117\left(\frac{w+1}{w-1}\right)^2+119\left(\frac{w+1}{w-1}\right)-39=0$$

得

$$w^3+2w^2+2w+40=0$$

所作 Routh 阵列（见表 9-2）中，第一列元素变号两次，故知该系统有两个不稳定的根。

3. Nyquist 稳定判据

线性连续系统中的 Nyquist 稳定判据，同样可以适用于线性采样控制系统。

仍用图 9-16 示例的采样控制系统来分析。已知，该系统稳定的充要条件是特征方程 $1+GH(z)=0$ 的所有根都位于 z 平面的单位圆内域；或者也可以说，以 s 为自变量的特征方程 $1+G^*H(s)=0$［式（9-112）］的所有根都位于 s 平面不含虚轴的左半部分。

设 $s=j\omega$，代入开环传递函数 $G^*H(s)$ 中，则得采样系统的开环频率特性 $G^*H(j\omega)$。当 ω 变化于 $-\infty\to 0\to+\infty$ 时，在 $G^*H(s)$ 平面上绘制 Nyquist 曲线。根据 Nyquist 曲线是否包围点（−1，j0）及包围的方向与次数，即可判定系统的稳定性。换句话说，在第六章介绍的 Nyquist 稳定判据可以直接应用于离散系统。

【例 9-22】 考虑图 9-20 所示的采样控制系统，图中 $T=1s$。试绘制 Nyquist 曲线，并确定稳定边界的增益 K 值。

解　不考虑采样开关的作用时，系统开环传递函数为

$$G(s)H(s)=\frac{(1-\mathrm{e}^{-Ts})K\mathrm{e}^{-Ts}}{s(s+1)} \tag{9-127}$$

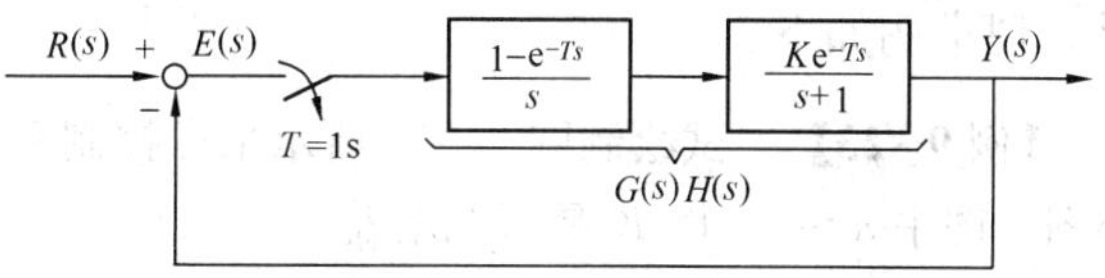

图 9-20　[例 9-22] 中的采样控制系统

可以求得经采样后的开环脉冲传递函数如下

$$GH(z)=\frac{(1-\mathrm{e}^{-T})Kz^{-2}}{(1-\mathrm{e}^{-T}z^{-1})} \tag{9-128}$$

将 $z=\mathrm{e}^{\mathrm{j}\omega T}$，$T=1s$ 代入式（9-128），则

$$GH(\mathrm{e}^{\mathrm{j}\omega})=\frac{(1-\mathrm{e}^{-1})K\mathrm{e}^{-\mathrm{j}2\omega}}{1-\mathrm{e}^{-1}\mathrm{e}^{-\mathrm{j}\omega}} \tag{9-129}$$

与式（9-129）相对应的 Nyquist 图示于图 9-21 中。

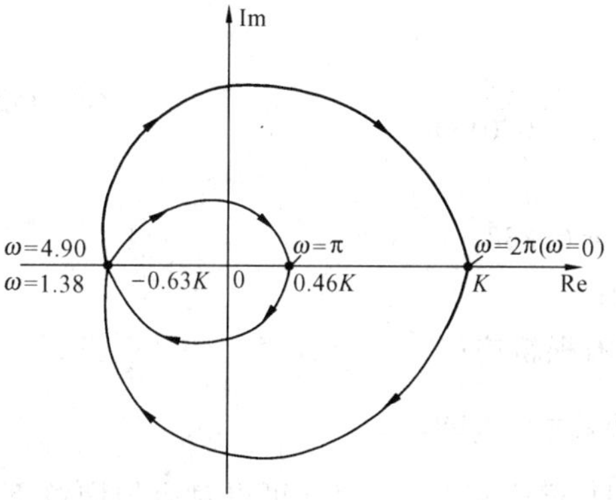

图 9-21　例 [9-22] 中的 Nyquist 图

图中 Nyquist 曲线与负实轴相交于 $-0.63K$ 点处。由 Nyqusit 稳定判据可知，当

$$0<K<\frac{1}{0.63} \tag{9-130}$$

时系统是稳定的，否则是不稳定的。

通过上例可以总结出应用 Nyquist 判据判定采样控制系统稳定性的大致步骤如下：

(1) 求出采样系统的开环脉冲传递函数 $GH(z)$。

(2) 令 $z=\mathrm{e}^{\mathrm{j}\omega T}$ 得到开环脉冲频率特性，即

$$GH(\mathrm{e}^{\mathrm{j}\omega T})=G^{*}H(\mathrm{j}\omega) \tag{9-131}$$

(3) 根据上式绘制 Nyquist 图。绘图中需要注意，虽然对连续系统频率 ω 应从 0 变化到 $+\infty$，但对采样系统频率 ω 只需从 0 变化到 $\omega_s=2\pi/T$ 就可以了。因为采样系统的整个频率响应曲线的形状都已包含在区间 $[0,\ \omega_s]$ 之内了，所以该区间以外的形状只是前者的重复。

(4) 考察 Nyquist 曲线对（-1，j0）点形成包围的情况，按 Nyquits 判据判定系统的稳定性。

4. 离散系统的根轨迹法

连续系统中的根轨迹法也可以直接应用于采样控制系统。设系统的特征方程为

$$1+GH(z)=0 \tag{9-132}$$

式中的开环脉冲传递函数 $GH(z)$ 可以表示为有理函数

$$GH(z)=\frac{K'(z-z_1)(z-z_2)\cdots(z-z_m)}{(z-p_1)(z-p_2)\cdots(z-p_n)},n>m \tag{9-133}$$

式中　z_1，z_2，…，z_m——开环零点；

p_1，p_2…，p_n——开环极点；

K'——开环增益。

在这种情况下，第八章介绍的绘制根轨迹图的几条原则都适用。其间的差异是：不是在 s 平面上而是在 z 平面上作图。此外，在分析稳定性时要采用单位圆周而不是以虚轴作为稳定边

界。现举例如下。

【例 9-23】 试绘制图 9-15 所示采样控制系统在不同采样周期 T 为 0.1，1，4s 时的根轨迹图。图中 $a=1$，而 K 是可调增益。

解 该系统的开环脉冲传递函数由式（9-104）确定，将 $a=1$，及 T 为 0.1，1，4s 代入，则得

$$GH(z)=K\frac{(T-1+e^{-T})z+1-(T+1)e^{-T}}{(z-1)(z-e^{-T})} \tag{9-134}$$

当 $T=0.1$s 时

$$GH(z)=K\frac{0.005(z+0.9)}{(z-1)(z-0.905)} \tag{9-134a}$$

当 $T=1$s 时

$$GH(z)=K\frac{0.368(z+0.72)}{(z-1)(z-0.368)} \tag{9-134b}$$

当 $T=4$s 时

$$GH(z)=K\frac{3.08(z+0.302)}{(z-1)(z-0.018)} \tag{9-134c}$$

现讨论 $T=1$s 时的根轨迹图如下：

(1) 开环零点 $z_1=-0.72$，开环极点 $p_1=1$、$p_2=0.368$；

(2) $n-m=2-1=1$，有一条渐近线，即负实轴；

(3) 在实轴上的 1～0.368 和 −0.72～−∞之间有根轨迹；

(4) 由 $\frac{dGH(z)}{dz}=0$ 得分离点 $z=0.648$，会合点 $z=-2.09$；

(5) 为了求出单位圆周的交点，令 $z=x+jy$，且 $x^2+y^2=1$，解之可得对应的增益 $K=2.38$，此即稳定边界上的 K 值。

根据上述可以画出 $T=1$s 时的根轨迹，如图 9-22（a）所示。

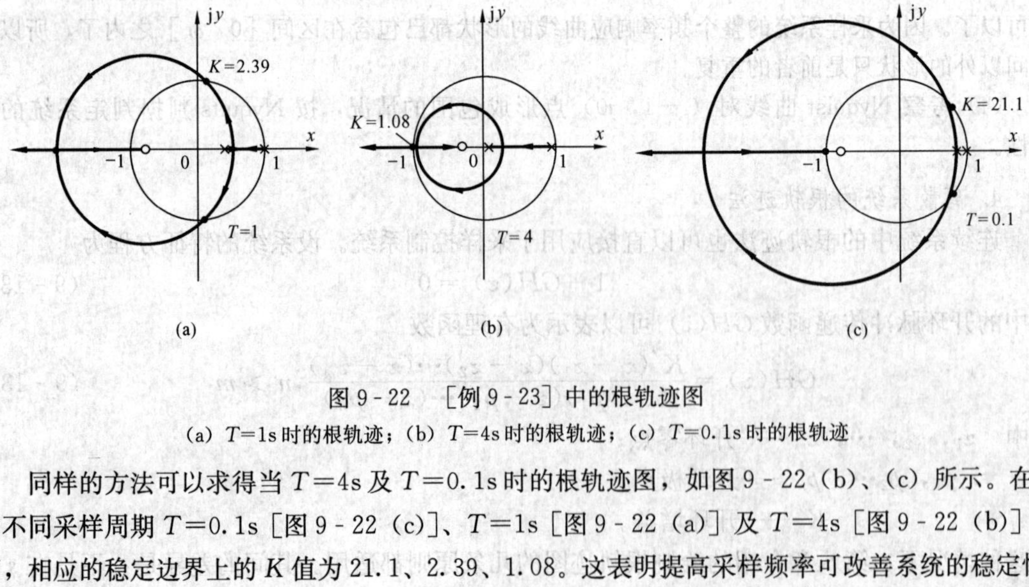

图 9-22 ［例 9-23］中的根轨迹图

(a) $T=1$s 时的根轨迹；(b) $T=4$s 时的根轨迹；(c) $T=0.1$s 时的根轨迹

同样的方法可以求得当 $T=4$s 及 $T=0.1$s 时的根轨迹图，如图 9-22（b）、(c) 所示。在三种不同采样周期 $T=0.1$s［图 9-22（c)］、$T=1$s［图 9-22（a)］及 $T=4$s［图 9-22（b)］之下，相应的稳定边界上的 K 值为 21.1、2.39、1.08。这表明提高采样频率可改善系统的稳定性。

二、离散系统的稳态误差

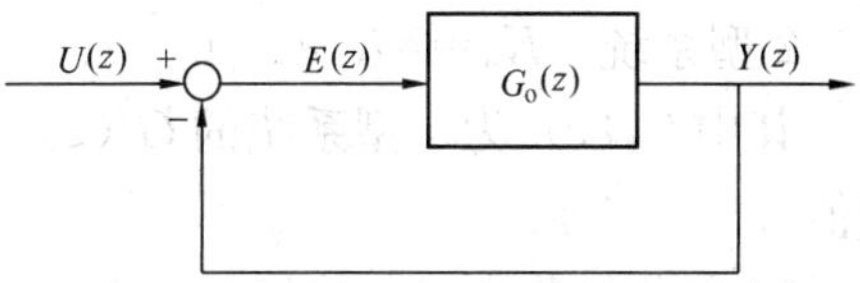

图 9-23 单位反馈的离散控制系统

稳态误差是系统稳态性能的重要指标。在单位反馈的离散控制系统中，根据图 9-23 的结构，系统在输入信号作用下误差的 Z 变换式应为

$$E(z)=\frac{U(z)}{1+G_o(z)} \tag{9-135}$$

假定闭环系统是稳定的，则利用终值定理，不难求得系统的稳态误差 e_{ss}。因为

$$e_{ss}=\lim_{k\to\infty}e(k)=\lim_{z\to 1}(z-1)E(z)=\lim_{z\to 1}(z-1)\frac{U(z)}{1+G_o(z)} \tag{9-136}$$

由此可见，离散控制系统的稳态误差与连续控制系统的稳态误差一样，与输入信号$u(t)$[或$U(z)$] 及系统的结构——开环脉冲传递函数 $G_o(z)$ 有关。

由于 z 平面上 $z=1$ 的极点与 s 平面上 $s=0$ 的极点相应，因此离散控制系统可按其开环脉冲传递函数 $G_o(z)$ 中含有 0、1、2、…个 $z=1$ 的极点而分为 0 型、1 型、2 型、…系统。下面讨论在典型输入信号下，对于不同结构的系统的稳态误差的计算。

1. 单位阶跃（位置）输入时

$$u(t)=1(t)$$

$$R(z)=\frac{z}{z-1}$$

$$e_{ss}=\lim_{z\to 1}\left[(z-1)\frac{1}{1+G_o(z)}\frac{z}{z-1}\right]=\lim_{z\to 1}\frac{z}{1+G_o(z)}=\frac{1}{1+K_p}$$

其中

$$K_p=\lim_{z\to 1}G_o(z) \tag{9-137}$$

定义为位置误差系数。对于：

0 型系统 $K_p=G_o(1)$，$e_{ss}=\dfrac{1}{1+G_o(1)}$（有限值）；

1 型系统 $K_p=\infty$，$e_{ss}=0$；

2 型系统 $K_p=\infty$，$e_{ss}=0$。

2. 单位斜坡（速度）输入时

$$u(t)=t$$

$$R(z)=\frac{Tz}{(z-1)^2}$$

$$e_{ss}=\lim_{z\to 1}\left[(z-1)\frac{1}{1+G_o(z)}\frac{Tz}{(z-1)^2}\right]=T\lim_{z\to 1}\frac{z}{(z-1)[1+G_o(z)]}$$

$$=T\lim_{z\to 1}\frac{1}{(z-1)G_o(z)}=\frac{1}{K_v}$$

定义速度误差系数

$$K_v=\frac{1}{T}\lim_{z\to 1}[(z-1)G_o(z)] \tag{9-138}$$

因此对于：

0 型系统 $K_v=0$，$e_{ss}=\infty$；

1 型系统 $K_v=\dfrac{G_1(1)}{T}$，$e_{ss}=\dfrac{T}{G_1(1)}$（有限值）；

2 型系统　$K_v=\infty$，$e_{ss}=0$。

其中 $G_1(z)$ 为 1 型系统的 $G_o(z)$ 在消去了 $z=1$ 的极点之后，在 $z=1$ 时的脉冲传递函数值。

3. 单位抛物线（加速度）输入时

$$u(t)=\frac{1}{2}t^2$$

$$R(z)=\frac{T^2z(z+1)}{2(z-1)^3}$$

$$e_{ss}=\lim_{z\to 1}\left[(z-1)\frac{1}{1+G_o(z)}\frac{T^2z(z+1)}{2(z-1)^3}\right]$$

$$=T^2\lim_{z\to 1}\frac{1}{(z-1)^2[1+G_o(z)]}=T^2\lim_{z\to 1}\frac{1}{(z-1)^2G_o(z)}=\frac{1}{K_a}$$

定义加速度误差系数

$$K_a=\frac{1}{T^2}\lim_{z\to 1}[(z-1)^2G_o(z)] \tag{9-139}$$

因此对于：

0 型系统　$K_v=0$，$e_{ss}=\infty$；

1 型系统　$K_v=0$，$e_{ss}=\infty$；

2 型系统　$K_v=\frac{G_2(1)}{T^2}$，$e_{ss}=\frac{T^2}{G_2(1)}$。

其中 $G_2(z)$ 为 2 型系统的 $G_o(z)$ 在消去了 $z=1$ 的重极点之后，在 $z=1$ 时的脉冲传递函数值。

由此可见，在离散控制系统中，当典型输入信号和系统类型不同时所得的关于稳态误差的结论和连续控制系统中的结论是相同的。但是要注意，在采样离散控制系统中：

(1) 有差系统的稳态误差还与采样周期的大小有关，缩短采样周期将会减小稳态误差。

(2) 上述结果只是采样时刻的稳态误差，在采样时刻之间还将附加由高频频谱信号产生的纹波所引起的误差。有时，这部分误差会很大，在分析和设计系统时应该注意。

三、离散控制系统的暂态性能

如果已知离散控制系统的数学模型，通过递推法或者 Z 变换法不难求出典型输入作用下的输出响应。离散控制系统的暂态响应取决于系统脉冲传递函数零点、极点在 z 平面上的分布。

1. z 平面上闭环极点位置与暂态性能特征

在研究离散控制系统时与连续系统一样，对系统暂态性能指标给予关注。因此，希望能掌握闭环极点在 z 平面上不同位置时的暂态性质。将通过下面具体的讨论来阐述。

现先讨论输入为单位阶跃函数时的输出响应。因

$$Y(z)=G(z)U(z)=\frac{N(z)}{D(z)}\frac{z}{z-1} \tag{9-140}$$

为了分析方便，假设 $G(z)$ 无重极点。于是

$$\frac{Y(z)}{z}=\frac{N(z)}{(z-1)D(z)}=\frac{A_0}{z-1}+\sum_{i=1}^{n}\frac{A_i}{z-p_i} \tag{9-141}$$

其中

$$A_0=\frac{N(1)}{D(1)}=G(1) \tag{9-141a}$$

所以

$$A_i=\left.\frac{(z-p_i)N(z)}{(z-1)D(z)}\right|_{z=p_i} \tag{9-141b}$$

$$Y(z)=\mathscr{Z}^{-1}\left[\frac{A_0 z}{z-1}+\sum_{i=1}^{n}\frac{A_i z}{z-p_i}\right]=A_0 1^k+\sum_{i=1}^{n}A_i(p_i)^k \tag{9-142}$$

式中，A_0 为阶跃响应的稳态值；$\sum_{i=1}^{n}A_i(p_i)^k$ 为其暂态响应部分。

因此研究不同闭环极点分布时的暂态响应部分来说明系统的暂态性能特征。显然，对应于 z 平面上闭环极点 p_i，可表示为

$$P_i=r_i e^{j\theta_i}=r_i(\cos\theta_i+j\sin\theta_i)$$

的暂态响应为

$$A_i r_i^k(\cos k\theta_i+j\sin k\theta_i)$$

则有：

（1）正实数极点时，$\theta_i=0°$，暂态响应为 $A_i r_i^k$，是单调的。$r_i<1$，为衰减序列；$r_i=1$，为等幅序列；$r_i>1$，为发散序列［分别对应于图 9-24（a）中的（3），（2），（1）］。

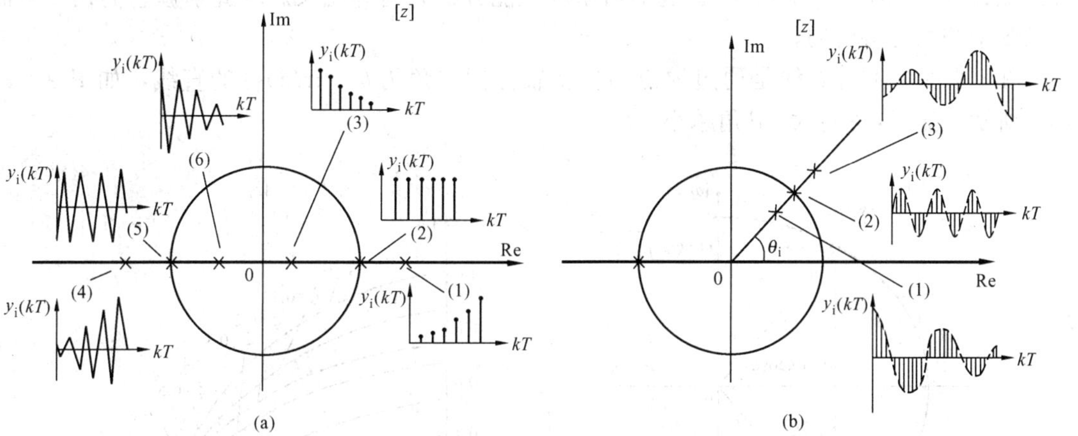

图 9-24　z 平面上的极点分布与暂态响应

（a）实数极点的暂态响应；（b）复数极点的暂态响应

（2）负实数极点时，$\theta_i=180°$，暂态响应为 $A_i r_i^k\cos k\pi$，是振荡的，振荡频率最高为 $\omega=\pi/T$。同样，$r_i<1$，为衰减振荡；$r_i=1$，为等幅振荡；$r_i>1$，为发散振荡［分别对应于图 9-24（a）中的（6），（5），（4）］。

（3）复数极点时必为共轭复数极点，p_i，$p_{i+1}=|p_i|e^{\pm j\theta_i}$，$0°<\theta_i<180°$，暂态响应为

$$A_i r_i^k e^{jk\theta_i}+A_i' r_i^k e^{-jk\theta_i}$$

其中 A_i 和 A_i' 共轭，因此暂态响应

$$\begin{aligned}&|A_i|e^{j\phi_i}r_i^k e^{jk\theta_i}+|A_i'|e^{-j\phi_i}r_i^k e^{-jk\theta_i}\\&=|A_i|r_i^k[e^{j(k\theta_i+\phi_i)}+e^{-j(k\theta_i+\phi_i)}]\\&=2|A_i|r_i^k\cos(k\theta_i+\phi_i)\end{aligned}$$

是余弦振荡形式。当 $r_i<1$ 时，振荡的衰减速率取决于 r_i 的大小，r_i 越小，衰减越快；振荡

频率与 θ_i 有关，θ_i 越大，振荡频率越高，可以证明 $\omega=\theta_i/T$ [分别对应于图 9-24（b）中的（1），（2），（3）]。

暂态响应与极点分布的关系如图 9-24 所示。

由上述分析可知，只要闭环极点在 z 平面的单位圆内，离散控制系统总是稳定的。稳定系统的暂态性能往往被一对靠近单位圆的主导复数极点所支配（其他极点远离单位圆）。所以，在离散控制系统中，为了获得较好的暂态性能，希望它的主导极点分布在 z 平面的单位圆内，而且离原点不要太远，与实轴的夹角 θ_i 要适中。

至于系统的零点，虽然不影响系统的稳定性，但影响系统的暂态性能。零点影响的定性分析比较困难，在此不作详细论述，通常是把它的影响计算到有关极点所对应的暂态分量的大小中去。当然，在采样离散控制系统中，暂态性能的分析只是在采样瞬间有效。有些系统尽管在采样时刻上的阻尼性能很好，但采样时刻之间的纹波可能仍然很厉害，特别是在采样周期较大的时候。

2. s 平面的等阻尼比线在 z 平面上的映射

在连续高阶系统的暂态性能分析和校正研究中，提出了以闭环主导复数极点性能分析的工程近似法，在实用中给予重视，为此在二阶系统在 s 平面上的时域上的等性能指标线，如等阻尼比线（如图 4-14 所示）。它们对系统性能分析有指导意义。为此掌握它们在 z 平面上的映射关系是必要的。

在 s 平面上的等 ξ 线是通过原点与负实轴方向夹角为 $\theta=\arccos\xi$ 的直线，如图 9-25（a）所示。显然，ξ 越大，θ 角越小。

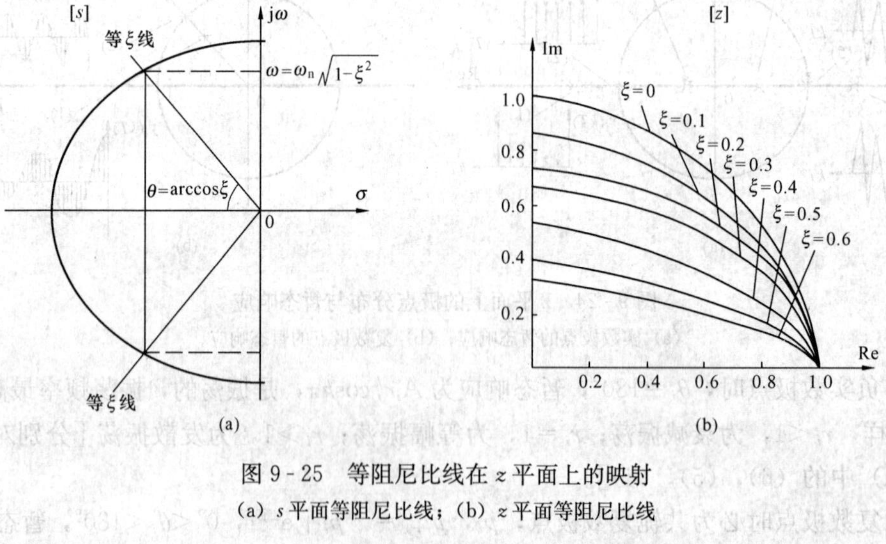

图 9-25　等阻尼比线在 z 平面上的映射

（a）s 平面等阻尼比线；（b）z 平面等阻尼比线

本 章 小 结

（1）离散系统即采样控制系统，与连续系统的区别在于：离散系统中的信号仅在离散的时刻上定义。本章主要讨论了完全离散系统，即系统中的全部信号都是离散的。但是有许多实际采样控制系统只是局部含有采样器。对这种不完全离散系统，为了分析上的方便，常常引入虚拟采样器，以便把连续信号假想为离散的。同样的原因，本章对采样也只考虑了等周期理想采样。

(2) 连续信号的采样与复现是一个至关重要的问题。例如，当采用数字计算机控制连续时间的被控对象时，或者对某个连续系统进行数字仿真时，为了不损失或少损失原有连续信号的信息，都必须仔细考虑采样与复现的问题。

在确定采样周期时，Shannon 采样定理具有重要的指导意义。当原连续信号的带宽有限且已知时，该定理能准确地给出不失真地复现原信号的频谱所必需的最低采样频率（或最大采样周期)。即使原连续信号的实际带宽是无限的（多数都属于这一类)，该定理也能为选择合适的采样周期，尽量避免损失有用信息，提供原则性的依据。

(3) Z 变换的定义可以从两个不同的方面引入。一种是借于对原则上属于连续系统的采样信号 $f^*(t)$ 进行拉氏变换而引入，即

$$f^*(t) \triangleq \mathscr{L}[f^*(t)] = \sum_{k=0}^{\infty} f(kT)\mathrm{e}^{-kTs}$$

$$\Downarrow$$

$$F(z) \triangleq \mathscr{Z}[f^*(t)] = \sum_{k=0}^{\infty} f(kT)z^{-k}$$

一种是直接对离散信号 $f(kT)$（$k=0$，1，2，…）进行定义，即

$$F(z) \triangleq \mathscr{Z}[f(kT)] = \sum_{k=0}^{\infty} f(kT)z^{-k}$$

前者适用于被采样的连续信号；后者适用于只考虑离散信号的情况。

由于不同的定义，它的反变换的结果 $\mathscr{Z}^{-1}[F(z)]$也就有两种

$$\mathscr{Z}^{-1}[F(z)]=f^*(t), \mathscr{Z}^{-1}[F(z)]=f(kT)$$

上述定义允许我们把采样信号 $f^*(t)$ 和离散信号 $f(kT)$ 在某种意义上等价起来。这种等价使我们可以利用只适用于离散信号的差分方程去描述含有采样信号的连续动态系统。另外，由于 Z 变换可以认为是拉氏变换的又一形式，所以用拉氏变换分析连续系统时的许多重要定理或结论，也都可以平行地移植到 Z 变换分析中来。

(4) 与对线性连续系统的描述一样，对线性离散系统也有时域和频域描述以及外部和内部描述。差分方程和离散状态方程分别属于时域外部描述和时域内部描述；而脉冲传递函数则属于频域外部描述。

对差分方程或离散状态方程，求满足初始条件的数值解是比较方便的。在采用数字计算机求解微分方程或连续状态方程满足初始条件的数值解时，必须使上述方程离散化以后才能进行。本章对微分方程或状态方程的离散化，也进行了较简单的介绍。在已知系统各环节的传递函数时，求系统的脉冲传递函数，不仅和各环节的连接方式有关，还和系统中采样开关的数量和装设位置有关。在某些情况下［例如像图 9 - 17 (f) 那样，只在反馈回路采用一个采样开关］甚至不能列出系统脉冲传递函数的表达式。尽管如此，对大多数实际采样控制系统，人们仍然乐于采用脉冲传递函数分析法。

(5) 对连续系统的许多分析方法，都可以移植于离散系统。离散系统在 z 平面上的稳定区域是单位圆内域。对以 z 为自变量的特征方程利用 w 变换

$$z = \frac{w+1}{w-1}$$

还可以把 z 平面上单位圆的内域再映射为 w 平面上的左半部分。这样，以前介绍的代数判据就可以直接应用了。

对单环反馈采样控制系统，Nyquist 稳定判据以及根轨迹法，仍然可以适用。

（6）在离散控制系统中，当典型输入信号和系统类型不同时所得的关于稳态误差的结论和连续控制系统中的结论是相同的。但是要注意，在采样离散控制系统中，有差系统的稳态误差还与采样周期的大小有关，缩短采样周期将会减小稳态误差。本章分析的只是采样时刻的稳态误差，在采样时刻之间还将附加由高频频谱信号产生的纹波所引起的误差。

（7）在分析高阶离散控制系统的暂态性能时，关于高阶连续系统中闭环主导复数极点的概念在这里也可应用。如果高阶的离散控制系统中存在一对在单位圆内靠近单位圆周的闭环主导复数极点，其他极点也在单位圆内但远离单位圆周，即靠近圆心，那末，这样的系统的暂态性能，将主要由这对闭环主导复数极点在圆内的位置所支配。所以，在离散控制系统中，为了获得较好的暂态性能，希望它的主导极点分布在 z 平面的单位圆内域，而且离原点不要太远，与实轴的夹角要适中。总之，其极点越靠近圆点，其稳定性能越好，暂态过程时间（例如调整时间 t_s）也会越短。至于该系统中对零点影响的定性分析，比较困难，通常是把它的影响计算到有关极点所对应的动态分量的大小中去。没有展开介绍。

习　　题

T9-1　已知连续时间信号为 $f(t)=te^{-t}$，试写出其冲激序列 $f^*(t)$、$f^*(t)$ 的拉氏变换 $F^*(s)$以及 Z 变换 $F(z)$ 的数学表达式。

T9-2　计算下面各式的 Z 变换值：

(1) $K\delta(t)$；

(2) $Kt\times1(t)$；

(3) $K\delta(t-\tau)$。

以上各式中 K 为常数。

T9-3　利用 Z 变换表示下列时间函数的 Z 变换：

(1) $\dfrac{A}{k!}t^k$；

(2) $a^{\frac{t}{\tau}}$；

(3) t^2。

T9-4　试根据下面所给拉氏变换式列写其 Z 变换式：

(1)$F(s)=\dfrac{s+3}{(s+1)(s+2)}$；

(2)$F(s)=\dfrac{a}{s^2+a^2}$；

(3)$F(s)=\dfrac{a}{s(s+a)}$

T9-5　已知下列拉氏变换式，试求它们的 Z 变换式：

(1) $F(s)=\dfrac{1}{s(s^2+4)}$；

(2) $F(s)=\dfrac{1}{s^2(s+2)}$。

T9-6　已知下列Z变换式，试求它们的Z反变换 $f(kT)$。

(1) $F(z)=\dfrac{10z}{(z-1)(z-2)}$；

(2) $F(z)=\dfrac{z^2}{(z-0.8)(z-0.1)}$；

(3) $F(z)=\dfrac{z}{(z+1)(3z^2+1)}$。

T9-7　已给定下列系统的脉冲传递函数

$$G(z)=\frac{Y(z)}{U(z)}$$

求它们的差分方程：

(1) $G(z)=\dfrac{4z}{(z-1)^2}$；

(2) $G(z)=\dfrac{1}{(z-1)(z-2)}$；

(3) $G(z)=\dfrac{2z+1}{(z+1)(z+5)}$。

T9-8　求解下列差分方程：

(1) $y(k+2)-2y(k+1)+y(k)=0$

给定条件，$y(0)=y(1)=1$；

(2) $y(k+1)-y(k)=u(k)$

给定条件，$y(0)=1$，$u(k)=k^2$；

(3) $y(k+2)+4y(k+1)+3y(k)=u(k)$

给定条件，$y(0)=y(1)=0$，$u(k)=2k$。

T9-9　试利用一步超前定理

$$\mathscr{Z}[f(t+T)]=z[F(z)-f(0)]$$

推证多步超前定理

$$\mathscr{Z}[f(t+mT)]=z^m\left[F(z)-\sum_{n=0}^{m-1}f(nT)z^{-n}\right]$$

T9-10　对离散状态空间描述

$$\boldsymbol{x}(k+1)\begin{bmatrix}0 & -1\\ -0.4 & 0.3\end{bmatrix}\boldsymbol{x}(k)+\begin{bmatrix}0\\ 1\end{bmatrix}u(k)$$

$$\boldsymbol{x}(0)=\begin{bmatrix}1\\ -1\end{bmatrix},u(k)=1(k),\ k=0,1,2,\cdots$$

求零输入解 $\boldsymbol{x}_{0-\mathrm{in}}(k)$ 与零状态解 $\boldsymbol{x}_{0-\mathrm{st}}(k)$。

T9-11　某连续系统的状态方程为

$$\begin{bmatrix}\dot{x}_1\\ \dot{x}_2\end{bmatrix}=\begin{bmatrix}0 & 1\\ -2 & -3\end{bmatrix}\begin{bmatrix}x_1\\ x_2\end{bmatrix}+\begin{bmatrix}0\\ 1\end{bmatrix}u$$

试列出该系统离散化的状态方程。

T9-12　试将下列系统的 z 传递函数改写为可控标准形的状态方程：

$$x(k+1) = Gx(k) + Hu(k)$$
$$y(k) = Cx(k) + Du(k)$$

(1) $\dfrac{Y(z)}{U(z)} = \dfrac{5}{1+2z^{-1}+3z^{-2}+4z^{-3}}$；

(2) $\dfrac{Y(z)}{U(z)} = \dfrac{2z^2+z+3}{z^3+4z^2+3z+1}$；

(3) $\dfrac{Y(z)}{U(z)} = \dfrac{z^3+2z^2+z+3}{z^3+4z^2+3z+1}$。

T9 - 13　图 T9 - 13 所示为两个开环的采样控制系统，其中

$$G_1(s) = \frac{1}{s};\quad G_2(s) = \frac{a}{s+a}$$

试确定各系统在单位阶跃信号作用下的响应的 Z 变换式 $Y(z)$。

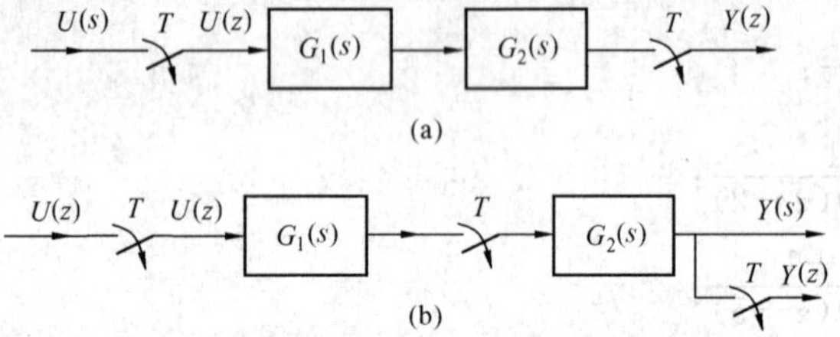

图 T9 - 13　开环离散控制系统框图

T9 - 14　如果图 T9 - 14 (a)、(b)、(c) 中的传递函数

$$G(s) = K_1\frac{1-e^{-sT}}{s^2}, H(s) = \frac{1}{1+sT_1}$$

当输入信号的拉氏变换是 $U(s)=K_2/s$ 时，试推导这三个采样系统的阶跃响应的 z 域表达式。

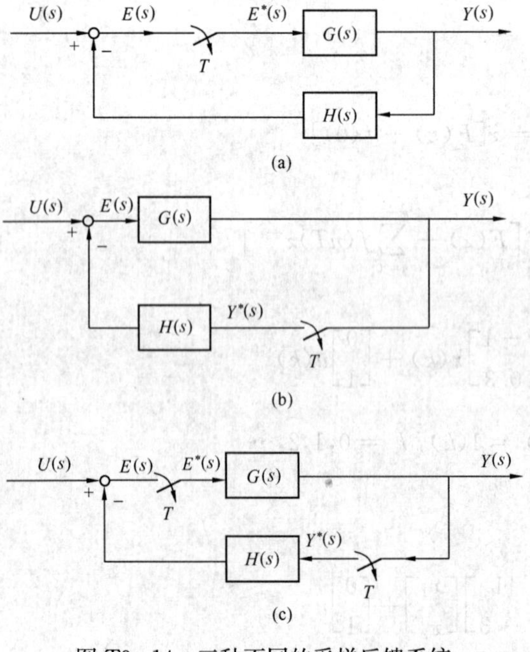

图 T9 - 14　三种不同的采样反馈系统

T9 - 15　试推导图 T9 - 14 (b) 中输出采样反馈系统的 z 传递函数 $Y(z)/U(z)$ 的表达式。

T9 - 16　已知离散控制系统的特征方程为：

(1) $z^3+3.5z^2+3.5z+1=0$；

(2) $z^4-z^3+2z^2+3z+4=0$。

试用代数判据判断该两系统的稳定性，指出有多少个根处于 z 平面单位圆的外域？

T9 - 17　已知某离散控制系统的开环 z 传递函数

$$G_o(z) = \frac{0.632Kz}{(z-1)(z-0.368)}$$

试绘制该系统的根轨迹图，确定其稳定的 K 值范围。

T9 - 18　已知采样系统如图 T9 - 18 所示。要求作根轨迹图，设采样周期为 $T=0.8$s。试根据根轨迹图确定闭环系统稳定的

K 值范围。

T9 - 19 已知闭环离散系统如图 T9 - 19 所示，试绘制其 Nyquist 图，根据该图判断系统的稳定性。

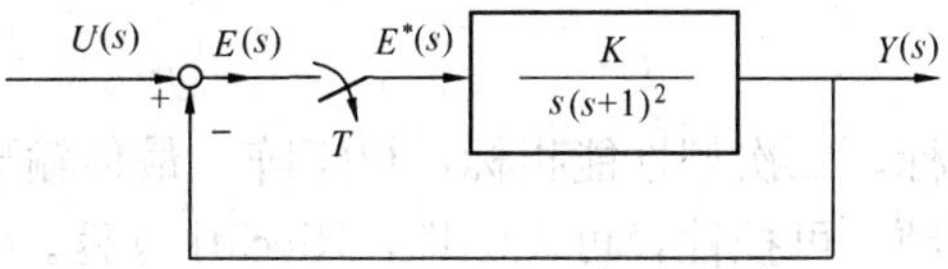

图 T9 - 18 闭环离散系统框图

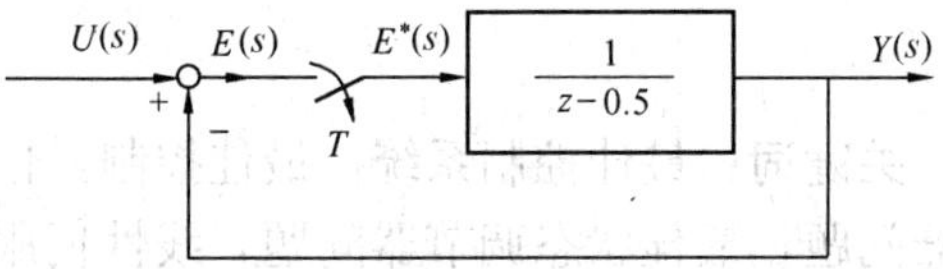

图 T9 - 19 闭环离散系统框图

第十章　线性最佳控制系统

关键词：最佳控制系统，最佳控制，性能指标，二次型性能指标，权矩阵，最佳输出调节器问题，最佳状态调节器问题，线性伺服器问题，可控性，可观测性，Riccati 方程。

内容提要：最佳控制理论是现代控制理论中比较活跃的一个分支。由于篇幅所限，本章只简要介绍基于二次型性能指标的线性最佳控制系统的基本设计思想，内容包括基于二次型性能指标的线性最佳控制系统描述，最佳调节器问题的求解，Riccati 方程的计算机解法和最佳调节器的频域分析。

第一节　基于二次型性能指标的最佳控制问题

一、什么是最佳控制问题

从以前几章关于反馈控制系统的设计与校正的叙述中，已经介绍的那些设计方法都属于试探法，即针对某一控制对象给出一组性能指标，然后假定一种控制器（P，PI，PD 或 PID 等）进行试探，如果通过调整控制器有关参数，能够满足所给性能指标，则认为所设计的系统是合适的。显然，上述设计方法无法回答这样一个问题：设计出来的系统，对于给定的这组性能指标是不是最好的？并且这种方法也不能很好地解决多输入多输出系统及复杂系统的设计问题。

实际上，人们往往希望设计的系统可以按照人们的某种意愿选择一条达到某种目的的最佳途径，即需要利用控制作用使系统的某种性能指标达到最佳。

例如，对于电枢控制的它励直流电动机，有一种控制要求是要求电动机在 t_f 时间内，从静止状态启动，转过一定的角度 θ 后停止，并且在这个过程中电枢绕组上的损耗最小。我们可以很容易地利用所学过的知识来描述该问题。电枢控制的他励直流电动机动态方程为

$$J\frac{d\omega}{dt}+M_L=C_MI_a$$

式中，M_L 为恒定负载转矩；J 为转动惯量；I_a 为电枢电流；ω 为电动机的角速度；C_M 为转矩系数。

要求电动机在 t_f 时间内，从静止状态启动，转过一定的角度 θ 后停止，则有

$$\omega(0)=0,\omega(t_f)=0,\int_0^{t_f}\omega dt=\theta$$

要求电枢绕组上的损耗最小，则可以定义性能指标 J 为

$$J=\int_0^{t_f}RI_a^2dt$$

式中，R 为绕组电阻。

求解问题：使得 J 为最小。

设状态变量 $x_1(t)=\theta$，$x_2(t)=\omega$，若令控制变量 $u(t)$ 满足

$$u(t)=\frac{J\dfrac{d\omega}{dt}}{C_M}=I_a-\frac{M_L}{C_M}$$

则状态方程为

$$\dot{\boldsymbol{x}}(t)=\boldsymbol{A}\boldsymbol{x}(t)+\boldsymbol{B}u(t)$$

式中
$$\boldsymbol{x}(t)=\begin{bmatrix}x_1(t)\\x_2(t)\end{bmatrix},\boldsymbol{A}=\begin{bmatrix}0&1\\0&0\end{bmatrix},\boldsymbol{B}=\begin{bmatrix}0\\\dfrac{C_M}{J}\end{bmatrix}$$

边界条件

$$x_1(0)=0,x_1(t_f)=\theta$$
$$x_2(0)=0,x_2(t_f)=0$$

则
$$J=\int_0^{t_f}R\left[u(t)+\frac{M_L}{C_M}\right]^2dt$$

问题变为：求解控制变量 $u(t)$，使 J 最小。这就是最佳控制问题。

一般地，最佳控制问题可以描述为：对于系统 $\dot{\boldsymbol{x}}=f[\boldsymbol{x}(t),\boldsymbol{u}(t),t]$，若已知对应的边界条件［如给定初始条件 $\boldsymbol{x}(t_0)=\boldsymbol{x}_0$］和控制性能指标 $J=\int_{t_0}^{t_f}\boldsymbol{\Phi}[\boldsymbol{x}(t),\boldsymbol{u}(t),t]dt$，求解控制矢量 $\boldsymbol{u}(t)$，使性能指标 J 极小。满足这个条件的控制矢量 $\boldsymbol{u}(t)$，称为最佳控制矢量（简称最佳控制）。具有最佳控制的系统，称为最佳控制系统。

下面，将针对线性控制系统，以一种常用的最简单的基于二次型性能指标的最佳控制问题为例进行分析，目的在于使读者明确求解最佳控制问题的基本原理。更进一步的内容请参考相关的现代控制理论的文献。

二、基于二次型性能指标的最佳控制问题

考虑如图 10 - 1 所示的控制系统。其中被控对象是给定的。为简单起见，假定被控对象子系统是单输入单输出的，并且用状态空间形式描述，即

$$\dot{\boldsymbol{x}}=\boldsymbol{A}\boldsymbol{x}+\boldsymbol{b}u,\ \boldsymbol{x}(0)=\boldsymbol{x}_0 \tag{10 - 1a}$$

$$y=\boldsymbol{c}\boldsymbol{x} \tag{10 - 1b}$$

式中 $\boldsymbol{x}$——被控对象子系统的 n 维状态矢量；

u——上述子系统的输入变量，即控制量；

y——它的输出变量，即被控制量。

图中的 $\hat{y}(t)$ 代表系统输出的希望值。希望值与输出之差 $\Delta y(t)=\hat{y}(t)-y(t)$，即系统偏差。

对于图 10 - 1，希望设计一个最佳控制器。所谓最佳，是指使系统的某些所期望的性能最佳。为此，采用能综合地反映出系统稳定性、暂态性能和稳态性能的性能指标

$$J\triangleq\int_0^{\infty}\{q[\hat{y}(t)-y(t)]^2+u^2(t)\}dt \tag{10 - 2}$$

式中 $\hat{y}(t)-y(t)$——系统实际输出对希望值的偏差，即系统偏差；

q——正定的权系数，$q>0$。

显然，这是前面介绍的最佳控制问题的一种特殊形式。由于式（10 - 2）中的被积函数是系

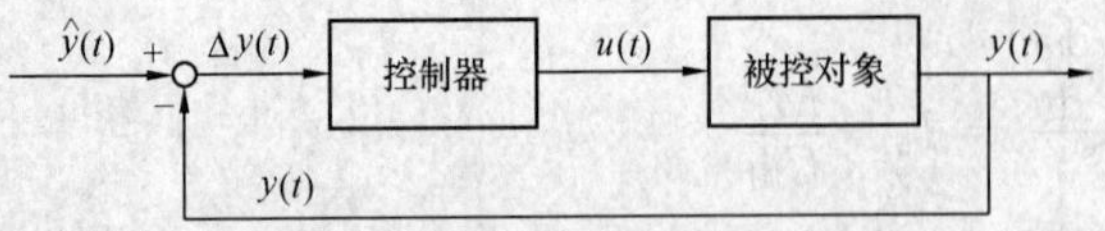

图 10-1　单输入单输出控制系统

统偏差与控制项的平均加权和，这类问题称为基于二次型性能指标的最佳控制问题，式（10－2）称为二次型性能指标。

二次型性能指标的涵义如下：被积函数中对系统偏差取平方 $[\hat{y}(t)-y(t)]^2$，表示对正偏差和负偏差平等地看待；并且对大的偏差给予更大的重视而较少考虑小的偏差，因为大的值平方后更大，小的值平方后更小。被积函数中控制变量的平方 $u^2(t)$，相当于某种控制功率。它在时间区间 $[t,\infty)$ 上取积分后，相当于整个控制过程中所消耗的广义控制能量。权系数 q 的大小，表示对系统偏差与控制功率的相对重视程度。具体地说，q 的值越大，越重视系统偏差而较少考虑控制功率；反之，q 的值越小，越重视控制功率而较少考虑系统偏差。此外，由于 J 在时间 $[0,\infty)$ 上取积分，所以这个性能指标代表着整个控制过程（暂态和稳态）中误差的总累积值和控制能量的总消耗值。如果使该积分值达到最小，就意味着累积误差和控制能量的加权和达到最小。

顺便指出，采用式（10－2）所表示的性能指标，由于积分区间为 $[0,\infty)$，所以如果当 $t\to\infty$时，实际输出 $y(t)$ 不趋近于希望值$\hat{y}(t)$，那么积分 J 必趋于无限大。这就意味着，如果 J 是有限值，则稳态偏差应等于零；同时，控制功率在 $t\to\infty$时，亦必无限减少至零。我们看到，这个性能指标，既考虑了暂态误差，又考虑了稳态误差，还考虑了控制能量，因此它是一个合理的综合指标。

对于线性定常系统，采用上述二次型性能指标，还有另外一个重要原因：它在数学上是最易于处理的一种形式。通过以后各节的推导，我们将会看到这一点。

综合上述，基于二次型性能指标的最佳控制问题是指：在给定被控对象子系统［式（10－1）］和性能指标 J［式（10－2）］之下，寻找一个控制规律 $u_{[0,\infty)}$，使 J 达到极小值（即 $\min J$）。

三、基于二次型性能指标最佳控制问题的几种特殊形式

1. 最佳输出调节器问题

对于式（10－1）所示动态系统和式（10－2）所示性能指标，若希望值 $\hat{y}(t)$ 是个常数，那么这种最佳控制问题，又称为最佳输出调节器问题。显然，最佳输出调节器问题是基于二次型性能指标的最佳控制问题的一种局部情形。这正和过去提过的自动调节系统是自动控制系统的局部情形是一样的（参见第一章）。

如图 10－2（a）所示，如果把恒定的希望值取为参考点，$\hat{y}\equiv 0$，那么性能指标式（10－2）又可改写为

$$J=\int_0^{\infty}[qy^2(t)+u^2(t)]\mathrm{d}t \tag{10-3}$$

本章在讨论最佳输出调节器问题时，将采用此式作为性能指标。

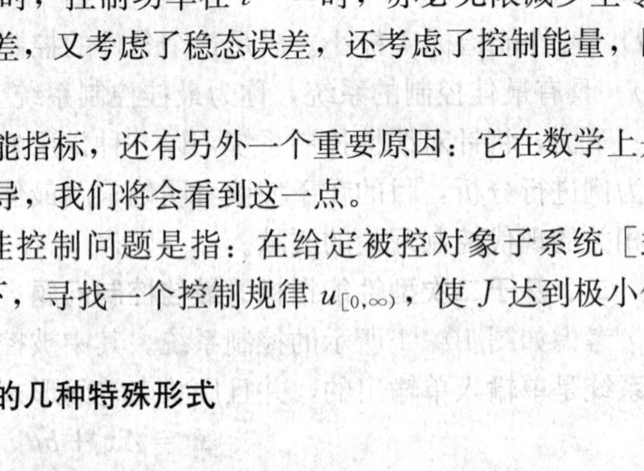

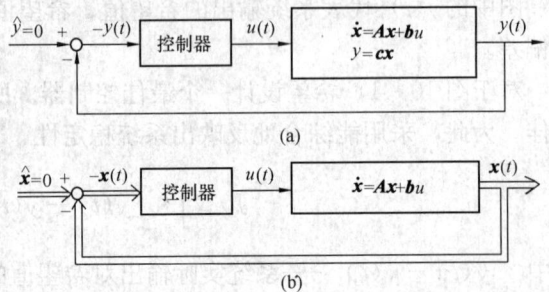

图 10-2　最佳调节器问题
(a) 输出调节器；(b) 状态调节器

需要指出，这样的调节器问题，相当于只考虑它的零输入响应。换言之，系统的响应 $y(t)$ 是由非零初始状态所引起的。

2. 最佳状态调节器问题

最佳状态调节器问题如图 10 - 2（b）所示。考虑线性定常系统的状态方程

$$\dot{\boldsymbol{x}} = \boldsymbol{A}\boldsymbol{x} + \boldsymbol{b}u,\ \boldsymbol{x}(0) = \boldsymbol{x}_0 \tag{10 - 4}$$

（为简便计，只考虑单变量 u。）

设给定如下形式的二次型性能指标

$$J \triangleq \int_0^\infty \{[\hat{\boldsymbol{x}} - \boldsymbol{x}(t)]^T \boldsymbol{Q}[\hat{\boldsymbol{x}} - \boldsymbol{x}(t)] + u^2(t)\}\mathrm{d}t \tag{10 - 5}$$

式中　$\hat{\boldsymbol{x}}$——状态矢量的希望值，$\hat{\boldsymbol{x}}$=const；

$\boldsymbol{Q}$——$n \times n$ 阶正定（或至少正半定）对称的权系数矩阵（简称权矩阵）。

为不失一般性，把希望值 $\hat{\boldsymbol{x}}$ 取为 n 维状态空间的坐标原点，$\hat{\boldsymbol{x}}=0$。于是式（10 - 5）又可以改写为

$$J = \int_0^\infty [\boldsymbol{x}^T(t)\boldsymbol{Q}\boldsymbol{x}(t) + u^2(t)]\mathrm{d}t \tag{10 - 6}$$

所谓最佳状态调节器问题是指：在给定动态系统［式（10 - 4）］和二次型性能指标 J［式（10 - 6）］之下，寻找一个控制规律 $u_{[0,\infty)}$，使 J 达到极小值（即 min$J$）。

必须指出，在输出调节器问题中，用一个正定的常数 q 作为权衡对输出变量与控制变量相对重视程度的一个因素；而在状态调节器问题中，由于状态是矢量，所以要用一个正定或至少是正半定的实对称[1]矩阵 $\boldsymbol{Q}$ 作为权衡状态矢量中各个元素与控制变量相对重视程度的一组因素。

为了解决最佳状态调节器问题，如何确定合适的权矩阵 $\boldsymbol{Q}$，是很重要的。但是目前，对 $\boldsymbol{Q}$ 的选择，带有一定的主观性，即人们要凭经验和对各状态变量的不同重视程度来设定 $\boldsymbol{Q}$。其中比较简单而省事的办法，是令 $\boldsymbol{Q}$ 为一正定（或正半定）的对角矩阵

$$\boldsymbol{Q} = \begin{bmatrix} q_1 & & & 0 \\ & q_2 & & \\ & & \ddots & \\ \boldsymbol{0} & & & q_n \end{bmatrix},\ q_i \geqslant 0, i = 1,2,\cdots,n \tag{10 - 7}$$

在这种情况下，性能指标式（10 - 6）可以改写为

$$J = \int_0^\infty [q_1 x_1^2 + q_2 x_2^2 + \cdots + q_n x_n^2 + u^2]\mathrm{d}t \tag{10 - 8}$$

权系数 q_1，q_2，…，q_n 的值分别代表对各状态变量 x_1，x_2，…，x_n 的重视程度。

3. 线性伺服器问题

考虑线性定常系统的状态方程式（10 - 4），设给定如下形式的二次型性能指标

---

[1] 对由非对称的 $n \times n$ 阶矩阵 $\boldsymbol{Q}'$ 构成的二次型函数 $\boldsymbol{x}^T\boldsymbol{Q}'\boldsymbol{x}$，都可以等效地变换成由对称的 $\boldsymbol{Q}$ 构成的二次型函数，$\boldsymbol{x}^T\boldsymbol{Q}'\boldsymbol{x} = \boldsymbol{x}^T\boldsymbol{Q}\boldsymbol{x}$。为此只需令 $\boldsymbol{Q} \triangleq \frac{1}{2}[\boldsymbol{Q}' + (\boldsymbol{Q}')^T] = \frac{1}{2}[\boldsymbol{Q}' + (\boldsymbol{Q}')^T]^T = \boldsymbol{Q}^T$。请读者自行验证一下。

$$J \triangleq \int_0^\infty \{[\hat{\boldsymbol{x}}(t)-\boldsymbol{x}(t)]^T \boldsymbol{Q}[\hat{\boldsymbol{x}}(t)-\boldsymbol{x}(t)]+u^2(t)\}\mathrm{d}t \tag{10-9}$$

式中 $\hat{\boldsymbol{x}}(t)$ ——状态矢量的希望轨迹；

$\boldsymbol{Q}$——$n\times n$ 阶正定（或至少正半定）对称的权系数矩阵（简称权矩阵）。

所谓线性伺服器问题是指在给定动态系统［式（10-4)］和二次型性能指标 J［式(10-9)］之下，寻找一个控制规律 $u_{[0,\infty)}$，使 J 达到极小值（即 $\min J$）。

显然，线性伺服器问题是最佳状态调节器问题的推广，对被控对象施加最佳控制，使其状态按照所希望的轨迹 $\hat{\boldsymbol{x}}(t)$ 的变化而变化。

这几类问题从控制性质上说虽有差异，但在寻找最佳控制的问题上，它们有许多一致的地方。鉴于本章的主要目的在于对最佳控制有一个基本了解，而线性伺服器问题需要更多的现代控制理论的知识，故本章以下部分仅以最佳调节器问题进行介绍。

第二节　用 Liapunov 直接法求解最佳调节器问题

一、预备知识

可控性和可观测性是线性控制系统的一种特征。这两个概念是 Kalman 在 60 年代提出来的，是现代控制理论中的基本概念。可控性检查每一状态变量能否被 $\boldsymbol{u}(t)$ 控制，是指控制作用对系统的影响能力；可观测性表示由观测量 y 能否判断状态 $\boldsymbol{x}$，它反映由系统输出量确定系统状态的可能性。因此，可控性和可观测性从状态的控制能力和状态的识别能力两个方面反映系统本身的内在特性。

可控性定义为：对线性系统 $\dot{\boldsymbol{x}}=\boldsymbol{Ax}+\boldsymbol{Bu}$，若在 t_0 时刻的任意初值 $\boldsymbol{x}(t_0)=\boldsymbol{x}_0$，对 $t_a>t_0$，$t_a\in J$（J 为系统的时间定义域)，可找到容许控制 $\boldsymbol{u}$（其元在［t_0，t_a］上平方可积），使 $\boldsymbol{x}(t_a)=0$，则称系统在［t_0，t_a］上是状态可控的。

可以证明（但我们略去证明，下同），线性系统 $\dot{\boldsymbol{x}}=\boldsymbol{Ax}+\boldsymbol{Bu}$ 完全可控的充要条件是可控性矩阵 $\boldsymbol{Q}_k=[\boldsymbol{B} \vdots \boldsymbol{AB} \vdots \cdots \vdots \boldsymbol{A}^{n-1}\boldsymbol{B}]$ 满秩，即 $\mathrm{rank}\,[\boldsymbol{B} \vdots \boldsymbol{AB} \vdots \cdots \vdots \boldsymbol{A}^{n-1}\boldsymbol{B}]=n$

可观测性定义为：对线性系统 $\begin{cases}\dot{\boldsymbol{x}}=\boldsymbol{Ax}+\boldsymbol{Bu}\\ \boldsymbol{y}=\boldsymbol{Cx}\end{cases}$，在 t_0 时刻，若存在 $t_a>t_0$，$t_a\in J$（J 为系统的时间定义域)，根据［t_0，t_a］的观测值 $\boldsymbol{y}$，在 $t\in$［t_0，t_a］区间内能够唯一地确定系统在 t_0 时刻的任意初始状态 $\boldsymbol{x}_0$，则称系统在［t_0，t_a］上是状态可观测的。

可以证明，线性系统 $\begin{cases}\dot{\boldsymbol{x}}=\boldsymbol{Ax}+\boldsymbol{Bu}\\ \boldsymbol{y}=\boldsymbol{Cx}\end{cases}$ 完全可观测的充要条件是可观测性矩阵 $\boldsymbol{Q}_g=[\boldsymbol{C}^T \vdots \boldsymbol{A}^T\boldsymbol{C}^T \vdots \cdots \vdots (\boldsymbol{A}^T)^{n-1}\boldsymbol{C}^T]$ 满秩。

二、最佳状态调节器问题的解

有一些方法可以用来求解最佳调节器问题及一般的最佳控制问题。利用第六章介绍的 Liapunov 直接法来求解是其中比较简单的一种。

设给定状态方程［式（10-4)］和二次型性能指标 J［式（10-6)］，要求寻找使 J 达到 $\min J$ 的最佳控制 $u(t)$（单变量）。考察一下图 10-2（b）。不难看出，图中控制器的输入为 $-\boldsymbol{x}(t)$，输出为 $u(t)$。可以证明，对于线性定常系统，最佳控制 u（t）与 $\boldsymbol{x}(t)$ 之间存在如下的线性关系

$$u(t) = -kx(t) \tag{10-10}$$

式中 k——实系数行矢量，$k \triangleq (k_1, \cdots, k_n)$，称为状态反馈增益矢量。

因此，寻找最佳控制的问题就能转化为确定最佳的 k 的问题，如图 10-3 所示。

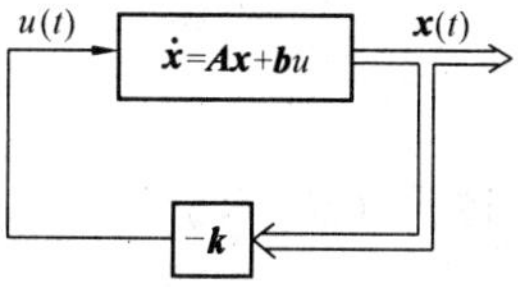

图 10-3 最佳状态调节器中的状态反馈

下面利用 Liapunov 直接法来求解最佳的 k。为了便于区别，把最佳的 k 表为 $\hat{k}$。

将式（10-10）代入式（10-4），可得

$$\dot{x} = Ax + bu = (A - bk)x, \quad x(0) = x_0 \tag{10-11}$$

采用状态反馈［式（10-10）］后，原系统即转化为一个新的自由系统［式（10-11）］。它在任意时刻 t 的解，即状态转移函数

$$x(t) = e^{(A-bk)t}x(0) \tag{10-12}$$

是初始状态 $x(0) = x_0$ 的线性函数。

与此相对应，性能指标式（10-6）也可改写为

$$\begin{aligned} J &= \int_0^\infty [x^T(t)Qx(t) + u^T(t)u(t)]\mathrm{d}t \\ &= \int_0^\infty [x^T(t)Qx(t) + x^T(t)k^Tkx(t)]\mathrm{d}t \\ &= \int_0^\infty x^T(t)[Q + k^Tk]x(t)\mathrm{d}t \end{aligned} \tag{10-13}$$

这里，注意到 $k^Tk \geqslant 0$。此外，令 $Q > 0$，因此 $Q + k^Tk > 0$，即 $J > 0$。这就是说，如果 Q 是正定对称矩阵，那么 J 必是正定函数。

此外，为使 J 为最小，不但要使 J 有下界：$J > 0$；而且当 $t \to \infty$ 时还要有上界：$J < \infty$。为使 J 有界，当 $t \to \infty$，应有 $x(t) \to 0$，亦即自由系统（$A - bk$）必须是渐近稳定的。显然，这属于最佳控制在什么条件下存在的问题。可以不加证明地指出：如果［A，b］可控，且 Q 正定，则最佳控制是一定存在的。在此情况下，［$A - bk$］也是渐近稳定的。这是保证最佳控制存在的充分条件。在下面的讨论中假定此条件已满足。

为了进一步解出式（10-13），我们令

$$x^T(t)[Q + k^Tk]x(t) = -\frac{\mathrm{d}}{\mathrm{d}t}[x^T(t)Px(t)] \tag{10-14}$$

式中 P——新引入的对称实方阵。

将式（10-14）代入式（10-13），则得

$$J = -\int_0^\infty \frac{\mathrm{d}}{\mathrm{d}t}[x^T(t)Px(t)\mathrm{d}t = -[x^T(t)Px(t)]\Big|_0^\infty = x^T(0)Px(0) \tag{10-15}$$

由于对任意给定的初始状态 $x(0) = x_0$，均有 $J > 0$，所以由式（10-15）得 $P > 0$，即 P 是正定的对称方阵。这个结论与 Liapunov 定理是一致的（见第六章第四节）。

式（10-15）表明，对任意给定的 $x(0) = x_0$，使 J 为极小，也就是要找到一个 P（>0），设表为 $\hat{P}$（在式 10-14 中，$\hat{P}$ 与 $\hat{k}$ 相对应），使对任一满足式（10-14）的 P，均有 $P \geqslant \hat{P}$。这样的 $\hat{P}$，称为最佳的 P。

现在问题又转化为如何寻找 $\hat{P}$。根据式（10-14），对一般的 P，我们有（略写自变量 t）

$$
\begin{aligned}
x^T[Q+k^Tk]x &= -\frac{d}{dt}[x^TPx] \\
&= -\dot{x}^TPx - x^TP\dot{x} \\
&= -x^T[(A-bk)^TP + P(A-bk)]x
\end{aligned} \tag{10-16}
$$

比较式（10-16）两边，并注意到该式对任意的 x 都应该成立，因此可得

$$(A-bk)^TP + P(A-bk) = -(Q+k^Tk) \tag{10-17}$$

将所有各项移到一侧，并进行适当地整理，又得

$$A^TP + PA + [k-b^TP]^T[k-b^TP] - Pbb^TP + Q = 0 \tag{10-17a}$$

在此式中，已经把包含有 k 的项归并到一起，且写成如下正半定矩阵形式

$$[k-b^TP]^T[k-b^TP] \geqslant 0 \tag{10-18}$$

由于最小的正半定矩阵是零阵，因此令式（10-18）等于 $\mathbf{0}$，于是得最佳反馈增益矢量

$$\hat{k} = b^T\hat{P} \tag{10-19}$$

同时由式（10-17a）又得另一个重要等式

$$A^T\hat{P} + \hat{P}A - \hat{P}bb^T\hat{P} + Q = 0 \tag{10-20}$$

此式称为 Riccati 矩阵代数方程。可以证明，如果 $[A, b]$ 可控，且 $Q>0$，则 $\hat{P}$ 是该方程的唯一正定解。这个解 $\hat{P}$ 是式（10-17a）的一般解 P 中的下极限。在第三节，将通过求解 Riccati 方程的迭代过程，来证明这一结论。

现在把上述内容进行一下小结。

对于动态系统 $[A, b]$（式 10-4），设 $[A, b]$ 可控，且 $Q>0$，则在二次型性能指标式（10-6）之下，最佳控制由下述规律确定

$$\hat{u}(t) = -\hat{k}x(t) \tag{10-21a}$$

式中

$$\hat{k} = b^T\hat{P} \tag{10-21b}$$

而 $\hat{P}$ 又由 Riccati 方程

$$A^T\hat{P} + \hat{P}A - \hat{P}bb^T\hat{P} + Q = 0 \tag{10-21c}$$

的唯一正定解所确定。此时对应的最小性能指标为

$$\min J = x^T(0)\hat{P}x(0) \tag{10-21d}$$

【例 10-1】 设有可控系统

$$
\begin{cases}
\dot{x}_1 = x_2 \\
\dot{x}_2 = u
\end{cases}
$$

性能指标为

$$J = \frac{1}{2}\int_0^{\infty}(x_1^2 + 2x_1x_2 + 2x_2^2 + u^2)dt$$

求最佳控制 $\hat{u}(t)$，使 J 为最小。

解 本题中，各矩阵为

$$A=\begin{bmatrix}0&1\\0&0\end{bmatrix},B=\begin{bmatrix}0\\1\end{bmatrix},Q=\begin{bmatrix}1&1\\1&2\end{bmatrix}>0$$

设 $\hat{P}=\begin{bmatrix}\hat{p}_{11}&\hat{p}_{12}\\\hat{p}_{12}&\hat{p}_{22}\end{bmatrix}$，由 Riccati 方程式（10 - 20）得

$$\begin{bmatrix}0&0\\1&0\end{bmatrix}\begin{bmatrix}\hat{p}_{11}&\hat{p}_{12}\\\hat{p}_{12}&\hat{p}_{22}\end{bmatrix}+\begin{bmatrix}\hat{p}_{11}&\hat{p}_{12}\\\hat{p}_{12}&\hat{p}_{22}\end{bmatrix}\begin{bmatrix}0&1\\0&0\end{bmatrix}-\begin{bmatrix}\hat{p}_{11}&\hat{p}_{12}\\\hat{p}_{12}&\hat{p}_{22}\end{bmatrix}\begin{bmatrix}0\\1\end{bmatrix}\begin{bmatrix}0&1\end{bmatrix}\begin{bmatrix}\hat{p}_{11}&\hat{p}_{12}\\\hat{p}_{12}&\hat{p}_{22}\end{bmatrix}+\begin{bmatrix}1&1\\1&2\end{bmatrix}=\mathbf{0}$$

由此可得三个代数方程

$$-\hat{p}_{12}^2+1=0$$

$$\hat{p}_{11}-\hat{p}_{12}\hat{p}_{22}+1=0$$

$$2\hat{p}_{12}-\hat{p}_{22}^2+2=0$$

由于要求 $\hat{P}=\begin{bmatrix}\hat{p}_{11}&\hat{p}_{12}\\\hat{p}_{12}&\hat{p}_{22}\end{bmatrix}>0$，即 $\begin{cases}\hat{p}_{11}>0\\\hat{p}_{11}\hat{p}_{22}-\hat{p}_{12}^2>0\end{cases}$

解得 $\hat{p}_{11}=1$，$\hat{p}_{12}=1$，$\hat{p}_{22}=2$

则
$$\hat{k}=b^T\hat{P}=\begin{bmatrix}0&1\end{bmatrix}\begin{bmatrix}\hat{p}_{11}&\hat{p}_{12}\\\hat{p}_{12}&\hat{p}_{22}\end{bmatrix}=\begin{bmatrix}\hat{p}_{12}&\hat{p}_{22}\end{bmatrix}=\begin{bmatrix}1&2\end{bmatrix}$$

于是
$$\hat{u}(t)=-\hat{k}x(t)=-\begin{bmatrix}1&2\end{bmatrix}\begin{bmatrix}x_1(t)\\x_2(t)\end{bmatrix}=-x_1(t)-2x_2(t)$$

三、输出调节器问题转化成状态调节器问题

设给定动态系统［A，b，c］［式（10 - 1）］和二次型性能指标 J［式（10 - 3）］，要求寻找使 J 达到 $\min J$ 的最佳控制 $u(t)$。

把输出调节器问题的性能指标式（10 - 3）变换一下，即把 $y=cx$ 的关系代入性能指标式（10 - 3）中，得

$$J=\int_0^\infty[qy^T(t)y(t)+u^T(t)u(t)]\mathrm{d}t$$

$$=\int_0^\infty[qx^T(t)c^Tcx(t)+u^T(t)u(t)]\mathrm{d}t \qquad (10-22)$$

令
$$Q\triangleq c^Tc \qquad (10-23)$$

则 $Q\geqslant 0$，即 Q 是正半定矩阵。将式（10 - 23）代入式（10 - 22）得

$$J=\int_0^\infty[x^T(t)[qQ]x(t)+u^T(t)u(t)]\mathrm{d}t \qquad (10-24)$$

由于式（10 - 24）中 $q>0$，$Q\geqslant 0$，故［qQ］$\geqslant 0$。这样，就把输出调节器问题转化成了状态调节器问题。但是，这里的权矩阵［qQ］不是正定的，而是正半定的，所以还需要解决这时的最佳控制在什么条件下存在的问题。

可以仍然不加证明地指出：如果 $[\boldsymbol{A},\boldsymbol{b}]$ 可控，$[\boldsymbol{c},\boldsymbol{A}]$ 可观测，且 $\boldsymbol{Q}\triangleq\boldsymbol{c}^T\boldsymbol{c}$，$q>0$，则最佳控制存在。在这种情况下，$[\boldsymbol{A}-\boldsymbol{bk}]$ 也是渐近稳定的。这也是保证最佳控制存在的充分条件。假定此条件已满足。

接下来的推导，与上面相同，不再赘述。只给出如下结论：

对于动态系统 $[\boldsymbol{A},\boldsymbol{b},\boldsymbol{c}]$ [式 (10-1)]，设 $[\boldsymbol{A},\boldsymbol{b}]$ 可控，$[\boldsymbol{c},\boldsymbol{A}]$ 可观测，$\boldsymbol{Q}\triangleq\boldsymbol{c}^T\boldsymbol{c}$，$q>0$，则在二次型性能指标式 (10-24) 之下，最佳控制由下述规律确定

$$\hat{u}(t)=-\hat{\boldsymbol{k}}\boldsymbol{x}(t) \tag{10-25a}$$

式中

$$\hat{\boldsymbol{k}}=\boldsymbol{b}^T\hat{\boldsymbol{P}} \tag{10-25b}$$

而 $\hat{\boldsymbol{P}}$ 又由 Riccati 方程

$$\boldsymbol{A}^T\hat{\boldsymbol{P}}+\hat{\boldsymbol{P}}\boldsymbol{A}-\hat{\boldsymbol{P}}\boldsymbol{bb}^T\hat{\boldsymbol{P}}+q\boldsymbol{Q}=\boldsymbol{0} \tag{10-25c}$$

的唯一正定解所确定。此时对应的最小性能指标为

$$\min J=\boldsymbol{x}^T(0)\hat{\boldsymbol{P}}\boldsymbol{x}(0) \tag{10-25d}$$

从这个结论可以看到，无论对于状态调节器，还是输出调节器，它们的最佳控制规律都是全部状态变量 $x_1(t)$，$x_2(t)$，…，$x_n(t)$ 的线性函数。因此，在综合最佳控制系统时，都要实现全部状态变量的反馈（简称全状态反馈）。最佳输出调节器的方框图如图 10-4 所示。

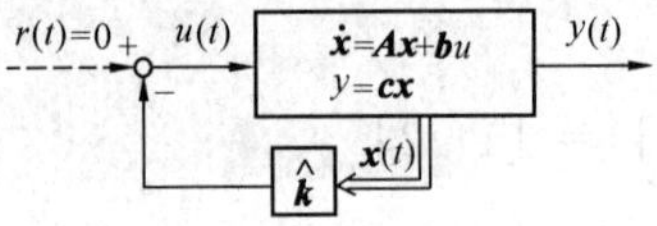

图 10-4　最佳输出调节器方框图

在第二章里说过，对于一个实际动态系统（被控对象），它的全部状态并不一定都可以得到。但为了实现全部状态反馈，首先就要得到全部（检测出）状态变量。这是综合最佳控制系统时的困难所在。现在已经研究出一些间接的方法，所得到不可检测的状态变量，例如状态观测器。有兴趣的读者可以参阅有关文献。

还必须指出，这里虽然只讨论了单输入、单输出动态系统的最佳控制问题，但很显然，它可以推广应用于多输入、多输出的动态系统。这项工作留给读者去完成。

第三节　Riccati 方程的计算机解法

一、预备知识

作为预备知识，介绍一下关于矩阵序列极限的定理。首先考虑一个由单调非增的正数 p_i 构成的无限序列

$$\{p_i: p_i>0;p_i\leqslant p_{i-1};i=1,2,\cdots\}$$

这样的序列必有下极限，即

$$\left.\begin{array}{l}p_i>0\\ p_{i-1}\geqslant p_i\end{array}\right\}\Rightarrow \lim_{i\to\infty}p_i=\hat{p} \tag{10-26}$$

且

$$p_i\geqslant\hat{p},i=1,2,\cdots \tag{10-26a}$$

在此序列中下列关系成立

$$\lim_{i\to\infty}|p_i-p_{i-1}|=0 \tag{10-27}$$

与正数序列极限的情形相类似，对于由至少正半定矩阵 $\boldsymbol{P}_i$ 所构成的无限序列

$$\{\boldsymbol{P}_i: \boldsymbol{P}_i \geqslant 0; \ \boldsymbol{P}_i \leqslant \boldsymbol{P}_{i-1}^{\textcircled{1}}; \quad i=1, 2, \cdots\}$$

亦必存在下极限，即

$$\left.\begin{array}{l} \boldsymbol{P}_i \geqslant \boldsymbol{0} \\ \boldsymbol{P}_{i-1} \geqslant \boldsymbol{P}_i \end{array}\right\} \Rightarrow \lim_{i\to\infty} \boldsymbol{P}_i = \hat{\boldsymbol{P}} \tag{10-28}$$

且

$$\boldsymbol{P}_i \geqslant \hat{\boldsymbol{P}} \geqslant \boldsymbol{0} \tag{10-28a}$$

在此序列中，对任两相邻矩阵之差的范数，下列关系也成立

$$\lim_{i\to\infty} \| \boldsymbol{P}_i - \boldsymbol{P}_{i-1} \| = 0 \tag{10-29}$$

这里的矩阵范数 $\|\Delta \boldsymbol{P}\|$ 可按下式定义

$$\|\Delta \boldsymbol{P}\| \triangleq \max_{i,j} |\Delta p_{ij}| \tag{10-30}$$

亦即，定义矩阵 $\Delta \boldsymbol{P}$ 中元素 Δp_{ij} 的最大绝对值为该矩阵范数。式（10-30）的定义，在这里用起来比较方便。此外，有关矩阵范数的其他一些定义，也可以应用，但就不再介绍了。

二、Ruccati 方程的计算机解法

为了使 Riccati 矩阵代数方程存在唯一的正定解，假定系统 $[\boldsymbol{A}, \boldsymbol{b}, \boldsymbol{c}]$ 既可控又可观测；性能指标中的 $\boldsymbol{Q}$ 阵属于下列两种情况的一种：（1）$\boldsymbol{Q} > \boldsymbol{0}$；（2）$\boldsymbol{Q} = \boldsymbol{c}^T\boldsymbol{c} \geqslant \boldsymbol{0}$。

根据式（10-17）～式（10-19），可以在计算机上迭代求解 Riccati 方程式（10-20），如图10-5所示。

迭代过程中的基本关系式是 Liapunov 方程

$$(\boldsymbol{A} - \boldsymbol{b}\boldsymbol{b}^T\boldsymbol{P}_0)^T\boldsymbol{P}_1 + \boldsymbol{P}_1(\boldsymbol{A} - \boldsymbol{b}\boldsymbol{b}^T\boldsymbol{P}_0)$$
$$= -(\boldsymbol{Q} + \boldsymbol{P}_0\boldsymbol{b}\boldsymbol{b}^T\boldsymbol{P}_0) \tag{10-31}$$

式中　$\boldsymbol{P}_0$——$\boldsymbol{P}$ 的初值或上一次迭代的结果；

$\boldsymbol{P}_1$——本次迭代结果，亦即下一次迭代时的初值。

现按迭代框图的顺序，阐述如下。

1. 选择初值 $\boldsymbol{P}_0 \geqslant \boldsymbol{0}$，使 $(\boldsymbol{A} - \boldsymbol{b}\boldsymbol{b}^T\boldsymbol{P}_0)$ 渐近稳定

作为第一次迭代，正确赋初值是非常重要的。

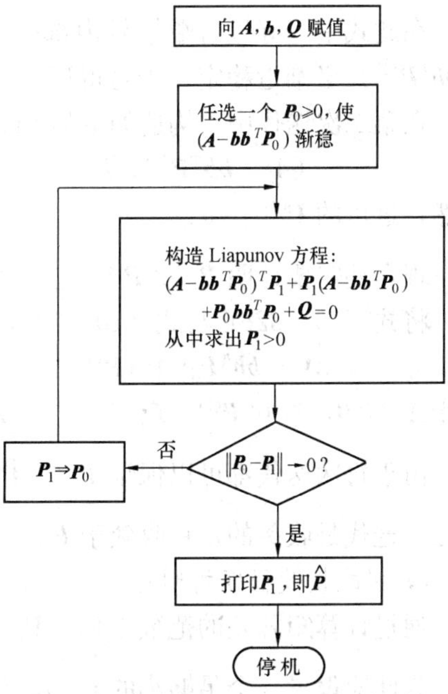

图 10-5　Riccati 方程的迭代过程

初值 $\boldsymbol{P}_0 \geqslant \boldsymbol{0}$，一定要能保证 $(\boldsymbol{A} - \boldsymbol{b}\boldsymbol{b}^T\boldsymbol{P}_0)$ 渐近稳定，否则将得不到正定解。对于实际工程中的被控对象，通常 $\boldsymbol{A}$ 阵本身就是渐近稳定的。在这种情况下，为简化选择初值的过程，可以令 $\boldsymbol{P}_0 = \boldsymbol{0}$。

2. 构造 Liapunov 方程，从中求出 $\boldsymbol{P}_1 > \boldsymbol{0}$

根据已给的初值 $\boldsymbol{P}_0$ 和 $\boldsymbol{A}, \boldsymbol{b}, \boldsymbol{Q}$，构造 Liapunov 方程式（10-31）。后者是关于 $\boldsymbol{P}_1$ 的线性矩阵方程（而不再是像 Riccati 方程那样的非线性方程），求解 $\boldsymbol{P}_1$ 是不困难的。

在第一次迭代中，由于 $(\boldsymbol{A} - \boldsymbol{b}\boldsymbol{b}^T\boldsymbol{P}_0)$ 渐近稳定，同时注意到 $\boldsymbol{Q} > \boldsymbol{0}$（或者 $\boldsymbol{Q} = \boldsymbol{c}^T\boldsymbol{c} \geqslant \boldsymbol{0}$，也可得出相同结论，下同），亦即 $\boldsymbol{Q} + \boldsymbol{P}_0\boldsymbol{b}\boldsymbol{b}^T\boldsymbol{P}_0 > \boldsymbol{0}$；因此，根据 Liapunov 定理可知，利用

---

❶ 这里的 $\boldsymbol{P}_i \leqslant \boldsymbol{P}_{i-1}$ 也是一种符号表示，它代表 $\boldsymbol{P}_{i-1} - \boldsymbol{P}_i \geqslant \boldsymbol{0}$，即矩阵之差为正半定的。

式(10 - 31)求得的 $\boldsymbol{P}_1$ 必定是正定的：$\boldsymbol{P}_1 > \boldsymbol{0}$。

现在考虑第二次迭代。第二次迭代时的初值即为第一次迭代的结果：$\boldsymbol{P}_1^{(1)} \Rightarrow \boldsymbol{P}_0^{(2)}$。这里的上标(1)、(2)代表迭代次数。

为了保证第二次迭代的结果只是正定解，必须使 $\boldsymbol{A}-\boldsymbol{bb}^T\boldsymbol{P}_0^{(2)}=\boldsymbol{A}-\boldsymbol{bb}^T\boldsymbol{P}_1^{(1)}$ 是渐近稳定。事实上它确实是渐近稳定的，兹证明如下：

对第一次迭代公式

$$(\boldsymbol{A}-\boldsymbol{bb}^T\boldsymbol{P}_0^{(1)})^T\boldsymbol{P}_1^{(1)}+\boldsymbol{P}_1^{(1)}(\boldsymbol{A}-\boldsymbol{bb}^T\boldsymbol{P}_0^{(1)})=-(\boldsymbol{Q}+\boldsymbol{P}_0^{(1)}\boldsymbol{bb}^T\boldsymbol{P}_0^{(1)}) \qquad (10 - 32)$$

进行变换，不难得到

$$\boldsymbol{A}^T\boldsymbol{P}_1^{(1)}+\boldsymbol{P}_1^{(1)}\boldsymbol{A}-\boldsymbol{P}_1^{(1)}\boldsymbol{bb}^T\boldsymbol{P}_1^{(1)}+\boldsymbol{Q}+\boldsymbol{\Delta}^{(1)}=\boldsymbol{0} \qquad (10 - 32a)$$

式中

$$\boldsymbol{\Delta}^{(1)} \triangleq (\boldsymbol{P}_0^{(1)}-\boldsymbol{P}_1^{(1)})^T\boldsymbol{bb}^T(\boldsymbol{P}_0^{(1)}-\boldsymbol{P}_1^{(1)}) \geqslant \boldsymbol{0} \qquad (10 - 32b)$$

再变换一下，又可表为

$$(\boldsymbol{A}-\boldsymbol{bb}^T\boldsymbol{P}_1^{(1)})^T\boldsymbol{P}_1^{(1)}+\boldsymbol{P}_1^{(1)}(\boldsymbol{A}-\boldsymbol{bb}^T\boldsymbol{P}_1^{(1)})=-(\boldsymbol{P}_1^{(1)}\boldsymbol{bb}^T\boldsymbol{P}_1^{(1)}+\boldsymbol{Q}+\boldsymbol{\Delta}^{(1)}) \qquad (10 - 32c)$$

在此式中，等号右端括号内部分(…)>0，同时 $\boldsymbol{P}_1^{(1)} > \boldsymbol{0}$，根据 Liapunov 定理，$(\boldsymbol{A}-\boldsymbol{bb}^T\boldsymbol{P}^{(1)})$ 必渐近稳定。于是得证。

在第二次迭代中，构造如下的 Liapunov 方程

$$(\boldsymbol{A}-\boldsymbol{bb}^T\boldsymbol{P}_1^{(1)})^T\boldsymbol{P}_1^{(2)}+\boldsymbol{P}_1^{(2)}(\boldsymbol{A}-\boldsymbol{bb}^T\boldsymbol{P}_1^{(1)})=-(\boldsymbol{Q}+\boldsymbol{P}_1^{(1)}\boldsymbol{bb}^T\boldsymbol{P}_1^{(1)}) \qquad (10 - 33)$$

显然，这里的 $\boldsymbol{P}_1^{(2)} > \boldsymbol{0}$。

现在还需要证明 $\boldsymbol{P}_1^{(1)} > \boldsymbol{P}_1^{(2)}$，从而保证最终 $\boldsymbol{P}_1^{(i)} \to \hat{\boldsymbol{P}}$，且 $\boldsymbol{P}_1^{(i)} \geqslant \hat{\boldsymbol{P}}$。

将式(10 - 32c)与式(10 - 33)，两式相减，得

$$(\boldsymbol{A}-\boldsymbol{bb}^T\boldsymbol{P}_1^{(1)})^T(\boldsymbol{P}_1^{(1)}-\boldsymbol{P}_1^{(2)})+(\boldsymbol{P}_1^{(1)}-\boldsymbol{P}_1^{(2)})(\boldsymbol{A}-\boldsymbol{bb}^T\boldsymbol{P}_1^{(1)})=-\boldsymbol{\Delta}^{(1)} \qquad (10 - 34)$$

由于 $\boldsymbol{\Delta}^{(1)} \geqslant \boldsymbol{0}$，故知 $\boldsymbol{P}_1^{(1)}-\boldsymbol{P}_1^{(2)} \geqslant \boldsymbol{0}$，即 $\boldsymbol{P}_1^{(1)} > \boldsymbol{P}_1^{(2)}$。

由于每次迭代都可以保证 $\boldsymbol{P}_1^{(i)} > \boldsymbol{P}_1^{(i+1)}$，当迭代次数 i 充分大时，$\boldsymbol{P}_1^{(i)} \to \hat{\boldsymbol{P}}$，且 $\boldsymbol{P}_1^{(i)} \geqslant \hat{\boldsymbol{P}}$。可见，迭代是收敛的，且收敛于 $\hat{\boldsymbol{P}}$。

3. 解的收敛程度的判定

通过计算矩阵差的范数 $\|\boldsymbol{P}_0-\boldsymbol{P}_1\|$，并检查该范数趋近于 0 的程度，来判定解的收敛性。为此应设置一个足够小的 $\varepsilon>0$，只要 $\|\boldsymbol{P}_0^{(i)}-\boldsymbol{P}_1^{(i)}\|<\varepsilon$，即可认为 $\boldsymbol{P}_1^{(i)}$ 已收敛于 $\hat{\boldsymbol{P}}$；否则应再转入下一次迭代。

在式(10 - 32a)和式(10 - 32b)中，当 $\|\boldsymbol{P}_0^{(i)}-\boldsymbol{P}_1^{(i)}\|<\varepsilon$ 时，$\boldsymbol{\Delta}^{(1)} \to \boldsymbol{0}$，于是得到

$$\boldsymbol{A}^T\boldsymbol{P}_1^{(i)}+\boldsymbol{P}_1^{(i)}\boldsymbol{A}-\boldsymbol{P}_1^{(i)}\boldsymbol{bb}^T\boldsymbol{P}_1^{(i)}+\boldsymbol{Q} \to \boldsymbol{0}$$

在极限情况下，此式就转化成了 Riccati 方程，从而又证明了 $\hat{\boldsymbol{P}}$ 是 Riccati 方程的唯一正定解。

这里，作为收敛判据的范数，可按式(10 - 30)定义。

实际计算表明，合理设置 $\varepsilon>0$，上述迭代过程收敛较快。

现举一个例子。

【例 10 - 2】 给定被控对象的状态空间描述如下

$$\begin{aligned} \dot{\boldsymbol{x}} &= \boldsymbol{Ax}+\boldsymbol{b}u \\ y &= \boldsymbol{cx} \end{aligned} \qquad (10 - 35)$$

式中
$$\boldsymbol{A}=\begin{bmatrix}0 & 1\\ -0.4 & -2.2\end{bmatrix};\boldsymbol{b}=\begin{bmatrix}0\\1\end{bmatrix}$$
$$\boldsymbol{c}=[1\quad 0] \tag{10-35a}$$

给定性能指标为
$$J=\int_0^{\infty}[qy^2+u^2]\mathrm{d}t,q=10 \tag{10-35b}$$

要求寻找最佳控制规律，并综合成一个最佳控制系统。

解　由于题给系统是既可控又可观测的，所以最佳控制必存在。现考虑系统的特征方程
$$\det(s\boldsymbol{I}-\boldsymbol{A})=s^2+2.2s+0.4=(s+2)(s+0.2)=0 \tag{10-36}$$
它的两个根−2，−0.2均为负，可知$\boldsymbol{A}$是渐近稳定的。

取初值$\boldsymbol{P}_0=\boldsymbol{0}$。由式（10-31）构造Liapunov方程，得
$$(\boldsymbol{A}-\boldsymbol{0})^T\boldsymbol{P}_1+\boldsymbol{P}_1(\boldsymbol{A}-\boldsymbol{0})=-(q\boldsymbol{Q}+\boldsymbol{0}) \tag{10-36a}$$
式中
$$\boldsymbol{Q}=\boldsymbol{c}^T\boldsymbol{c} \tag{10-36b}$$
从而求得唯一的正定解为
$$\boldsymbol{P}_1^{(1)}=\begin{bmatrix}29.773 & 12.5\\ 12.5 & 5.682\end{bmatrix}>\boldsymbol{0} \tag{10-37}$$

设置一个足够小的数$\varepsilon=10^{-4}$。计算范数$\|\boldsymbol{P}_0-\boldsymbol{P}_1\|=\max\limits_{i,j}|p_{0,ij}-p_{1,ij}|=29.773>\varepsilon$。所以应转入第二次迭代：$\boldsymbol{P}_1^{(1)}\Rightarrow\boldsymbol{P}_0^{(2)}$。

如此继续下去，可以得到各次迭代的初值$\boldsymbol{P}_0^{(i)}$，终值$\boldsymbol{P}_1^{(i)}$及误差$\|\boldsymbol{P}_0^{(i)}-\boldsymbol{P}_1^{(i)}\|$。在表10-1中列出了迭代结果。表中第$i$次终值$\boldsymbol{P}_1^{(i)}$即为第$i+1$次初值$\boldsymbol{P}_0^{(i+1)}$：$\boldsymbol{P}_0^{(i+1)}=\boldsymbol{P}_1^{(i)}$。根据表10-1，第7次迭代结果已相当满意，故取
$$\hat{\boldsymbol{P}}=\begin{bmatrix}9.407 & 2.787\\ 2.787 & 1.027\end{bmatrix} \tag{10-38}$$

表10-1　**求解Riccati方程的结果**

迭代次数	1	2	3	4
$\boldsymbol{P}_1^{(i)}$	29.773　12.5 12.5　5.682	16.731　6.444 6.444　2.865	11.235　3.764 3.764　1.554	9.603　2.902 2.902　1.095
$\|\boldsymbol{P}_0^{(i)}-\boldsymbol{P}_1^{(i)}\|$	29.773	13.042	5.496	1.632
迭代次数	5	6	7	8
$\boldsymbol{P}_1^{(i)}$	9.410　2.789 2.789　1.029	9.407　2.787 2.787　1.027	9.407　2.787 2.787　1.027	9.407　2.787 2.787　1.027
$\|\boldsymbol{P}_0^{(i)}-\boldsymbol{P}_1^{(i)}\|$	0.194	0.003	≈0	≈0

根据式（10-25b），最佳反馈增益矢量为
$$\hat{\boldsymbol{k}}=\boldsymbol{b}^T\hat{\boldsymbol{P}}=[2.787\quad 1.027] \tag{10-38a}$$
再根据式（10-25a），最佳控制规律为
$$\hat{u}(t)=-\hat{\boldsymbol{k}}\boldsymbol{x}(t)=-0.787x_1(t)-1.027x_2(t) \tag{10-38b}$$

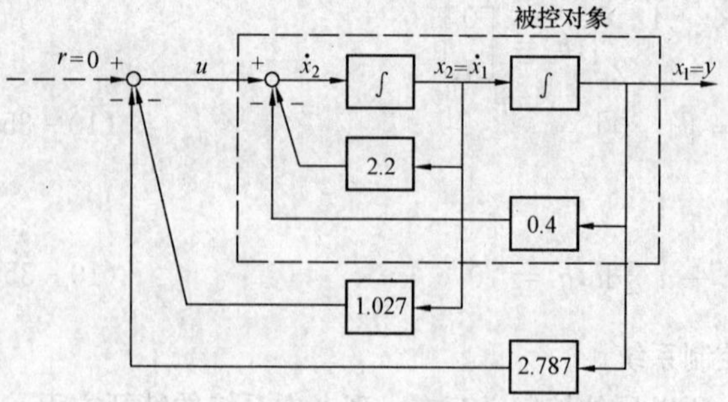

图 10 - 6　［例 10 - 1］中的最佳控制系统

在任意给定的初始状态 $\boldsymbol{x}(0)=(x_{01},\ x_{02})^T$ 之下，最小性能指标式（10 - 25d）为

$$\min J=\boldsymbol{x}^T(0)\hat{\boldsymbol{P}}\boldsymbol{x}(0)$$
$$=9.407x_{01}^2+5.574x_{01}x_{02}+1.027x_{02}^2 \tag{10 - 38c}$$

利用给定的被控对象式（10 - 35）及已求得的最佳控制规律式（10 - 38b），就可以综合成一个最佳控制系统，如图 10 - 6 所示。

第四节　最佳调节器的频域分析

通过时域中的分析而得到的最佳调节器，它在频域中的性能如何，这显然是人们感兴趣的问题。这一工作最早由美国学者 Kalman 完成，并且得到了令人鼓舞的结果。

一、频域中的重要关系式

考虑图 10 - 4 所示的最佳输出调节器。假定动态系统［$\boldsymbol{A}$、$\boldsymbol{b}$、$\boldsymbol{c}$］是既可控又可观测的。为了频域分析上的方便，把它改画成一个反馈控制系统的结构。为此需要设定系统的输入端与参考输入信号 $r(t)$，如图 10 - 7 所示。

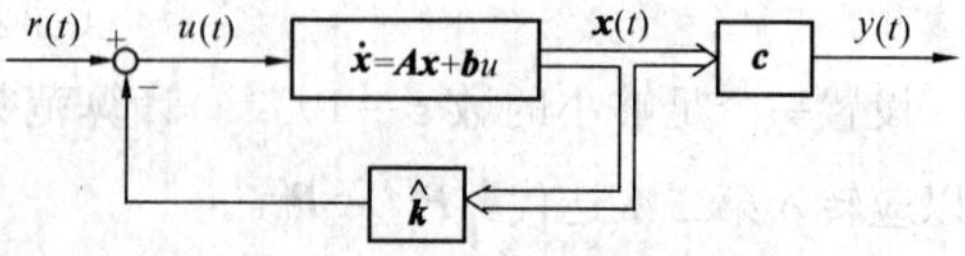

图 10 - 7　将最佳输出调节器改画成反馈控制系统

这样改画后，可以用来分析系统的稳定及稳定裕量等性能。

首先引出结论，然后再来推导。对于图 10 - 7 所示系统有下列关系

$$|1+\hat{\boldsymbol{k}}(\mathrm{j}\omega\boldsymbol{I}-\boldsymbol{A})^{-1}\boldsymbol{b}|^2=1+q|\boldsymbol{c}(\mathrm{j}\omega\boldsymbol{I}-\boldsymbol{A})^{-1}\boldsymbol{b}|^2 \tag{10 - 39a}$$

$$|1+\hat{\boldsymbol{k}}(\mathrm{j}\omega\boldsymbol{I}-\boldsymbol{A})^{-1}\boldsymbol{b}|\geqslant 1 \tag{10 - 39b}$$

式中　q——二次型性能指标式（10 - 3）中正定的权系数。

式（10 - 39）中的等号只对有限个频率 ω 成立。现在来推证式（10 - 39）。

最佳输出调节器满足下列 Riccati 方程

$$\hat{\boldsymbol{P}}\boldsymbol{b}\boldsymbol{b}^T\hat{\boldsymbol{P}}-\hat{\boldsymbol{P}}\boldsymbol{A}-\boldsymbol{A}^T\hat{\boldsymbol{P}}=(\sqrt{q}\boldsymbol{c})^T(\sqrt{q}\boldsymbol{c}) \tag{10 - 40}$$

对此式左边加上 $s\hat{\boldsymbol{P}}-s\hat{\boldsymbol{P}}$，并注意到 $\hat{\boldsymbol{k}}=\boldsymbol{b}^T\hat{\boldsymbol{P}}$，于是可得

$$\hat{\boldsymbol{k}}^T\hat{\boldsymbol{k}}+\hat{\boldsymbol{P}}(s\boldsymbol{I}-\boldsymbol{A})+(-s\boldsymbol{I}-\boldsymbol{A})^T\hat{\boldsymbol{P}}=(\sqrt{q}\boldsymbol{c})^T(\sqrt{q}\boldsymbol{c})$$

对上式两边左乘以 $\boldsymbol{b}^T(-s\boldsymbol{I}-\boldsymbol{A})^{-T}$，右乘以 $(s\boldsymbol{I}-\boldsymbol{A})^{-1}\boldsymbol{b}$，则

$$\boldsymbol{b}^T(-s\boldsymbol{I}-\boldsymbol{A})^{-T}\hat{\boldsymbol{k}}^T\hat{\boldsymbol{k}}(s\boldsymbol{I}-\boldsymbol{A})^{-1}\boldsymbol{b}+\boldsymbol{b}^T(-s\boldsymbol{I}-\boldsymbol{A})^{-T}\hat{\boldsymbol{P}}\boldsymbol{b}+\boldsymbol{b}^T\hat{\boldsymbol{P}}(s\boldsymbol{I}-\boldsymbol{A})^{-1}\boldsymbol{b}$$
$$=\boldsymbol{b}^T(-s\boldsymbol{I}-\boldsymbol{A})^{-T}(\sqrt{q}\boldsymbol{c})^T(\sqrt{q}\boldsymbol{c})(s\boldsymbol{I}-\boldsymbol{A})^{-1}\boldsymbol{b}$$

等号两边各加上一个 1，稍加整理可得

$$[1+\hat{\boldsymbol{k}}(-s\boldsymbol{I}-\boldsymbol{A})^{-1}\boldsymbol{b}]^T[1+\hat{\boldsymbol{k}}(s\boldsymbol{I}-\boldsymbol{A})^{-1}\boldsymbol{b}]=1+q[\boldsymbol{c}(-s\boldsymbol{I}-\boldsymbol{A})^{-1}\boldsymbol{b}]^T[\boldsymbol{c}(s\boldsymbol{I}-\boldsymbol{A})^{-1}\boldsymbol{b}] \tag{10 - 41}$$

令 $s=\mathrm{j}\omega$ 代入上式，注意到

$$\boldsymbol{c}(-\mathrm{j}\omega\boldsymbol{I}-\boldsymbol{A})^{-1}\boldsymbol{b} \text{ 与 } \boldsymbol{c}(\mathrm{j}\omega\boldsymbol{I}-\boldsymbol{A})^{-1}\boldsymbol{b}$$

$$\hat{\boldsymbol{k}}(-\mathrm{j}\omega\boldsymbol{I}-\boldsymbol{A})^{-1}\boldsymbol{b} \text{ 与 } \hat{\boldsymbol{k}}(\mathrm{j}\omega\boldsymbol{I}-\boldsymbol{A})^{-1}\boldsymbol{b}$$

互为共轭复数，而两共轭复数的积等于该复数模的平方，因而式（10－41）又可改写为

$$|1+\hat{\boldsymbol{k}}(\mathrm{j}\omega\boldsymbol{I}-\boldsymbol{A})^{-1}\boldsymbol{b}|^2=1+q\,|\boldsymbol{c}(\mathrm{j}\omega\boldsymbol{I}-\boldsymbol{A})^{-1}\boldsymbol{b}|^2$$

此即式（10－39a）。其中的模

$$|\boldsymbol{c}(\mathrm{j}\omega\boldsymbol{I}-\boldsymbol{A})^{-1}\boldsymbol{b}|\geqslant 0 \tag{10-42}$$

并且该模只在有限个 ω 上等于 0。这样，马上又得到

$$|1+\hat{\boldsymbol{k}}(\mathrm{j}\omega\boldsymbol{I}-\boldsymbol{A})^{-1}\boldsymbol{b}|\geqslant 1$$

此即式（10－39b）。于是证毕。

二、Nyquist 图分析

对图 10－7 所示系统，在零状态下进行拉氏变换，可以绘制传递函数方框图，如图 10－8所示。有趣的是，调节器问题是假定在零输入的条件下研究最佳控制系统；当进行了拉氏变换之后，就要假定在零状态下来研究同一系统。

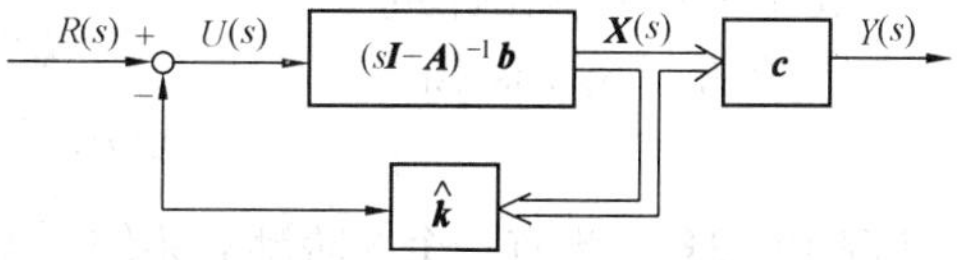

图 10－8　最佳控制系统传递函数方框图

在图 10－8 中可以得到：

开环传递函数

$$G_o(s)=\hat{\boldsymbol{k}}(s\boldsymbol{I}-\boldsymbol{A})^{-1}\boldsymbol{b}=\frac{\hat{\boldsymbol{k}}\,\mathrm{adj}(s\boldsymbol{I}-\boldsymbol{A})\boldsymbol{b}}{\det(s\boldsymbol{I}-\boldsymbol{A})} \tag{10-43a}$$

前馈传递函数

$$G_s(s)=\boldsymbol{c}(s\boldsymbol{I}-\boldsymbol{A})^{-1}\boldsymbol{b}=\frac{\boldsymbol{c}\,\mathrm{adj}(s\boldsymbol{I}-\boldsymbol{A})\boldsymbol{b}}{\det(s\boldsymbol{I}-\boldsymbol{A})} \tag{10-43b}$$

系统总传递函数

$$G_\Sigma(s)=\frac{G_s(s)}{1+G_o(s)} \tag{10-43c}$$

这里可看到前馈传递函数也就是动态系统［$\boldsymbol{A}$，$\boldsymbol{b}$，$\boldsymbol{c}$］的传递函数。

将上述各传递函数与式（10－39）相对照，又可将两个重要关系式表为

$$|1+G_o(\mathrm{j}\omega)|^2=1+q\,|G_s(\mathrm{j}\omega)|^2 \tag{10-44a}$$

$$|1+G_o(\mathrm{j}\omega)|\geqslant 1 \tag{10-44b}$$

作为例子，在图 10－9 上绘出了两个最佳控制系统的开环 Nyquist 图的大致形状。其中两个 Nyquist 曲线分别表为$G_o(\mathrm{j}\omega)$和 $G_o'(\mathrm{j}\omega)$。

这两个 Nyquist 曲线都具有如下特点：

（1）式（10－44b）左边的模，代表开环 Nyquist 曲线上的任何点到 s 平面上的点（－1，j0）的距离。当式（10－44b）成立时，就意味着开环 Nyquist 曲线总不会进入以（－1，j0)点为中心的单位圆以内。

（2）由于最佳控制系统必定是渐稳的，根据 Nyquist 稳定判据，Nyquist 曲线反时针围绕（－1，j0）点的次数 N，应等于$G_o(s)$在右半开 s 平面（不含虚轴）的极点 P。

对于开环 Liapunov 稳定的系统，Nyquist 曲线反时针包围（－1，j0）点的次数为 0（即

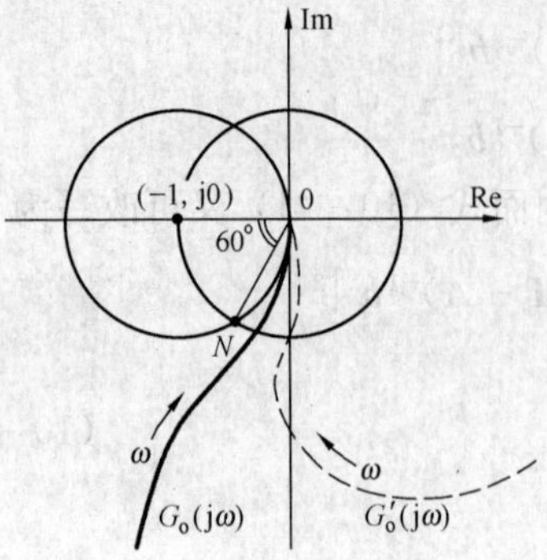

图 10-9 最佳控制系统的开环 Nyquist 图

不包围该点)。图 10-9 所示，就属于这种情形。

在图 10-9 上，根据 Nyquist 曲线与负实轴的交点位置，可以确定幅值裕量 m。由于 Nyquist 曲线不与横轴相交，所以最佳控制系统的幅值裕量 $m=\infty$。

以 $G_o(s)$ 平面原点 0 为中心再画一个单位圆，根据 Nyquist 曲线与这个单位圆的交点位置，可以确定相位裕量 γ，如图 10-9 所示。两个单位圆交点 N 所对应的角度为 60°。由于 Nyquist 曲线不进入以（−1，j0）为中心的单位圆以内，所以可知最佳控制系统的相位裕量 $\gamma \geqslant 60°$。

对于如图 10-8 所示的单输入最佳控制系统，也可以用 Bode 图分析。以下面的一个具体例子来说明。

【例 10-3】 现有一个 3 阶动态系统 $[\boldsymbol{A}, \boldsymbol{b}, \boldsymbol{c}]$

$$\left.\begin{aligned} \boldsymbol{A} &= \begin{bmatrix} 0 & 1 & 0 \\ 0 & 0 & 1 \\ -2 & -5 & -4 \end{bmatrix} \\ \boldsymbol{b} &= \begin{bmatrix} 0 \\ 0 \\ 1 \end{bmatrix};\quad \boldsymbol{c} = [1.5 \quad -1 \quad 0] \end{aligned}\right\} \tag{10-45}$$

在给定二次型性能指标

$$J = \int_0^\infty [qy^2 + u^2]\mathrm{d}t, q = 12 \tag{10-46}$$

之下，已经求得最佳反馈增益矢量为

$$\hat{\boldsymbol{k}} = [3.564 \quad 3.642 \quad 0.825] \tag{10-47}$$

按图 10-8 综合成最佳控制系统后，要求绘制该系统的开环 Bode 图，然后说明该 Bode 图的特点。

解 根据式（10-43a），可以求得该系统的开环传递函数为

$$\begin{aligned} G_o(s) &= \frac{\hat{\boldsymbol{k}}\,\mathrm{adj}(s\boldsymbol{I}-\boldsymbol{A})\boldsymbol{b}}{\det(s\boldsymbol{I}-\boldsymbol{A})} \\ &= \frac{[3.564 \quad 3.642 \quad 0.825]\begin{bmatrix} s^2+4s+5 & s+4 & 1 \\ 2 & s^2+4s & s \\ -2s & -5s-2 & s^2 \end{bmatrix}\begin{bmatrix} 0 \\ 0 \\ 1 \end{bmatrix}}{\det\begin{bmatrix} s & -1 & 0 \\ 0 & s & -1 \\ 2 & 5 & s+4 \end{bmatrix}} \\ &= \frac{0.825s^2+3.642s+3.542}{s^3+4s^2+5s+2} = \frac{0.825(s+2.951)(s+1.464)}{(s+1)^2(s+2)} \end{aligned} \tag{10-48}$$

令 $s=\mathrm{j}\omega$ 代入，则开环频率特性为

$$G_o(\mathrm{j}\omega) = \frac{(3.645-0.825\omega^2)+\mathrm{j}3.642\omega}{(2-4\omega^2)+\mathrm{j}(5\omega-\omega^3)} \tag{10-48a}$$

将 $\omega=0\sim+\infty$ 中若干值代入，求出幅值 G_o 及相角 φ_o，然后逐点绘出对数幅频特性与相频特性，如图 10 - 10 所示（这一工作，可借助于计算机进行）。

根据已绘出的图 10 - 10 可以看出如下特点：

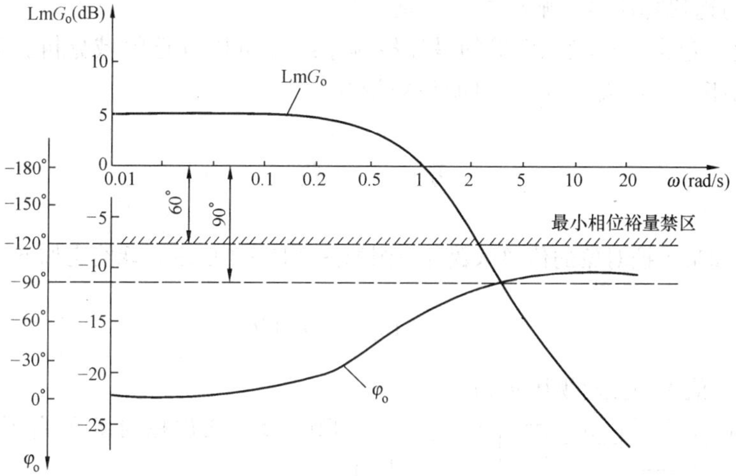

图 10 - 10　[例 10 - 2] 的开环 Bode 图

(1) 相频特性曲线 φ_o 在整个频段上永远不进入最小相位裕量禁区以内。禁区边界的最小相位裕量 $\gamma=60°$。

(2) 当 ω 足够大（$\omega\to\infty$）时，φ_0 的相位滞后趋近于 90°。

(3) 当开环增益 $G_o(0)$ 变化于 $0\sim+\infty$ 范围内时，闭环系统永远是稳定的。这是因为，沿纵轴上下平移对数幅频特性曲线 $\mathrm{Lm}G_o$ 时，剪切频率上的相位裕量始终大于 60°。

上述例子中的三点结论，与在 $G_o(s)$ 平面上的 Nyquist 图分析结果是一致的。因此，这三点对类似的更高阶单输入最佳控制系统也具有普遍意义。

本 章 小 结

(1) 最佳控制问题，是指在给定动态系统和性能指标 J 之下，寻找使 J 达到极小值的控制规律。本章主要讨论了单输入单输出，线性定常的动态系统 $[\boldsymbol{A},\ \boldsymbol{b},\ \boldsymbol{c}]$ 和二次型性能指标之下的最佳调节器问题。

寻找最佳控制规律的目的，在于设计一个最佳控制系统。找到了最佳控制之后，再综合成一个完整的系统就比较好办了。

(2) 对于动态系统 $[\boldsymbol{A},\ \boldsymbol{b},\ \boldsymbol{c}]$，在二次型性能指标之下，求解最佳控制 $\hat{u}(t)$ 的思路如下：

1) $\hat{u}(t)$ 是动态系统全部状态变量的线性函数：$\hat{u}(t)=-\hat{\boldsymbol{k}}\boldsymbol{x}(t)$。求解 $\hat{u}(t)$ 就转化为如何求出最佳反馈增益矢量 $\hat{k}=(k_1,k_2,\cdots,k_n)$ 的问题。

2) $\hat{k}$ 可以通过某一正定对称方阵 $\hat{\boldsymbol{P}}$ 来表征：$\hat{\boldsymbol{k}}=\boldsymbol{b}^{\mathrm{T}}\hat{\boldsymbol{P}}$。所以问题又转化为如何找到 $\hat{\boldsymbol{P}}$。

3) $\hat{\boldsymbol{P}}$ 是 Riccati 方程的唯一正定解。

因此，只要从 Riccati 方程中解出 $\hat{\boldsymbol{P}}$，最佳控制也就得到了。

(3) Riccati 方程是一个关于 $\hat{P}$ 的二次方程式，当系统的阶次 n 较高时（此时 $\hat{P}$ 是 $n\times n$ 阶的），直接从方程中解出 $\hat{P}$ 阵中的全部系数值，显然比较困难。本章介绍的采用计算机求解 Riccati 方程的迭代算法可以解决这一问题。

(4) 对线性、定常、全状态反馈的最佳控制系统还可以进行频域分析。分析结果得出：最佳控制系统的相位裕量大于 60°，且幅值裕量等于∞。

习　　题

T10-1　已知某被控对象的传递函数方框图如图 T10-1 所示。现给定如下性能指标

$$J=\int_0^{\infty}[10y^2+u^2]\mathrm{d}t$$

试求使 J 达到极小值时的控制规律 $u(t)$。

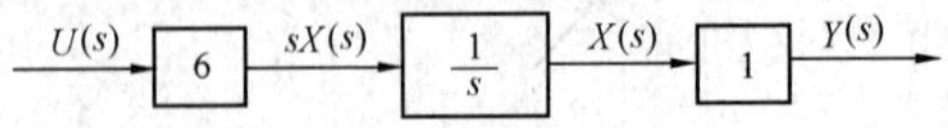

图 T10-1　某被控对象的传递函数方框图

T10-2　某被控对象可由下列状态空间法描述

$$\begin{bmatrix}\dot{x}_1\\ \dot{x}_2\end{bmatrix}=\begin{bmatrix}0 & 1\\ -1 & -1\end{bmatrix}\begin{bmatrix}x_1\\ x_2\end{bmatrix}+\begin{bmatrix}0\\ 1\end{bmatrix}u$$

$$y=[1\quad 0]\begin{bmatrix}x_1\\ x_2\end{bmatrix}$$

给定二次型性能指标

$$J=\int_0^{\infty}[10y^2+4u^2]\mathrm{d}t$$

试求使 J 达到极小值时的控制规律 $u(t)$。

T10-3　某动态系统的状态方程如下

$$\begin{bmatrix}\dot{x}_1\\ \dot{x}_2\end{bmatrix}=\begin{bmatrix}0 & 1\\ -2 & -3\end{bmatrix}\begin{bmatrix}x_1\\ x_2\end{bmatrix}+\begin{bmatrix}0\\ b_2\end{bmatrix}u$$

式中，b_2 为待定系数。

给定性能指标

$$J=\int_0^{\infty}\left\{[x_1\quad x_2]\begin{bmatrix}10 & 0\\ 0 & 1\end{bmatrix}\begin{bmatrix}x_1\\ x_2\end{bmatrix}+u^2\right\}\mathrm{d}t$$

试求使 J 达到极小值时的系数 b_2 的值。

T10-4　某被控对象如图 T10-4 所示。现给定性能指标如下

$$J=\int_0^{\infty}[y^2+u^2]\mathrm{d}t$$

试求使 J 达到极小值时的控制规律 $u(t)$。

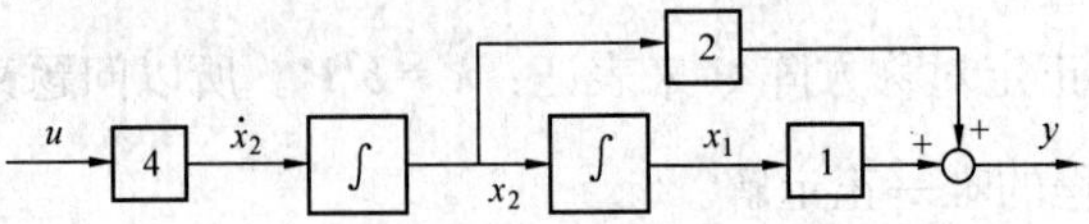

图 T10-4　某二阶系统的方框图

T10 - 5　试验证图 T10 - 5 所示的全状态反馈控制系统是否属于最佳控制系统［提示：满足式（10 - 39b）的系统是最佳控制系统］。

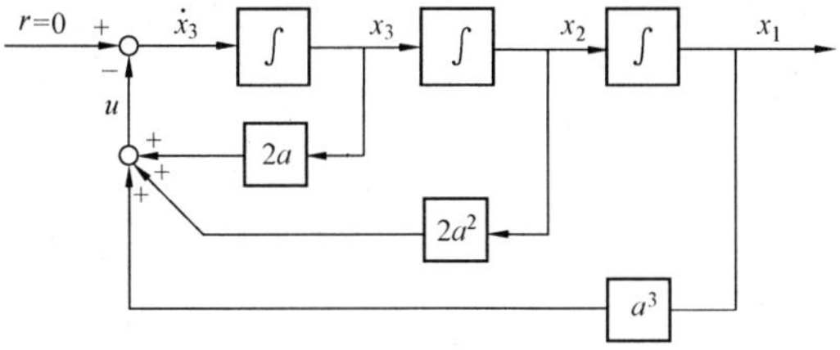

图 T10 - 5　一个全状态反馈的控制系统